U0630043

矩阵广义逆与矩阵偏序

刘晓冀　王宏兴　著

科学出版社

北　京

内 容 简 介

本书讨论矩阵分解、新型广义逆和偏序等相关问题. 主要研究内容包括 core-EP 分解、EP-幂零分解和类极分解; WG 逆、C-S 逆、P-core 逆和若干合成广义逆; core 偏序、CL 偏序、$L*$偏序、偏序不等式以及上述广义逆诱导的偏序和拟序; 强 core 正交、C-S 正交、弱群星矩阵等相关问题.

本书可供机器人技术、最优化理论、编码理论系统论和统计等相关专业的师生阅读, 也可供相关领域的从业人员参考.

图书在版编目(CIP)数据

矩阵广义逆与矩阵偏序 / 刘晓冀, 王宏兴著. -- 北京 : 科学出版社, 2025. 6. -- ISBN 978-7-03-080611-6

Ⅰ. O151.21; O153.1

中国国家版本馆 CIP 数据核字第 2024HX1634 号

责任编辑: 胡庆家 孙翠勤 / 责任校对: 彭珍珍
责任印制: 张 伟 / 封面设计: 无极书装

科学出版社 出版
北京东黄城根北街 16 号
邮政编码: 100717
http://www.sciencep.com
北京厚诚则铭印刷科技有限公司印刷
科学出版社发行 各地新华书店经销
*
2025 年 6 月第 一 版 开本: 720 × 1000 1/16
2025 年 6 月第一次印刷 印张: 21 3/4
字数: 437 000

定价: 168.00 元

(如有印装质量问题, 我社负责调换)

作 者 简 介

刘晓冀　广西职业师范学院教授, 博士生导师, 2003 年博士毕业于西安电子科技大学, 华东师范大学博士后, 目前主要从事矩阵偏序、数值代数等方面的教学和科研工作. 在 *Mathematics of Computation*、*Numerical Linear Algebra with Applications*、*Fuzzy Sets and Systems*、*Information Sciences*、*Linear Algebra and Its Applications*、《数学学报》、《计算数学》等国内外刊物上发表学术论文 120 余篇.

王宏兴　广西民族大学教授, 博士生导师, 2011 年博士毕业于华东师范大学, 目前主要从事矩阵理论的教学和科研工作. 在 *Linear Algebra and Its Applications*、*Journal of Computational and Applied Mathematics*、*Mechanism and Machine Theory*、《数学学报》、《计算数学》等国内外刊物上发表学术论文 30 余篇.

前　言

广义逆最早在 1903 年由 Fredholm 在研究关于积分算子的一种广义逆时提出, 被称为伪逆. 1904 年, 在进行广义格林函数的讨论时, 德国的数学家希尔伯特提出了微分算子的广义逆. 任意矩阵的广义逆这一概念被 Moore 提出, 随后, Penrose 利用矩阵方程给出 Moore-Penrose 逆的定义, 接着大量的学者从不同的领域继续对其进行研究.

在矩阵论中研究最早的是 Löwner 序, 它是由德国数学家 Löwner 在 1934 年提出的. 在早些时候, 许多研究矩阵偏序领域的学者们侧重研究减偏序. sharp 偏序、核偏序和 C-N 偏序, 这些偏序都是减序类偏序. 近年来, 越来越多的数学家重新开始挖掘偏序更多的用途与价值, 因此 GL 偏序、WL 偏序等更多的偏序都被数学家们定义出来.

由于矩阵广义逆在机器人技术、最优化理论、编码理论、系统论和统计等领域有着广泛的应用, 且矩阵偏序在数理统计、矩阵不等式中起着重要作用, 这使矩阵广义逆与矩阵偏序成为近年来研究的一个热点.

作者长期从事矩阵广义逆和偏序问题的研究, 本书介绍了多种矩阵广义逆及矩阵偏序. 内容编排如下: 第 1 章矩阵分解、广义逆及偏序的若干基本知识; 第 2 章矩阵新型分解与偏序; 第 3 章 core 正交与 core 偏序; 第 4 章 CL、LC、$L*$ 偏序; 第 5 章一些偏序条件下矩阵不等式 $AXA \overset{?}{\leq} A$ 的解; 第 6 章 WG 矩阵与偏序; 第 7 章 C-S 逆理论及其应用; 第 8 章 P-core 逆与偏序; 第 9 章合成广义逆与偏序.

由于关于矩阵广义逆和矩阵偏序研究的文献非常丰富, 本书不可能包括所有文献, 而主要包括最新的和最精炼的内容, 并且列出的参考文献不太全面. 因此, 对于做了很多这方面的工作但未列入参考文献的作者, 在这里表示歉意.

本书的编写和出版得到了国家自然科学基金 (项目编号：12061015) 和广西自然科学基金 (项目编号：2024GXNSFAA010503) 的支持.

由于本人水平的限制, 书中难免有疏漏和不妥之处, 希望读者能及时指出, 便于以后纠正.

刘晓冀

2025 年 5 月

目　录

前言

符号表

第 1 章　绪论 ··· 1

第 2 章　矩阵新型分解与偏序 ··· 13

2.1　core-EP 分解及其应用 ··· 13

2.2　类极分解及其应用 ··· 21

2.3　EP-幂零分解及其应用 ··· 27

第 3 章　core 正交与 core 偏序 ··· 36

3.1　强 core 正交性的等价刻画 ··· 36

3.2　core 偏序的等价刻画 ··· 57

第 4 章　CL、LC、$L*$ 偏序 ··· 70

4.1　CL 偏序 ··· 70

4.2　LC 偏序 ··· 78

4.3　矩阵的 $L*$ 偏序 ··· 85

第 5 章　一些偏序条件下矩阵不等式 $AXA\overset{?}{\leq}A$ 的解 ··· 100

5.1　矩阵不等式 $AXA\overset{*}{\leq}A$ ··· 100

5.2　矩阵不等式 $AXA\overset{\sharp}{\leq}A$ ··· 104

5.3　矩阵不等式 $AXA\overset{\text{\#}}{\leq}A$ ··· 108

第 6 章　WG 矩阵与偏序 ··· 114

6.1　弱群逆 ··· 114

6.2　弱群矩阵 ··· 129

6.3　WG 矩阵的刻画及其广义 Cayley-Hamilton 定理 ··· 138

6.4　WG 逆的 Gauss-Jordan 消元法 ··· 154

6.5　WG 逆在约束矩阵逼近问题中的应用 ··· 161

第 7 章　C-S 逆理论及其应用 ··· 176

7.1　C-S　逆 ··· 176

7.2　C-S 逆的应用 ··· 181

7.3　C-S 正交 ··· 193

7.4 强 C-S 正交 …… 200
第 8 章 P-core 逆与偏序 …… 210
8.1 P-core 逆的定义 …… 210
8.2 P-core 逆的性质 …… 212
8.3 P-core 偏序的定义及刻画 …… 217
8.4 P-core 偏序的性质 …… 220
8.5 D-core 偏序的定义及刻画 …… 226
8.6 D-core 偏序的性质 …… 229
第 9 章 合成广义逆与偏序 …… 235
9.1 MP 弱群逆 …… 236
9.2 弱群星矩阵 …… 256
9.3 广义 MPCEP 逆 …… 276
9.4 MPWC 逆 …… 291
9.5 1WG 逆 …… 305
参考文献 …… 322

符 号 表

- $\mathbb{R}$: 所有实数的全体
- $\mathbb{C}$: 所有复数的全体
- $\mathbb{R}_{m,n}$: 所有 $m \times n$ 实元素矩阵的全体
- $\mathbb{C}_{m,n}$: 所有 $m \times n$ 复元素矩阵的全体
- $\mathbb{C}^n$: 所有 n 维向量全体的集合
- $\mathbb{C}_n^\sharp$: n 阶群可逆矩阵的集合
- $\mathbb{C}_n^{\mathrm{M}}$: n 阶指标为 1 的矩阵的集合
- $\mathbb{C}_n(k)$: n 阶指标为 k 的矩阵的集合
- $\mathbb{C}_n^{\mathrm{CM}}$: 所有 $n \times n$ 指标为 1 的复元素矩阵的全体
- $\mathbb{C}_n^{\mathrm{EP}}$: n 阶 EP 矩阵的集合
- $\mathbb{C}_n^{\mathrm{OP}}$: $\mathbb{C}_{n,n}$ 中的所有正交投影 (Hermite 幂等矩阵) 的子集
- $\mathbb{C}_n^{\mathrm{WG}}(k)$: 指标为 k 的 n 阶弱群矩阵的集合
- $\mathbb{C}_n^{\geq}$: 所有 $n \times n$ Hermite 非负定矩阵的全体
- $\mathbb{C}_n^{\mathrm{H}}$: 所有 $n \times n$ Hermite 矩阵的全体
- $\mathbb{C}_{m,n}^{T,S}$: 所有具有指定值域 T 和零空间 S 的 2 逆的矩阵的全体
- $\mathrm{span}(u_1, \cdots, u_i)$: 由 $u_1, \cdots, u_i$ 张成的子空间
- $\dim(R)$: 空间 R 的维数
- $0_{m \times n}$: $m \times n$ 零矩阵. 当不会引起混淆时, 也记为 0
- I_n: $n \times n$ 单位矩阵. 当不会引起混淆时, 也记为 I
- $\mathcal{R}(A)$: 由矩阵 A 的所有列向量所张成的子空间
- $\mathcal{N}(A)$: 矩阵 A 的零空间
- $\bar{A}$: 矩阵 A 的共轭
- A^{T}: 矩阵 A 的转置
- A^*: 矩阵 A 的共轭转置 (即 $\bar{A}^{\mathrm{T}}$)
- $\det(A)$: 矩阵 A 的行列式
- $\mathrm{rank}(A)$: 矩阵 A 的秩
- $\mathrm{Ind}(A)$: 矩阵 A 的指标
- $\mathrm{tr}(A)$: 矩阵 A 的迹
- $\rho(A)$: 矩阵 A 的谱半径

- $\lambda(A)$: 矩阵 A 的所有特征值全体
- $\sigma(A)$: 矩阵 A 的所有奇异值的全体
- $\sigma_+(A)$: 矩阵 A 的所有正奇异值的全体
- $\sigma_{\max}(A)$: 矩阵 A 的最大奇异值
- $\sigma_{\min}(A)$: 矩阵 A 的最小奇异值
- $\sigma_{\min+}(A)$: 矩阵 A 的最小正奇异值
- $\mathrm{diag}(A)$: 对角矩阵 A
- $\|x\|_2$: 向量 x 的 Euclid 长度
- $\|A\|_2$: 矩阵 A 的谱范数
- $\|A\|_F$: 矩阵 A 的 Frobenius 范数
- A^{-1}: 矩阵 A 的逆
- $A^{(i)}$: 矩阵 A 的 i-逆
- $A^{\dagger}$: 矩阵 A 的 Moore-Penrose 逆
- $A^{\textcircled{\#}}$: 矩阵 A 的 core 逆
- A°: 矩阵 A 的 Moore-Penrose 弱 core 逆
- $A^{\textcircled{w},\dagger}$: 矩阵 A 的弱 core 逆
- $A^{\dagger,\textcircled{w}}$: 矩阵 A 的对偶弱 core 逆
- $A^{\textcircled{2}}_{T,S}$: 矩阵 A 的广义 core-EP 逆
- $A^{\dagger,\textcircled{2}}_{T,S}$: 矩阵 A 的广义 MP-core-EP 逆
- $A^{\sharp}$: 矩阵 A 的群逆
- A^{D}: 矩阵 A 的 Drazin 逆
- $A^{D,-}$: 矩阵 A 的 Drazin1 逆
- $A^{-,D}$: 矩阵 A 的 1Drazin 逆
- $A^{D,*}$: 矩阵 A 的 Drazin-star 逆
- $A^{*,D}$: 矩阵 A 的 star-Drazin 逆
- $A^{D,\dagger}$: 矩阵 A 的 DMP 逆
- $A^{\dagger,D}$: 矩阵 A 的对偶 DMP 逆
- $A^{C,\dagger}$: 矩阵 A 的 CMP 逆
- $A^{\diamond}$: 矩阵 A 的 BT 逆
- $A^{\textcircled{\dagger}}$: 矩阵 A 的 core-EP 逆
- $A^{\textcircled{\dagger},-}$: 矩阵 A 的 CEPI 逆
- $A^{-,\textcircled{\dagger}}$: 矩阵 A 的 ICEP 逆
- $A^{\dagger,\textcircled{\dagger}}$: 矩阵 A 的 MP-core-EP 逆
- $A_{\textcircled{\dagger},\dagger}$: 矩阵 A 的对偶 MPCEP 逆
- $A^{(2)}_{T,S}$: 矩阵 A 的具有指定值域 T 和零空间 S 的 2 逆

- $A^{(B,C)}$: 矩阵 A 的 (B,C)-逆
- $A^{ⓦ}$: 矩阵 A 的 WG 逆
- $A^{-,ⓦ}$: 矩阵 A 的 1WG 逆
- $A^{ⓦ,*}$: 矩阵 A 的弱群星逆
- $A^{\dagger,\mathrm{WG}}$: 矩阵 A 的 MP 弱群逆
- $A^{(S)}$: 矩阵 A 的 G-S 逆
- $A^{ⓢ}$: 矩阵 A 的 C-S 逆
- A^{P}: 矩阵 A 的 P-core 逆
- $A\{i\}$: 矩阵 A 的 i-逆的集合
- $P_A = AA^{\dagger}$: 矩阵 A 的正交投影算子
- $P_{E,F}$: 沿着子空间 F 到子空间 E 上的投影
- $A \overset{\dagger,\mathrm{WG}}{\leq} B$: MPWG 二元关系
- $A^{\leq^{-,ⓦ}} A$: $\leq^{-,ⓦ}$ 二元关系
- $A \overset{ⓢ}{\leq} B$: S 二元关系
- $A \prec B$: 预偏序
- $A \leq B$: 减偏序
- $A \,{}_*\!\leq B$: 左 $*$ 偏序
- $A \leq_* B$: 右 $*$ 偏序
- $A \overset{*}{\leq} B$: $*$ 偏序
- $A \overset{\sharp}{\leq} B$: sharp 偏序
- $A \,{}_\#\!\leq B$: 左 sharp 偏序
- $A \leq_\# B$: 右 sharp 偏序
- $A \overset{\textcircled{\#}}{\leq} B$: core 偏序
- $A \overset{D}{\leq} B$: Drazin 序
- $A \overset{\mathrm{WG}}{\leq} B$: WG 序
- $A \overset{L*}{\leq} B$: $L*$ 偏序
- $A \overset{\mathrm{CL}}{\leq} B$: CL 偏序
- $A \overset{\mathrm{GL}}{\leq} B$: GL 偏序
- $A \overset{\mathrm{CM}}{\leq} B$: C-M 偏序
- $A \overset{\textcircled{\dagger}}{\leq} B$: core-EP 序
- $A \overset{ⓒⓢ}{\leq} B$: C-S 偏序

- $A \overset{\text{P- core}}{\leq} B$: P-core 偏序
- $A \overset{\text{D- core}}{\leq} B$: D-core 偏序
- $A \overset{\diamond}{\leq} B$: Diamond 偏序
- $A \overset{L}{\leq} B$: Löwner 偏序
- $A \overset{\sharp,-}{\leq} B$: C-N 偏序
- $A \overset{\text{GD}}{\leq} B$: G-Drazin 偏序
- $A \overset{\text{CE}}{\leq} B$: CE 偏序
- $A \perp B$: 正交
- $A \perp_{\#} B$: core 正交
- $A \perp_{\#,S} B$: 强 core 正交
- $A \perp_{ⓓ} B$: core-EP 正交
- $A \perp_{Ⓢ} B$: C-S 正交
- $A \perp_{s,Ⓢ} B$: 强 C-S 正交
- $\in$: 元素属于
- $\subseteq$: 集合含于
- $\Leftrightarrow$: 等价
- $\Rightarrow$: 蕴涵

第 1 章 绪　论

近年来, 广义逆在工程技术等许多领域中得到了广泛的应用. 如控制理论[213]、最小二乘问题[100,101]、矩阵分解[191]、图像处理和统计[41]. 随着不同的问题出现, 许多不同的新型广义逆也应运而生, 同时矩阵偏序在数理统计及矩阵不等式中有着重要的作用, 因此讨论新型广义逆在偏序领域上的新情况具有很大的研究价值.

矩阵偏序和广义逆之间的关系一直被广泛关注. 在 [132] 中, Mitra 和 Hartwig 通过使用外逆给出新的偏序. 在 [217,218] 中, Zheng 给出 $A\{2\}$, $A\{2,3\}$, $A\{2,4\}$ 和 $A\{2,3,4\}$ 的显式公式. 在 [65] 中, Guterman 考虑了矩阵不等式和减序的线性守恒. 在 [12] 中, Baksalary 和 Schipp 得到了一些关于 Löwner 偏序的 Hermite 矩阵不等式的新的结果. 在 [111] 中, Li 和 Tian 通过使用秩等式和惯性等式, 给出了一些关于 Löwner 偏序的 Hermite 矩阵不等式的充分必要条件. 在 [178, 180] 中, Tian 考虑了一些矩阵不等式 $BXB^* \overset{-}{\leq} A$, $BXB^* \overset{L}{\leq} A$, $AXB \overset{L}{\leq} C$, $AXA^* \overset{L}{\leq} B$ 以及 $AX + (AX)^* \overset{L}{\leq} B$. 在 [61] 中, Gareis, Lattanzi 和 Thome 考虑了矩阵不等式 $N \overset{-}{\leq} Y$, 其中 N 是给定的幂零矩阵, 并且利用 N 的 $\{1\}$-逆的形式给出 Y 的特征. 在 [2] 中, Ando 得到当 A 与 B 构成强序 ([2, 等式 (1.1)]) 时, 对于任意 $0 \overset{L}{\leq} B \overset{L}{\leq} C$, 则有 $B^2 \overset{L}{\leq} C^{\frac{1}{2}} A C^{\frac{1}{2}}$ 成立, 且 $B^2 \overset{L}{\leq} A^2$, 其中 $AC = CA$. 在 [185] 中, 当 $BXA = B = AXB$ 在 Hilbert 空间上有界线性算子的集合中时, Vosough 和 Moslehian 利用 star 序得到一些上述方程可解的充要条件并且得到在 $B \overset{*}{\leq} A$ 下上述方程的解. 进一步, Thome 等[35,78] 研究了在减偏序条件下一些控制系统的性质. Tian 等[115,182] 考虑了偏序在线性模型中的应用. Moslehian 等[150] 给出 $0 \overset{L}{\leq} M$ 的一个特征, 其中 A, B 和 $M = \begin{pmatrix} A & X \\ X^* & B \end{pmatrix}$ 都是 Hilbert 空间上的有界线性算子. Wang 和 Liu[193] 在指标为 1 的复矩阵中引入一个新的偏序. 关于偏序及其应用的更详细的讨论可以参考 [52, 152, 195, 206].

矩阵分解是研究偏序理论的一个重要工具, 它用于证明偏序的一些特征和性质, 进而建立偏序. Baksalary 和 Manjunatha 等在文献 [13, 14, 121, 194] 中利用 Hartwig-Spindelböck 分解讨论了 core 逆、core 偏序的性质以及 core 偏序与其他偏序之间的关系. 但并不是每个矩阵都是 core 可逆的, 随后, core 逆的概念被扩展到任意方阵, 定义了 BT 逆[14]、DMP 逆[120] 和 core-EP 逆[121]. 在 Hartwig-Spindelböck 分解的基础上, Benítez 在 [19] 中引入了一种新的方阵分解, 用于研究一般偏序和一般逆等. 此外, 文献 [122] 和 [208] 分别提出了一对矩形矩阵的同时极性可分解性以及加权极分解定理, 并分别给出了 GL 偏序和 WGL 偏序的新特征. 特殊矩阵在矩阵分解中发挥着重要作用. 每个矩阵都可以唯一地写成两个矩阵的和: Hermite 矩阵与斜 Hermite 矩阵之和, 称为 Toeplitz 分解或笛卡儿分解[23,24,29]; 可对角化矩阵与幂零矩阵之和, 称为 S-N 分解或 Jordan Chevalley 分解 (见 [23,83,136]); 群可逆矩阵与幂零矩阵之和, 称为核心-幂零分解 [131].

常见的广义逆有 Moore-Penrose 逆 $A^{\dagger}$, Drazin 逆 A^{D}, 群逆 $A^{\#}$, core 逆 $A^{\textcircled{\#}}$ 等[13,58,68,156,187]. 其中, A 的 core 逆 $A^{\textcircled{\#}}$ 具有 Moore-Penrose 逆和群逆的性质, 是满足条件 $AX = AA^{\dagger}$ 及 $R(X)\subseteq R(A)$ 的唯一矩阵 $X\in\mathbb{C}_{n,n}$. 进一步, Wang 和 Liu 在 [194] 中指出 A 的 core 逆是唯一的矩阵 $X\in\mathbb{C}_{n,n}$ 满足

$$AXA = A,\ \ AX^2 = X,\ \ (AX)^* = AX. \tag{1.0.1}$$

core 逆可以用来求解矩阵方程[114,200].

此外, 还有更多的广义逆, 如 DMP 逆、CMP 逆、core-EP 逆等. 关于这些广义逆的相关结论可见文献 [127,137,148,202,210].

根据不同的广义逆, 可以得到不同的偏序和拟序.

Drazin[45] 首次在半群的所有正则元素的集合上引入了一个二元关系, 并指出它是一个偏序. 将该结果应用于复矩阵, Drazin 给出了 $*$ 偏序的定义.

$$\begin{aligned} A\overset{*}{\leq}B &\Leftrightarrow AA^* = BA^*,\ A^*A = A^*B \\ &\Leftrightarrow AA^{\dagger} = BA^{\dagger},\ A^{\dagger}A = A^{\dagger}B. \end{aligned}$$

Hartwig 和 Styan[70,73] 用 $\{1\}$-逆给出减偏序的定义,

$$A\overset{-}{\leq}B\Leftrightarrow AA^{=} = BA^{=},\ A^{-}A = A^{-}B,\quad 其中\ A^{-}, A^{=}\in A\{1\}.$$

另外, Hartwig[70] 指出 $A\overset{-}{\leq}B \Leftrightarrow \mathrm{rank}(B) - \mathrm{rank}(A) = \mathrm{rank}(B - A)$.

事实上, $*$ 偏序是一种特殊的减偏序. 它们在正交投影中是等价的[74]. 在 [73] 中, Hartwig 和 Styan 结合奇异值分解, 在减偏序的基础上添加一些条件使它等价于 $*$ 偏序. 他们指出

$$A\overset{*}{\leq}B\Leftrightarrow(B - A)^{\dagger} = B^{\dagger} - A^{\dagger}, \mathrm{rank}(B - A) = \mathrm{rank}(B) - \mathrm{rank}(A). \tag{1.0.2}$$

这个结果对于扰动计算十分重要. 例如可以用来计算某些特殊循环型矩阵的 Moore-Penrose 逆 [17].

根据群逆和 $*$ 偏序, Mitra [133] 定义了 sharp 序:

$$A\overset{\sharp}{\leq} B\Leftrightarrow AA^{\sharp}=BA^{\sharp}, A^{\sharp}A=A^{\sharp}B.$$

类似地, Baksalary 和 Trenkler [13] 从 core 逆出发, 提出了 core 偏序的定义:

$$A\overset{\#}{\leq}B\Leftrightarrow AA^{\#}=BA^{\#}, A^{\#}A=A^{\#}B.$$

他们指出它在某种程度上介于 $*$ 偏序和 sharp 序之间.

其他著名的偏序还有 Löwner 偏序、C-N 偏序、GL 偏序、CL 偏序、core-EP 偏序等. 它们在数理统计及矩阵不等式中发挥重要作用. 它们可用于求解算子方程和不等式. 更多相关结论, 可见 [37,42,43,131,185,194,196,199].

如果一个二元关系在非空集上满足自反性、传递性和反对称性, 则称其为偏序. 一般来说, 我们可以通过使用已知的广义逆来定义偏序. 例如 $*$ 偏序、减偏序和 core 偏序的定义 [13,35,37,70,71,73,131]. 其他已知的偏序如 sharp 偏序、Löwner 偏序、C-N 偏序、GL 偏序、CL 偏序等可见文献 [35,37,70,131,193,196].

许多学者讨论了各种偏序之间的关系. 在提出 core 偏序定义的同时, Baksalary 和 Trenkler [13] 还考虑了 core 偏序和减偏序之间的关系. 设 $A,B\in\mathbb{C}_n^{\sharp}$. 他们指出, 如果 $A\overset{\#}{\leq}B$, 那么 $A\leq B$. 然而, $A\leq B$ 不能推出 $A\overset{\#}{\leq}B$.

由于矩阵的偏序在数理统计和矩阵不等式中的作用, 矩阵偏序的理论成为近年来矩阵广义逆研究的一个热点. 早先许多研究矩阵偏序领域的学者们研究减偏序、sharp 偏序、core 偏序和 C-N 偏序更多一些, 这些偏序都是减序偏序. 最近越来越多的数学家重新开始挖掘 Löwner 偏序更多的用途与价值, 因此 GL 偏序、WL 偏序和 CL 偏序都被数学家们定义出来, 这些偏序均为非减序类偏序.

引理 1.0.1 (Hartwig-Spindelböck 分解) ([72]) 设 $A\in\mathbb{C}_{n,n}$, $\operatorname{rank}(A)=r$, 则存在酉矩阵 $U\in\mathbb{C}_{n,n}$ 使得

$$A=U\begin{pmatrix}T & S\\ O & O\end{pmatrix}U^*, \tag{1.0.3}$$

其中 $T=\Sigma K$, $S=\Sigma L$, $\Sigma=\operatorname{diag}(\sigma_1 I_{r_1},\sigma_2 I_{r_2},\cdots,\sigma_t I_{r_t})$ 为 A 的奇异值构成的对角矩阵, $\sigma_1>\sigma_2>\cdots>\sigma_t>0$, $r_1+r_2+\cdots+r_t=r$, 且 $K\in\mathbb{C}_{r,r}$ 和 $L\in\mathbb{C}_{r,n-r}$ 满足 $KK^*+LL^*=I_r$.

显然 A 为 core 可逆的当且仅当矩阵 K 是非奇异的, 即 T 非奇异. 同时, A 的 core 逆有如下形式.

引理 1.0.2 ([13])　设 $A \in \mathbb{C}_n^{\mathrm{CM}}$. 若 A 形如 (1.0.3), 则

$$A^{\textcircled{\#}} = U \begin{pmatrix} T^{-1} & O \\ O & O \end{pmatrix} U^*, \tag{1.0.4}$$

其中 U 是酉矩阵, 且 T 是非奇异矩阵.

引理 1.0.3 ([27])　设 $A \in \mathbb{C}_{n,n}$. 若 A 为 EP 矩阵, 则可以表示为

$$A = U \begin{pmatrix} T & O \\ O & O \end{pmatrix} U^*, \tag{1.0.5}$$

其中 U 是酉矩阵且 T 是非奇异矩阵.

引理 1.0.4 (核心-幂零分解) ([131])　设 $A \in \mathbb{C}_{n,n}$, 其指标为 k, 则 A 可以分解为两个矩阵和的形式:

$$A = A_1 + A_2,$$

其中, $\mathrm{Ind}\,(A_1) \le 1$, A_2 是幂零矩阵, $A_1A_2 = A_2A_1 = 0$ 且表示法唯一.

A 的核心-幂零分解也可表示为

$$A = P \begin{pmatrix} \Sigma & O \\ O & E \end{pmatrix} P^{-1},$$

其中, P 和 Σ 为可逆矩阵, E 为幂零指标为 k 的幂零矩阵. 且此时

$$A^D = P \begin{pmatrix} \Sigma^{-1} & O \\ O & O \end{pmatrix} P^{-1},$$

当 A 指标为 1 时, 则有

$$A = P \begin{pmatrix} \Sigma & O \\ O & O \end{pmatrix} P^{-1}, \quad A^\sharp = P \begin{pmatrix} \Sigma^{-1} & O \\ O & O \end{pmatrix} P^{-1}.$$

集合中元素的二元关系如果满足自反性和传递性, 则称为拟序关系. 如果也满足反对称性, 那么称其为偏序. 设 S_1 和 S_2 为两个集合且满足 $S_2 \subseteq S_1$. S_1 和 S_2 上的两个偏序分别定义为 $\overset{1}{\le}$ 和 $\overset{2}{\le}$. 则对于 $A, B \in S_2$ 称 $\overset{1}{\le}$ 是由 $\overset{2}{\le}$ 表示的,

$$A \overset{2}{\le} B \Rightarrow A \overset{1}{\le} B.$$

引理 1.0.5 ([13, 45, 70, 131, 133, 191])　各种矩阵偏序的概念定义如下:

(1) C-N 偏序: $A \le^{\sharp,-} B \Leftrightarrow A, B \in \mathbb{C}_{n,n}$, $A_1 \overset{\sharp}{\le} B_1$ 且 $A_2 \le B_2$, 其中 $A = A_1 + A_2$ 和 $B = B_1 + B_2$ 分别为 A 和 B 的核心-幂零分解;

(2) C-M 偏序: $A \overset{\text{CM}}{\le} B \Leftrightarrow A, B \in \mathbb{C}_{m,m}$, $\widetilde{A}_1 \overset{\textcircled{\#}}{\le} \widetilde{B}_1$ 且 $\widetilde{A}_2 \le \widetilde{B}_2$, 其中 $A = \widetilde{A}_1 + \widetilde{A}_2$ 和 $B = \widetilde{B}_1 + \widetilde{B}_2$ 分别为 A 和 B 的 core-EP 分解;

(3) Löwner 偏序: $A \overset{L}{\le} B \Leftrightarrow$ 存在 K 使得 $B - A = KK^*$, 其中 A, B 和 $K \in \mathbb{C}_{m,m}$;

(4) Drazin 序: $A \overset{D}{\le} B \Leftrightarrow A, B \in \mathbb{C}_{n,n}$, $\widehat{A}_1 \overset{\sharp}{\le} \widehat{B}_1$, 其中 $A = \widehat{A}_1 + \widehat{A}_2$ 和 $B = \widehat{B}_1 + \widehat{B}_2$ 分别是 A 和 B 的核心-幂零分解形式.

定义 1.0.1 设 $A \in \mathbb{C}_{m,n}$. 则存在唯一的 $X \in \mathbb{C}_{n,m}$, 满足

$$(1)\ AXA = A, \quad (2)\ XAX = X, \quad (3)\ (AX)^* = AX, \quad (4)\ (XA)^* = XA,$$

我们称 X 为 A 的 Moore-Penrose 逆, 记为 $A^\dagger$.

定义 1.0.2 设 $A \in \mathbb{C}_{n,n}$. 则存在唯一的 $X \in \mathbb{C}_{n,n}$, 满足

$$(1)\ AXA = A, \quad (2)\ XAX = X, \quad (5)\ AX = XA,$$

我们称 X 为 A 的群逆, 记为 $A^\sharp$.

定义 1.0.3 设 $A \in \mathbb{C}_n^\sharp$. 则存在唯一的 $X \in \mathbb{C}_{n,n}$, 满足

$$(1)\ AXA = A, \quad (2')\ AX^2 = X, \quad (3)\ (AX)^* = AX.$$

我们称 X 为 A 的 core 逆, 记为 $A^{\textcircled{\#}}$.

引理 1.0.6 设 $A \in \mathbb{C}_n^\sharp$. 则

$$A^\sharp = (A^{\textcircled{\#}})^2 A, \tag{1.0.6}$$

$$A^{\textcircled{\#}} = A^\sharp A A^\dagger. \tag{1.0.7}$$

引理 1.0.7 设 $A \in \mathbb{C}_n^\sharp$, $\text{rank}(A) = r$, 则存在一个酉矩阵 U 使得

$$A = U \begin{pmatrix} T & S \\ O & O \end{pmatrix} U^*, \tag{1.0.8}$$

其中 $T \in \mathbb{C}_{r,r}$ 非奇异, 进一步有

$$A^\sharp = U \begin{pmatrix} T^{-1} & T^{-2}S \\ O & O \end{pmatrix} U^*, \quad A^{\textcircled{\#}} = U \begin{pmatrix} T^{-1} & O \\ O & O \end{pmatrix} U^*.$$

设 $A, B \in \mathbb{C}_n^{\sharp}$, A 的形式如 (1.0.8) 所示. 则

$$A^*A = U\begin{pmatrix} T^*T & T^*S \\ S^*T & S^*S \end{pmatrix}U^*, \quad A^2A^{\textcircled{\#}} = U\begin{pmatrix} T & O \\ O & O \end{pmatrix}U^*,$$

进一步有

$$A = ((A^2A^{\textcircled{\#}})^*)^{\dagger}A^*A = U\begin{pmatrix} (T^*)^{-1} & O \\ O & O \end{pmatrix}U^*U\begin{pmatrix} T^*T & T^*S \\ S^*T & S^*S \end{pmatrix}U^* \tag{1.0.9}$$

和

$$\begin{aligned} AU\begin{pmatrix} I_{\mathrm{rank}(A)} & O \\ O & O \end{pmatrix}U^* &= ((A^2A^{\textcircled{\#}})^*)^{\dagger}A^*AU\begin{pmatrix} I_{\mathrm{rank}(A)} & O \\ O & O \end{pmatrix}U^* \\ &= U\begin{pmatrix} T & S \\ O & O \end{pmatrix}\begin{pmatrix} I_{\mathrm{rank}(A)} & O \\ O & O \end{pmatrix}U^* \\ &= U\begin{pmatrix} T & O \\ O & O \end{pmatrix}U^* = A^2A^{\textcircled{\#}}. \end{aligned} \tag{1.0.10}$$

引理 1.0.8 ([121,191]) 设 $A \in \mathbb{C}_{n,n}$, 且 $A = A_1 + A_2$ 是 $A \in \mathbb{C}_{n,n}$ 的 core-EP 分解. 则存在一个酉矩阵 U 使得

$$A_1 = U\begin{pmatrix} T & S \\ O & O \end{pmatrix}U^* \text{ 且 } A_2 = U\begin{pmatrix} O & O \\ O & N \end{pmatrix}U^*, \tag{1.0.11}$$

其中 T 是非奇异的, 且 N 是幂零的. A 的 core-EP 逆 $A^{\textcircled{\dagger}}$ 可表示为

$$\begin{aligned} A^{\textcircled{\dagger}} &= A^k\left((A^*)^k A^{k+1}\right)^{\dagger}A^k, &(1.0.12) \\ &= U\begin{pmatrix} T^{-1} & O \\ O & O \end{pmatrix}U^*. &(1.0.13) \end{aligned}$$

引理 1.0.9 设 $A, B \in \mathbb{H}(n)$, 以及 $\mathcal{R}(A) \subseteq \mathcal{R}(B)$. 则 $A \overset{\circ}{\leq} B$ 当且仅当 $A^{\dagger} \overset{L}{\leq} B^{\dagger}$.

引理 1.0.10 设 $A, B \in \mathbb{H}_{\geq}(n)$. 则 $A \overset{\mathrm{GL}}{\leq} B$ 当且仅当 $A \overset{L}{\leq} B$.

此时, 对于矩阵 $A \in \mathbb{C}_m^{\mathrm{CM}}$, $A\{i, \cdots, j\}$ 表示满足方程 (1) – (5) 中的第 $(i), \cdots, (j)$ 个方程的矩阵的集合, 称其为矩阵 A 的 $\{i, \cdots, j\}$-逆, 并记作 $A^{(i,\cdots,j)}$.

引理 1.0.11 ([13]) 若 $X \in \mathbb{C}_{m,m}$ 满足

$$AX = AA^{\dagger}, \quad \mathcal{R}(X) \subseteq \mathcal{R}(A),$$

则称其为 $A \in \mathbb{C}_m^{\mathrm{CM}}$ 的 core 逆, 并记作 $X = A^{\#\!\!\!\bigcirc}$. 这里值得注意的是矩阵 A 是 core 可逆的当且仅当它是群可逆的.

对于矩阵 A, B 和 S, 当 $A, B \in \mathbb{C}_{m,m}, B - A = SS^*$ 时, A 与 B 之间构成 Löwner 偏序, 记作 $A \overset{L}{\leq} B$[112].

引理 1.0.12 ([45]) 令 $A \in \mathbb{C}_{m,n}$, 对于任意 $G \in A\{1,3,4\}$ 和 $H \in A\{2,3,4\}$, 则

$$H \overset{*}{\leq} A^{\dagger} \overset{*}{\leq} G.$$

引理 1.0.13 ([11]) 令 $A \in \mathbb{C}_{m,n}$, 对于任意 $G \in A\{1,3,4\}$ 和 $H \in A\{2,3,4\}$, 则

$$A\{1,3,4\} = \left\{ G \,\middle|\, A^{\dagger} \overset{*}{\leq} G \right\},$$

$$A\{2,3,4\} = \left\{ H \,\middle|\, H \overset{*}{\leq} A^{\dagger} \right\}.$$

定义 1.0.4 ([212], EP 矩阵) $AA^{\dagger} = A^{\dagger}A$.

定义 1.0.5 ([187], i-EP 矩阵) $A^k(A^k)^{\dagger} = (A^k)^{\dagger}A^k$.

定义 1.0.6 设 $A \in \mathbb{C}_{n,n}$ 且 $\mathrm{Ind}(A) = k$, $l \geq k$, 则满足下列方程

$$AX = XA, \quad A^{l+1}X = A^l, \quad AX^{l+1} = X^l, \quad A - X = A^lX^l(A - X) \tag{1.0.14}$$

的矩阵唯一且 $X = A^D + A^N$, 称之为 A 的 G-S 逆, 记为 $A^{\circledS}$.

引理 1.0.14 利用 core-EP 分解给出其他广义逆的特征, 在 [49,191] 中给出 $A^{\dagger}, A^D, A^{\textcircled{\dagger}}$ 的表达式.

$$A^{\dagger} = U \begin{pmatrix} T^*\Delta & -T^*\Delta SN^{\dagger} \\ (I_{n-t} - N^{\dagger}N)S^*\Delta & N^{\dagger} - (I_{n-t} - N^{\dagger}N)S^*\Delta SN^{\dagger} \end{pmatrix} U^*; \tag{1.0.15}$$

$$A^D = U \begin{pmatrix} T^{-1} & T^{-(k+1)}\tilde{T} \\ O & O \end{pmatrix} U^*; \tag{1.0.16}$$

$$A^{\textcircled{\dagger}} = U \begin{pmatrix} T^{-1} & O \\ O & O \end{pmatrix} U^*. \tag{1.0.17}$$

其中 $\Delta=(TT^*+S(I_{n-t}-N^\dagger N)S^*)^{-1}$. 进一步, 应用 (1.0.14) 和 (2.1.3) 式, 可得 G-S 逆的表达式:

$$A^{(S)}=U\begin{pmatrix}T^{-1} & (T^{-(k+1)}-T^{-(k-1)})\widetilde{T}+S\\ O & N\end{pmatrix}U^*. \tag{1.0.18}$$

引理 1.0.15　设 $A\in\mathbb{C}_{n,n}$ 且 $\mathrm{Ind}(A)=k$, 则

$$AA^{\textcircled{\dagger}}=P_{A^k},\quad A^{\textcircled{\dagger}}=A^DP_{A^k}. \tag{1.0.19}$$

引理 1.0.16 ([191], core-EP 分解)　设 $A\in\mathbb{C}_{n,n}$ 且 $\mathrm{Ind}(A)=k$, 则存在 A_1 和 A_2, 满足

$$A=A_1+A_2,$$

其中 $A_1\in\mathbb{C}_n^{\mathrm{CM}}$,${A_2}^k=0$, 且 ${A_1}^*A_2=A_2A_1=0$. 进一步, 存在酉矩阵 U 使得

$$A_1=U\begin{pmatrix}T & S\\ O & O\end{pmatrix}U^*,\quad A_2=U\begin{pmatrix}O & O\\ O & N\end{pmatrix}U^*, \tag{1.0.20}$$

其中 T 是非奇异矩阵, N 是幂零矩阵.

引理 1.0.17 ([195], EP-幂零分解)　设 $A\in\mathbb{C}_{n,n}$ 且 $\mathrm{Ind}(A)=k$, $\mathrm{rank}(A)=r$ 和 $\mathrm{rank}(A^t)=t$, 则存在 $\hat{A}_1$ 和 $\hat{A}_2$, 满足

$$A=\hat{A}_1+\hat{A}_2,$$

其中 $\hat{A}_1\in\mathbb{C}_n^{\mathrm{EP}}$, $\hat{A}_2^{k+1}=O$, 且 $\hat{A}_2\hat{A}_1=O$. 进一步, 存在酉矩阵 U 使得

$$\hat{A}_1=U\begin{pmatrix}T & O\\ O & O\end{pmatrix}U^*,\quad \hat{A}_2=U\begin{pmatrix}O & S\\ O & N\end{pmatrix}U^*, \tag{1.0.21}$$

其中 $T\in\mathbb{C}_{t,t}$ 是非奇异矩阵, N 是幂零矩阵.

引理 1.0.18 ([198])　设 $A\in\mathbb{C}_{n,n}$, $\mathrm{Ind}(A)=k$ 且 $\mathrm{rank}(A)=r$, 则 A 是 i-EP 矩阵当且仅当存在酉矩阵 U 使得

$$A=U\begin{pmatrix}T & 0\\ 0 & N\end{pmatrix}U^*, \tag{1.0.22}$$

其中 $T\in\mathbb{C}_{t,t}$ 是非奇异的, N 是幂零矩阵且 $\mathrm{Ind}(N)=k$.

广义逆在对偶矩阵上应用广泛. 除此之外, 我们知道广义逆是研究矩阵偏序的主要工具之一.

被减偏序条件所支配的矩阵偏序称之为减序类偏序 [193]. 比如 sharp 偏序和 core 偏序均为减序类偏序. 许多数学学者对减序类偏序进行了研究, 并取得了丰硕的成果. 非减序类偏序也一直被研究.

Löwner 偏序是一种非减序类偏序, 其为数学家研究最早的矩阵偏序. 随后, 几种广义 Löwner 偏序被引入, 如 GL 偏序 [76]、CL 偏序 [193] 和偏序 “ $\overset{\circ}{\leq}$” [131].

特别地, 在非减序类偏序中, 有一种特殊的矩阵偏序:

$$A \overset{\diamond}{\leq} B \Leftrightarrow A, B \in \mathbb{C}_{m,n}, A^{\dagger} \leq B^{\dagger}, \tag{1.0.23}$$

其是由 Baksalary 和 Hauke [7] 引入的. 它不仅是一个非减序类偏序还是一个非 Löwner 型偏序. Alieva 和 Guterman [1] 称之为 Diamond 偏序. 他们还发现矩阵上关于 Diamond 偏序的 Monine 线性变换是可逆的, 并给出了关于变换的完整描述. Lebtahi, Patrício 和 Thome [102] 在环上刻画了 Diamond 偏序. Cīrulis [33] 将 Diamond 偏序扩展到 Rickart 环上. Ferreyra 和 Malik [54] 给出 core 偏序与减偏序和 Diamond 偏序等价的新条件. Yang 和 Ji [209] 注意到 Diamond 偏序的概念可以扩展到 $\mathcal{H}$ 的有界线性算子, 它表示一个含有复杂的 $\mathcal{H} \geq 2$ 的复 Hilbert 空间. Diamond 偏序的构造想法很好.

利用与 Diamond 偏序相似的构造方法, 我们将二元关系写成

$$A^{\sharp} \leq B^{\sharp}, \quad 其中 A, B \in \mathbb{C}_n^{\mathrm{CM}}. \tag{1.0.24}$$

由于群逆的唯一性, 二元关系 (1.0.24) 式是一个矩阵偏序, 但是它不是一个减序类偏序. 结论可以用下面的例子来说明.

例 1.0.19 令

$$A = \begin{pmatrix} 0 & 1/4 & 1/4 \\ 0 & 1/4 & 1/4 \\ 0 & 1/4 & 1/4 \end{pmatrix}, \quad B = \begin{pmatrix} 2 & -5/2 & -1/2 \\ 1/2 & -1/2 & 0 \\ -1 & 3/2 & 1/2 \end{pmatrix}.$$

于是有

$$A^{\sharp} = \begin{pmatrix} 0 & 1 & 1 \\ 0 & 1 & 1 \\ 0 & 1 & 1 \end{pmatrix}, \quad B^{\sharp} = \begin{pmatrix} 2 & 1 & 3 \\ 1 & 1 & 2 \\ 0 & 1 & 1 \end{pmatrix},$$

$$\mathrm{rank}(B^{\sharp}) = \mathrm{rank}(B) = 2, \quad \mathrm{rank}(A^{\sharp}) = \mathrm{rank}(A) = 1$$

和 $\mathrm{rank}(B^\sharp - A^\sharp) = \mathrm{rank}(B^\sharp) - \mathrm{rank}(A^\sharp) = 1$. 即 $A^\sharp$ 和 $B^\sharp$ 构成减偏序.

而

$$B - A = \begin{pmatrix} 2 & -11/4 & -3/4 \\ 1/2 & -3/4 & -1/4 \\ -1 & 5/4 & 1/4 \end{pmatrix},\ \mathrm{rank}(B) - \mathrm{rank}(A) = 1,\ \mathrm{rank}(B - A) = 2,$$

我们发现矩阵 A 和 B 不构成减偏序.

进一步, 利用与 Diamond 偏序相似的构造方法, 写出如下二元关系:

(I) $A^\sharp \overset{\#\!\!\!\!\bigcirc}{\leq} B^\sharp$, 其中 $A, B \in \mathbb{C}_n^{\mathrm{CM}}$;

(II) $A^\dagger \overset{\#\!\!\!\!\bigcirc}{\leq} B^\dagger$, 其中 $A, B \in \mathbb{C}_{n,n}$;

(III) $A^\dagger \overset{\sharp}{\leq} B^\dagger$, 其中 $A, B \in \mathbb{C}_{n,n}$;

(IV) $A^\dagger \overset{*}{\leq} B^\dagger$, 其中 $A, B \in \mathbb{C}_{m,n}$.

我们发现上述四种二元关系都是减序类偏序.

引理 1.0.20 ([123])　令 $A \in \mathbb{R}_{n,n}$ 和 $B \in \mathbb{R}_{n,n}$, 则 $\mathcal{R}(B) \subseteq \mathcal{R}(A)$ 当且仅当 $\mathrm{rank}\begin{pmatrix} A & B \end{pmatrix} = \mathrm{rank}\,(A)$.

$\mathbb{C}_n^{\mathrm{EP}}$ 表示 EP 矩阵的集合:

$$\mathbb{C}_n^{\mathrm{EP}} = \{A \mid A \in \mathbb{C}_{n,n}, AA^\dagger = A^\dagger A\} = \{A \mid A \in \mathbb{C}_{n,n}, R\,(A) = R\,(A^*)\}. \quad (1.0.25)$$

$\mathbb{C}_n^{\mathrm{CM}} = \{A \mid A \in \mathbb{C}_{n,n}, \mathrm{rank}\,(A^2) = \mathrm{rank}\,(A)\}$ 表示指标为 1 的矩阵的集合.

引理 1.0.21 ([209])　令 $A, B \in \mathbb{C}_{n,n}$, $A \overset{\diamond}{\leq} B$ 当且仅当

$$\begin{cases} \mathrm{rank}\begin{pmatrix} B \\ A \end{pmatrix} = \mathrm{rank}\begin{pmatrix} B & A \end{pmatrix} = \mathrm{rank}(B), \\ AA^*A = AB^*A. \end{cases} \quad (1.0.26)$$

引理 1.0.22 ([13, 72])　令 $A \in \mathbb{C}_n^{\mathrm{CM}}$, 其中 $\mathrm{rank}(A) = r$. 则存在酉矩阵 $U \in \mathbb{C}_{n,n}$ 使得

$$A = U \begin{pmatrix} T & S \\ O & O \end{pmatrix} U^*, \quad (1.0.27)$$

其中 $T \in \mathbb{C}_{r,r}$ 是非奇异的.

Baksalary 和 Trenkler [13] 得到

$$A^{\sharp} = U \begin{pmatrix} T^{-1} & T^{-2}S \\ O & O \end{pmatrix} U^*, \tag{1.0.28}$$

$$A^{\text{\textcircled{\#}}} = U \begin{pmatrix} T^{-1} & O \\ O & O \end{pmatrix} U^*. \tag{1.0.29}$$

一般地, 令 $A \in \mathbb{C}_{n,n}$, $\operatorname{rank}(A) = r$, 则

$$A = U \begin{pmatrix} \Sigma K & \Sigma L \\ O & O \end{pmatrix} U^*, \tag{1.0.30}$$

其中 $U \in \mathbb{C}_{n,n}$ 是酉矩阵, 非奇异矩阵 $\Sigma = \operatorname{diag}(\sigma_1, \cdots, \sigma_r)$ 是 A 奇异值的对角矩阵, $\sigma_1 \geq \cdots \geq \sigma_r > 0$, 且 $K \in \mathbb{C}_{r,r}$, $L \in \mathbb{C}_{r,n-r}$ 满足

$$KK^* + LL^* = I_r. \tag{1.0.31}$$

由这个分解, Baksalary 和 Trenkler [13] 得到

$$A^{\dagger} = U \begin{pmatrix} K^{\mathrm{T}}\Sigma^{-1} & O \\ L^{\mathrm{T}}\Sigma^{-1} & O \end{pmatrix} U^*. \tag{1.0.32}$$

尤其是, 当 A 的指标为 1 时, $A^{\text{\textcircled{\#}}}$ 存在的充分必要条件为 K 是非奇异的. 在 [13], 通过应用 (1.0.30) 式, Baksalary 和 Trenkler 也给出了 core 逆和群逆的刻画:

$$\begin{aligned} A^{\text{\textcircled{\#}}} &= A^{\sharp}AA^{\dagger} & (1.0.33) \\ &= U \begin{pmatrix} (\Sigma K)^{-1} & O \\ O & O \end{pmatrix} U^*, & (1.0.34) \\ A^{\sharp} &= U \begin{pmatrix} K^{-1}\Sigma^{-1} & K^{-1}\Sigma^{-1}K^{-1}L \\ O & O \end{pmatrix} U^*. & (1.0.35) \end{aligned}$$

引理 1.0.23 ([13]) 令 $A \in \mathbb{C}_n^{\mathrm{CM}}$, 则 $(A^{\text{\textcircled{\#}}})^{\dagger} = AAA^{\dagger}$.

引理 1.0.24 ([179]) 令 A_1, A_2, B_1, B_2, C_1, C_2 和 D 是定义表达式 $D - C_1A_1^{\dagger}B_1 - C_2A_2^{\dagger}B_2$ 的矩阵. 则

$$\operatorname{rank}\Big(D - C_1A_1^{\dagger}B_1 - C_2A_2^{\dagger}B_2 \Big)$$

$$= \operatorname{rank}\begin{pmatrix} A_1^*A_1A_1^* & O & A_1^*B_1 \\ O & A_2^*A_2A_2^* & A_2^*B_2 \\ C_1A_1^* & C_2A_2^* & D \end{pmatrix} - \operatorname{rank}(A_1) - \operatorname{rank}(A_2). \tag{1.0.36}$$

特别若

$$R(B_1) \subseteq R(A_1), \quad R(B_2) \subseteq R(A_2), \quad R(C_1^*) \subseteq R(A_1^*), \quad R(C_2^*) \subseteq R(A_2^*),$$

则

$$\begin{aligned} &\operatorname{rank}\Big(D - C_1A_1^{\dagger}B_1 - C_2A_2^{\dagger}B_2 \Big) \\ &= \operatorname{rank}\begin{pmatrix} A_1 & O & B_1 \\ O & A_2 & B_2 \\ C_1 & C_2 & D \end{pmatrix} - \operatorname{rank}(A_1) - \operatorname{rank}(A_2). \end{aligned} \tag{1.0.37}$$

第 2 章　矩阵新型分解与偏序

本章首先介绍方阵的一种新型分解, 称为 core-EP 分解, 并给出它的性质及其应用. 通过该分解, 得到 core-EP 逆的几个性质, 并引入 core-EP 序和 core-减序, 并刻画其性质. 其次, 给出矩形复矩阵的一个独特的类极分解定理. 应用这种分解, 我们在矩形矩阵集上扩展 GL (广义 Löwner) 偏序定义一个新的偏序, 称为 WL (弱 Löwner) 偏序, 并且给出新偏序的一些基本性质. 最后, 介绍 EP-幂零分解, 并给出它的一些应用. 通过该分解, 引入 E-N 偏序和 E-S 偏序.

2.1　core-EP 分解及其应用

定理 2.1.1 (core-EP 分解)　设 $A \in \mathbb{C}_{n,n}$ 且满足 $\mathrm{Ind}(A) = k$. 则 A 可以写作矩阵 A_1 和 A_2 之和, 即 $A = A_1 + A_2$, 其中

(1) $A_1 \in \mathbb{C}_n^{\mathrm{CM}}$;

(2) $A_2^k = 0$;

(3) $A_1^* A_2 = A_2 A_1 = 0$.

这里 A_1 和 A_2 中的一个或两个可以为空.

证明　设 $A \in \mathbb{C}_{n,n}$. 利用 Schur 三角化定理, 存在一个酉矩阵 $U \in \mathbb{C}_{n,n}$ 使得 U^*AU 是上三角的. 实际上, 上三角矩阵主对角线的元素是 A 的特征值, 并且我们可以假设其第一个元素的特征值是非零的. 因此, 可以写作

$$A = U \begin{pmatrix} T_1 & T_2 \\ O & T_3 \end{pmatrix} U^*,$$

其中 T_1 是上三角且非奇异的, 并且 T_3 是上三角的且 T_3 的主对角元是 0. 定义

$$A_1 = U \begin{pmatrix} T_1 & T_2 \\ O & O \end{pmatrix} U^*, \quad A_2 = U \begin{pmatrix} O & O \\ O & T_3 \end{pmatrix} U^*.$$

矩阵 A_1 和 A_2 满足定理. □

观察定理 2.1.1 的证明, 可以直接得到以下定理.

定理 2.1.2　设 $A \in \mathbb{C}_{n,n}$ 的 core-EP 分解如定理 2.1.1 所示. 则存在一个酉矩阵 U 使得

$$A_1 = U \begin{pmatrix} T & S \\ O & O \end{pmatrix} U^* \quad 且 \quad A_2 = U \begin{pmatrix} O & O \\ O & N \end{pmatrix} U^*, \tag{2.1.1}$$

其中 T 是非奇异的, 且 N 是幂零的.

根据 (2.1.1) 和 $A = A_1 + A_2$ 可以得到

$$A^k \left(A^k\right)^\dagger = U \begin{pmatrix} I_{\mathrm{rk}(A^k)} & O \\ O & O \end{pmatrix} U^*.$$

因此, 有如下结论.

定理 2.1.3　设 $A \in \mathbb{C}_{n,n}$ 满足 $\mathrm{Ind}\,(A) = k$, 且设 A 的 core-EP 分解如定理 2.1.1 所示. 则

$$A_1 = A^k \left(A^k\right)^\dagger A \quad 且 \quad A_2 = A - A^k \left(A^k\right)^\dagger A. \tag{2.1.2}$$

定理 2.1.4　给定矩阵的 core-EP 分解是唯一的.

证明　设 $A = A_1 + A_2$ 是 $A \in \mathbb{C}_{n,n}$ 的 core-EP 分解, 其中 A_1 是一个核可逆的矩阵, 且 A_2 是一个幂零的矩阵. 设 A_1 和 A_2 表示为 (2.1.2).

设 $A = B_1 + B_2$ 为 A 的另一个 core-EP 分解形式. 则 $A^k = \sum\limits_{i=0}^{k} B_1^i B_2^{k-i}$. 由 $B_1^* B_2 = 0$ 和 $B_2^k = O$, 可得 $\left(A^k\right)^* B_2 = O$. 因此, $\left(A^k\right)^\dagger B_2 = O$. 注意到 $B_2 B_1 = O$ 和 $B_1 \in \mathbb{C}_n^{\mathrm{CM}}$, 则 $A^k B_1 (B_1^k)^\# = B_1$, 由于 $A^k (A^k)^\dagger B_1 = A^k (A^k)^\dagger A^k B_1 (B_1^k)^\# = A^k B_1 (B_1^k)^\# = B_1$.

由此可得

$$\begin{aligned} B_1 - A_1 &= B_1 - A^k \left(A^k\right)^\dagger A \\ &= B_1 - A^k \left(A^k\right)^\dagger B_1 - A^k \left(A^k\right)^\dagger B_2 \\ &= O, \end{aligned}$$

即 $B_1 = A_1$. 因此, A 的 core-EP 分解是唯一的. □

接下来, 利用 core-EP 分解来考虑 core-EP 逆、core-EP 序以及 core-减偏序.

引理 2.1.5 ([121])　设 $A \in \mathbb{C}_{n,n}$, 则

$$A^{\textcircled{\dagger}} = A^k \left(\left(A^*\right)^k A^{k+1}\right)^\dagger A^k,$$

其中 $k = \mathrm{Ind}(A)$. 特别地, 当 $k = 1$ 时, 易得 $A^{\textcircled{\dagger}} = A^{\textcircled{\#}}$.

引理 2.1.6 ([121]) 设 $A \in \mathbb{C}_{n,n}$ 且 $\operatorname{Ind}(A)=k$. 则 X 是 A 的 core-EP 逆当且仅当 X 满足如下条件的矩阵:

$$(1^k)\ XA^{k+1}=A^k,\quad (2)\ XAX=X,\quad (3)\ (AX)^*=AX,$$

且 $\mathcal{R}(X)\subseteq\mathcal{R}\left(A^k\right)$.

定理 2.1.7 设 $A \in \mathbb{C}_{n,n}$ 且 $\operatorname{Ind}(A)=k$, 设 A 的 core-EP 分解如定理 2.1.1 所示. 则

$$A^{\textcircled{\dagger}}=A_1^{\textcircled{\#}}.$$

此外, 设 A_1 的分解形如 (2.1.1). 则

$$A^{\textcircled{\dagger}}=U\begin{pmatrix}T^{-1} & O\\ O & O\end{pmatrix}U^*. \tag{2.1.3}$$

证明 设 A_1 形如 (2.1.1), 则

$$A_1^{\textcircled{\#}}=U\begin{pmatrix}T^{-1} & O\\ O & O\end{pmatrix}U^*.$$

记

$$A^k=U\begin{pmatrix}T^k & \widehat{T}\\ O & O\end{pmatrix}U^*,$$

其中 $\widehat{T}$ 为一个合适的矩阵. 很容易看出 $\mathcal{R}\left(A_1^{\textcircled{\#}}\right)\subseteq\mathcal{R}\left(A^k\right)$ 且

$$A_1^{\textcircled{\#}}A^{k+1}=U\begin{pmatrix}T^{-1} & O\\ O & O\end{pmatrix}\begin{pmatrix}T^{k+1} & T\widehat{T}\\ O & O\end{pmatrix}U^*=U\begin{pmatrix}T^k & \widehat{T}\\ O & O\end{pmatrix}U^*=A^k,$$

$$A_1^{\textcircled{\#}}AA_1^{\textcircled{\#}}=U\begin{pmatrix}T^{-1} & O\\ O & O\end{pmatrix}\begin{pmatrix}T & S\\ O & N\end{pmatrix}\begin{pmatrix}T^{-1} & O\\ O & O\end{pmatrix}U^*=U\begin{pmatrix}T^{-1} & O\\ O & O\end{pmatrix}U^*=A_1^{\textcircled{\#}},$$

$$\left(AA_1^{\textcircled{\#}}\right)^*=\left(U\begin{pmatrix}T & S\\ O & N\end{pmatrix}\begin{pmatrix}T^{-1} & O\\ O & O\end{pmatrix}U^*\right)^*=\left(U\begin{pmatrix}I & O\\ O & O\end{pmatrix}U^*\right)^*=AA_1^{\textcircled{\#}}.$$

因此, 利用定理 2.1.2, 有 $A^{\textcircled{\dagger}}=A_1^{\textcircled{\#}}$ 且 (2.1.3) 成立. □

推论 2.1.8 设 $A \in \mathbb{C}_{n,n}$ 且 $\operatorname{Ind}(A)=k$, 设 A 的 core-EP 分解如定理 2.1.1 所示. 则

$$A^{\textcircled{\dagger}}=A^k\left(A^{k+1}\right)^{\textcircled{\#}},$$

$$AA^{\textcircled{\dagger}} = A^k\left(A^k\right)^{\#} = A^k\left(A^k\right)^{\dagger}. \tag{2.1.4}$$

根据定理 2.1.7 易得

$$AA^{\textcircled{\dagger}} = U\begin{pmatrix} I_{\operatorname{rank}(T)} & O \\ O & O \end{pmatrix}U^*.$$

因此, 利用 $A \in \mathbb{C}_{n,n}$ 的 core-EP 逆 $A^{\textcircled{\dagger}}$, 可得 A 的 core-EP 分解的一个刻画.

定理 2.1.9　设 $A \in \mathbb{C}_{n,n}$ 满足 $\operatorname{Ind}(A) = k$, 且设 A 的 core-EP 分解如定理 2.1.1 所示. 则

$$A_1 = AA^{\textcircled{\dagger}}A \quad 且 \quad A_2 = A - AA^{\textcircled{\dagger}}A.$$

引理 2.1.10 [13]　设 $A, B \in \mathbb{C}_n^{\mathrm{CM}}$, 且 A 形如 (1.0.3). 则下列条件等价:

(1) $A \overset{\#}{\leq} B$;

(2) $B = U\begin{pmatrix} T & S \\ O & Z \end{pmatrix}U^*$, 其中 $Z \in \mathbb{C}_{n-r}^{\mathrm{CM}}$;

(3) $A^{\dagger}A = A^{\dagger}B$, $A^2 = BA$.

考虑以下二元关系:

$$A \overset{\textcircled{\dagger}}{\leq} B : A, B \in \mathbb{C}_{n,n}, A^{\textcircled{\dagger}}A = A^{\textcircled{\dagger}}B \text{ 且 } AA^{\textcircled{\dagger}} = BA^{\textcircled{\dagger}}. \tag{2.1.5}$$

称之为 core-EP 序.

注记 2.1.11　值得注意的是, 当 A 和 $B \in \mathbb{C}_n^{\mathrm{CM}}$ 时, $A^{\textcircled{\dagger}} = A^{\#}$ 和 $B^{\textcircled{\dagger}} = B^{\#}$ 成立. 因此, core-EP 序和核偏序在 $\mathbb{C}_n^{\mathrm{CM}}$ 时一致.

定理 2.1.12　设 $A, B \in \mathbb{C}_{n,n}$. 则如下命题等价:

(1) $A \overset{\textcircled{\dagger}}{\leq} B$, 即 $A^{\textcircled{\dagger}}A = A^{\textcircled{\dagger}}B$, $AA^{\textcircled{\dagger}} = BA^{\textcircled{\dagger}}$;

(2) 存在一个酉矩阵 U 使得

$$A = U\begin{pmatrix} T_1 & T_2 & S_1 \\ O & N_{11} & N_{12} \\ O & N_{13} & N_{14} \end{pmatrix}U^* \quad 且 \quad B = U\begin{pmatrix} T_1 & T_2 & S_1 \\ O & T_3 & S_2 \\ O & O & N_2 \end{pmatrix}U^*, \tag{2.1.6}$$

其中 $\begin{pmatrix} N_{11} & N_{12} \\ N_{13} & N_{14} \end{pmatrix}$ 和 N_2 是幂零的, T_1 和 T_3 是非奇异的;

(3) $A^{k+1} = BA^k$, $A^*A^k = B^*A^k$, 其中 k 是 A 的指标;

(4) 对于每个酉矩阵 V, 有 $VAV^* \overset{\textcircled{\dagger}}{\leq} VBV^*$;

(5) $A_1 \overset{\#}{\leq} B_1$, 其中 A_1 和 B_1 是核可逆的, A_2 和 B_2 是幂零的, 且 $A = A_1 + A_2$ 和 $B = B_1 + B_2$ 分别为 A 和 B 的 core-EP 分解形式.

证明 (1) ⇒ (2) 设

$$A = U_1 \begin{pmatrix} T_1 & \widehat{T}_2 & \widehat{S}_1 \\ O & \widehat{N}_{11} & \widehat{N}_{12} \\ O & \widehat{N}_{13} & \widehat{N}_{14} \end{pmatrix} U_1^*$$

是 A 的 core-EP 分解, 其中 T_1 非奇异, $\begin{pmatrix} \widehat{N}_{11} & \widehat{N}_{12} \\ \widehat{N}_{13} & \widehat{N}_{14} \end{pmatrix}$ 是幂零的, 且 U 是酉矩阵. 则

$$A^{\textcircled{\dagger}} = U_1 \begin{pmatrix} T_1^{-1} & O & O \\ O & O & O \\ O & O & O \end{pmatrix} U_1^*.$$

记

$$B = U_1 \begin{pmatrix} X_{11} & X_{12} & X_{13} \\ X_{21} & X_{22} & X_{23} \\ X_{31} & X_{32} & X_{33} \end{pmatrix} U_1^*.$$

由于

$$\begin{aligned} A^{\textcircled{\dagger}}A &= U_1 \begin{pmatrix} I & T_1^{-1}\widehat{T}_2 & \widehat{T}_1^{-1}\widehat{S}_1 \\ O & O & O \\ O & O & O \end{pmatrix} U_1^* = A^{\textcircled{\dagger}}B \\ &= U_1 \begin{pmatrix} T_1^{-1}X_{11} & T_1^{-1}X_{12} & T_1^{-1}X_{13} \\ O & O & O \\ O & O & O \end{pmatrix} U_1^*, \end{aligned}$$

由此可得 $X_{11} = T_1$, $X_{12} = \widehat{T}_2$, $X_{13} = \widehat{S}_1$, 且有

$$AA^{\textcircled{\dagger}} = U_1 \begin{pmatrix} I & O & O \\ O & O & O \\ O & O & O \end{pmatrix} U_1^* = BA^{\textcircled{\dagger}} = U_1 \begin{pmatrix} I & O & O \\ X_{21}T_1^{-1} & O & O \\ X_{31}T_1^{-1} & O & O \end{pmatrix} U_1^*,$$

由此可得 $X_{21} = O$, $X_{31} = O$, 且有

$$B = U_1 \begin{pmatrix} T_1 & \widehat{T}_2 & \widehat{S}_1 \\ O & X_{22} & X_{23} \\ O & X_{32} & X_{33} \end{pmatrix} U_1^*.$$

设

$$\begin{pmatrix} X_{22} & X_{23} \\ X_{32} & X_{33} \end{pmatrix} = U_2 \begin{pmatrix} T_3 & S_2 \\ O & N_2 \end{pmatrix} U_2^*$$

是 $\begin{pmatrix} X_{22} & X_{23} \\ X_{32} & X_{33} \end{pmatrix}$ 的 core-EP 分解, 其中 T_2 非奇异, N_2 幂零, 且 U_2 是酉矩阵.

记

$$U = U_1 \begin{pmatrix} I & O \\ O & U_2 \end{pmatrix}, \quad \begin{pmatrix} N_{11} & N_{12} \\ N_{13} & N_{14} \end{pmatrix} = U_2^* \begin{pmatrix} \widehat{N}_{11} & \widehat{N}_{12} \\ \widehat{N}_{13} & \widehat{N}_{14} \end{pmatrix} U_2$$

且 $\begin{pmatrix} \widehat{T}_2 & \widehat{S}_1 \end{pmatrix} U_2 = \begin{pmatrix} T_2 & S_1 \end{pmatrix}$, 我们有

$$A = U \begin{pmatrix} T_1 & T_2 & S_1 \\ O & N_{11} & N_{12} \\ O & N_{13} & N_{14} \end{pmatrix} U^*, \quad B = U \begin{pmatrix} T_1 & T_2 & S_1 \\ O & T_3 & S_2 \\ O & O & N_2 \end{pmatrix} U^*,$$

且 $\begin{pmatrix} N_{11} & N_{12} \\ N_{13} & N_{14} \end{pmatrix}$ 是幂零的.

(2) ⇒ (1)　易证.

(2) ⇒ (3)　利用 (2.1.6), 可得 $A^k = U \begin{pmatrix} T_1^k & \widetilde{T}_2 & \widetilde{S}_1 \\ O & O & O \\ O & O & O \end{pmatrix} U^*$, 其中 $\widetilde{T}_2$ 和 $\widetilde{S}_1$ 是两个相应的矩阵. 易得

$$A^{k+1} = U \begin{pmatrix} T_1 T_1^k & T_1 \widetilde{T}_2 & T_1 \widetilde{S}_1 \\ O & O & O \\ O & O & O \end{pmatrix} U^* = BA^k,$$

$$A^* A^k = U \begin{pmatrix} T_1^* T_1^k & T_1^* \widetilde{T}_2 & T_1^* \widetilde{S}_1 \\ T_2^* T_1^k & T_2^* \widetilde{T}_2 & T_2^* \widetilde{S}_1 \\ S_1^* T_1^k & S_1^* \widetilde{T}_2 & S_1^* \widetilde{S}_1 \end{pmatrix} U^* = B^* A^k.$$

(3) ⇒ (1) 应用 (2.1.4) 将 $AA^k = BA^k$ 等式两边右乘 $\left(A^{k+1}\right)^{\#}$, 可得 $AA^{\textcircled{\dagger}} = BA^{\textcircled{\dagger}}$.

将 $A^*A^k = B^*A^k$ 右乘 $\left(A^{k+1}\right)^{\#}$, 可得 $A^*A^{\textcircled{\dagger}} = B^*A^{\textcircled{\dagger}}$. 将 $(A^{\textcircled{\dagger}})^*A = (A^{\textcircled{\dagger}})^*B$ 左乘 $A^{\textcircled{\dagger}}\left((A^{\textcircled{\dagger}})^*\right)^{\#}$ 且应用 $A^{\textcircled{\dagger}} = A^{\textcircled{\dagger}}\left((A^{\textcircled{\dagger}})^*\right)^{\#}(A^{\textcircled{\dagger}})^*$, 可得 $A^{\textcircled{\dagger}}A = A^{\textcircled{\dagger}}B$.

(3) ⇔ (4) 易证.

(2) ⇔ (5) 设 $A = A_1 + A_2$ 和 $B = B_1 + B_2$ 分别为 A 和 $B \in \mathbb{C}_{n,n}$ 的 core-EP 分解, 其中 A_1 和 B_1 是核可逆的, 且 A_2 和 B_2 是幂零的. 则有 $A^{\textcircled{\dagger}} = A_1^{\#}$ 且 $B^{\textcircled{\dagger}} = B_1^{\#}$. 应用引理 2.1.10, 可得 (2) ⇔ (5). □

应用定理 2.1.12, 可知二元关系 (2.1.5) 具有自反性和传递性, 即 core-EP 序是一个预偏序. 但 core-EP 序不具有反对称性.

例 2.1.13 设

$$A = \begin{pmatrix} 1 & 2 & 3 \\ 0 & 0 & 0 \\ 0 & 0 & 0 \end{pmatrix} \quad 且 \quad B = \begin{pmatrix} 1 & 2 & 3 \\ 0 & 0 & 1 \\ 0 & 0 & 0 \end{pmatrix},$$

则 $A \overset{\textcircled{\dagger}}{\leq} B$ 且 $B \overset{\textcircled{\dagger}}{\leq} A$. 然而, $A \neq B$.

定理 2.1.14 core-EP 序不是一个偏序, 而仅是一个拟序.

定义 2.1.1 设 $A, B \in \mathbb{C}_{n,n}$, $A = A_1 + A_2$ 和 $B = B_1 + B_2$ 分别为 A 和 B 的 core-EP 分解, 其中 A_1 和 B_1 是核可逆的, 且 A_2 和 B_2 是幂零的. 若

$$A_1 \overset{\#}{\leq} B_1 \quad 且 \quad A_2 \leq B_2,$$

则称 A 和 B 具有 core-减序. 记 $A \overset{\text{CM}}{\leq} B$.

由于给定矩阵的 core-EP 分解是唯一的, 并且 core 偏序和减偏序都是偏序, 则易证以下定理:

定理 2.1.15 core-减序是一个偏序.

注记 2.1.16 当 $k = 1$ 时, 易证 core-减偏序与核偏序 [13, 定义 2] 一致.

定理 2.1.17 由 core-减偏序可以推出减偏序.

定理 2.1.18 设 $A, B \in \mathbb{C}_{n,n}$. 则 $A \overset{\text{CM}}{\leq} B$ 当且仅当存在一个酉矩阵 U 使得

$$A = U\begin{pmatrix} T_1 & T_2 & S_1 \\ O & O & O \\ O & O & N_1 \end{pmatrix}U^* \quad 且 \quad B = U\begin{pmatrix} T_1 & T_2 & S_1 \\ O & T_3 & S_2 \\ O & O & N_2 \end{pmatrix}U^*, \tag{2.1.7}$$

其中 T_1 和 T_3 非奇异, 且 N_1 和 N_2 是满足 $N_1 \leq N_2$ 的幂零阵.

证明 设 A 和 B 形如 (2.1.7) 且 $N_1 \le N_2$, 则有 A 和 B 的 core-EP 分解形式分别为 $A = A_1 + A_2$ 和 $B = B_1 + B_2$,

$$A_1 = U \begin{pmatrix} T_1 & T_2 & S_1 \\ O & O & O \\ O & O & O \end{pmatrix} U^*, \quad A_2 = U \begin{pmatrix} O & O & O \\ O & O & O \\ O & O & N_1 \end{pmatrix} U^*,$$

$$B_1 = U \begin{pmatrix} T_1 & T_2 & S_1 \\ O & T_3 & S_2 \\ O & O & O \end{pmatrix} U^*, \quad B_2 = U \begin{pmatrix} O & O & O \\ O & O & O \\ O & O & N_2 \end{pmatrix} U^*.$$

根据定义 2.1.1 可得 $A \overset{\text{CM}}{\le} B$.

相反地, 设 $B = B_1 + B_2$ 为 B 的核心幂零分解. 由于 $A_1 \overset{\#}{\le} B_1$, 于是有

$$A_1 = U \begin{pmatrix} T_1 & T_2 & S_1 \\ O & O & O \\ O & O & O \end{pmatrix} U^* \quad 且 \quad B_1 = U \begin{pmatrix} T_1 & T_2 & S_1 \\ O & T_3 & S_2 \\ O & O & O \end{pmatrix} U^*.$$

由此可得

$$B_2 = U \begin{pmatrix} O & O & O \\ O & O & O \\ O & O & N_2 \end{pmatrix} U^*,$$

其中 N_2 为幂零的. 对于 $A_2 \le B_2$, 由

$$A_2 = U \begin{pmatrix} O & O & O \\ O & O & O \\ O & O & N_1 \end{pmatrix} U^*.$$

其中 N_1 是幂零的且 $N_1 \le N_2$. □

定理 2.1.19 设 $A, B \in \mathbb{C}_{n,n}$. 则 $A \overset{\text{CM}}{\le} B$ 当且仅当

$$A \overset{\textcircled{\dagger}}{\le} B \quad 且 \quad A - AA^{\textcircled{\dagger}}A \le B - BB^{\textcircled{\dagger}}B.$$

证明 设 A 和 B 的 core-EP 分解如定义 2.1.1 所示. 则 $A \overset{\text{CM}}{\le} B$ 当且仅当 $A_1 \overset{\#}{\le} B_1$ 且 $A_2 \le B_2$. 应用定理 2.1.9 和定理 2.1.12, 可知 $A \overset{\textcircled{\dagger}}{\le} B$ 等价于 $A_1 \overset{\#}{\le} B_1$, 且 $A - AA^{\textcircled{\dagger}}A \le B - BB^{\textcircled{\dagger}}B$ 等价于 $A_2 \le B_2$. 由此证得该定理. □

2.2 类极分解及其应用

本节在极分解的基础上, 给出 WL 偏序的概念以及 GL 偏序的推广. 同时讨论 WL 偏序的性质和刻画, 并考察它与 GL 偏序的关系.

定理 2.2.1 (极分解) ([18]) 设 $A \in \mathbb{C}_{m,n}$. 则 A 可以写作

$$A = G_A E_A = E_A H_A, \tag{2.2.1}$$

其中 $E_A \in \mathbb{C}_{m,n}$ 是部分等距的, 即 $E_A^* = E_A^\dagger$, 且 $G_A \in \mathbb{C}_{m,m}$ 和 $H_A \in \mathbb{C}_{n,n}$ 是 Hermite 非负定矩阵. 矩阵 E_A, G_A 和 H_A 是由 $\mathcal{R}(E_A) = \mathcal{R}(G_A)$ 和 $\mathcal{R}(E_A^*) = \mathcal{R}(H_A)$ 唯一确定的, 在这种情况下 $G_A = |A|$, $H_A = |A^*|$ 和 $E_A = G_A^\dagger A = AH_A^\dagger$ 成立.

定理 2.2.2 设 $A = G_A E_A$ 和 $B = G_B E_B$ 为 $A, B \in \mathbb{C}_{m,n}$ 的极分解, 其中 $\mathcal{R}(E_A) = \mathcal{R}(G_A)$ 且 $\mathcal{R}(E_B) = \mathcal{R}(G_B)$. 则

$$A \overset{\text{GL}}{\leq} B \Leftrightarrow E_A \overset{*}{\leq} E_B \quad 且 \quad G_A \overset{L}{\leq} G_B, \tag{2.2.2}$$

$$\Leftrightarrow E_A \overset{*}{\leq} E_B \quad 且 \quad H_A \overset{L}{\leq} H_B. \tag{2.2.3}$$

定理 2.2.3 设 $A \in \mathbb{C}_{m,n}$. 则 A 可以写作

$$A = G_A^{\frac{1}{2}} E_A H_A^{\frac{1}{2}}, \tag{2.2.4}$$

其中 E_A, G_A 和 H_A 由定理 2.2.1 给出.

证明 设 $A \in \mathbb{C}_{m,n}$, $\operatorname{rank}(A) = r$, 且

$$A = U_A \Sigma_A V_A^*$$

为 A 的 SVD 分解, 其中 $U_A \in \mathbb{C}_{m,r}$ 和 $V_A \in \mathbb{C}_{n,r}$ 为酉矩阵, $U_A^* U_A = I_r = V_A^* V_A$, Σ_A 是一个对角正定矩阵. 则

$$G_A = U_A \Sigma_A U_A^*, \quad E_A = U_A V_A^* \quad 且 \quad H_A = V_A \Sigma_A V_A^*.$$

因此,

$$A = U_A \Sigma_A^{\frac{1}{2}} U_A^* U_A V_A^* V_A \Sigma_A^{\frac{1}{2}} V_A^* = |A|^{\frac{1}{2}} E_A |A^*|^{\frac{1}{2}} = G_A^{\frac{1}{2}} E_A H_A^{\frac{1}{2}}. \qquad \square$$

称 (2.2.4) 为 A 的类极分解. 易证

$$E_A^* G_A^{\frac{1}{2}} E_A = V_A U_A^* U_A \Sigma_A^{\frac{1}{2}} U_A^* U_A V_A^* = V_A \Sigma_A^{\frac{1}{2}} V_A^* = H_A^{\frac{1}{2}},$$

$$E_A H_A^{\frac{1}{2}} E_A^* = G_A^{\frac{1}{2}}.$$

接下来, 考虑二元关系:

$$A \overset{\text{WL}}{\leq} B \;\Leftrightarrow\; G_A^{\frac{1}{2}} \overset{L}{\leq} G_B^{\frac{1}{2}},\; E_A \overset{*}{\leq} E_B,\; H_A^{\frac{1}{2}} \overset{L}{\leq} H_B^{\frac{1}{2}}, \tag{2.2.5}$$

其中 $A = G_A^{\frac{1}{2}} E_A H_A^{\frac{1}{2}}$ 和 $B = G_B^{\frac{1}{2}} E_B H_B^{\frac{1}{2}}$ 分别为 A 和 B 的类极分解. 由于任给矩阵的分解是唯一的, 易证该二元关系是一个偏序, 称其为弱 GL 偏序 (简称 WL 偏序).

定理 2.2.4 二元关系 (2.2.5) 是一个偏序.

定理 2.2.5 设 $A, B \in \mathbb{C}_{m,n}$. 则

$$A \overset{\text{WL}}{\leq} B \;\Leftrightarrow\; A^* \overset{\text{WL}}{\leq} B^*. \tag{2.2.6}$$

证明 设 $A = G_A^{\frac{1}{2}} E_A H_A^{\frac{1}{2}}$. 由于 $G_A^{\frac{1}{2}} = H_{A^*}^{\frac{1}{2}}$, $E_A = E_{A^*}$ 且 $H_A^{\frac{1}{2}} = G_{A^*}^{\frac{1}{2}}$, 可得 (2.2.6) 成立. □

定理 2.2.6 设 $A = G_A^{\frac{1}{2}} E_A H_A^{\frac{1}{2}}$ 和 $B = G_B^{\frac{1}{2}} E_B H_B^{\frac{1}{2}}$ 分别为 $A, B \in \mathbb{C}_{m,n}$ 的类极分解, 且 $E_A \overset{*}{\leq} E_B$. 则

$$G_A^{\frac{1}{2}} \overset{L}{\leq} G_B^{\frac{1}{2}} \;\Leftrightarrow\; H_A^{\frac{1}{2}} \overset{L}{\leq} H_B^{\frac{1}{2}}. \tag{2.2.7}$$

证明 设 $G_A^{\frac{1}{2}} \overset{L}{\leq} G_B^{\frac{1}{2}}$ 且 $E_A \overset{*}{\leq} E_B$. 则

$$U_A \Sigma_A^{\frac{1}{2}} U_A^* \overset{L}{\leq} U_B \Sigma_B^{\frac{1}{2}} U_B^*, \tag{2.2.8}$$

$$U_A V_A^* \overset{*}{\leq} U_B V_B^*. \tag{2.2.9}$$

于是 $V_A U_A^* U_A V_A^* = V_A U_A^* U_B V_B^*$. 根据 $U_A^* U_A = I = V_A^* V_A$ 和

$$V_A^* \left(V_A U_A^* U_A V_A^* \right) V_B = V_A^* \left(V_A U_A^* U_B V_B^* \right) V_B,$$

从而

$$V_A^* V_B = U_A^* U_B. \tag{2.2.10}$$

由 (2.2.8) 和 (2.2.10), 有 $V_B^* V_A \Sigma_A^{\frac{1}{2}} V_A^* V_B \overset{L}{\leq} \Sigma_B^{\frac{1}{2}}$. 因此,

$$V_B V_B^* V_A \Sigma_A^{\frac{1}{2}} V_A^* V_B V_B^* \overset{L}{\leq} V_B \Sigma_B^{\frac{1}{2}} V_B^*. \tag{2.2.11}$$

由 (2.2.9), 我们有 $(U_A V_A^*)^* U_A V_A^* \overset{*}{\leq} (U_B V_B^*)^* U_B V_B^*$, 即

$$V_A V_A^* \overset{*}{\leq} V_B V_B^*.$$

由此可得 $V_A V_A^* V_A V_A^* = V_A V_A^* = V_A V_A^* V_B V_B^*$. 因此, $V_A^* V_A V_A^* = V_A^* V_A V_A^* V_B V_B^*$, 即 $V_A^* = V_A^* V_B V_B^*$. 根据 (2.2.11) 可得

$$V_A \Sigma_A^{\frac{1}{2}} V_A^* \overset{L}{\leq} V_B \Sigma_B^{\frac{1}{2}} V_B^*,$$

即 $H_A^{\frac{1}{2}} \overset{L}{\leq} H_B^{\frac{1}{2}}$.

类似由 $E_A \overset{*}{\leq} E_B$ 和 $H_A^{\frac{1}{2}} \overset{L}{\leq} H_B^{\frac{1}{2}}$, 可得 $G_A^{\frac{1}{2}} \overset{L}{\leq} G_B^{\frac{1}{2}}$. □

定理 2.2.7 设 $A, B \in \mathbb{C}_{m,n}$. 则

$$A \overset{\text{WL}}{\leq} B \Leftrightarrow G_A^{\frac{1}{2}} \overset{L}{\leq} G_B^{\frac{1}{2}}, E_A \overset{*}{\leq} E_B \tag{2.2.12}$$

$$\Leftrightarrow E_A \overset{*}{\leq} E_B, H_A^{\frac{1}{2}} \overset{L}{\leq} H_B^{\frac{1}{2}}. \tag{2.2.13}$$

众所周知

$$A \overset{*}{\leq} B \;\Leftrightarrow\; A^\dagger \overset{*}{\leq} B^\dagger.$$

定理 2.2.8 设 $A \in \mathbb{C}_{m,n}$. 则 $A^\dagger$ 的类极分解是

$$A^\dagger = \left(H_A^\dagger\right)^{\frac{1}{2}} E_A^* \left(G_A^\dagger\right)^{\frac{1}{2}}, \tag{2.2.14}$$

其中 E_A, G_A 和 H_A 由定理 2.2.1 给出.

证明 设 $X = E_A^* G_A^\dagger$. 由于 $G_A = G_A^*$, 我们有 $\left(G_A^\dagger\right)^* = G_A^\dagger$, 因此

$$AX = G_A E_A E_A^* G_A^\dagger = G_A E_A E_A^\dagger G_A^\dagger = G_A G_A G_A^\dagger G_A^\dagger,$$

从而有

$$(AX)^* = \left(G_A^\dagger\right)^* G_A G_A^\dagger G_A^* = G_A^\dagger G_A G_A^\dagger G_A = G_A^\dagger G_A,$$

这说明 AX 是 Hermite 矩阵且 $AX = G_A^\dagger G_A$. 此外,

$$XA = E_A^* G_A^\dagger A = E_A^* E_A \text{ 是 Hermite 矩阵},$$

$$AXA = A(XA) = G_A E_A E_A^* E_A = G_A E_A E_A^\dagger E_A = G_A E_A = A,$$

$$XAX=(XA)X=E_A^*E_AE_A^*G_A^\dagger=E_A^\dagger E_AE_A^\dagger G_A^\dagger=E_A^\dagger G_A^\dagger=E_A^*G_A^\dagger=X.$$

这证明了 $A^\dagger=E_A^*G_A^\dagger$. 同样地, 我们有 $A^\dagger=H_A^\dagger E_A^*$. 因此, 应用定理 2.2.3, 有 (2.2.14). □

注意到矩阵的 Moore-Penrose 逆不保持 Löwner 偏序. 即使当 $A,B\in\mathbb{C}_n^{\geq}$ 时,

$$A\overset{L}{\leq}B \nLeftrightarrow B^\dagger\overset{L}{\leq}A^\dagger.$$

根据定理 2.2.8 可得如下定理.

定理 2.2.9 设 $A=G_A^{\frac{1}{2}}E_AH_A^{\frac{1}{2}}$ 和 $B=G_B^{\frac{1}{2}}E_BH_B^{\frac{1}{2}}$ 分别为 $A,B\in\mathbb{C}_{m,n}$ 的类极分解. 则

$$A^\dagger\overset{\mathrm{WL}}{\leq}B^\dagger\Leftrightarrow G_A^{\dagger\frac{1}{2}}\overset{L}{\leq}G_B^{\dagger\frac{1}{2}} \quad 且 \quad E_A\overset{*}{\leq}E_B,$$

$$\Leftrightarrow E_A\overset{*}{\leq}E_B \quad 且 \quad H_A^{\dagger\frac{1}{2}}\overset{L}{\leq}H_B^{\dagger\frac{1}{2}}.$$

引理 2.2.10 [10] 对于 Hermite 非负定矩阵 A 和 B, 考虑以下条件:

$$(\mathrm{a}_1)\ A\overset{L}{\leq}B,\quad (\mathrm{a}_2)\ A\overset{*}{\leq}B,\quad (\mathrm{b}_1)\ A^2\overset{L}{\leq}B^2,\quad (\mathrm{b}_2)\ A^2\overset{*}{\leq}B^2,\quad (\mathrm{c})\ AB=BA.$$

则有

$$(\mathrm{a}_1),(\mathrm{c})\Rightarrow(\mathrm{b}_1);\quad (\mathrm{b}_1)\Rightarrow(\mathrm{a}_1);\quad (\mathrm{a}_2)\Leftrightarrow(\mathrm{b}_2)\Rightarrow(\mathrm{c}).$$

定理 2.2.11 设 $A,B\in\mathbb{C}_{m,n}$ 和 $A\overset{\mathrm{GL}}{\leq}B$. 则 $A\overset{\mathrm{WL}}{\leq}B$.

证明 设 $A\overset{\mathrm{GL}}{\leq}B$, 即

$$H_A\overset{L}{\leq}H_B,\quad E_A\overset{*}{\leq}E_B,\quad G_A\overset{L}{\leq}G_B.$$

应用引理 2.2.10, 有

$$G_A\overset{L}{\leq}G_B\Rightarrow G_A^{\frac{1}{2}}\overset{L}{\leq}G_B^{\frac{1}{2}},$$

$$H_A\overset{L}{\leq}H_B\Rightarrow H_A^{\frac{1}{2}}\overset{L}{\leq}H_B^{\frac{1}{2}}.$$

因此可得 $A\overset{\mathrm{WL}}{\leq}B$. □

如下例子可说明 $A\overset{\mathrm{WL}}{\leq}B$ 不能推出 $A\overset{\mathrm{GL}}{\leq}B$.

例 2.2.12 ([10]) 设 $A=\begin{pmatrix}5&10\\10&20\end{pmatrix}, B=\begin{pmatrix}9&0\\0&36\end{pmatrix}$. 则

$$G_A=\begin{pmatrix}5&10\\10&20\end{pmatrix},\quad E_A=\begin{pmatrix}0.2&0.4\\0.4&0.8\end{pmatrix},\quad H_A=\begin{pmatrix}5&10\\10&20\end{pmatrix},$$

$$G_B=\begin{pmatrix}9&0\\0&36\end{pmatrix},\quad E_B=\begin{pmatrix}1&0\\0&1\end{pmatrix},\quad H_B=\begin{pmatrix}9&0\\0&36\end{pmatrix}.$$

由于

$$G_A^{\frac{1}{2}}=\begin{pmatrix}1&2\\2&4\end{pmatrix},\quad H_A^{\frac{1}{2}}=\begin{pmatrix}1&2\\2&4\end{pmatrix},\quad G_B^{\frac{1}{2}}=\begin{pmatrix}3&0\\0&6\end{pmatrix},\quad H_B^{\frac{1}{2}}=\begin{pmatrix}3&0\\0&6\end{pmatrix},$$

可得

$$G_A^{\frac{1}{2}}\overset{L}{\leq}G_B^{\frac{1}{2}},\quad E_A\overset{*}{\leq}E_B,\quad H_A^{\frac{1}{2}}\overset{L}{\leq}H_B^{\frac{1}{2}},$$

即 $A\overset{\text{WL}}{\leq}B$. 此外,

$$B-A=H_B-H_A=G_B-G_A=\begin{pmatrix}4&-10\\-10&16\end{pmatrix},$$

$$\operatorname{rank}(B)=2,\quad \operatorname{rank}(A)=1,\quad \operatorname{rank}(B-A)=2,$$

记 $\mathcal{V}(A)$ 为 A 中非负奇异值的个数, $\mathcal{V}(A)=0$, $\mathcal{V}(B)=0$ 和 $\mathcal{V}(B-A)=1$. 则

(1) 由于 $\det(B-A)=-36$, A 和 B 不满足 GL 偏序;

(2) 由于 $\operatorname{rank}(B-A)\neq\operatorname{rank}(B)-\operatorname{rank}(A)$, A 和 B 不具有减偏序;

(3) 由于 $\mathcal{V}(B-A)\neq\mathcal{V}(B)-\mathcal{V}(A)$, A 和 B 不具有 “$\overset{\circ}{\leq}$” 偏序.

“$\overset{\circ}{\leq}$” 偏序由文献 [131] 中定理 8.5.4 给出:

$$A\overset{\circ}{\leq}B \Leftrightarrow \mathcal{R}(A)\subseteq\mathcal{R}(B) \quad 且 \quad \mathcal{V}(B-A)=\mathcal{V}(B)-\mathcal{V}(A),$$

其中 $A,B\in\mathbb{C}_n^{\mathrm{H}}$.

注意到, 当 $A,B\in\mathbb{C}_n^{\geq}$ 时,

$$A\overset{\text{GL}}{\leq}B\Leftrightarrow A\overset{L}{\leq}B \quad [76, 定理 3],$$

$$\Leftrightarrow A\overset{\text{CL}}{\leq}B \ [193, 推论 3.8, 推论 3.9].$$

根据例 2.2.12, 可知即使当 $A,B\in\mathbb{C}_n^{\geq}$ 时, $A\overset{\text{WL}}{\leq}B \nLeftrightarrow A\overset{L}{\leq}B$.

定理 2.2.13　设 $A, B \in \mathbb{C}_n^{\geqslant}$, 且 $AB = BA$ (或 $AB \in \mathbb{C}_n^{\geqslant}$). 则

$$A \overset{\text{WL}}{\leq} B \ \Leftrightarrow\ A \overset{\text{GL}}{\leq} B \ \Leftrightarrow\ A \overset{\text{CL}}{\leq} B \ \Leftrightarrow\ A \overset{L}{\leq} B. \tag{2.2.15}$$

证明　设 $A, B \in \mathbb{C}_n^{\geqslant}$ 且 $A \overset{\text{WL}}{\leq} B$. 众所周知, 若 A 和 B 可交换, 则 AB 是一个 Hermite 非负定矩阵, 且 $A^{\frac{1}{2}}$ 与 $B^{\frac{1}{2}}$ 可交换. 根据引理 2.2.10, $G_A^{\frac{1}{2}} = A^{\frac{1}{2}}$ 和 $G_B^{\frac{1}{2}} = B^{\frac{1}{2}}$ 可知 $G_A \overset{L}{\leq} G_B$. 因此, 应用定理 2.2.4 和定理 2.2.2, 可得 $A \overset{\text{GL}}{\leq} B$.

应用定理 2.2.11, 可得 $A \overset{\text{GL}}{\leq} B \ \Rightarrow\ A \overset{\text{WL}}{\leq} B$.

此外, 应用文献 [76] 中的定理 3 以及 [193] 中的推论 3.8 和推论 3.9, 可得 (2.2.15). □

众所周知 Drazin 序,

$$A \overset{D}{\leq} B \Leftrightarrow AA^D = BA^D = A^D B \tag{2.2.16}$$

是一个预偏序. 特别地, 当 $\text{Ind}(A) = 1$ 时, Drazin 序为 sharp 序.

文献 [64] 证明了:

$$A \prec B: \quad E_A \overset{*}{\leq} E_B, \tag{2.2.17}$$

其中 $A = G_A^{\frac{1}{2}} E_A H_A^{\frac{1}{2}}$ 和 $B = G_B^{\frac{1}{2}} E_B H_B^{\frac{1}{2}}$ 分别为 A 和 B 的类极分解.

根据定理 2.2.3, 可知任意给定的矩阵 A 的类极分解是唯一的. 在定理 2.2.7 中, 我们将条件减至 $H_A^{\frac{1}{2}} \overset{L}{\leq} H_B^{\frac{1}{2}}$ 和 $G_A^{\frac{1}{2}} \overset{L}{\leq} G_B^{\frac{1}{2}}$ 时, 不能得出 $A \overset{\text{WL}}{\leq} B$. 例如, 设

$$A = I_n \quad \text{且} \quad B = -I_n, \tag{2.2.18}$$

则 $G_A = G_B = H_A = H_B = I_n$, $E_A = I_n$ 且 $E_B = -I_n$. 显然有 $A \neq B$, 即使 $H_A \overset{L}{\leq} H_B$, $H_B \overset{L}{\leq} H_A$, $G_A \overset{L}{\leq} G_B$ 和 $G_B \overset{L}{\leq} G_A$.

考虑二元运算

$$A \overset{P}{\prec} B: \quad H_A^{\frac{1}{2}} \overset{L}{\leq} H_B^{\frac{1}{2}} \quad \text{且} \quad G_A^{\frac{1}{2}} \overset{L}{\leq} G_B^{\frac{1}{2}}, \tag{2.2.19}$$

其中 $A = G_A^{\frac{1}{2}} E_A H_A^{\frac{1}{2}}$ 和 $B = G_B^{\frac{1}{2}} E_B H_B^{\frac{1}{2}}$ 形如 (2.2.5).

易证二元运算 (2.2.19) 满足自反性和传递性. 根据 (2.2.18), 可知该二元运算不满足反对称性. 因此, 其不是一个偏序.

2.3 EP-幂零分解及其应用

本节介绍 EP-幂零分解, 并给出它的一些应用. 通过该分解, 引入 E-N 偏序和 E-S 偏序.

众所周知, EP 矩阵是 Hermite 矩阵的推广. 应用 (1.0.5), 显然群可逆矩阵是 EP 矩阵的推广.

设 $A \in \mathbb{C}_{m,m}$ 有 $\mathrm{Ind}(A) = k$, $\mathrm{rank}\,(A) = r$ 且 $\mathrm{rank}\left(A^k\right) = t$. 此外, 设

$$A = U\begin{pmatrix} T & S \\ O & N \end{pmatrix}U^*$$

为 A 的 core-EP 分解, 其中 $T \in \mathbb{C}_{t,t}$ 是非奇异矩阵, 且 $N \in \mathbb{C}_{m-t,m-t}$ 是幂零矩阵. 记

$$A_1 = U\begin{pmatrix} T & O \\ O & O \end{pmatrix}U^* \quad 且 \quad A_2 = U\begin{pmatrix} O & S \\ O & N \end{pmatrix}U^*.$$

根据 (1.0.5) 和 $N^k = O$ 可知 A_1 是 EP 矩阵, A_2 是幂零矩阵, 且满足 $A_2^{k+1} = 0$ 和 $A_2A_1 = 0$. 因此, 一个矩阵可以表示为 EP 矩阵和幂零矩阵之和.

定理 2.3.1 (EP-幂零分解) 设 $A \in \mathbb{C}_{m,m}$ 有 $\mathrm{Ind}(A) = k$, $\mathrm{rank}\,(A) = r$ 且 $\mathrm{rank}\left(A^k\right) = t$. 则 A 可以唯一地表示为矩阵 A_1 和 A_2 之和, 即 $A = A_1 + A_2$, 其中

(1) $A_1 \in \mathbb{C}_m^{\mathrm{EP}}$;

(2) $A_2^{k+1} = O$;

(3) $A_2A_1 = O$.

这里 A_1 和 A_2 中的一个或两个可以为空.

定理 2.3.2 设 A 的 EP-幂零分解如定理 2.3.1 所示, 则

$$A_1 = AA^k\left(A^k\right)^\dagger \tag{2.3.1}$$

$$= A_1A^k\left(A^k\right)^\dagger. \tag{2.3.2}$$

证明 设 $A = A_1 + A_2$ 为 A 的 EP-幂零分解. 由于 A_1 是 EP 矩阵, 存在一个酉矩阵 U 使得

$$A_1 = U\begin{pmatrix} T & O \\ O & O \end{pmatrix}U^*, \tag{2.3.3}$$

其中 T 是非奇异矩阵. 记

$$A_2 = U \begin{pmatrix} X_1 & X_2 \\ X_3 & X_4 \end{pmatrix} U^*. \tag{2.3.4}$$

根据 $A_2A_1 = O$ 可得

$$A_2A_1 = U \begin{pmatrix} X_1 & X_2 \\ X_3 & X_4 \end{pmatrix} \begin{pmatrix} T & O \\ O & O \end{pmatrix} U^* = U \begin{pmatrix} X_1T & O \\ X_3T & O \end{pmatrix} U^* = 0.$$

因此, 可得 $X_1 = O$, $X_3 = O$ 且

$$A = U \begin{pmatrix} T & X_2 \\ O & X_4 \end{pmatrix} U^*.$$

由于 $\mathrm{Ind}(A) = k$ 且 $\mathrm{rank}\,(A_1) = \mathrm{rank}\,(A^k)$, 易证

$$A^k = U \begin{pmatrix} T^k & \mathcal{X} \\ O & O \end{pmatrix} U^*$$

且

$$A^k \left(A^k\right)^\dagger = U \begin{pmatrix} I_{\mathrm{rank}(A^k)} & O \\ O & O \end{pmatrix} U^*.$$

因此,

$$\begin{aligned} U \begin{pmatrix} T & O \\ O & O \end{pmatrix} U^* &= U \begin{pmatrix} T & X_2 \\ O & X_4 \end{pmatrix} \begin{pmatrix} I_{\mathrm{rank}(A^k)} & O \\ O & O \end{pmatrix} U^* = AA^k \left(A^k\right)^\dagger \\ &= U \begin{pmatrix} T & O \\ O & O \end{pmatrix} \begin{pmatrix} I_{\mathrm{rank}(A^k)} & O \\ O & O \end{pmatrix} U^* = A_1A^k \left(A^k\right)^\dagger. \end{aligned}$$ □

推论 2.3.3 任给矩阵的 EP-幂零分解是唯一的.

推论 2.3.4 设 A 的 EP-幂零分解如定理 2.3.1 所示, 则 $\mathrm{rank}\,(A_1) = \mathrm{rank}\,(A^k)$ 且 $k+1 \geq \mathrm{Ind}\,(A_2) \geq k$.

定理 2.3.5 设 A 的 EP-幂零分解如定理 2.3.1 所示, 且 $\mathrm{rank}\,(A^k) = t$, 则存在一个酉矩阵 U 使得

$$A_1 = U \begin{pmatrix} T & O \\ O & O \end{pmatrix} U^* \quad 且 \quad A_2 = U \begin{pmatrix} O & S \\ O & N \end{pmatrix} U^*, \tag{2.3.5}$$

其中 $T \in \mathbb{C}_{t,t}$ 是非奇异矩阵, 且 $N \in \mathbb{C}_{m-t,m-t}$ 是幂零矩阵.

设 A, $\widehat{A}_1$ 和 $\widehat{A}_2$ 的核心-幂零分解如引理 1.0.4 所示. 则

$$\begin{aligned}\widehat{A}_1 &= AA^DA = AAA^D,\\ \widehat{A}_2 &= A - AA^DA = A - AAA^D.\end{aligned} \tag{2.3.6}$$

设 A, $\widetilde{A}_1$ 和 $\widetilde{A}_2$ 的 core-EP 分解如定理 2.1.1 所示. 则

$$\begin{aligned}\widetilde{A}_1 &= AA^{\textcircled{\dagger}}A,\\ \widetilde{A}_2 &= A - AA^{\textcircled{\dagger}}A.\end{aligned} \tag{2.3.7}$$

注意到 $A^{\textcircled{\dagger}}A \neq AA^{\textcircled{\dagger}}$, 且

$$\begin{aligned}AAA^{\textcircled{\dagger}} &= U\begin{pmatrix}T & S\\ O & N\end{pmatrix}U^*U\begin{pmatrix}T & S\\ O & N\end{pmatrix}U^*U\begin{pmatrix}T^{-1} & O\\ O & O\end{pmatrix}U^*\\ &= U\begin{pmatrix}T^{-1} & O\\ O & O\end{pmatrix}U^*\\ &= A_1.\end{aligned}$$

因此, 我们得到 EP-幂零分解的一个刻画.

定理 2.3.6 设 A 的 EP-幂零分解如定理 2.3.1 所示, 则

$$\begin{aligned}A_1 &= AAA^{\textcircled{\dagger}},\\ A_2 &= A - AAA^{\textcircled{\dagger}}.\end{aligned} \tag{2.3.8}$$

设核心-幂零分解 $A = \widehat{A}_1 + \widehat{A}_2$ 和 core-EP 分解 $A = \widetilde{A}_1 + \widetilde{A}_2$ 分别如引理 1.0.4 和定理 2.1.1 表示. 由此可得 $\operatorname{rank}(A) = \operatorname{rank}\left(\widehat{A}_1\right) + \operatorname{rank}\left(\widehat{A}_2\right)$ 且 $\operatorname{rank}(A) = \operatorname{rank}\left(\widetilde{A}_1\right) + \operatorname{rank}\left(\widetilde{A}_2\right)$.

但对于 EP-幂零分解, 情况并非如此.

例 2.3.7 设

$$A = \begin{pmatrix}1 & 1\\ 0 & 0\end{pmatrix},$$

且 $A = \widehat{A}_1 + \widehat{A}_2$, $A = \widetilde{A}_1 + \widetilde{A}_2$ 和 $A = A_1 + A_2$ 分别为 A 的核心-幂零分解, core-EP 分解和 EP-幂零分解, 其中

$$\widehat{A}_1 = \widetilde{A}_1 = \begin{pmatrix}1 & 1\\ 0 & 0\end{pmatrix},\quad \widehat{A}_2 = \widetilde{A}_2 = \begin{pmatrix}0 & 0\\ 0 & 0\end{pmatrix},\quad A_1 = \begin{pmatrix}1 & 0\\ 0 & 0\end{pmatrix},\quad A_2 = \begin{pmatrix}0 & 1\\ 0 & 0\end{pmatrix}.$$

由于 $\mathrm{rank}(A)=1$, $\mathrm{rank}\left(\widehat{A}_1\right)=\mathrm{rank}\left(\widetilde{A}_1\right)=1$, $\mathrm{rank}\left(A_1\right)=1$, $\mathrm{rank}\left(\widehat{A}_2\right)=\mathrm{rank}\left(\widetilde{A}_2\right)=0$ 且 $\mathrm{rank}\left(A_2\right)=1$, 可得 $\mathrm{rank}(A)=\mathrm{rank}\left(\widehat{A}_1\right)+\mathrm{rank}\left(\widehat{A}_2\right)=\mathrm{rank}\left(\widetilde{A}_1\right)+\mathrm{rank}\left(\widetilde{A}_2\right)$ 和 $\mathrm{rank}(A)\neq\mathrm{rank}\left(A_1\right)+\mathrm{rank}\left(A_2\right)$.

定理2.3.8 设 A 的 EP-幂零分解如定理 2.3.1 所示, 且 $\mathrm{rank}(A)=\mathrm{rank}\left(A_1\right)+\mathrm{rank}\left(A_2\right)$, 则 $\mathrm{Ind}(A_2)=\mathrm{Ind}(A)$.

证明 由于 $\mathrm{rank}(A)=\mathrm{rank}\left(A_1\right)+\mathrm{rank}\left(A_2\right)$, 可得 $\mathrm{rank}(A)-\mathrm{rank}\left(A_1\right)=\mathrm{rank}\left(A_2\right)=\mathrm{rank}\left(N\right)$. 因此,

$$\mathrm{rank}\begin{pmatrix} O & S \\ O & N \end{pmatrix}=\mathrm{rank}\left(N\right)$$

且 $S^*\in\mathcal{R}\left(N^*\right)$, 即存在 X 使得 $S=XN$. 由此可得

$$\begin{pmatrix} O & S \\ O & N \end{pmatrix}^k=\begin{pmatrix} O & XN^k \\ O & N^k \end{pmatrix}=O,$$

即 $\mathrm{Ind}(A_2)=\mathrm{Ind}(A)$. □

当 $\mathrm{Ind}(A_2)=\mathrm{Ind}(A)$ 时, 我们不能得到 $\mathrm{rank}(A)=\mathrm{rank}\left(A_1\right)+\mathrm{rank}\left(A_2\right)$.

例 2.3.9 设

$$A=\begin{pmatrix} 1 & 0 & 1 & 0 \\ 0 & 0 & 0 & 1 \\ 0 & 0 & 0 & 0 \\ 0 & 0 & 0 & 0 \end{pmatrix},\quad A_1=\begin{pmatrix} 1 & 0 & 0 & 0 \\ 0 & 0 & 0 & 0 \\ 0 & 0 & 0 & 0 \\ 0 & 0 & 0 & 0 \end{pmatrix},\quad A_2=\begin{pmatrix} 0 & 0 & 1 & 0 \\ 0 & 0 & 0 & 1 \\ 0 & 0 & 0 & 0 \\ 0 & 0 & 0 & 0 \end{pmatrix},$$

且 $A=A_1+A_2$ 为 A 的 EP-幂零分解. 易证 $\mathrm{Ind}(A_2)=\mathrm{Ind}(A)=2$, $\mathrm{rank}(A)=2$, $\mathrm{rank}\left(A_1\right)=1$ 且 $\mathrm{rank}\left(A_2\right)=2$.

接下来, 考虑二元运算:

$$A\overset{\mathrm{EN}}{\leq}B: A,B\in\mathbb{C}_{m,m}, A_1\leq B_1 \quad 且 \quad A_2\leq B_2, \tag{2.3.9}$$

其中 $A=A_1+A_2$ 和 $B=B_1+B_2$ 分别为 A 和 B 的 EP-幂零分解.

此关系显然满足自反性. 设 $A\overset{\mathrm{EN}}{\leq}B$ 且 $B\overset{\mathrm{EN}}{\leq}C$, 其中 $A=A_1+A_2$, $B=B_1+B_2$ 和 $C=C_1+C_2$ 分别为 A, B 和 C 的 EP-幂零分解, 则 $A_1\leq B_1$ 且 $B_1\leq C_1$. 因此, $A_1\leq C_1$. 根据 (2.3.9) 可得 $A\overset{\mathrm{EN}}{\leq}C$.

若 $A \overset{\text{EN}}{\leq} B$ 且 $B \overset{\text{EN}}{\leq} A$, 则 $A_1 = B_1$ 和 $A_2 = B_2$ 成立, 即 $A = B$. 因此, 有如下定理.

定理 2.3.10 二元关系 (2.3.9) 是一个偏序, 称之为 E-N 偏序.

值得注意的是, 一些著名的偏序是非减型偏序, 例如 Löwner 偏序、菱形偏序等. 关于非减型偏序的发现极大地丰富了矩阵偏序理论. 应用核心-幂零分解引入了 C-N 偏序和 C-E 偏序. C-N 偏序是一个减型偏序, 即 $A \overset{\text{CN}}{\leq} B \Rightarrow A \leq B$ (见 [131,132,193,196]). 在 (2.3.9) 中, 我们通过应用 EP-幂零分解, 用类似的方法引入了 E-N 偏序. 对于 E-N 偏序, 考虑同样的情况是否成立.

例 2.3.11 设

$$A = \begin{pmatrix} 1 & 0 & 0 \\ 0 & 0 & 1 \\ 0 & 0 & 0 \end{pmatrix} \quad \text{且} \quad B = \begin{pmatrix} 1 & 1 & 0 \\ 0 & 0 & 1 \\ 0 & 0 & 0 \end{pmatrix},$$

且 $A = A_1 + A_2$ 和 $B = B_1 + B_2$ 分别为 A 和 B 的 EP-幂零分解, 其中 A_1 和 B_1 是 EP 矩阵, 且 A_2 和 B_2 是幂零矩阵. 则

$$A_1 = \begin{pmatrix} 1 & 0 & 0 \\ 0 & 0 & 0 \\ 0 & 0 & 0 \end{pmatrix}, \quad A_2 = \begin{pmatrix} 0 & 0 & 0 \\ 0 & 0 & 1 \\ 0 & 0 & 0 \end{pmatrix},$$

$$B_1 = \begin{pmatrix} 1 & 0 & 0 \\ 0 & 0 & 0 \\ 0 & 0 & 0 \end{pmatrix}, \quad B_2 = \begin{pmatrix} 0 & 1 & 0 \\ 0 & 0 & 1 \\ 0 & 0 & 0 \end{pmatrix}.$$

易证 $A_1 \leq B_1$ 和 $A_2 \leq B_2$ 成立, 即 $A \overset{\text{EN}}{\leq} B$.

由于 $\text{rank}(B - A) = 1$ 且 $\text{rank}(B) = \text{rank}(A) = 2$, 可得 A 和 B 不满足减偏序.

因此, 有如下定理:

定理 2.3.12 E-N 偏序是一个非减型偏序.

例 2.3.13 设

$$A = \begin{pmatrix} 1 & 0 & 1 \\ 0 & 0 & 0 \\ 0 & 0 & 0 \end{pmatrix} \quad \text{且} \quad B = \begin{pmatrix} 1 & 0 & 1 \\ 0 & 1 & 1 \\ 0 & 0 & 0 \end{pmatrix},$$

且 $A=A_1+A_2$ 和 $B=B_1+B_2$ 分别为 A 和 B 的 EP-幂零分解, 其中 A_1 和 B_1 是 EP 矩阵, 且 A_2 和 B_2 是幂零矩阵. 则

$$A_1=\begin{pmatrix}1&0&0\\0&0&0\\0&0&0\end{pmatrix},\quad A_2=\begin{pmatrix}0&0&1\\0&0&0\\0&0&0\end{pmatrix},$$

$$B_1=\begin{pmatrix}1&0&0\\0&1&0\\0&0&0\end{pmatrix},\quad B_2=\begin{pmatrix}0&0&1\\0&0&1\\0&0&0\end{pmatrix}.$$

由于 $\operatorname{rank}(B-A)=1$, $\operatorname{rank}(B)=2$ 且 $\operatorname{rank}(A)=1$, 可得 $A\overset{-}{\leq}B$. 由于 $\operatorname{rank}(B_2-A_2)=1$, $\operatorname{rank}(B_2)=1$ 且 $\operatorname{rank}(A_2)=1$, 可得 A 和 B 不满足 E-N 偏序. 因此, 减偏序不能推出 E-N 偏序.

定理 2.3.14　设 $A,B\in\mathbb{C}_{m,m}$. 则 $A\overset{\mathrm{EN}}{\leq}B$ 当且仅当存在一个酉矩阵 U 满足

$$A=U\begin{pmatrix}T_1&O&S_1\\O&O&S_2\\O&O&N_1\end{pmatrix}U^*, \tag{2.3.10a}$$

$$B=U\begin{pmatrix}T_1+D_1T_2D_2&D_1T_2&\widehat{S}_1\\T_2D_2&T_2&\widehat{S}_2\\O&O&N_2\end{pmatrix}U^*, \tag{2.3.10b}$$

其中 T_1 和 T_2 可逆, D_1 和 D_2 为任意阵, N_1 和 N_2 幂零, 且 $\begin{pmatrix}S_1^*&S_2^*&N^*\end{pmatrix}\overset{-}{\leq}\begin{pmatrix}\widehat{S}_1^*&\widehat{S}_2^*&\widehat{N}^*\end{pmatrix}$.

证明　设 $A\overset{\mathrm{EN}}{\leq}B$, $A=A_1+A_2$ 和 $B=B_1+B_2$ 分别为 A 和 B 的 EP-幂零分解. 则 $A_1\overset{-}{\leq}B_1$ 且 $A_2\overset{-}{\leq}B_2$. 由于 $A_1,B_1\in\mathbb{C}_m^{\mathrm{EP}}$ 且 $A_1\overset{-}{\leq}B_1$, 可得存在一个酉矩阵 U 满足

$$A_1=U\begin{pmatrix}T_1&O&O\\O&O&O\\O&O&O\end{pmatrix}U^*,$$

$$B_1=U\begin{pmatrix}T_1+D_1T_2D_2&D_1T_2&O\\T_2D_2&T_2&O\\O&O&O\end{pmatrix}U^*,$$

其中 T_1 和 T_2 可逆. 根据定理 2.3.1 可得

$$A_2 = U\begin{pmatrix} O & O & S_1 \\ O & O & S_2 \\ O & O & N_1 \end{pmatrix}U^* \quad 且 \quad B_2 = U\begin{pmatrix} O & O & \widehat{S}_1 \\ O & O & \widehat{S}_2 \\ O & O & N_2 \end{pmatrix}U^*,$$

其中 N 和 $\widehat{N}$ 幂零. 由于 $A_2 \leq B_2$, 可得

$$\begin{pmatrix} S_1^* & S_2^* & N^* \end{pmatrix} \leq \begin{pmatrix} \widehat{S}_1^* & \widehat{S}_2^* & \widehat{N}^* \end{pmatrix}. \qquad \square$$

在文献 [191] 介绍了 C-M 偏序并且对这种偏序进行刻画.

定理 2.3.15 ([191]) 设 $A, B \in \mathbb{C}_{m,m}$. 则 $A \overset{\text{CM}}{\leq} B$ 当且仅当存在一个酉矩阵 U 使得

$$A = U\begin{pmatrix} T_1 & T_2 & S_1 \\ O & O & O \\ O & O & N_1 \end{pmatrix}U^* \quad 且 \quad B = U\begin{pmatrix} T_1 & T_2 & S_1 \\ O & T_3 & S_2 \\ O & O & N_2 \end{pmatrix}U^*, \tag{2.3.11}$$

其中 T_1 和 T_3 是非奇异矩阵, 且 N_1 和 N_2 是满足 $N_1 \leq N_2$ 的幂零矩阵.

根据

$$B - A = U\begin{pmatrix} O & O & O \\ O & T_3 & S_2 \\ O & O & N_2 - N_1 \end{pmatrix}U^*$$

可得

$$\begin{aligned} \operatorname{rank}(B - A) &= \operatorname{rank}(T_3) + \operatorname{rank}(N_2 - N_1) \\ &= \operatorname{rank}(T_3) + \operatorname{rank}(N_2) - \operatorname{rank}(N_1). \end{aligned}$$

由于 $\operatorname{rank}(B) - \operatorname{rank}(A) = \operatorname{rank}(T_1) + \operatorname{rank}(T_3) + \operatorname{rank}(N_2) - (\operatorname{rank}(T_1) + \operatorname{rank}(N_1)) = \operatorname{rank}(T_3) + \operatorname{rank}(N_2) - \operatorname{rank}(N_1) = \operatorname{rank}(B - A)$, 我们得到 $A \leq B$.

定理 2.3.16 设 $A, B \in \mathbb{C}_{m,m}$ 且 $A \overset{\text{CM}}{\leq} B$. 则 $A \leq B$.

通过使用类似于 C-N 偏序的方法, 我们引入 E-S 偏序.

考虑二元运算:

$$A \overset{\text{ES}}{\leq} B : A, B \in \mathbb{C}_{m,m}, A_1 \overset{\sharp}{\leq} B_1 \quad 且 \quad A_2 \leq B_2, \tag{2.3.12}$$

其中 $A = A_1 + A_2$ 和 $B = B_1 + B_2$ 分别为 A 和 B 的 EP-幂零分解. 应用定理 2.3.10 中的方法, 我们得到如下定理.

定理 2.3.17　二元运算 (2.3.12) 是一个偏序. 称之为 E-S 偏序.

设 $A,B\in\mathbb{C}_m^{\mathrm{EP}}$. 注意到 $A\leq B\nRightarrow A\overset{\sharp}{\leq}B$. 例如, 设

$$A=\begin{pmatrix}1&0\\0&0\end{pmatrix}\quad 且\quad B=\begin{pmatrix}2&1\\1&1\end{pmatrix}\in\mathbb{C}_2^{\mathrm{EP}}.$$

易证 $A\leq B$ 和 $A\overset{\mathrm{EN}}{\leq}B$ 成立. 由

$$AB=\begin{pmatrix}2&1\\0&0\end{pmatrix}\neq BA=\begin{pmatrix}2&0\\1&0\end{pmatrix},$$

可得 A 和 B 不满足 sharp 偏序. 由此可得 A 和 B 不满足 E-S 偏序. 因此,

$$A\overset{\mathrm{EN}}{\leq}B\nRightarrow A\overset{\mathrm{ES}}{\leq}B.$$

由 $A\overset{\sharp}{\leq}B\Rightarrow A\leq B$, 可得如下结论.

定理 2.3.18　设 $A,B\in\mathbb{C}_m^{\mathrm{CM}}$. 则 $A\overset{\mathrm{ES}}{\leq}B\Rightarrow A\overset{\mathrm{EN}}{\leq}B$.

设 A 和 B 如例 2.3.11 给出. 根据 $A_1\overset{\sharp}{\leq}B_1$ 和 $A_2\leq B_2$, 可得 $A\overset{\mathrm{ES}}{\leq}B$. 由于 A 和 B 不满足减偏序, 可得如下结论:

定理 2.3.19　E-S 偏序是一个非减型偏序.

有趣的是, 注意到如果 $A,B\in\mathbb{C}_m^{\mathrm{EP}}$, 则 $A\overset{\sharp}{\leq}B\Leftrightarrow A\overset{*}{\leq}B$, (参见文献 [22] 中定理 2.1). 因此,

$$A\overset{\mathrm{ES}}{\leq}B: A,B\in\mathbb{C}_{m,m}, A_1\overset{*}{\leq}B_1\quad 且\quad A_2\leq B_2,\tag{2.3.13}$$

其中 $A=A_1+A_2$ 和 $B=B_1+B_2$ 分别为 A 和 B 的 EP-幂零分解.

在文献 [13] 中, 给出 core 偏序的如下刻画: 设 $A,B\in\mathbb{C}_m^{\mathrm{CM}}$ 且 $A\overset{\#}{\leq}B$, 则

$$A=U\begin{pmatrix}T_1&S_1&S_2\\O&O&O\\O&O&O\end{pmatrix}U^*\quad 且\quad B=U\begin{pmatrix}T_1&S_1&S_2\\O&T_2&S_3\\O&O&O\end{pmatrix}U^*,$$

其中 T_1 和 T_2 是非奇异矩阵.

若 A 是 EP 矩阵, 则 $S_1=O$ 和 $S_2=O$ 成立. 此外, 若 B 是 EP 矩阵, 则 $S_3=O$. 因此, 我们有如下结论:

定理 2.3.20 设 $A,B\in\mathbb{C}_m^{\mathrm{EP}}$ 且 $A\overset{\#}{\leq}B$. 则

$$A=U\begin{pmatrix}T_1 & O & O\\ O & O & O\\ O & O & O\end{pmatrix}U^* \quad \text{且} \quad B=U\begin{pmatrix}T_1 & O & O\\ O & T_2 & O\\ O & O & O\end{pmatrix}U^*,$$

其中 T_1 和 T_2 是非奇异矩阵.

根据文献 [22] 中定理 2.1 可得

$$A\overset{\#}{\leq}B\Leftrightarrow A\overset{\sharp}{\leq}B\Leftrightarrow A\overset{*}{\leq}B, \tag{2.3.14}$$

其中 $A,B\in\mathbb{C}_m^{\mathrm{EP}}$. 因此,

$$A\overset{\mathrm{ES}}{\leq}B:A,B\in\mathbb{C}_{m,m},A_1\overset{\#}{\leq}B_1 \quad \text{且} \quad A_2\leq B_2, \tag{2.3.15}$$

其中 $A=A_1+A_2$ 和 $B=B_1+B_2$ 分别为 A 和 B 的 EP-幂零分解.

应用 [22] 中定理 2.1 和定理 3.3, 可得 E-S 偏序的一个刻画.

定理 2.3.21 设 $A,B\in\mathbb{C}_{m,m}$. 则 $A\overset{\mathrm{ES}}{\leq}B$ 当且仅当存在一个酉矩阵 U 满足

$$A=U\begin{pmatrix}T_1 & O & S_1\\ O & O & S_2\\ O & O & N_1\end{pmatrix}U^* \quad \text{且} \quad B=U\begin{pmatrix}T_1 & O & \widehat{S}_1\\ O & T_2 & \widehat{S}_2\\ O & O & N_2\end{pmatrix}U^*, \tag{2.3.16}$$

其中 T_1 和 T_2 是可逆的, N_1 和 N_2 是幂零的, 且

$$\begin{pmatrix}S_1^* & S_2^* & N^*\end{pmatrix}\leq\begin{pmatrix}\widehat{S}_1^* & \widehat{S}_2^* & \widehat{N}^*\end{pmatrix}.$$

第 3 章 core 正交与 core 偏序

矩阵偏序在数理统计及矩阵不等式中的重要作用, 矩阵的正交性涉及信息、通信、统计、工程等诸多领域. 因此, 对于矩阵偏序理论以及正交性的研究值得关注.

2010 年, Baksalary 和 Trenkler 在群可逆矩阵中定义了 core 逆与 core 偏序. 2021 年, 基于原有的正交性以及星正交性, Ferreyra 和 Malik 提出了 core 正交与强 core 正交的概念, 并且指出 core 正交性与 core 偏序之间存在一种等价关系. 关于 core 偏序与 core 正交性存在两个公开问题: 强 core 正交性与 core 可加性和 dagger-可加性是否存在等价关系; 以及由秩可减性、core 可减性能否推出 core 偏序.

本章的主要结论是 core 偏序与 (强)core 正交性的若干等价刻画, 利用 core-EP 分解对两个公开问题进行了讨论, 并给出相关结论及证明; 同时, 给出了 core 偏序与 (强)core 正交性其他等价刻画.

3.1 强 core 正交性的等价刻画

对于矩阵 A, B, 如果有 $AB = 0$ 且 $BA = 0$, 那么称 A 和 B 是正交的 ($A \perp B$). 为了发展矩形矩阵的谱理论, Hestenes[79] 提出了星正交的概念, 即矩阵 $A, B \in \mathbb{C}_{m,n}$ 满足 $A^*B = O$ 且 $BA^* = O$, 记为 $A \perp_* B$. 可知, $A^*B = O$ 有很好的几何解释, 它意味着矩阵 A, B 的值域具有正交性; 对于 $BA^* = O$, 这意味着它们的零空间是正交的.

基于正交性和星正交性的概念, Ferreyra 和 Malik[54] 提出了 core 正交性和强 core 正交性的概念, 定义如下:

定义 3.1.1 ([54]) 设 $A, B \in \mathbb{C}_n^{\sharp}$. 那么 A core 正交于 B(记为 $A \perp_{\#} B$), 当且仅当

$$A^{\#}B = O, \quad BA^{\#} = O.$$

定义 3.1.2 ([54]) 设 $A, B \in \mathbb{C}_n^{\sharp}$. 那么 A 强 core 正交于 B(记为 $A \perp_{\#, S} B$), 当且仅当

$$A \perp_{\#} B, \quad B \perp_{\#} A.$$

他们指出 $A\perp_{\#}B\Leftrightarrow A^*B=O$ 且 $BA=O$, 这意味着 core 正交可以被看作是在复方阵中将通常的正交性和星正交性联系起来的正交性. 类似地, 对于强 core 正交性, 等价条件为 $A^*B=O$, $BA=O$, $AB=O$.

随后, 为了扩展 core 正交性和强 core 正交性的概念 Mosić, Dolinar, Kuzma 和 Marovt[139] 给出了 Hilbert 空间中两个算子 core-EP 正交和强 core-EP 正交的概念.

在 [73] 中, Hartwig 和 Styan 指出 $A\perp_*B\Leftrightarrow A\overset{*}{\leq}(A+B)$. 根据 (1.0.2), 他们给出了星正交的一个重要等价条件, 这与 Moore-Penrose 可加性和秩可加性有关: 对于 $A,B\in\mathbb{C}_{m,n}$,

$$A\perp_*B\Leftrightarrow(A+B)^\dagger=A^\dagger+B^\dagger,\text{rank}(A+B)=\text{rank}(A)+\text{rank}(B). \tag{3.1.1}$$

有趣的是, 即使在群矩阵的集合内, 通常的正交性不具有类似的结果. 即

$$A\perp B \not\Leftrightarrow (A+B)^\sharp=A^\sharp+B^\sharp,\text{rank}(A+B)=\text{rank}(A)+\text{rank}(B).$$

可见 [133] 中注记 3 的例子:

$$A=\begin{pmatrix}1&0&0&1\\0&1&0&0\\0&1&0&0\\0&0&0&0\end{pmatrix},\quad B=\begin{pmatrix}0&0&0&0\\0&0&0&0\\0&0&-1&0\\0&0&0&-1\end{pmatrix},$$

有 $A^\sharp=A$, $B^\sharp=B$, $(A+B)^\sharp=A^\sharp+B^\sharp$, $\text{rank}(A+B)=\text{rank}(A)+\text{rank}(B)$,

$$AB=\begin{pmatrix}0&0&0&-1\\0&0&0&0\\0&0&0&0\\0&0&0&0\end{pmatrix}\neq O.$$

故 A 和 B 不是正交的.

对于正交性, 我们会考虑是否有类似的性质. 在 [54] 中, Ferreyra 和 Malik 指出 $A\perp_{\#,S}B$ 可以推出 $(A+B)^{\#}=A^{\#}+B^{\#}$ 以及 $\text{rank}(A+B)=\text{rank}(A)+\text{rank}(B)$. 但是反之并未给出结论. 于是他们留下了一个公开问题:

问题 3.1.1 设 $A,B\in\mathbb{C}_n^\sharp$. 那么是否有

$$A\perp_{\#,S}B\Leftrightarrow(A+B)^{\#}=A^{\#}+B^{\#},\text{rank}(A+B)=\text{rank}(A)+\text{rank}(B)? \tag{3.1.2}$$

在本节的其余部分中, 我们首先给出两个需要在下面的工作中使用的重要结果: ① 当 $A\leq B$ 成立时, A 和 B 的分解形式; ② 当 A 具有特殊分块时, 它的 core 逆的分解形式. 然后, 我们给出了强 core 正交性的两个等价条件, 比 [54] 中的定理 7.3 更简洁. 根据以上结论, 我们解决了问题 (3.1.2). 此外, 我们还给出了一些关于强 core 正交性的新的等价条件是与减偏序和一些 Hermite 矩阵相关.

下面, 我们给出了一些后续工作需要的结果.

引理 3.1.2 ([131]) 设 $A, B\in\mathbb{C}_{m,n}$. 那么

$$A\leq B\Leftrightarrow A = BB^-A = AB^-B = AB^-A, \tag{3.1.3}$$

其中 B^- 是 B 的一个 g-逆.

引理 3.1.3 ([73]) 设 $A, B\in\mathbb{C}_{m,n}$. 那么下述条件等价:

(1) $A\overset{*}{\leq}B$;

(2) $A\leq B$, A^*B 和 BA^* 都是 Hermite 的;

(3) $A\leq B$, $B^\dagger - A^\dagger = (B-A)^\dagger$.

引理 3.1.4 ([13,54]) 设 $A, B \in \mathbb{C}_n^\sharp$. 那么有下述结论成立

(1) $A\overset{\#}{\leq}B\Rightarrow A\leq B$;

(2) $A\perp_{\#,s}B\Leftrightarrow A^{\#}B = O, BA^{\#} = O, AB^{\#} = O$.

引理 3.1.5 ([191]) 设 $A\in\mathbb{C}_{n,n}$ 如定理 2.1.1 所示. 那么 $\mathrm{rank}(A) = \mathrm{rank}(A^2)\Leftrightarrow N = 0$, 即

$$A = U\begin{pmatrix} T & S \\ O & O \end{pmatrix}U^*. \tag{3.1.4}$$

此时,

$$A^{\#} = U\begin{pmatrix} T^{-1} & O \\ O & O \end{pmatrix}U^*, \quad A^\sharp = U\begin{pmatrix} T^{-1} & T^{-2}S \\ O & O \end{pmatrix}U^*. \tag{3.1.5}$$

引理 3.1.6 ([13]) 设 $A = U\begin{pmatrix} T & S \\ O & Z \end{pmatrix}U^*\in\mathbb{C}_{n,n}$, 其中 T 是非奇异的, $Z \in \mathbb{C}^\sharp_{n-\mathrm{rank}(T)}$. 那么 A 的 core 逆具有形式,

$$A^{\#} = U\begin{pmatrix} T^{-1} & -T^{-1}SZ^{\#} \\ O & Z^{\#} \end{pmatrix}U^*.$$

应用 core-EP 分解, 我们得到以下减偏序的刻画.

引理 3.1.7 设 $B\in\mathbb{C}_n^{\sharp}$, $p=\operatorname{rank}(B)$, 其 core-EP 分解为

$$B=U\begin{pmatrix}T & S\\ O & O\end{pmatrix}U^*, \tag{3.1.6}$$

其中 $T\in\mathbb{C}_{p,p}$ 是非奇异的, $U\in\mathbb{C}_{n,n}$ 是酉矩阵. 如果 $A\leq B$, 那么

$$A=U\begin{pmatrix}A_{11} & A_{12}\\ O & O\end{pmatrix}U^*, \tag{3.1.7}$$

其中 $A_{11}\in\mathbb{C}_{p,p}$, 且

$$A_{11}=A_{11}T^{-1}A_{11},\quad A_{12}=A_{11}T^{-1}S. \tag{3.1.8}$$

证明 因为 $B^{\#}$ 是 B 的 g-逆且 $A\leq B$, 根据引理 3.1.2, 可知

$$A=BB^{\#}A=AB^{\#}B=AB^{\#}A.$$

根据矩阵 B 的分块划分 A,

$$A=U\begin{pmatrix}A_{11} & A_{12}\\ A_{21} & A_{22}\end{pmatrix}U^*, \tag{3.1.9}$$

其中 $A_{11}\in\mathbb{C}_{p,p}$.

代入 A,B 的分解形式 (3.1.9), (3.1.6), 计算可得

$$BB^{\#}A=U\begin{pmatrix}T & S\\ O & O\end{pmatrix}\begin{pmatrix}T^{-1} & O\\ O & O\end{pmatrix}\begin{pmatrix}A_{11} & A_{12}\\ A_{21} & A_{22}\end{pmatrix}U^*=U\begin{pmatrix}A_{11} & A_{12}\\ O & O\end{pmatrix}U^*.$$

因为 $A=BB^{\#}A$, 所以有 $A_{21}=O, A_{22}=O$. 代入 (3.1.9) 有

$$A=U\begin{pmatrix}A_{11} & A_{12}\\ O & O\end{pmatrix}U^*. \tag{3.1.10}$$

又根据 (3.1.10), 可得

$$AB^{\#}B=U\begin{pmatrix}A_{11} & A_{12}\\ 0 & 0\end{pmatrix}\begin{pmatrix}T^{-1} & O\\ O & O\end{pmatrix}\begin{pmatrix}T & S\\ O & O\end{pmatrix}U^*=U\begin{pmatrix}A_{11} & A_{11}T^{-1}S\\ O & O\end{pmatrix}U^*,$$

因为 $AB^{\#}B=A$, 所以

$$A_{12}=A_{11}T^{-1}S. \tag{3.1.11}$$

于是

$$A = U\begin{pmatrix} A_{11} & A_{11}T^{-1}S \\ O & O \end{pmatrix} U^*.$$

进一步,

$$\begin{aligned} AB^{\#}A &= U\begin{pmatrix} A_{11} & A_{11}T^{-1}S \\ O & O \end{pmatrix}\begin{pmatrix} T^{-1} & O \\ O & O \end{pmatrix}\begin{pmatrix} A_{11} & A_{11}T^{-1}S \\ O & O \end{pmatrix} U^* \\ &= U\begin{pmatrix} A_{11}T^{-1}A_{11} & A_{11}T^{-1}A_{11}T^{-1}S \\ O & O \end{pmatrix} U^*, \end{aligned}$$

应用 $AB^{\#}A = A$, 有

$$A_{11} = A_{11}T^{-1}A_{11}. \tag{3.1.12}$$

因此, 从上述结论 (3.1.10), (3.1.11) 和 (3.1.12), 我们可得 (3.1.7), (3.1.8) 成立. □

引理 3.1.8 设 $A \in \mathbb{C}_n^{\sharp}$, 且有分块形式 $A = \begin{pmatrix} A_{11} & A_{12} \\ A_{21} & A_{22} \end{pmatrix}$, 其中 $A_{11} \in \mathbb{C}_{t,t}$ (t 是满足 $0 \le t \le n$ 的非负整数). 则

(1) $A_{21} = O, A_{22} = O \Leftrightarrow A_{11} \in \mathbb{C}_t^{\sharp}, A^{\#} = \begin{pmatrix} A_{11}^{\#} & O \\ O & O \end{pmatrix}$;

(2) $A_{11} = \dot{O}, A_{12} = O \Leftrightarrow A_{22} \in \mathbb{C}_{n-t}^{\sharp}, A^{\#} = \begin{pmatrix} O & O \\ O & A_{22}^{\#} \end{pmatrix}$.

证明 (1) “$\Rightarrow$” 设 $A = \begin{pmatrix} A_{11} & A_{12} \\ O & O \end{pmatrix}$. 对应于 A 的分块形式, 设 $A^{\#} = \begin{pmatrix} X_{11} & X_{12} \\ X_{21} & X_{22} \end{pmatrix}$. 那么

$$AA^{\#} = \begin{pmatrix} A_{11}X_{11} + A_{12}X_{21} & A_{11}X_{12} + A_{12}X_{22} \\ O & O \end{pmatrix}.$$

根据 $(AA^{\#})^* = AA^{\#}$, 可知

$$A_{11}X_{12} + A_{12}X_{22} = O. \tag{3.1.13}$$

由 $A(A^{\#})^2 = A^{\#}$ 可得

$$\begin{pmatrix} (A_{11}X_{11}+A_{12}X_{21})X_{11} & (A_{11}X_{11}+A_{12}X_{21})X_{12} \\ O & O \end{pmatrix} = \begin{pmatrix} X_{11} & X_{12} \\ X_{21} & X_{22} \end{pmatrix}.$$

结合 (3.1.13) 能够推出

$$X_{21} = O, \quad X_{22} = O, \quad A_{11}X_{12} = O. \tag{3.1.14}$$

根据 (3.1.14) 以及 $A^{\#}AA^{\#} = A^{\#}$, 有

$$\begin{pmatrix} X_{11}A_{11}X_{11} & O \\ O & O \end{pmatrix} = \begin{pmatrix} X_{11} & X_{12} \\ O & O \end{pmatrix},$$

可见, $X_{12} = O$. 因此,

$$A^{\#} = \begin{pmatrix} X_{11} & O \\ O & O \end{pmatrix}.$$

易知, $X_{11} = A_{11}^{\#}$.

"$\Leftarrow$" 设 $A_{11}\in\mathbb{C}_t^{\sharp}$, 且 $A^{\#} = \begin{pmatrix} A_{11}^{\#} & O \\ O & O \end{pmatrix}$, 则

$$AA^{\#} = \begin{pmatrix} A_{11} & A_{12} \\ A_{21} & A_{22} \end{pmatrix}\begin{pmatrix} A_{11}^{\#} & O \\ O & O \end{pmatrix} = \begin{pmatrix} A_{11}A_{11}^{\#} & O \\ A_{21}A_{11}^{\#} & O \end{pmatrix},$$

$$AA^{\#}A = \begin{pmatrix} A_{11} & A_{12} \\ A_{21} & A_{22} \end{pmatrix}\begin{pmatrix} A_{11}^{\#} & O \\ O & O \end{pmatrix}\begin{pmatrix} A_{11} & A_{12} \\ A_{21} & A_{22} \end{pmatrix} = \begin{pmatrix} A_{11}A_{11}^{\#}A_{11} & A_{11}A_{11}^{\#}A_{12} \\ A_{21}A_{11}^{\#}A_{11} & A_{21}A_{11}^{\#}A_{12} \end{pmatrix}.$$

应用 $(AA^{\#})^* = AA^{\#}$, 可得 $A_{21}A_{11}^{\#} = O$. 进一步, 因为 $A_{21}(A_{11})^{\#} = 0$ 且 $AA^{\#}A = A$, 可得 $A_{21} = O, A_{22} = O$, 即 $A = \begin{pmatrix} A_{11} & A_{12} \\ O & O \end{pmatrix}$.

类似地, 可证 (2) 成立. □

引理 3.1.9 ([54]) 设 $A, B\in\mathbb{C}_n^{\sharp}$, $p = \operatorname{rank}(B)$, $t = \operatorname{rank}(A)$. 则下述条件等价:

(1) $A\perp_{\#}B$;

(2) 存在非奇异矩阵 $T_1 \in \mathbb{C}_{t,t}$ 以及 $T_2 \in \mathbb{C}_{p,p}$, 酉矩阵 $U \in \mathbb{C}_{n,n}$, $R \in \mathbb{C}_{t,t}$, $S \in \mathbb{C}_{t,(n-p-t)}$, $S_2 \in \mathbb{C}_{t,(n-t-p)}$ 使得

$$A = U\begin{pmatrix} T_1 & R & S \\ O & O & O \\ O & O & O \end{pmatrix}U^*, \quad B = U\begin{pmatrix} O & O & O \\ O & T_2 & S_2 \\ O & O & O \end{pmatrix}U^*.$$

引理 3.1.10 ([54]) 设 $A, B \in \mathbb{C}_n^{\sharp}$, $p = \text{rank}(B)$, $t = \text{rank}(A)$. 则下述条件等价:

(1) $A \perp_{\textcircled{\#}, S} B$;

(2) 存在非奇异矩阵 $T_1 \in \mathbb{C}_{t,t}$ 及 $T_2 \in \mathbb{C}_{p,p}$, 酉矩阵 $U \in \mathbb{C}_{n,n}$, $S \in \mathbb{C}_{t,(n-p-t)}$, $S_2 \in \mathbb{C}_{t,(n-t-p)}$ 使得

$$A = U \begin{pmatrix} T_1 & O & S \\ O & O & O \\ O & O & O \end{pmatrix} U^*, \quad B = U \begin{pmatrix} O & O & O \\ O & T_2 & S_2 \\ O & O & O \end{pmatrix} U^*.$$

注记 3.1.11 设 $A \in \mathbb{C}_n^{\sharp}$, A 的 core-EP 分解为 $A = U \begin{pmatrix} T & S \\ O & O \end{pmatrix} U^*$. 如果 $T = O$, 那么 $S = O$, 故 $A = O$. 此时, 对任意矩阵 $B \in \mathbb{C}_n^{\text{GM}}$, A 和 B 都是强 core 正交的.

下面, 我们解决问题 3.1.1, 并且得到强 core 正交一些新的性质.

在 [54] 中的定理 7.3, Ferreyra 和 Malik 指出 $A \perp_{\textcircled{\#}, S} B$ 等价于 $(A+B)^{\textcircled{\#}} = A^{\textcircled{\#}} + B^{\textcircled{\#}}$ 且 $A \perp_{\textcircled{\#}} B$, 即 $A^{\textcircled{\#}} B = O$ 且 $BA^{\textcircled{\#}} = O$. 基于该结果, 在下面两个定理中我们给出了关于强 core 正交性的两个更简明的等价条件.

定理 3.1.12 设 $A, B \in \mathbb{C}_n^{\sharp}$. 则下述结论等价:

(1) $A \perp_{\textcircled{\#}, S} B$;

(2) $BA^{\textcircled{\#}} = O$, $(A+B)^{\textcircled{\#}} = A^{\textcircled{\#}} + B^{\textcircled{\#}}$.

证明 (1)⇒(2) 根据 [54] 的定理 7.3 可知 (2) 成立.

(2)⇒(1) 设 $A \in \mathbb{C}_n^{\sharp}$, 那么 A 的 core-EP 分解如引理 3.1.5 所示. $A^{\textcircled{\#}}$ 如引理 3.1.5 所示. 根据 A 的分块来划分矩阵 B, 那么

$$B = U \begin{pmatrix} B_{11} & B_{12} \\ B_{21} & B_{22} \end{pmatrix} U^*. \tag{3.1.15}$$

设

$$B^{\textcircled{\#}} = U \begin{pmatrix} X_{11} & X_{12} \\ X_{21} & X_{22} \end{pmatrix} U^*, \tag{3.1.16}$$

其中 $p = \text{rank}(A)$, $X_{11} \in \mathbb{C}_{p,p}$, $B_{11} \in \mathbb{C}_{p,p}$. 根据 $BA^{\textcircled{\#}} = O$, 可知 $B_{11} = O, B_{21} = O$. 于是

$$B = U \begin{pmatrix} O & B_{12} \\ O & B_{22} \end{pmatrix} U^*, \tag{3.1.17}$$

$$A+B=U\begin{pmatrix}T & S+B_{12}\\ O & B_{22}\end{pmatrix}U^*, \tag{3.1.18}$$

$$(A+B)^{\#}=A^{\#}+B^{\#}=U\begin{pmatrix}T^{-1}+X_{11} & X_{12}\\ X_{21} & X_{22}\end{pmatrix}U^*. \tag{3.1.19}$$

记

$$\begin{cases}P:=I_t+TX_{11}+(S+B_{12})X_{21},\\ Q:=TX_{12}+(S+B_{12})X_{22}.\end{cases}$$

应用 (3.1.18) 和 (3.1.19), 我们有

$$\begin{aligned}&(A+B)(A+B)^{\#}\\ &=U\begin{pmatrix}I_t+TX_{11}+(S+B_{12})X_{21} & TX_{12}+(S+B_{12})X_{22}\\ B_{22}X_{21} & B_{22}X_{22}\end{pmatrix}U^*\\ &=U\begin{pmatrix}P & Q\\ B_{22}X_{21} & B_{22}X_{22}\end{pmatrix}U^*, \end{aligned}\tag{3.1.20}$$

$$\begin{aligned}&(A+B)(A+B)^{\#}(A+B)\\ &=U\begin{pmatrix}P & Q\\ B_{22}X_{21} & B_{22}X_{22}\end{pmatrix}\begin{pmatrix}T & S+B_{12}\\ 0 & B_{22}\end{pmatrix}U^*\\ &=U\begin{pmatrix}PT & P(S+B_{12})+QB_{22}\\ B_{22}X_{21}T & B_{22}X_{21}(S+B_{12})+B_{22}X_{22}B_{22}\end{pmatrix}U^*, \end{aligned}\tag{3.1.21}$$

$$\begin{aligned}&(A+B)\left((A+B)^{\#}\right)^2\\ &=U\begin{pmatrix}P & Q\\ 0 & B_{22}X_{22}\end{pmatrix}\begin{pmatrix}T^{-1}+X_{11} & X_{12}\\ X_{21} & X_{22}\end{pmatrix}U^*\\ &=U\begin{pmatrix}P(T^{-1}+X_{11})+QX_{21} & PX_{12}+QX_{22}\\ B_{22}X_{22}X_{21} & B_{22}X_{22}X_{22}\end{pmatrix}U^*. \end{aligned}\tag{3.1.22}$$

应用 (3.1.20) 以及 $(A+B)(A+B)^{\#}=\left((A+B)(A+B)^{\#}\right)^*$, 我们得到

$$B_{22}X_{22}=(B_{22}X_{22})^*. \tag{3.1.23}$$

应用 (3.1.21) 以及 $(A+B)(A+B)^{\#}(A+B)=A+B$, 我们有

$$\begin{pmatrix} PT & P(S+B_{12})+QB_{22} \\ B_{22}X_{21}T & B_{22}X_{21}(S+B_{12})+B_{22}X_{22}B_{22} \end{pmatrix}=\begin{pmatrix} T & S+B_{12} \\ O & B_{22} \end{pmatrix}.$$

因为 T 是非奇异的, 我们得到

$$B_{22}X_{21}=O, \quad B_{22}X_{22}B_{22}=B_{22}. \tag{3.1.24}$$

应用 (3.1.22), $B_{22}X_{21}=O$ 以及 $(A+B)\left((A+B)^{\#}\right)^2=(A+B)^{\#}$, 我们有

$$\begin{pmatrix} P(T^{-1}+X_{11})+QX_{21} & PX_{12}+QX_{22} \\ B_{22}X_{22}X_{21} & B_{22}X_{22}^2 \end{pmatrix}=\begin{pmatrix} T^{-1}+X_{11} & X_{12} \\ X_{21} & X_{22} \end{pmatrix},$$

可得

$$B_{22}X_{22}^2=X_{22}. \tag{3.1.25}$$

根据 (3.1.23), (3.1.24), (3.1.25) 以及 (1.0.1), 可知

$$B_{22}\in\mathbb{C}_{n-t}^{\sharp}, \quad X_{22}=B_{22}^{\#}. \tag{3.1.26}$$

另一方面, 从 (3.1.18), (3.1.26) 和引理 3.1.6, 我们有

$$(A+B)^{\#}=U\begin{pmatrix} T^{-1} & -T^{-1}(S+B_{12})B_{22}^{\#} \\ O & B_{22}^{\#} \end{pmatrix}U^*. \tag{3.1.27}$$

那么, 应用 (3.1.17), (3.1.27) 以及 $(A+B)^{\#}=A^{\#}+B^{\#}$, 我们有

$$B^{\#}=(A+B)^{\#}-A^{\#}=U\begin{pmatrix} O & -T^{-1}(S+B_{12})B_{22}^{\#} \\ O & B_{22}^{\#} \end{pmatrix}U^*,$$

$$BB^{\#}=U\begin{pmatrix} O & B_{12} \\ O & B_{22} \end{pmatrix}\begin{pmatrix} O & -T^{-1}(S+B_{12})B_{22}^{\#} \\ O & B_{22}^{\#} \end{pmatrix}U^*=U\begin{pmatrix} O & B_{12}B_{22}^{\#} \\ O & B_{22}B_{22}^{\#} \end{pmatrix}U^*,$$

$$BB^{\#}B=U\begin{pmatrix} O & B_{12}B_{22}^{\#} \\ O & B_{22}B_{22}^{\#} \end{pmatrix}\begin{pmatrix} O & B_{12} \\ O & B_{22} \end{pmatrix}U^*=U\begin{pmatrix} O & B_{12}B_{22}^{\#}B_{22} \\ O & B_{22}B_{22}^{\#}B_{22} \end{pmatrix}U^*.$$

根据 $(BB^{\#})^*=BB^{\#}$, 显然, $B_{12}B_{22}^{\#}=O$. 因为 $B_{12}B_{22}^{\#}=O$ 以及 $BB^{\#}B=B$, 所以, $B_{12}=O$. 因此,

$$B=U\begin{pmatrix} O & O \\ O & B_{22} \end{pmatrix}U^*, \quad B^{\#}=U\begin{pmatrix} O & O \\ O & B_{22}^{\#} \end{pmatrix}U^*. \tag{3.1.28}$$

应用引理 3.1.5, (3.1.27), (3.1.28) 以及 $(A+B)^{\#} = A^{\#} + B^{\#}$, 我们有

$$\begin{pmatrix} T^{-1} & -T^{-1}SB_{22}^{\#} \\ O & B_{22}^{\#} \end{pmatrix} = \begin{pmatrix} T^{-1} & O \\ O & B_{22}^{\#} \end{pmatrix}.$$

可得到 $SB_{22}^{\#} = O$.

根据引理 3.1.5 和 (3.1.28), 可以验证,

$$AB^{\#} = U\begin{pmatrix} T & S \\ O & O \end{pmatrix}\begin{pmatrix} O & O \\ O & B_{22}^{\#} \end{pmatrix}U^* = U\begin{pmatrix} O & SB_{22}^{\#} \\ O & O \end{pmatrix}U^* = O,$$

$$A^{\#}B = U\begin{pmatrix} T^{-1} & O \\ O & O \end{pmatrix}\begin{pmatrix} O & O \\ O & B_{22} \end{pmatrix}U^* = O,$$

即 $A\perp_{\#,s}B$. □

定理 3.1.13 设 $A, B\in\mathbb{C}_n^{\#}$. 则下述结论等价:

(1) $A\perp_{\#,s}B$;

(2) $A^{\#}B = O$, $(A+B)^{\#} = A^{\#} + B^{\#}$.

证明 (1)⇒(2) 见文献 [54] 中的定理 7.3.

(2)⇒(1) 设 A, B 的分解形式分别如引理 3.1.5, (3.1.15) 所示. 根据引理 3.1.8 以及 $A^{\#}B = O$, 我们可知 B_{22} 是 core 可逆的,

$$B = U\begin{pmatrix} O & O \\ B_{21} & B_{22} \end{pmatrix}U^*, \quad B^{\#} = U\begin{pmatrix} O & O \\ O & B_{22}^{\#} \end{pmatrix}U^*. \tag{3.1.29}$$

那么,

$$(A+B)^{\#} = A^{\#} + B^{\#} = U\left(\begin{pmatrix} T^{-1} & O \\ O & O \end{pmatrix} + \begin{pmatrix} O & O \\ O & B_{22}^{\#} \end{pmatrix}\right)U^* = U\begin{pmatrix} T^{-1} & O \\ O & B_{22}^{\#} \end{pmatrix}U^*. \tag{3.1.30}$$

根据 (3.1.30) 和 $(A+B)\left((A+B)^{\#}\right)^2 = (A+B)^{\#}$, 我们有

$$(A+B)^{\#} = U\begin{pmatrix} T^{-1} & S\left(B_{22}^{\#}\right)^2 \\ B_{21}T^{-2} & B_{22}^{\#} \end{pmatrix}U^* = U\begin{pmatrix} T^{-1} & O \\ O & B_{22}^{\#} \end{pmatrix}U^*. \tag{3.1.31}$$

因为 T 是非奇异的, 我们有 $B_{21} = O$. 从 (3.1.29) 可得

$$B = U\begin{pmatrix} O & O \\ O & B_{22} \end{pmatrix}U^*, \quad A+B = U\begin{pmatrix} T & S \\ O & B_{22} \end{pmatrix}U^*.$$

应用引理 3.1.6, 我们有

$$(A+B)^{\textcircled{\#}} = U\begin{pmatrix} T^{-1} & -T^{-1}SB_{22}^{\textcircled{\#}} \\ O & B_{22}^{\textcircled{\#}} \end{pmatrix}U^*. \tag{3.1.32}$$

根据 (3.1.31) 和 (3.1.32), 我们可以得到

$$\begin{pmatrix} T^{-1} & -T^{-1}SB_{22}^{\textcircled{\#}} \\ O & B_{22}^{\textcircled{\#}} \end{pmatrix} = \begin{pmatrix} T^{-1} & O \\ O & B_{22}^{\textcircled{\#}} \end{pmatrix},$$

这意味着 $SB_{22}^{\textcircled{\#}} = O$. 因此, 可知 $BA^{\textcircled{\#}} = O$, $AB^{\textcircled{\#}} = O$. 那么, $A\perp_{\textcircled{\#},S}B$. □

注记 3.1.14　当只有 $(A+B)^{\textcircled{\#}} = A^{\textcircled{\#}} + B^{\textcircled{\#}}$ 成立, 我们不能推出 $A\perp_{\textcircled{\#},S}B$. 例如, 设 $A = \begin{pmatrix} 1 & 0 \\ 0 & 1 \end{pmatrix}$, $B = \begin{pmatrix} -1 & 0 \\ 0 & 0 \end{pmatrix}$. 那么, $A+B = \begin{pmatrix} 0 & 0 \\ 0 & 1 \end{pmatrix}$, $A^{\textcircled{\#}} = \begin{pmatrix} 1 & 0 \\ 0 & 1 \end{pmatrix}$, $B^{\textcircled{\#}} = \begin{pmatrix} -1 & 0 \\ 0 & 0 \end{pmatrix}$, $(A+B)^{\textcircled{\#}} = A^{\textcircled{\#}} + B^{\textcircled{\#}} = \begin{pmatrix} 0 & 0 \\ 0 & 1 \end{pmatrix}$. 可见, $A^{\textcircled{\#}}B \neq 0$, $BA^{\textcircled{\#}} \neq 0$ 并且 $AB^{\textcircled{\#}} \neq 0$. 所以, A 强 core 正交于 B 并不成立.

在下面的定理 3.1.15, 我们讨论问题 3.1.1.

定理 3.1.15　设 $A, B \in \mathbb{C}_n^{\#}$. 则下述结论等价:

(1) $A\perp_{\textcircled{\#},S}B$;

(2) $\operatorname{rank}(A+B) = \operatorname{rank}(A) + \operatorname{rank}(B)$, $(A+B)^{\textcircled{\#}} = A^{\textcircled{\#}} + B^{\textcircled{\#}}$.

证明　(1)⇒(2)　见文献 [54] 中的定理 7.3.

(2)⇒(1)　设 $A+B$ 的 core-EP 分解

$$A+B = U\begin{pmatrix} T & S \\ O & O \end{pmatrix}U^*, \tag{3.1.33}$$

其中 $p = \operatorname{rank}(A+B)$; $T \in \mathbb{C}_{p,p}$ 是非奇异的; U 是酉矩阵. 对于 $\operatorname{rank}(A+B) = \operatorname{rank}(A) + \operatorname{rank}(B)$, 我们有 $A \leq (A+B)$. 根据引理 3.1.7和 (3.1.33) 我们得到 A, B 分别如下:

$$A = U\begin{pmatrix} A_{11} & A_{11}T^{-1}S \\ O & O \end{pmatrix}U^*, \quad B = U\begin{pmatrix} T - A_{11} & (T-A_{11})T^{-1}S \\ O & O \end{pmatrix}U^*, \tag{3.1.34}$$

其中 $A_{11} = A_{11}T^{-1}A_{11}$. 进一步, 设 A_{11} 的 core-EP 分解

$$A_{11} = V\begin{pmatrix} T_1 & S_1 \\ O & O \end{pmatrix}V^*, \tag{3.1.35}$$

其中 $T_1\in\mathbb{C}_{t,t}$ 是非奇异的, 其中 $t=\operatorname{rank}(A_{11})$, V 是一个酉矩阵. 于是,

$$A_{11}^{\#}=V\begin{pmatrix}T_1^{-1} & O\\ O & O\end{pmatrix}V^*. \tag{3.1.36}$$

根据 A_{11} 的分块来划分矩阵 T^{-1}, 设

$$T^{-1}=V\begin{pmatrix}F_{11} & F_{12}\\ F_{21} & F_{22}\end{pmatrix}V^*. \tag{3.1.37}$$

即

$$\begin{aligned}T-A_{11}&=\left(I_p-A_{11}T^{-1}\right)T\\ &=V\begin{pmatrix}I_t-(T_1F_{11}+S_1F_{21}) & -(T_1F_{12}+S_1F_{22})\\ O & I_{p-t}\end{pmatrix}V^*T.\end{aligned} \tag{3.1.38}$$

根据 $\operatorname{rank}(T)=\operatorname{rank}(A_{11})+\operatorname{rank}(T-A_{11})$, 我们有 $\operatorname{rank}(T-A_{11})=\operatorname{rank}(T)-\operatorname{rank}(A_{11})=\operatorname{rank}(T)-\operatorname{rank}(T_1)$. 根据 (3.1.38), 以及 I_{p-t} 是非奇异的, 可以推断 $I_t-(T_1F_{11}+S_1F_{21})=O$, 即

$$T_1F_{11}+S_1F_{21}=I_t. \tag{3.1.39}$$

应用 $(A+B)^{\#}=A^{\#}+B^{\#}$, (3.1.33) , (3.1.34) 以及引理 3.1.8, 可知

$$\begin{pmatrix}T^{-1} & O\\ O & O\end{pmatrix}-\begin{pmatrix}A_{11}^{\#} & O\\ O & O\end{pmatrix}=\begin{pmatrix}(T-A_{11})^{\#} & O\\ O & O\end{pmatrix},$$

这意味着

$$(T-A_{11})^{\#}=T^{-1}-A_{11}^{\#}. \tag{3.1.40}$$

记

$$X:=T_1F_{12}+S_1F_{22}. \tag{3.1.41}$$

根据 (3.1.39), (3.1.40) 以及 $A_{11}=A_{11}T^{-1}A_{11}$, 我们可以得到以下结果.

应用 $(T-A_{11})(T-A_{11})^{\#}(T-A_{11})=T-A_{11}$, 我们有

$$-TA_{11}^{\#}T+A_{11}A_{11}^{\#}T+TA_{11}^{\#}A_{11}-A_{11}=0.$$

将上述方程两边同时左右各乘以一个 T^{-1}，便得到

$$-A_{11}^{\scriptsize\textcircled{\#}} + T^{-1}A_{11}A_{11}^{\scriptsize\textcircled{\#}} + A_{11}^{\scriptsize\textcircled{\#}}A_{11}T^{-1} - T^{-1}A_{11}T^{-1} = 0.$$

经过计算，

$$\begin{pmatrix} O & T_1^{-1}X - F_{11}X \\ O & F_{21}X \end{pmatrix} = O,$$

于是，

$$T_1^{-1}X = F_{11}X, \quad F_{21}X = O. \tag{3.1.42}$$

根据 $(T - A_{11})\left(\left((T - A_{11})^{\scriptsize\textcircled{\#}}\right)^2\right) = (T - A_{11})^{\scriptsize\textcircled{\#}}$，我们有

$$-TA_{11}^{\scriptsize\textcircled{\#}}T^{-1} - A_{11}T^{-2} + A_{11}A_{11}^{\scriptsize\textcircled{\#}}T^{-1} + T\left(A_{11}^{\scriptsize\textcircled{\#}}\right)^2 + A_{11}T^{-1}A_{11}^{\scriptsize\textcircled{\#}} - A_{11} = O.$$

将上述方程两边同时左乘 T^{-1}，我们得到

$$-A_{11}^{\scriptsize\textcircled{\#}}T^{-1} - T^{-1}A_{11}T^{-2} + T^{-1}A_{11}A_{11}^{\scriptsize\textcircled{\#}}T^{-1}$$
$$+ \left(A_{11}^{\scriptsize\textcircled{\#}}\right)^2 + T^{-1}A_{11}T^{-1}A_{11}^{\scriptsize\textcircled{\#}} - T^{-1}A_{11} = O.$$

根据 (3.1.35) 和 (3.1.36)，我们得到

$$\begin{pmatrix} -T_1^{-1}F_{11} - F_{11}XF_{21} + T_1^{-2} & -T_1^{-1}F_{12} - F_{11}XF_{22} \\ O & O \end{pmatrix} = O,$$

由此可以推出

$$-T_1^{-1}F_{11} - F_{11}XF_{21} + T_1^{-2} = O, \quad -T_1^{-1}F_{12} - F_{11}XF_{22} = O.$$

将 (3.1.42) 代入 $-T_1^{-1}F_{11} - F_{11}XF_{21} + T_1^{-2} = O$，我们得到

$$O = -T_1^{-1}F_{11} - F_{11}XF_{21} + T_1^{-2}$$
$$= -T_1^{-1}F_{11} - T_1^{-1}XF_{21} + T_1^{-2}$$
$$= T_1^{-1}\left(T_1^{-1} - F_{11} - XF_{21}\right),$$

所以，$T_1^{-1} - F_{11} - XF_{21} = O$，即

$$F_{11} = T_1^{-1} - XF_{21}. \tag{3.1.43}$$

根据 $((T-A_{11})(T-A_{11})^{\#})^{*}=(T-A_{11})(T-A_{11})^{\#}$ 以及 $(T-A_{11})(T-A_{11})^{\#}=(T-A_{11})(T^{-1}-A_{11}^{\#})=I_p-TA_{11}^{\#}-A_{11}T^{-1}+A_{11}A_{11}^{\#}$, 我们有

$$\left(TA_{11}^{\#}+A_{11}T^{-1}\right)^{*}=TA_{11}^{\#}+A_{11}T^{-1}. \tag{3.1.44}$$

根据 (3.1.37), (3.1.44), $TA_{11}^{\#}+A_{11}T^{-1}=T(A_{11}^{\#}+T^{-1}A_{11}T^{-1})(T^{-1})^{*}T^{*}$ 以及

$$\begin{aligned}&\left(A_{11}^{\#}+T^{-1}A_{11}T^{-1}\right)\left(T^{-1}\right)^{*}\\&=V\begin{pmatrix}T_1^{-1}F_{11}^{*}+F_{11}F_{11}^{*}+F_{11}XF_{12}^{*} & T_1^{-1}F_{21}^{*}+F_{11}F_{21}^{*}+F_{11}XF_{22}^{*}\\ F_{21}F_{11}^{*} & F_{21}F_{21}^{*}\end{pmatrix}V^{*},\end{aligned}$$

我们得到

$$T_1^{-1}F_{21}^{*}+F_{11}F_{21}^{*}+F_{11}XF_{22}^{*}=(F_{21}F_{11}^{*})^{*}=F_{11}F_{21}^{*}.$$

因此,

$$F_{21}=-F_{22}X^{*}F_{11}^{*}T_1^{*}. \tag{3.1.45}$$

根据 (3.1.42), (3.1.43), 可知

$$\begin{aligned}O=-F_{21}X&=F_{22}X^{*}F_{11}^{*}T_1^{*}X=F_{22}X^{*}\left(T_1^{-1}-XF_{21}\right)^{*}T_1^{*}X\\&=F_{22}\left(X^{*}\left(T_1^{-1}\right)^{*}-(XF_{21}X)^{*}\right)T_1^{*}X=F_{22}X^{*}X.\end{aligned} \tag{3.1.46}$$

因为 $F_{21}=-F_{22}X^{*}F_{11}^{*}T_1^{*}$, $T^{-1}=V\begin{pmatrix}F_{11} & F_{12}\\ F_{21} & F_{22}\end{pmatrix}V^{*}$ 是非奇异的, 所以 F_{22} 非奇异. 进一步, 根据 (3.1.46), 我们得到 $X^{*}X=O$, 即 $X=O$. 由 (3.1.41) 和 $X=O$, 我们有

$$A_{11}T^{-1}=V\begin{pmatrix}T_1 & S_1\\ 0 & 0\end{pmatrix}\begin{pmatrix}F_{11} & F_{12}\\ F_{21} & F_{22}\end{pmatrix}V^{*}=\begin{pmatrix}I_t & O\\ O & O\end{pmatrix}.$$

$$A_{11}^{\#}(T-A_{11})=A_{11}^{\#}\left(I_p-A_{11}T^{-1}\right)T=\left(V\begin{pmatrix}T^{-1} & O\\ O & O\end{pmatrix}\begin{pmatrix}O & O\\ O & I_{p-t}\end{pmatrix}V^{*}\right)T=0.$$

从 (3.1.34) 和引理 3.1.8 可知

$$A^{\#}B=U\begin{pmatrix}A_{11}^{\#}(T-A_{11}) & A_{11}^{\#}(T-A_{11})T^{-1}S\\ O & O\end{pmatrix}U^{*}=O. \tag{3.1.47}$$

应用 $(A+B)^{\#}=A^{\#}+B^{\#}$, (3.1.47) 和定理 3.1.13, 可得 $A\perp_{\#,S}B$. □

例 3.1.16 考虑矩阵

$$A=\begin{pmatrix}1&0&0&1\\0&1&0&0\\0&0&0&0\\0&0&0&0\end{pmatrix},\quad B=\begin{pmatrix}0&0&0&0\\0&0&0&0\\0&0&1&0\\0&0&0&0\end{pmatrix},\quad A+B=\begin{pmatrix}1&0&0&1\\0&1&0&0\\0&0&1&0\\0&0&0&0\end{pmatrix}.$$

显然 $\mathrm{rank}(A)=2$, $\mathrm{rank}(B)=1$, $\mathrm{rank}(A+B)=3=\mathrm{rank}(A)+\mathrm{rank}(B)$. 计算可得

$$A^{\#}=\begin{pmatrix}1&0&0&0\\0&1&0&0\\0&0&0&0\\0&0&0&0\end{pmatrix},\quad B^{\#}=\begin{pmatrix}0&0&0&0\\0&0&0&0\\0&0&1&0\\0&0&0&0\end{pmatrix},\quad (A+B)^{\#}=\begin{pmatrix}1&0&0&0\\0&1&0&0\\0&0&1&0\\0&0&0&0\end{pmatrix},$$

即 $A^{\#}+B^{\#}=(A+B)^{\#}$. 而且, $A^{\#}B=0$, $BA^{\#}=0$, $AB^{\#}=0$, 即 $A\perp_{\#,S}B$.

接下来, 我们给出强 core 正交性一些关于减偏序的结论.

定理 3.1.17 设 $A,B\in\mathbb{C}_n^{\sharp}$. 则下述结论等价:

(1) $A\perp_{\#,S}(B-A)$;

(2) $A\overset{-}{\leq}B$, 矩阵 $BA^{\#}$, $AB^{\#}$ 和 $A^{\#}B^2B^{\#}$ 都是 Hermite 矩阵.

证明 (1)⇒(2) 假设 $A\perp_{\#,S}(B-A)$. 根据引理 3.1.10, 我们有

$$A=U\begin{pmatrix}T_1&O&S_1\\O&O&O\\O&O&O\end{pmatrix}U^*,\quad B-A=U\begin{pmatrix}O&O&O\\O&T_2&S_2\\O&O&O\end{pmatrix}U^*,$$

$$B=U\begin{pmatrix}T_1&O&S_1\\O&T_2&S_2\\O&O&O\end{pmatrix}U^*.\tag{3.1.48}$$

显然, $\mathrm{rank}(B)=\mathrm{rank}(A)+\mathrm{rank}(B-A)$, 即 $A\overset{-}{\leq}B$. 对应分解形式, 计算可知

$$A^{\#}=U\begin{pmatrix}T_1^{-1}&O&O\\O&O&O\\O&O&O\end{pmatrix}U^*,\quad (B-A)^{\#}=U\begin{pmatrix}O&O&O\\O&T_2^{-1}&O\\O&O&O\end{pmatrix}U^*,$$

$$B^{\#}=U\begin{pmatrix}T_1^{-1}&O&O\\O&T_2^{-1}&O\\O&O&O\end{pmatrix}U^*.$$

于是,

$$BA^{\#} = AB^{\#} = A^{\#}B^2B^{\#} = B^{\#}ABB^{\#} = U\begin{pmatrix} I_{\mathrm{rank}(T_1)} & O & O \\ O & O & O \\ O & O & O \end{pmatrix}U^*.$$

可见, $BA^{\#}$, $AB^{\#}$, $A^{\#}B^2B^{\#}$, $B^{\#}ABB^{\#}$ 都是 Hermite 矩阵.

(2)⇒(1) 设 $B = U\begin{pmatrix} T & S \\ O & O \end{pmatrix}U^*$ 是 B 的 core-EP 分解, 其中 $T\in\mathbb{C}_{p,p}$ 是非奇异的, $p = \mathrm{rank}(B)$, U 是酉矩阵. 根据引理 3.1.7 以及 $A\leq B$, 我们有

$$A = U\begin{pmatrix} A_{11} & A_{11}T^{-1}S \\ O & O \end{pmatrix}U^*, \quad B - A = U\begin{pmatrix} T - A_{11} & (T - A_{11})T^{-1}S \\ O & O \end{pmatrix}U^*,$$

其中 $A_{11} = A_{11}T^{-1}A_{11}$.

根据引理 3.1.8, 我们有

$$A^{\#} = U\begin{pmatrix} A_{11}^{\#} & O \\ O & O \end{pmatrix}U^*, \quad (B - A)^{\#} = U\begin{pmatrix} (T - A_{11})^{\#} & O \\ O & O \end{pmatrix}U^*.$$

因此,

$$BA^{\#} = U\begin{pmatrix} T & S \\ O & O \end{pmatrix}\begin{pmatrix} A_{11}^{\#} & O \\ O & O \end{pmatrix}U^* = U\begin{pmatrix} TA_{11}^{\#} & O \\ O & O \end{pmatrix}U^*,$$

$$AB^{\#} = U\begin{pmatrix} A_{11} & A_{11}T^{-1}S \\ O & O \end{pmatrix}\begin{pmatrix} T^{-1} & O \\ O & O \end{pmatrix}U^* = U\begin{pmatrix} A_{11}T^{-1} & O \\ O & O \end{pmatrix}U^*,$$

$$A^{\#}B^2B^{\#} = U\begin{pmatrix} A_{11}^{\#} & O \\ O & O \end{pmatrix}\begin{pmatrix} T & S \\ O & O \end{pmatrix}^2\begin{pmatrix} T^{-1} & O \\ O & O \end{pmatrix}U^* = U\begin{pmatrix} A_{11}^{\#}T & O \\ O & O \end{pmatrix}U^*.$$

进一步, 设 A_{11} 的 core-EP 分解

$$A_{11} = V\begin{pmatrix} T_1 & S_1 \\ O & O \end{pmatrix}V^*. \tag{3.1.49}$$

其中 $T_1\in\mathbb{C}_{t,t}$ 是非奇异的, $t=\mathrm{rank}(A_{11})$, V 是酉矩阵. 于是, $A_{11}^{\#}=V\begin{pmatrix} T_1^{-1} & O \\ O & O \end{pmatrix}V^*$.

根据 A_{11} 的分块来划分矩阵 T^{-1}, 那么

$$T^{-1} = V\begin{pmatrix} F_{11} & F_{12} \\ F_{21} & F_{22} \end{pmatrix}V^*. \tag{3.1.50}$$

当矩阵 $BA^{\circledast}$, $AB^{\circledast}$ 和 $A^{\circledast}B^2B^{\circledast}$ 都是 Hermite 矩阵时, 有

$$\left(TA_{11}^{\circledast}\right)^* = TA_{11}^{\circledast},\quad \left(A_{11}T^{-1}\right)^* = A_{11}T^{-1},\quad \left(A_{11}^{\circledast}T\right)^* = A_{11}^{\circledast}T. \tag{3.1.51}$$

根据 (3.1.51), $A_{11} = A_{11}T^{-1}A_{11}$, T 是非奇异的, 可以得到

$$\begin{aligned}
\left(A_{11}^{\circledast}T\right)^* = A_{11}^{\circledast}T &\Rightarrow \left(A_{11}^{\circledast}\right)^* T^{-1} = \left(T^{-1}\right)^* A_{11}^{\circledast}\\
&\Rightarrow \begin{pmatrix} (T_1^{-1})^*F_{11} & \left(T_1^{-1}\right)^* F_{12} \\ O & O \end{pmatrix} = \begin{pmatrix} F_{11}^*T_1^{-1} & O \\ F_{12}^*T_1^{-1} & O \end{pmatrix}\\
&\Rightarrow F_{12}^*T_1^{-1} = O\\
&\Rightarrow F_{12} = O,\\
\left(TA_{11}^{\circledast}\right)^* = TA_{11}^{\circledast} &\Rightarrow T^{-1}\left(A_{11}^{\circledast}\right)^* = A_{11}^{\circledast}(T^{-1})^*\\
&\Rightarrow \begin{pmatrix} F_{11}\left(T_1^{-1}\right)^* & O \\ F_{21}\left(T_1^{-1}\right)^* & O \end{pmatrix} = \begin{pmatrix} T_1^{-1}F_{11}^* & T_1^{-1}F_{21}^* \\ O & O \end{pmatrix}\\
&\Rightarrow T_1^{-1}F_{21}^* = O\\
&\Rightarrow F_{21} = O,
\end{aligned}$$

可知, F_{22} 是非奇异的, $T^{-1} = V\begin{pmatrix} F_{11} & O \\ O & F_{22} \end{pmatrix}V^*$. 进一步,

$$\begin{aligned}
\left(A_{11}T^{-1}\right)^* = A_{11}T^{-1} &\Rightarrow \begin{pmatrix} (T_1F_{11})^* & O \\ (S_1F_{22})^* & O \end{pmatrix} = \begin{pmatrix} T_1F_{11} & S_1F_{22} \\ O & O \end{pmatrix}\\
&\Rightarrow S_1F_{22} = O\\
&\Rightarrow S_1 = O,
\end{aligned}$$

$$\begin{aligned}
A_{11} = A_{11}T^{-1}A_{11} &\Rightarrow \begin{pmatrix} T_1 & O \\ O & O \end{pmatrix} = \begin{pmatrix} T_1F_{11}T_1 & O \\ O & O \end{pmatrix}\\
&\Rightarrow T_1 = T_1F_{11}T_1\\
&\Rightarrow F_{11} = T_1^{-1}.
\end{aligned}$$

根据上述结论, 有

$$A_{11} = V\begin{pmatrix} T_1 & O \\ O & O \end{pmatrix}V^*,\quad T^{-1} = V\begin{pmatrix} T_1^{-1} & O \\ O & F_{22} \end{pmatrix}V^*.$$

因此,

$$T = V \begin{pmatrix} T_1 & O \\ O & F_{22}^{-1} \end{pmatrix} V^*, \quad T - A_{11} = V \begin{pmatrix} O & O \\ O & F_{22}^{-1} \end{pmatrix} V^*,$$

于是,

$$A_{11}^{\#}(T - A_{11}) = V \begin{pmatrix} T_1^{-1} & O \\ O & O \end{pmatrix} \begin{pmatrix} O & O \\ O & F_{22}^{-1} \end{pmatrix} V^* = O,$$

$$(T - A_{11})A_{11}^{\#} = V \begin{pmatrix} O & O \\ O & F_{22}^{-1} \end{pmatrix} \begin{pmatrix} T_1^{-1} & O \\ O & O \end{pmatrix} V^* = O,$$

$$A_{11}(T - A_{11})^{\#} = V \begin{pmatrix} T_1 & O \\ O & O \end{pmatrix} \begin{pmatrix} O & O \\ O & (F_{22}^{-1})^{\#} \end{pmatrix} V^* = O.$$

因此,

$$\begin{aligned} A^{\#}(B - A) &= U \begin{pmatrix} A_{11}^{\#} & O \\ O & O \end{pmatrix} \begin{pmatrix} T - A_{11} & (T - A_{11})T^{-1}S \\ O & O \end{pmatrix} U^* \\ &= U \begin{pmatrix} A_{11}^{\#}(T - A_{11}) & A_{11}^{\#}(T - A_{11})T^{-1}S \\ O & O \end{pmatrix} U^* = O, \\ (B - A)A^{\#} &= U \begin{pmatrix} T - A_{11} & (T - A_{11})T^{-1}S \\ O & O \end{pmatrix} \begin{pmatrix} A_{11}^{\#} & O \\ O & O \end{pmatrix} U^* \\ &= U \begin{pmatrix} (T - A_{11})A_{11}^{\#} & O \\ O & O \end{pmatrix} U^* = O, \\ A(B - A)^{\#} &= U \begin{pmatrix} A_{11} & A_{11}T^{-1}S \\ O & O \end{pmatrix} \begin{pmatrix} (T - A_{11})^{\#} & O \\ O & O \end{pmatrix} U^* \\ &= U \begin{pmatrix} A_{11}(T - A_{11})^{\#} & O \\ O & O \end{pmatrix} U^* = O. \end{aligned}$$

根据引理 3.1.4 可得 $A\perp_{\#,S}(B - A)$. □

定理 3.1.18 设 $A, B \in \mathbb{C}_n^{\#}$. 则下述结论等价:

(1) $A\perp_{\#,S}(B - A)$.

(2) $A \leq B$, $BA^{\#}$, $AB^{\#}$ 和 $B^{\#}ABB^{\#}$ 都是 Hermite 矩阵.

证明 (1)⇒(2) 应用 (3.1.48) 可知 $A \overset{\#}{\leq} B$, $BA^{\#}$, $AB^{\#}$ 以及 $B^{\#}ABB^{\#}$ 都是 Hermite 矩阵.

(2)⇒(1) 使用定理 3.1.17 中矩阵 A, B, A_{11} 和 T^{-1} 的分解形式. 于是,

$$
\begin{aligned}
B^{\#}ABB^{\#} &= U\begin{pmatrix} T^{-1} & O \\ O & O \end{pmatrix}\begin{pmatrix} A_{11} & A_{11}T^{-1}S \\ O & O \end{pmatrix}\begin{pmatrix} T & S \\ O & O \end{pmatrix}\begin{pmatrix} T^{-1} & O \\ O & O \end{pmatrix}U^* \\
&= U\begin{pmatrix} T^{-1}A_{11} & O \\ O & O \end{pmatrix}U^*.
\end{aligned}
$$

因为 $BA^{\#}$, $AB^{\#}$ 和 $B^{\#}ABB^{\#}$ 都是 Hermite 矩阵, 我们有

$$
(TA_{11}^{\#})^* = TA_{11}^{\#}, \quad (A_{11}T^{-1})^* = A_{11}T^{-1}, \quad (T^{-1}A_{11})^* = T^{-1}A_{11}. \tag{3.1.52}
$$

因为 T 是非奇异的, 由 (3.1.52) 和 $A_{11} = A_{11}T^{-1}A_{11}$ 我们有

$$
\begin{aligned}
(TA_{11}^{\#})^* = TA_{11}^{\#} &\Rightarrow T^{-1}(A_{11}^{\#})^* = A_{11}^{\#}(T^{-1})^* \\
&\Rightarrow \begin{pmatrix} F_{11}(T_1^{-1})^* & O \\ F_{21}(T_1^{-1})^* & O \end{pmatrix} = \begin{pmatrix} T_1^{-1}F_{11}^* & T_1^{-1}F_{21}^* \\ O & O \end{pmatrix} \\
&\Rightarrow T_1^{-1}F_{21}^* = O \\
&\Rightarrow F_{21} = O.
\end{aligned}
$$

因此, $T^{-1} = V\begin{pmatrix} F_{11} & F_{12} \\ O & F_{22} \end{pmatrix}V^*$, F_{11} 是非奇异的. 应用 $F_{21} = O$, (3.1.49) 以及 (3.1.50), 我们得到

$$
\begin{aligned}
(T^{-1}A_{11})^* = T^{-1}A_{11} &\Rightarrow \begin{pmatrix} (F_{11}T_1)^* & O \\ (F_{11}S_1)^* & O \end{pmatrix} = \begin{pmatrix} F_{11}T_1 & F_{11}S_1 \\ O & O \end{pmatrix} \\
&\Rightarrow F_{11}S_1 = O \\
&\Rightarrow S_1 = O, \\
(A_{11}T^{-1})^* = A_{11}T^{-1} &\Rightarrow \begin{pmatrix} (T_1F_{11})^* & O \\ (T_1F_{12})^* & O \end{pmatrix} = \begin{pmatrix} T_1F_{11} & T_1F_{12} \\ O & O \end{pmatrix} \\
&\Rightarrow T_1F_{12} = O \\
&\Rightarrow F_{12} = O. \\
A_{11} = A_{11}T^{-1}A_{11} &\Rightarrow \begin{pmatrix} T_1 & O \\ O & O \end{pmatrix} = \begin{pmatrix} T_1F_{11}T_1 & O \\ O & O \end{pmatrix}
\end{aligned}
$$

$$\Rightarrow T_1 = T_1 F_{11} T_1$$
$$\Rightarrow F_{11} = T_1^{-1}.$$

那么,

$$A_{11} = V\begin{pmatrix} T_1 & O \\ O & O \end{pmatrix}V^*, \quad T^{-1} = V\begin{pmatrix} T_1^{-1} & O \\ O & F_{22} \end{pmatrix}V^*.$$

同定理 3.1.17的证明过程, 我们有 $A_{11}^{\#}(T - A_{11}) = O$, $(T - A_{11})A_{11}^{\#} = O$, $A_{11}(T - A_{11})^{\#} = O$. 那么 $A^{\#}(B - A) = O$, $(B - A)A^{\#} = O$, $A(B - A)^{\#} = O$. 所以, $A\perp_{\#,S}(B - A)$. □

类似地, 我们可以得到下述两个定理.

定理 3.1.19 设 $A, B\in\mathbb{C}_n^{\sharp}$. 则下述结论等价:

(1) $A\perp_{\#,S}(B - A)$.

(2) $A\leq B$, $AB^{\#}$, $A^{\#}B^2B^{\#}$ 和 $B^{\#}ABB^{\#}$ 都是 Hermite 矩阵.

定理 3.1.20 设 $A, B\in\mathbb{C}_n^{\sharp}$. 则下述结论等价:

(1) $A\perp_{\#,S}(B - A)$.

(2) $A\leq B$, $BA^{\#}$, $A^{\#}B^2B^{\#}$ 和 $B^{\#}ABB^{\#}$ 都是 Hermite 矩阵.

下面, 我们给出关于强 core 正交性和 core 可交换性之间等价性的定理.

定理 3.1.21 设 $A, B\in\mathbb{C}_n^{\sharp}$. 则下述结论等价:

(1) $A\perp_{\#,S}B$;

(2) $AB^{\#} = O$, $A^{\#}B = BA^{\#}$;

(3) $BA^{\#} = O$, $B^{\#}A = AB^{\#}$.

证明 (1)⇒(2) 当 $A\perp_{\#,S}B$, 我们有 $A^{\#}B = BA^{\#} = AB^{\#} = O$. 则 (2) 显然成立.

(2)⇒(3) 应用定理 3.1.12中矩阵 A, B, A_{11}, T^{-1} 的分解形式. 则

$$A^{\#}B = U\begin{pmatrix} T^{-1}B_{11} & T^{-1}B_{12} \\ O & O \end{pmatrix}U^*, \quad BA^{\#} = U\begin{pmatrix} B_{11}T^{-1} & O \\ B_{21}T^{-1} & O \end{pmatrix}U^*.$$

因为 T 是非奇异的, 根据 $A^{\#}B = BA^{\#}$ 我们有 $B_{12} = O$, $B_{21} = O$. 则

$$B = U\begin{pmatrix} B_{11} & O \\ O & B_{22} \end{pmatrix}U^*, \quad B^{\#} = U\begin{pmatrix} B_{11}^{\#} & O \\ O & B_{22}^{\#} \end{pmatrix}U^*,$$

$$AB^{\#} = U\begin{pmatrix} TB_{11}^{\#} & SB_{22}^{\#} \\ O & O \end{pmatrix}U^*.$$

因为 T 是非奇异的, 根据 $AB^{\#} = O$ 我们有 $B_{11}^{\#} = O$, $SB_{22}^{\#} = O$, 可推得 $B_{11} = O$, 即

$$B = U\begin{pmatrix} O & O \\ O & B_{22} \end{pmatrix}U^*, \quad B^{\#} = U\begin{pmatrix} O & O \\ O & B_{22}^{\#} \end{pmatrix}U^*.$$

因此,

$$BA^{\#} = U\begin{pmatrix} O & O \\ O & B_{22} \end{pmatrix}\begin{pmatrix} T^{-1} & O \\ O & O \end{pmatrix}U^* = O,$$

$$B^{\#}A = U\begin{pmatrix} O & O \\ O & B_{22}^{\#} \end{pmatrix}\begin{pmatrix} T & S \\ O & O \end{pmatrix}U^* = O,$$

$$AB^{\#} = U\begin{pmatrix} T & S \\ O & O \end{pmatrix}\begin{pmatrix} O & O \\ O & B_{22}^{\#} \end{pmatrix}U^* = O.$$

因此, (3) 成立.

(3)⇒(1)　设 $B = U\begin{pmatrix} T & S \\ O & O \end{pmatrix}U^*$ 是 B 的 core-EP 分解, 其中 $T\in\mathbb{C}_{p,p}$ 是非奇异的, $p = \mathrm{rank}(B)$, U 是一个酉矩阵. 那么, $B^{\#} = U\begin{pmatrix} T^{-1} & O \\ O & O \end{pmatrix}U^*$. 根据 B 的分块来划分矩阵 A, 那么 $A = U\begin{pmatrix} A_{11} & A_{12} \\ A_{21} & A_{22} \end{pmatrix}U^*$. 此时,

$$B^{\#}A = U\begin{pmatrix} T^{-1}A_{11} & T^{-1}A_{12} \\ O & O \end{pmatrix}U^*, \quad AB^{\#} = U\begin{pmatrix} A_{11}T^{-1} & O \\ A_{21}T^{-1} & O \end{pmatrix}U^*.$$

因为 T 是非奇异的, $B^{\#}A = AB^{\#}$, 我们有 $A_{12} = O$, $A_{21} = O$. 那么

$$A = U\begin{pmatrix} A_{11} & O \\ O & A_{22} \end{pmatrix}U^*, \quad A^{\#} = U\begin{pmatrix} A_{11}^{\#} & O \\ O & A_{22}^{\#} \end{pmatrix}U^*,$$

$$BA^{\#} = U\begin{pmatrix} TA_{11}^{\#} & SA_{22}^{\#} \\ O & O \end{pmatrix}U^*.$$

根据 $BA^{\#} = O$, 我们有 $A_{11}^{\#} = O, SA_{22}^{\#} = O$, 可推得 $A_{11} = O$. 因此,

$$A^{\#}B = U\begin{pmatrix} O & O \\ O & A_{22}^{\#} \end{pmatrix}\begin{pmatrix} T & S \\ O & O \end{pmatrix}U^* = O,$$

$$AB^{\#} = U\begin{pmatrix} O & O \\ O & A_{22} \end{pmatrix}\begin{pmatrix} T^{-1} & O \\ O & O \end{pmatrix}U^* = O.$$

那么 $A\perp_{\#,S}B$ 成立. □

3.2 core 偏序的等价刻画

对于矩阵 A 的 Moore-Penrose 逆的四个方程, 符号 $A\{i,\cdots,j\}$ 表示所有满足方程 $(i),\cdots,(j)$ 的矩阵 $X\in\mathbb{C}_{m,n}$ 的集合. 此时, 矩阵 $X\in A\{i,\cdots,j\}$ 叫做 A 的 $\{i,\cdots,j\}$-逆, 记作 $A^{\{i,\cdots,j\}}$.

在文献 [73] 中, Hartwig 和 Styan 提出了 $*$ 偏序的一个重要等价刻画, 这与减偏序和 dagger 可减性有关. 他们还给出了 $*$ 偏序的一些其他刻画. 对于 $A,B\in\mathbb{C}_{m,n}$,

$$A\overset{*}{\leq}B\Leftrightarrow A\leq B, (B-A)^\dagger = B^\dagger - A^\dagger;$$

$$\Leftrightarrow A\leq B, A^*B, BA^*\text{都是 Hermite};$$

$$\Leftrightarrow A\leq B, A^\dagger B, BA^\dagger\text{都是 Hermite};$$

$$\Leftrightarrow A\leq B, B^\dagger - A^\dagger\ \text{是一个}B-A\text{的 }\{1,3\}\text{-逆}.$$

自然地, 对 core 偏序会作类似的猜想. 在 [55] 中, Ferreyra 和 Malik 对两个群可逆矩阵定义了 core 可加性. 他们举了一个例子来证明 $A\overset{\#}{\leq}B$ 不能推出 $(B-A)^{\#} = B^{\#} - A^{\#}$, 并提出了一个未解决的问题:

问题 3.2.1 设 $A,B\in\mathbb{C}_n^{\#}$. 是否有

$$A\leq B, (B-A)^{\#} = B^{\#} - A^{\#} \Rightarrow A\overset{\#}{\leq}B?$$

基于 core 逆, Ferreyra 和 Malik 在群可逆矩阵范围内提出了 core 正交性和强 core 正交性的概念 [54]. 进一步, 他们指出

$$A\perp_{\#}B\Leftrightarrow A\overset{\#}{\leq}(A+B); \tag{3.2.1}$$

$$A\perp_{\#,S}B\Leftrightarrow A\overset{\#}{\leq}(A+B), B\overset{\#}{\leq}(A+B); \tag{3.2.2}$$

$$A\perp_{\#,S}B \Leftrightarrow A^{\#}B = 0, BA^{\#} = 0, AB^{\#} = 0. \tag{3.2.3}$$

对于 $A,B\in\mathbb{C}_{m,n}$, 有下述星正交关于 dagger-可加性和秩可加性的等价刻画 [73, 131]:

$$A\perp_* B\Leftrightarrow(A+B)^\dagger = A^\dagger + B^\dagger, \quad \text{rank}(A+B) = \text{rank}(A) + \text{rank}(B).$$

对于强 core 正交性, Ferreyra 和 Malik [54] 指出 $A\perp_{\#,S}B$ 可以推出 $(A+B)^{\#}=A^{\#}+B^{\#}$ 以及 $\text{rank}(A+B)=\text{rank}(A)+\text{rank}(B)$. 他们提出一个公开问题: 设 $A,B\in\mathbb{C}_n^{\sharp}$. 是否有 $A\perp_{\#,S}B\Leftrightarrow(A+B)^{\#}=A^{\#}+B^{\#},\text{rank}(A+B)=\text{rank}(A)+\text{rank}(B)$? 在文献 [110] 中, 我们证明了这个结果是真的, 并给出了强 core 正交性的一些新的刻画. 基于 core-EP 分解, 我们给出了当 $A\leq B$ 时, 矩阵 A 和 B 的分解形式 [110]. 这个结论见引理 3.1.7, 在本节也会用到.

在本节中, 我们将通过重新审视 core 偏序和强 core 正交性. 首先, 我们考虑了 core 偏序和 core 可减性之间的关系并解决了问题 (3.2.1). 我们推导出 core 偏序的一些由 core 逆、群逆以及一些 Hermite 矩阵来刻画的新的等价条件. 我们还得到强 core 正交性的一些关于 {1,3}-逆的刻画.

应用 core-EP 分解, 我们给出矩阵 $A,B\in\mathbb{C}_n^{\sharp}$ 满足 core 偏序时的分解形式.

定理 3.2.2　设 $A,B\in\mathbb{C}_n^{\sharp}$, 那么下述条件等价:

(1) $A\overset{\#}{\leq}B$;

(2) 存在非奇异矩阵 $T\in\mathbb{C}_{p,p}$, 酉矩阵 U 使得

$$A=U\begin{pmatrix}T & S\\ O & O\end{pmatrix}U^*,\quad B=U\begin{pmatrix}T & S\\ O & B_{22}\end{pmatrix}U^*,\tag{3.2.4}$$

其中 $B_{22}\in\mathbb{C}_{n-p}^{\#}$.

文献 [73] 中, 作者给出了 $*$ 偏序的等价刻画, 作者指出 $A\overset{*}{\leq}B\Leftrightarrow A\leq B$ 且 $B^{\dagger}-A^{\dagger}$ 是 $B-A$ 的 {1,3}-逆. 下面, 我们对于 core 偏序考虑类似的条件.

定理 3.2.3　设 $A,B\in\mathbb{C}_n^{\sharp}$, 那么下述条件等价:

(1) $A\overset{\#}{\leq}B$;

(2) $A\leq B$, $B^{\#}-A^{\#}\in(B-A)\{1,3\}$.

证明　(1)⇒(2)　如果 $A\overset{\#}{\leq}B$, 那么根据引理 3.1.6以及定理 3.2.2, 我们可以得到 A,B 如 (3.2.4) 所示,

$$A^{\#}=U\begin{pmatrix}T^{-1} & O\\ O & O\end{pmatrix}U^*,\quad B^{\#}=U\begin{pmatrix}T^{-1} & -T^{-1}SB_{22}^{\#}\\ O & B_{22}^{\#}\end{pmatrix}U^*,$$

$$B-A=U\begin{pmatrix}O & O\\ O & B_{22}\end{pmatrix}U^*,\quad B^{\#}-A^{\#}=\begin{pmatrix}O & -T^{-1}SB_{22}^{\#}\\ O & B_{22}^{\#}\end{pmatrix}.$$

显然 $\mathrm{rank}(B)-\mathrm{rank}(A)=\mathrm{rank}(B_{22})=\mathrm{rank}(B-A)$, 即 $A\overset{\#}{\le}B$. 代入计算可得

$$(B-A)(B^{\#}-A^{\#})(B-A)=U\begin{pmatrix}O & O\\ O & B_{22}\end{pmatrix}U^*=B-A,$$

$$((B-A)(B^{\#}-A^{\#}))^*=U\begin{pmatrix}O & O\\ O & B_{22}B_{22}^{\#}\end{pmatrix}U^*=(B-A)(B^{\#}-A^{\#}),$$

故而 $B^{\#}-A^{\#}\in(B-A)\{1,3\}$.

(2)⇒(1) 设 B 的 core-EP 分解 $B=U\begin{pmatrix}T & S\\ O & O\end{pmatrix}U^*$, 其中 $T\in\mathbb{C}_{p,p}$ 是非奇异的, $\mathrm{rank}(B)=p$, U 是酉矩阵. 根据 $A\overset{\#}{\le}B$ 和引理 3.1.7 可得 A 如 (3.1.7) 所示. 那么由引理 3.1.8, 可知

$$B-A=U\begin{pmatrix}T-A_{11} & S-A_{12}\\ O & O\end{pmatrix}U^*,\quad B^{\#}-A^{\#}=U\begin{pmatrix}T^{-1}-A_{11}^{\#} & O\\ O & O\end{pmatrix}U^*. \tag{3.2.5}$$

应用 (3.2.5) 以及 $B^{\#}-A^{\#}\in(B-A)\{1,3\}$, 我们有

$$(T-A_{11})(T^{-1}-A_{11}^{\#})(T-A_{11})=T-A_{11}, \tag{3.2.6}$$

$$((T-A_{11})(T^{-1}-A_{11}^{\#}))^*=(T-A_{11})(T^{-1}-A_{11}^{\#}). \tag{3.2.7}$$

设 A_{11} 的 core-EP 分解 $A_{11}=V\begin{pmatrix}T_1 & S_1\\ O & O\end{pmatrix}V^*$, 其中 $T_1\in\mathbb{C}_{t,t}$ 是非奇异的, $t=\mathrm{rank}(A_{11})$, V 是酉矩阵. 那么, $A_{11}^{\#}=V\begin{pmatrix}T_1^{-1} & O\\ O & O\end{pmatrix}V^*$. 同样划分矩阵 T^{-1}, 记 $T^{-1}=V\begin{pmatrix}F_{11} & F_{12}\\ F_{21} & F_{22}\end{pmatrix}V^*$.

根据 $A_{11}=A_{11}T^{-1}A_{11}$, 我们有

$$\begin{pmatrix}T_1 & S_1\\ O & O\end{pmatrix}=\begin{pmatrix}(T_1F_{11}+S_1F_{21})T_1 & (T_1F_{11}+S_1F_{21})S_1\\ O & O\end{pmatrix}.$$

T_1 是非奇异的, 所以,

$$T_1F_{11}+S_1F_{21}=I. \tag{3.2.8}$$

因为 (3.2.6), (3.2.7), $A_{11} = A_{11}T^{-1}A_{11}$, $A_{11}A_{11}^{\#}A_{11} = A_{11}$, 而且 T 是非奇异的, 我们有

$$-TA_{11}^{\#}T + A_{11}A_{11}^{\#}T + TA_{11}^{\#}A_{11} - A_{11}=O,\quad (TA_{11}^{\#} + A_{11}T^{-1})^*=TA_{11}^{\#}+A_{11}T^{-1}.$$

下面, 记 $X = T_1F_{12} + S_1F_{22}$. 在第一个等式的两边分别左乘右乘一个 T^{-1} 有 $-A_{11}^{\#} + T^{-1}A_{11}A_{11}^{\#} + A_{11}^{\#}A_{11}T^{-1} - T^{-1}A_{11}T^{-1} = O$. 结合 (3.2.8), 可以得到

$$\begin{pmatrix} O & T_1^{-1}X - F_{11}X \\ O & F_{21}X \end{pmatrix} = O,$$

即有

$$T_1^{-1}X = F_{11}X,\quad F_{21}X = O. \tag{3.2.9}$$

下面考虑第二个等式. 因为 $TA_{11}^{\#}+A_{11}T^{-1} = T(A_{11}^{\#}+T^{-1}A_{11}T^{-1})(T^{-1})^*T^*$ 且

$$\begin{aligned}&\left(A_{11}^{\#} + T^{-1}A_{11}T^{-1}\right)\left(T^{-1}\right)^*\\ &= V\begin{pmatrix} T_1^{-1}F_{11}^* + F_{11}F_{11}^* + F_{11}XF_{12}^* & T_1^{-1}F_{21}^* + F_{11}F_{21}^* + F_{11}XF_{22}^* \\ F_{21}F_{11}^* & F_{21}F_{21}^* \end{pmatrix}V^*,\end{aligned}$$

所以有

$$T_1^{-1}F_{21}^* + F_{11}F_{21}^* + F_{11}XF_{22}^* = (F_{21}F_{11}^*)^* = F_{11}F_{21}^*.$$

因此,

$$F_{21} = -F_{22}X^*F_{11}^*T_1^*. \tag{3.2.10}$$

应用 (3.2.9) 和 (3.2.10), 我们可以得到

$$O = -F_{21}X = F_{22}X^*F_{11}^*T_1^*X = F_{22}(T_1^{-1}X)^*T_1^*X = F_{22}X^*X.$$

因为 $F_{21} = -F_{22}X^*F_{11}^*T_1^*$, $T^{-1} = V\begin{pmatrix} F_{11} & F_{12} \\ F_{21} & F_{22} \end{pmatrix}V^*$ 是非奇异的, 所以 F_{22} 是非奇异的. 进一步, 我们得到 $X^*X = O$, 即 $X = O$, 故 $F_{21} = O$. 根据 (3.2.8) 可知 $F_{11} = T_1^{-1}$. 所以,

$$T^{-1} = V\begin{pmatrix} T_1^{-1} & F_{12} \\ O & F_{22} \end{pmatrix}V^*.$$

即

$$T^{-1}A_{11}A_{11}^{\textcircled{\#}}=V\begin{pmatrix}T_1^{-1} & O\\ O & O\end{pmatrix}V^*=A_{11}^{\textcircled{\#}},\quad A_{11}^{\textcircled{\#}}A_{11}T^{-1}=V\begin{pmatrix}T_1^{-1} & O\\ O & O\end{pmatrix}V^*=A_{11}^{\textcircled{\#}},$$

从而

$$A_{11}A_{11}^{\textcircled{\#}}=TA_{11}^{\textcircled{\#}},\quad A_{11}^{\textcircled{\#}}A_{11}=A_{11}^{\textcircled{\#}}T. \tag{3.2.11}$$

根据 $A_{12}=A_{11}T^{-1}S$, 我们有

$$A_{11}^{\textcircled{\#}}A_{12}=A_{11}^{\textcircled{\#}}A_{11}T^{-1}S=A_{11}^{\textcircled{\#}}S. \tag{3.2.12}$$

应用 (3.2.11) 和 (3.2.12), 我们有

$$AA^{\textcircled{\#}}=V\begin{pmatrix}A_{11}A_{11}^{\textcircled{\#}} & O\\ O & O\end{pmatrix}V^*=V\begin{pmatrix}TA_{11}^{\textcircled{\#}} & O\\ O & O\end{pmatrix}V^*=BA^{\textcircled{\#}},$$

$$A^{\textcircled{\#}}A=V\begin{pmatrix}A_{11}^{\textcircled{\#}}A_{11} & A_{11}^{\textcircled{\#}}A_{12}\\ O & O\end{pmatrix}V^*=V\begin{pmatrix}A_{11}^{\textcircled{\#}}T & A_{11}^{\textcircled{\#}}S\\ O & O\end{pmatrix}V^*=A^{\textcircled{\#}}B,$$

即 $A\overset{\textcircled{\#}}{\leq}B$. □

例 3.2.4 设 $A=\begin{pmatrix}1 & 1\\ 0 & 0\end{pmatrix}$, $B=\begin{pmatrix}1 & 1\\ 0 & 1\end{pmatrix}$. 于是

$$A^{\textcircled{\#}}=\begin{pmatrix}1 & 0\\ 0 & 0\end{pmatrix},\quad B^{\textcircled{\#}}=\begin{pmatrix}1 & -1\\ 0 & 1\end{pmatrix},\quad B-A=\begin{pmatrix}0 & 0\\ 0 & 1\end{pmatrix},\quad B^{\textcircled{\#}}-A^{\textcircled{\#}}=\begin{pmatrix}0 & -1\\ 0 & 1\end{pmatrix}.$$

显然, $\operatorname{rank}(B)-\operatorname{rank}(A)=\operatorname{rank}(B-A)=1$, 即 $A\leq B$.

$$(B-A)(B^{\textcircled{\#}}-A^{\textcircled{\#}})(B-A)=\begin{pmatrix}0 & 0\\ 0 & 1\end{pmatrix}\begin{pmatrix}0 & -1\\ 0 & 1\end{pmatrix}\begin{pmatrix}0 & 0\\ 0 & 1\end{pmatrix}=\begin{pmatrix}0 & 0\\ 0 & 1\end{pmatrix},$$

$$(B-A)(B^{\textcircled{\#}}-A^{\textcircled{\#}})=\begin{pmatrix}0 & 0\\ 0 & 1\end{pmatrix}\begin{pmatrix}0 & -1\\ 0 & 1\end{pmatrix}=\begin{pmatrix}0 & 0\\ 0 & 1\end{pmatrix},$$

可见 $B^{\textcircled{\#}}-A^{\textcircled{\#}}\in(B-A)\{1,3\}$.

计算可得

$$AA^{\textcircled{\#}}=BA^{\textcircled{\#}}=\begin{pmatrix}1 & 0\\ 0 & 0\end{pmatrix},\quad A^{\textcircled{\#}}A=A^{\textcircled{\#}}B=\begin{pmatrix}1 & 1\\ 0 & 0\end{pmatrix},$$

即 $A\overset{\textcircled{\#}}{\leq}B$.

注记 3.2.5　设 $A, B\in\mathbb{C}_n^{\sharp}$, 显然

$$A\leq B,\ (B-A)^{\#}=B^{\#}-A^{\#}\Rightarrow\ A\leq B,\ B^{\#}-A^{\#}\in(B-A)\{1,3\}.$$

因此, 根据定理 3.1.20, 我们可以给出问题 3.2.1的结论, 即

$$A\leq B, (B-A)^{\#}=B^{\#}-A^{\#}\Rightarrow A\overset{\#}{\leq}B$$

成立.

至此, 问题 3.2.1被完全解决. 更重要的是, 我们得到 core 偏序的一个与减偏序和 {1,3}-逆相关的等价刻画.

定理 3.2.6　设 $A, B\in\mathbb{C}_n^{\sharp}$, 那么下述条件等价:

(1) $A\overset{\#}{\leq}B$;

(2) $A\leq B, BA^{\#}$ 是 Hermite 矩阵, $AA^{\#}B=A$;

(3) $A\leq B, BA^{\#}$ 和 A^*B 都是 Hermite 矩阵.

证明　(1)⇒(2), (3)　如果 $A\overset{\#}{\leq}B$, 那么 A, B 分解形式如 (3.2.4) 所示, 所以 $A^{\#}=U\begin{pmatrix}T^{-1} & O\\ O & O\end{pmatrix}U^*$. 于是,

$$B-A=U\begin{pmatrix}O & O\\ O & B_{22}\end{pmatrix}U^*,\quad BA^{\#}=U\begin{pmatrix}I_p & O\\ O & O\end{pmatrix}U^*,$$

$$AA^{\#}B=U\begin{pmatrix}T & S\\ O & O\end{pmatrix}U^*=A,\quad A^*B=U\begin{pmatrix}T^*T & T^*S\\ S^*T & S^*S\end{pmatrix}U^*=A^*A.$$

显然, $\operatorname{rank}(B)-\operatorname{rank}(A)=\operatorname{rank}(B-A)=\operatorname{rank}(B_{22})$, 即 $A\leq B$. (2), (3) 成立.

设 B 的 core-EP 分解 $B=U\begin{pmatrix}T & S\\ O & O\end{pmatrix}U^*$, 其中 $T\in\mathbb{C}_{p,p}$ 是非奇异的, $p=\operatorname{rank}(B)$, U 是酉矩阵. 根据 $A\leq B$ 和引理 3.1.7, 可知 A 的分解形式如 (3.1.7) 所示. 则

$$A^{\#}=U\begin{pmatrix}A_{11}^{\#} & O\\ O & O\end{pmatrix}U^*,\quad B^{\#}=U\begin{pmatrix}T^{-1} & O\\ O & O\end{pmatrix}U^*,\tag{3.2.13}$$

$$AA^{\#}=U\begin{pmatrix}A_{11}A_{11}^{\#} & O\\ O & O\end{pmatrix}U^*,\quad A^{\#}A=U\begin{pmatrix}A_{11}^{\#}A_{11} & A_{11}^{\#}A_{12}\\ O & O\end{pmatrix}U^*,\tag{3.2.14}$$

$$BA^{\#}=U\begin{pmatrix}TA_{11}^{\#} & O\\ O & O\end{pmatrix}U^*,\quad A^{\#}B=U\begin{pmatrix}A_{11}^{\#}T & A_{11}^{\#}S\\ O & O\end{pmatrix}U^*,\tag{3.2.15}$$

$$AA^{\#}B = U\begin{pmatrix} A_{11}A_{11}^{\#}T & A_{11}A_{11}^{\#}S \\ O & O \end{pmatrix}U^*, \quad A^*B = U\begin{pmatrix} A_{11}^*T & A_{11}^*S \\ A_{12}^*T & A_{12}^*S \end{pmatrix}U^*. \tag{3.2.16}$$

设 A_{11} 的 core-EP 分解 $A_{11} = V\begin{pmatrix} T_1 & S_1 \\ O & O \end{pmatrix}V^*$, 其中 $T_1 \in \mathbb{C}_{t,t}$ 是非奇异的, $t = \operatorname{rank}(A_{11})$, V 是酉矩阵. 那么, $A_{11}^{\#} = V\begin{pmatrix} T_1^{-1} & O \\ O & O \end{pmatrix}V^*$. 按照 A_{11} 的分块来划分 T^{-1}, 记 $T^{-1} = V\begin{pmatrix} F_{11} & F_{12} \\ F_{21} & F_{22} \end{pmatrix}V^*$.

(2)⇒(1) 因为 $BA^{\#}$ 是 Hermite 矩阵, 显然 $TA_{11}^{\#}$ 是 Hermite 矩阵. 因为 T_1 是非奇异的, 所以

$$\begin{aligned}
(TA_{11}^{\#})^* = TA_{11}^{\#} &\Rightarrow T^{-1}(A_{11}^{\#})^* = A_{11}^{\#}(T^{-1})^* \\
&\Rightarrow \begin{pmatrix} F_{11}(T_1^{-1})^* & O \\ F_{21}(T_1^{-1})^* & O \end{pmatrix} = \begin{pmatrix} T_1^{-1}F_{11}^* & T_1^{-1}F_{21}^* \\ O & O \end{pmatrix} \\
&\Rightarrow F_{21}(T_1^{-1})^* = O \\
&\Rightarrow F_{21} = O.
\end{aligned}$$

根据 $AA^{\#}B = A$, 我们得到 $A_{11}A_{11}^{\#}T = A_{11}, A_{11}A_{11}^{\#}S = A_{11}T^{-1}S$. 因为 $F_{21} = O$, T 和 T_1 是非奇异的, 我们有

$$\begin{aligned}
A_{11}A_{11}^{\#} = A_{11}T^{-1} &\Rightarrow \begin{pmatrix} I_t & O \\ O & O \end{pmatrix} = \begin{pmatrix} T_1F_{11} & T_1F_{12} + S_1F_{22} \\ O & O \end{pmatrix} \\
&\Rightarrow T_1F_{11} = I_t, T_1F_{12} + S_1F_{22} = O \\
&\Rightarrow F_{11} = T_1^{-1}, F_{12} + T_1^{-1}S_1F_{22} = O.
\end{aligned}$$

此时,

$$\begin{aligned}
T^{-1}A_{11}A_{11}^{\#} &= V\begin{pmatrix} T_1^{-1} & F_{12} \\ O & F_{22} \end{pmatrix}\begin{pmatrix} T_1 & S_1 \\ O & O \end{pmatrix}\begin{pmatrix} T_1^{-1} & O \\ O & O \end{pmatrix}V^* \\
&= V\begin{pmatrix} T_1^{-1} & O \\ O & O \end{pmatrix}V^* = A_{11}^{\#},
\end{aligned}$$

$$A_{11}^{\#}A_{11}T^{-1} = V\begin{pmatrix} T_1^{-1} & O \\ O & O \end{pmatrix}\begin{pmatrix} T_1 & S_1 \\ O & O \end{pmatrix}\begin{pmatrix} T_1^{-1} & F_{12} \\ O & F_{22} \end{pmatrix}V^*$$

$$= V\begin{pmatrix} T_1^{-1} & O \\ O & O \end{pmatrix} V^* = A_{11}^{\#},$$

即

$$A_{11}A_{11}^{\#} = TA_{11}^{\#}, \quad A_{11}^{\#}A_{11} = A_{11}^{\#}T. \tag{3.2.17}$$

另一方面, 根据 $A_{12} = A_{11}T^{-1}S$, 我们有

$$A_{11}^{\#}A_{12} = A_{11}^{\#}A_{11}T^{-1}S = A_{11}^{\#}A_{11}A_{11}^{\#}S = A_{11}^{\#}S. \tag{3.2.18}$$

将 (3.2.17), (3.2.18) 代入 (3.2.14) 和 (3.2.15), 可得 $AA^{\#} = BA^{\#}$, $A^{\#}A = A^{\#}B$. 即 $A\overset{\#}{\leq}B$.

(3)⇒(1)　将矩阵的分解形式代入 $A_{11} = A_{11}T^{-1}A_{11}$, 且 T_1 是非奇异的, 我们可以得到

$$T_1F_{11} + S_1F_{21} = I_t. \tag{3.2.19}$$

因为 A^*B 是 Hermite 矩阵, 故 A_{11}^*T 是 Hermite 矩阵. 于是根据 (3.2.19) 以及 T, T_1 的非奇异性, 我们有

$$\begin{aligned}(A_{11}^*T)^* = A_{11}^*T &\Rightarrow A_{11}T^{-1} = (T^{-1})^*A_{11}^* \\ &\Rightarrow \begin{pmatrix} I_t & T_1F_{12} + S_1F_{22} \\ O & O \end{pmatrix} = \begin{pmatrix} I_t & O \\ (T_1F_{12} + S_1F_{22})^* & O \end{pmatrix} \\ &\Rightarrow T_1F_{12} + S_1F_{22} = O.\end{aligned}$$

因为 $BA^{\#}$ 是 Hermite 矩阵根据 (2)⇒(1) 中的证明, 我们有 $F_{21} = O$. 因为 T_1 是非奇异的以及 (3.2.19), 可得 $F_{11} = T_1^{-1}$.

那么, 我们可以得到 $A\overset{\#}{\leq}B$. □

在 [161] 中, Rakić 和 Djordjević 给出了 A, B 在满足减偏序时 core 偏序的一些等价条件. 下面, 我们给出一些结论: 用和 core 逆和群逆相关的条件来刻画 core 偏序.

定理 3.2.7　设 $A, B \in \mathbb{C}_n^{\sharp}$, 则下述条件等价:

(1) $A\overset{\#}{\leq}B$;

(2) $A^*A = A^*B$, $BA^{\#}$ 是 Hermite 矩阵;

(3) $A^*A = A^*B$, $B(A^{\sharp})^2 = (A^{\#})^2B$;

(4) $A^*A = A^*B$, $B(A^{\#})^2 = A^{\#}$;

(5) $A^*A=A^*B$, $A^{\textcircled{\#}}B=AA^\sharp$;

(6) $A^*A=A^*B$, $A^{\textcircled{\#}}B=BA^\sharp$;

(7) $A^{\textcircled{\#}}B=AA^\sharp$, $BA^{\textcircled{\#}}$ 是 Hermite 矩阵;

(8) $A^{\textcircled{\#}}B=AA^\sharp$, $B(A^\sharp)^2=(A^{\textcircled{\#}})^2B$;

(9) $A^{\textcircled{\#}}B=AA^\sharp$, $B(A^{\textcircled{\#}})^2=A^{\textcircled{\#}}$;

(10) $A^{\textcircled{\#}}B=AA^\sharp=BA^\sharp$;

(11) A^*B 是 Hermite 矩阵, $B(A^\sharp)^2=(A^{\textcircled{\#}})^2B$;

(12) A^*B 是 Hermite 矩阵, $B(A^{\textcircled{\#}})^2=A^{\textcircled{\#}}$;

(13) A^*B 是 Hermite 矩阵, $A^{\textcircled{\#}}B=AA^\sharp$.

证明 (1)⇒(2)—(13) 如果 $A\overset{\textcircled{\#}}{\leq}B$, 于是 A,B 的分解形式如 (3.2.4) 所示,

$$A^{\textcircled{\#}}=U\begin{pmatrix}T^{-1}&O\\O&O\end{pmatrix}U^*,\quad A^\sharp=U\begin{pmatrix}T^{-1}&T^{-2}S\\O&O\end{pmatrix}U^*.$$

那么,

$$A^*A=A^*B=U\begin{pmatrix}T^*T&T^*S\\S^*T&S^*S\end{pmatrix}U^*,$$

$$BA^{\textcircled{\#}}=U\begin{pmatrix}I_p&O\\O&O\end{pmatrix}U^*,$$

$$B(A^\sharp)^2=(A^{\textcircled{\#}})^2B=U\begin{pmatrix}T^{-1}&T^{-2}S\\O&O\end{pmatrix}U^*,$$

$$B(A^{\textcircled{\#}})^2=A^{\textcircled{\#}}=U\begin{pmatrix}T^{-1}&O\\O&O\end{pmatrix}U^*,$$

$$BA^\sharp=AA^\sharp=A^{\textcircled{\#}}B=U\begin{pmatrix}I_p&T^{-1}S\\O&O\end{pmatrix}U^*.$$

显然, (2)—(13) 成立.

设 A 的 core-EP 分解 $A=U\begin{pmatrix}T&S\\O&O\end{pmatrix}U^*$, 其中 $T\in\mathbb{C}_{p,p}$ 是非奇异的, $p=\operatorname{rank}(A)$, U 是酉矩阵. 于是,

$$A^{\textcircled{\#}}=U\begin{pmatrix}T^{-1}&O\\O&O\end{pmatrix}U^*,\quad A^\sharp=U\begin{pmatrix}T^{-1}&T^{-2}S\\O&O\end{pmatrix}U^*.$$

按照矩阵 A 的分块形式划分 B, 记 $B = U\begin{pmatrix} B_{11} & B_{12} \\ B_{21} & B_{22} \end{pmatrix}U^*$. 则

$$A^*A = U\begin{pmatrix} T^*T & T^*S \\ S^*T & S^*S \end{pmatrix}U^*, \quad A^*B = U\begin{pmatrix} T^*B_{11} & T^*B_{12} \\ S^*B_{11} & S^*B_{12} \end{pmatrix}U^*,$$

$$BA^{\textcircled{\#}} = U\begin{pmatrix} B_{11}T^{-1} & O \\ B_{21}T^{-1} & O \end{pmatrix}U^*, \quad A^{\textcircled{\#}}B = U\begin{pmatrix} T^{-1}B_{11} & T^{-1}B_{12} \\ O & O \end{pmatrix}U^*,$$

$$AA^{\sharp} = U\begin{pmatrix} I_p & T^{-1}S \\ O & O \end{pmatrix}U^*, \quad BA^{\sharp} = U\begin{pmatrix} B_{11}T^{-1} & B_{11}T^{-1}S \\ B_{21}T^{-1} & B_{21}T^{-1}S \end{pmatrix}U^*,$$

$$BA^2 = U\begin{pmatrix} B_{11}T^2 & B_{11}TS \\ B_{21}T^2 & B_{21}TS \end{pmatrix}U^*,$$

$$ABA = U\begin{pmatrix} TB_{11}T + SB_{21}T & TB_{11}S + SB_{21}S \\ O & O \end{pmatrix}U^*,$$

$$(A^{\textcircled{\#}})^2B = U\begin{pmatrix} T^{-2}B_{11} & T^{-2}B_{12} \\ O & O \end{pmatrix}U^*.$$

(2)⇒(1)　由 $A^*A = A^*B$, T 是非奇异的, 我们可以得到

$$B_{11} = T, \quad B_{12} = S. \tag{3.2.20}$$

因为 $BA^{\textcircled{\#}}$ 是 Hermite 矩阵, T 是非奇异的, 我们可以得到

$$B_{21} = O. \tag{3.2.21}$$

应用 (3.2.20) 和 (3.2.21), 我们有

$$A = U\begin{pmatrix} T & S \\ O & O \end{pmatrix}U^*, \quad B = U\begin{pmatrix} T & S \\ O & B_{22} \end{pmatrix}U^*,$$

根据定理 3.2.2, 有 $A\overset{\textcircled{\#}}{\leq}B$.

类似地, 结合上述 A, B 的分解形式, 只要有 (3.2.20) 和 (3.2.21) 成立, 那么 $A\overset{\textcircled{\#}}{\leq}B$. 可证 (3)—(13)⇒(3.2.20),(3.2.21). □

下面, 根据 core 正交性以及 core 偏序之间关系, 我们对强 core 正交性的等价性补充一些新的结论.

首先, 根据 (3.2.1) 和定理 3.1.20, 可知

$$A\perp_{\#}(B-A)\Leftrightarrow A\overset{\#}{\leq}B\Leftrightarrow A\leq B,\quad B^{\#}-A^{\#}\in(B-A)\{1,3\}.$$

考虑矩阵例 3.2.4中的矩阵 A,B, 那么

$$A^{\#}(B-A)=\begin{pmatrix}1&0\\0&0\end{pmatrix}\begin{pmatrix}0&0\\0&1\end{pmatrix}=0,$$

$$(B-A)A^{\#}=\begin{pmatrix}0&0\\0&1\end{pmatrix}\begin{pmatrix}1&0\\0&0\end{pmatrix}=0,$$

$$A(B-A)^{\#}=\begin{pmatrix}1&1\\0&0\end{pmatrix}\begin{pmatrix}0&0\\0&1\end{pmatrix}=\begin{pmatrix}0&1\\0&0\end{pmatrix},$$

即 $A\perp_{\#}(B-A)$, $A\perp_{\#,S}(B-A)$ 不成立.

下面我们添加一些条件使之等价于强 core 正交性.

定理 3.2.8 设 $A,B\in\mathbb{C}_n^{\sharp}$, 则下述条件等价:

(1) $A\perp_{\#,S}(B-A)$;

(2) $A\leq B$, $B^{\#}-A^{\#}\in(B-A)\{1,3\}$, $AB^{\#}=B^{\#}ABB^{\#}$;

(3) $A\perp_{\#}(B-A)$, $AB^{\#}=B^{\#}ABB^{\#}$;

(4) $A\overset{\#}{\leq}B$, $AB^{\#}=B^{\#}ABB^{\#}$.

证明 (1)⇒(2) 利用引理 3.1.10 中矩阵 A,B 的分解形式即可验证.

(2)⇒(1) 设 B 的 core-EP 分解 $B=U\begin{pmatrix}T&S\\O&O\end{pmatrix}U^*$, 其中 $T\in\mathbb{C}_{p,p}$ 是非奇异的, $p=\operatorname{rank}(B)$, U 是酉矩阵. 根据引理 3.1.7, 我们有

$$A=U\begin{pmatrix}A_{11}&A_{11}T^{-1}S\\O&O\end{pmatrix}U^*,\quad B-A=U\begin{pmatrix}T-A_{11}&(T-A_{11})T^{-1}S\\O&O\end{pmatrix}U^*,$$

其中 $A_{11}=A_{11}T^{-1}A_{11}$.

根据 $A\leq B$, $B^{\#}-A^{\#}\in(B-A)\{1,3\}$ 以及定理 3.1.20, 我们可以得到

$$F_{11}=T_1^{-1},\quad F_{21}=0,\quad T_1F_{12}+S_1F_{22}=O. \tag{3.2.22}$$

因为 $AB^{\#}=B^{\#}ABB^{\#}$, 且

$$AB^{\#}=U\begin{pmatrix}A_{11}&A_{11}T^{-1}S\\O&O\end{pmatrix}\begin{pmatrix}T^{-1}&O\\O&O\end{pmatrix}U^*=U\begin{pmatrix}A_{11}T^{-1}&O\\O&O\end{pmatrix}U^*,$$

$$B^{\#}ABB^{\#}=U\begin{pmatrix}T^{-1}&O\\O&O\end{pmatrix}\begin{pmatrix}A_{11}&A_{11}T^{-1}S\\O&O\end{pmatrix}\begin{pmatrix}T&S\\O&O\end{pmatrix}\begin{pmatrix}T^{-1}&O\\O&O\end{pmatrix}U^*$$
$$=U\begin{pmatrix}T^{-1}A_{11}&O\\O&O\end{pmatrix}U^*,$$

我们得到 $A_{11}T^{-1}=T^{-1}A_{11}$. 将 (3.2.22) 代入, 又因为 T 是非奇异的, 我们可以得到

$$A_{11}T^{-1}=T^{-1}A_{11}\Rightarrow\begin{pmatrix}T_1&S_1\\O&O\end{pmatrix}\begin{pmatrix}T_1^{-1}&F_{12}\\O&F_{22}\end{pmatrix}=\begin{pmatrix}T_1^{-1}&F_{12}\\O&F_{22}\end{pmatrix}\begin{pmatrix}T_1&S_1\\O&O\end{pmatrix}$$
$$\Rightarrow\begin{pmatrix}I_t&O\\O&O\end{pmatrix}=\begin{pmatrix}I_t&T_1^{-1}S_1\\O&O\end{pmatrix}$$
$$\Rightarrow S_1=O.$$

进一步,

$$A_{11}=U\begin{pmatrix}T_1&O\\O&O\end{pmatrix}U^*,\quad T^{-1}=U\begin{pmatrix}T_1^{-1}&O\\O&F_{22}\end{pmatrix}U^*,\quad T=U\begin{pmatrix}T_1&O\\O&F_{22}^{-1}\end{pmatrix}U^*.$$

代入方程有

$$A^{\#}(B-A)=U\begin{pmatrix}A_{11}^{\#}(T-A_{11})&A_{11}^{\#}(T-A_{11}T^{-1}S)\\O&O\end{pmatrix}U^*,$$
$$(B-A)A^{\#}=U\begin{pmatrix}(T-A_{11})A_{11}^{\#}&O\\O&O\end{pmatrix}U^*,$$
$$A(B-A)^{\#}=U\begin{pmatrix}A_{11}(T-A_{11})^{\#}&O\\O&O\end{pmatrix}U^*.$$

那么可得 $A^{\#}(B-A)=O,(B-A)A^{\#}=O,A(B-A)^{\#}=O$, 即 $A\perp_{\#,S}(B-A)$. 显然, (2)⇔(3)⇔(4). □

定理 3.2.9 设 $A,B\in\mathbb{C}_n^{\sharp}$, 则下述条件等价:

(1) $A\perp_{\#,S}(B-A)$;

(2) $A\leq B$, $B^{\#}-A^{\#}\in(B-A)\{1,3\}$, $BA^{\#}=A^{\#}B^2B^{\#}$;

(3) $A\perp_{\#}(B-A)$, $BA^{\#}=A^{\#}B^2B^{\#}$;

(4) $A\overset{\#}{\leq}B$, $BA^{\#}=A^{\#}B^2B^{\#}$.

证明 (1)⇒(2) 根据引理 3.1.10 中 A, B 的分解可得.

(2)⇒(1) 继续使用定理 3.2.8 中 A, B, A_{11}, T^{-1} 的分解形式. 根据 $A\leq B$, $B^{\#} - A^{\#}\in(B-A)\{1,3\}$ 以及定理 3.1.20, 我们可以得到

$$F_{11} = T_1^{-1}, \quad F_{21} = O, \quad T_1F_{12} + S_1F_{22} = O. \tag{3.2.23}$$

因为

$$BA^{\#} = U\begin{pmatrix} T & S \\ O & O \end{pmatrix}\begin{pmatrix} A_{11}^{\#} & O \\ O & O \end{pmatrix}U^* = U\begin{pmatrix} TA_{11}^{\#} & O \\ O & O \end{pmatrix}U^*,$$

$$A^{\#}B^2B^{\#} = U\begin{pmatrix} A_{11}^{\#} & O \\ O & O \end{pmatrix}\begin{pmatrix} T & S \\ O & O \end{pmatrix}^2\begin{pmatrix} T^{-1} & O \\ O & O \end{pmatrix}U^* = U\begin{pmatrix} A_{11}^{\#}T & O \\ O & O \end{pmatrix}U^*,$$

$BA^{\#} = A^{\#}B^2B^{\#}$, 我们得到 $TA_{11}^{\#} = A_{11}^{\#}T$. 因为 T 和 T_1 是非奇异的, 将 (3.2.23) 代入, 我们可以得到

$$\begin{aligned} TA_{11}^{\#} = A_{11}^{\#}T &\Rightarrow A_{11}^{\#}T^{-1} = T^{-1}A_{11}^{\#} \\ &\Rightarrow \begin{pmatrix} T_1^{-1} & O \\ O & O \end{pmatrix}\begin{pmatrix} T_1^{-1} & F_{12} \\ O & F_{22} \end{pmatrix} = \begin{pmatrix} T_1^{-1} & F_{12} \\ O & F_{22} \end{pmatrix}\begin{pmatrix} T_1^{-1} & O \\ O & O \end{pmatrix} \\ &\Rightarrow \begin{pmatrix} T_1^{-2} & T_1^{-1}F_{12} \\ O & O \end{pmatrix} = \begin{pmatrix} T_1^{-2} & O \\ O & O \end{pmatrix} \\ &\Rightarrow F_{12} = O. \end{aligned}$$

因为 T 是非奇异的, 我们可以得到 F_{22} 是非奇异的. 应用 (3.2.23), 我们有 $S_1 = 0$. 可得

$$A_{11} = U\begin{pmatrix} T_1 & O \\ O & O \end{pmatrix}U^*, \quad T^{-1} = U\begin{pmatrix} T_1^{-1} & O \\ O & F_{22} \end{pmatrix}U^*.$$

因此, $A\perp_{\#,S}(B-A)$.

显然, (2)⇔(3)⇔(4). □

注记 3.2.10 根据定理 3.2.8、定理 3.2.9 以及 core 偏序的刻画 (例如定理 3.2.7), 可以得到一系列强 core 正交性的等价刻画.

第 4 章　CL、LC、$L*$ 偏序

本章我们将目光放在已有的矩阵偏序上, 再结合矩阵分解, 定义新的偏序, 研究新的偏序的性质和特征, 以及新的偏序与已有偏序的区别和联系, 并进一步找出在什么条件下新的偏序与已有偏序之间是等价的.

在 4.2 节中, 我们利用众所周知的 Löwner 偏序和 core 偏序, 在 core 矩阵集上引入了一个新的偏序 $\overset{\text{CL}}{\leq}$. 我们刻画了 $\overset{\text{CL}}{\leq}$, 研究了它与约束下的 Löwner 偏序的关系, 并举例说明了它与其他偏序的差异.

在 4.3 节中, 我们考虑复数域上的矩阵. 在上述研究的基础上, 受广义极分解的启发, 利用 Löwner 偏序和 core 偏序, 在 core 矩阵集上引入了一个新的偏序. 在某些条件下, 它既不是减序类偏序, 也不是 Löwner 序类偏序. 值得注意的是, 在某些条件下, LC 偏序与 CL 偏序、GL 偏序、Löwner 偏序等价.

在 4.4 节中, 我们在 $\mathbb{C}_n^{\text{CM}}$ 上的引入了一个新的二元关系 "$\overset{L*}{\leq}$", 并证明这个二元关系是偏序, 给出它的一些刻画, 并考虑其在某些约束条件下与 Löwner、$*$ 和 core 偏序的关系.

4.1　CL 偏序

首先, 我们引入 CL 序的定义. 设 $A \in \mathbb{C}_n^{\sharp}$. 因为 $(A^{\textcircled{\#}}A)^2 = A^{\textcircled{\#}}A$, 显然有 $A^{\textcircled{\#}}A \in \mathbb{C}_n^{\sharp}$.

定义 4.1.1　设 $A, B \in \mathbb{C}_n^{\sharp}$. 若

$$A^{\textcircled{\#}}A \overset{\textcircled{\#}}{\leq} B^{\textcircled{\#}}B,\ \ A^2A^{\textcircled{\#}} \overset{L}{\leq} B^2B^{\textcircled{\#}}. \tag{4.1.1}$$

我们称 A 和 B 构成 CL 序. 记为 $A \overset{\text{CL}}{\leq} B$.

现在我们证明 CL 序在 $\mathbb{C}_n^{\sharp}$ 上是一个偏序.

定理 4.1.1　在 $\mathbb{C}_n^{\sharp}$, CL 序是一个偏序.

证明　假设 $A \overset{\text{CL}}{\leq} B$ 且 $B \overset{\text{CL}}{\leq} C$, 即

$$\begin{cases} A^{\textcircled{\#}}A \overset{\textcircled{\#}}{\leq} B^{\textcircled{\#}}B,\ \ A^2A^{\textcircled{\#}} \overset{L}{\leq} B^2B^{\textcircled{\#}}, \\ B^{\textcircled{\#}}B \overset{\textcircled{\#}}{\leq} C^{\textcircled{\#}}C,\ \ B^2B^{\textcircled{\#}} \overset{L}{\leq} C^2C^{\textcircled{\#}}. \end{cases} \tag{4.1.2}$$

由 core 偏序和 Löwner 偏序的传递性, 我们有

$$A^{\#}A \overset{\#}{\leq} C^{\#}C, \quad A^2A^{\#} \overset{L}{\leq} C^2C^{\#},$$

即 $A \overset{\mathrm{CL}}{\leq} C$. 因此, 传递性成立. 自反性显然. 则只需验证反对称性即可. 由 (4.1.2) 可知

$$A^{\#}A = B^{\#}B, \quad A^2A^{\#} = B^2B^{\#}. \tag{4.1.3}$$

因为 $A^{\#}A = B^{\#}B$, $\mathrm{rank}\,(A) = \mathrm{rank}\,(A^{\#}A)$ 和 $\mathrm{rank}\,(B^{\#}B) = \mathrm{rank}\,(B)$, 我们得到 $\mathrm{rank}\,(A) = \mathrm{rank}\,(B)$.

应用定义 1.0.3 (2′), 用 $B^{\#}B$ 右乘 (4.1.3) 的第二个方程, 我们得到

$$A^2A^{\#}B^{\#}B = B^2B^{\#}B^{\#}B.$$

因此

$$A^2A^{\#}B^{\#}B = B. \tag{4.1.4}$$

因为 $A^{\#}A = B^{\#}B$, 我们有 $A = A^2A^{\#}A^{\#}A = A^2A^{\#}B^{\#}B$, 所以 $A = B$.

因此, CL 序在 $\mathbb{C}_n^{\sharp}$ 上是一个偏序.

接下来, 我们给出 CL 偏序的刻画.

定理 4.1.2 设 $A, B \in \mathbb{C}_n^{\sharp}$, $\mathrm{rank}(B) > \mathrm{rank}(A) \geq 1$ 以及 $A \overset{\mathrm{CL}}{\leq} B$. 则存在一个酉矩阵 U_B 使得

$$A = U_B \begin{pmatrix} T_{A1} & O & T_{A22} \\ O & O & O \\ O & O & O \end{pmatrix} U_B^*, \quad B = U_B \begin{pmatrix} B_1 & B_2 & B_1T_{A1}^{-1}T_{A22} + B_2T_{Z2} \\ B_2^* & B_5 & B_2^*T_{A1}^{-1}T_{A22} + B_5T_{Z2} \\ O & O & O \end{pmatrix} U_B^*, \tag{4.1.5}$$

其中, $B_1 \in \mathbb{C}_{\mathrm{rank}(A),\mathrm{rank}(A)}$, $B_5 \in \mathbb{C}_{\mathrm{rank}(B)-\mathrm{rank}(A),\mathrm{rank}(B)-\mathrm{rank}(A)}$, $B_5 > 0$, $B_1 - T_{A1} - B_2B_5^{-1}B_2^* \geq 0$, T_{A1} 和 $\begin{pmatrix} B_1 & B_2 \\ B_2^* & B_5 \end{pmatrix}$ 都是非奇异的, T_{A22} 和 T_{Z2} 是适当阶的任意矩阵.

证明 设 $A, B \in \mathbb{C}_n^{\sharp}$, $\mathrm{rank}(B) > \mathrm{rank}(A) \geq 1$, $A \overset{\mathrm{CL}}{\leq} B$, A 形如 (1.0.8). 则 $A^{\#}A \overset{\#}{\leq} B^{\#}B$,

$$A^{\#}A = U \begin{pmatrix} I_{\mathrm{rank}(A)} & T_{A1}^{-1}T_{A2} \\ O & O \end{pmatrix} U^*, \quad B^{\#}B = U \begin{pmatrix} I_{\mathrm{rank}(A)} & T_{A1}^{-1}T_{A2} \\ O & Z \end{pmatrix} U^*.$$

其中 $Z \in \mathbb{C}^{\sharp}_{n-\mathrm{rank}(A)}$. 设 Z 的分解为

$$Z = U_Z \begin{pmatrix} T_{Z1} & T_{Z2} \\ O & O \end{pmatrix} U_Z^*,$$

其中 T_{Z1} 是非奇异的, $T_{A1}^{-1}T_{A2}U_Z$ 分块形式如下:

$$T_{A1}^{-1}T_{A2}U_Z = \begin{pmatrix} T_{A1}^{-1}T_{A21} & T_{A1}^{-1}T_{A22} \end{pmatrix},$$

并且记

$$U_B = U \begin{pmatrix} I & O \\ O & U_Z \end{pmatrix}, \tag{4.1.6}$$

则

$$B^{\circledR}B = U_B \begin{pmatrix} I_{\mathrm{rank}(A)} & T_{A1}^{-1}T_{A21} & T_{A1}^{-1}T_{A22} \\ O & T_{Z1} & T_{Z2} \\ O & O & O \end{pmatrix} U_B^*.$$

由 $(B^{\circledR}B)^2 = B^{\circledR}B$, 我们得到

$$\begin{aligned} B^{\circledR}B &= U_B \begin{pmatrix} I_{\mathrm{rank}(A)} & T_{A1}^{-1}T_{A21} & T_{A1}^{-1}T_{A22} \\ O & T_{Z1} & T_{Z2} \\ O & O & O \end{pmatrix} \begin{pmatrix} I_{\mathrm{rank}(A)} & T_{A1}^{-1}T_{A21} & T_{A1}^{-1}T_{A22} \\ O & T_{Z1} & T_{Z2} \\ O & O & O \end{pmatrix} U_B^* \\ &= U_B \begin{pmatrix} I_{\mathrm{rank}(A)} & T_{A1}^{-1}T_{A21} + T_{A1}^{-1}T_{A21}T_{Z1} & T_{A1}^{-1}T_{A22} + T_{A1}^{-1}T_{A21}T_{Z2} \\ O & T_{Z1}^2 & T_{Z1}T_{Z2} \\ O & O & O \end{pmatrix} U_B^*. \end{aligned}$$

因为 T_{A1} 和 T_{Z1} 是非奇异的, $T_{A1}^{-1}T_{A21}+T_{A1}^{-1}T_{A21}T_{Z1} = T_{A1}^{-1}T_{A21}$. 因此, $T_{A21} = O$. 由 $T_{Z1}^2 = T_{Z1}$, 我们有$T_{Z1} = I_{\mathrm{rank}(B)-\mathrm{rank}(A)}$. 因此, 存在一个酉矩阵 U_B 使得

$$A^{\circledR}A = U_B \begin{pmatrix} I_{\mathrm{rank}(A)} & O & T_{A1}^{-1}T_{A22} \\ O & O & O \\ O & O & O \end{pmatrix} U_B^*, \tag{4.1.7}$$

$$B^{\circledR}B = U_B \begin{pmatrix} I_{\mathrm{rank}(A)} & O & T_{A1}^{-1}T_{A22} \\ O & I_{\mathrm{rank}(B)-\mathrm{rank}(A)} & T_{Z2} \\ O & O & O \end{pmatrix} U_B^*. \tag{4.1.8}$$

记 $\widehat{T}_{A2} = T_{A2}U_Z$. 容易验证

$$\begin{pmatrix} I & O \\ O & U_Z \end{pmatrix}^* \begin{pmatrix} T_{A1} & T_{A2} \\ O & O \end{pmatrix} \begin{pmatrix} I & O \\ O & U_Z \end{pmatrix} = \begin{pmatrix} T_{A1} & \widehat{T}_{A2} \\ O & O \end{pmatrix}.$$

由 (4.1.6) 和 (1.0.8), 我们看到

$$A = U_B \begin{pmatrix} T_{A1} & \widehat{T}_{A2} \\ O & O \end{pmatrix} U_B^*, \quad A^2A^{\#} = U_B \begin{pmatrix} T_{A1} & O \\ O & O \end{pmatrix} U_B^*.$$

记

$$B^2B^{\#} = U_B \begin{pmatrix} B_1 & B_2 & B_3 \\ B_4 & B_5 & B_6 \\ B_7 & B_8 & B_9 \end{pmatrix} U_B^*,$$

其中, $B_1 \in \mathbb{C}_{\mathrm{rank}(A),\mathrm{rank}(A)}$, $B_5 \in \mathbb{C}_{\mathrm{rank}(B)-\mathrm{rank}(A),\mathrm{rank}(B)-\mathrm{rank}(A)}$. 由

$$(B^{\#}B)\cdot(B^2B^{\#}) = B^2B^{\#} \quad 和 \quad B^2B^{\#} - A^2A^{\#} \geq O$$

可知

$$B_4 = B_2^*, \quad B_7 = O, \quad B_8 = O, \quad B_9 = O, \quad B_3 = O, \quad B_6 = O.$$

因此,

$$B^2B^{\#} = U_B \begin{pmatrix} B_1 & B_2 & O \\ B_2^* & B_5 & O \\ O & O & O \end{pmatrix} U_B^*. \tag{4.1.9}$$

因为

$$\mathrm{rank}\begin{pmatrix} B_1 & B_2 \\ B_4 & B_5 \end{pmatrix} = \mathrm{rank}(B),$$

$$B_1 \in \mathbb{C}_{\mathrm{rank}(A),\mathrm{rank}(A)}, \quad B_5 \in \mathbb{C}_{\mathrm{rank}(B)-\mathrm{rank}(A),\mathrm{rank}(B)-\mathrm{rank}(A)},$$

我们得到一个非奇异矩阵 $\begin{pmatrix} B_1 & B_2 \\ B_4 & B_5 \end{pmatrix}$. 因为 $B^2B^{\#} - A^2A^{\#} \geq O$, 我们得到

$$\begin{pmatrix} B_1 - T_{A1} & B_2 \\ B_2^* & B_5 \end{pmatrix} \geq O,$$

即 $B_5 > O$, $B_1 - T_{A1} - B_2B_5^{-1}B_2^* \geq O$, 或者 $B_5 = O$, $B_2 = O$, $B_1 - T_{A1} \geq O$. 当 $B_5 = O$ 且 $B_2 = O$, $\begin{pmatrix} B_1 & B_2 \\ B_4 & B_5 \end{pmatrix}$ 是奇异的. 因此, $B_5 > O$.

因为 $B^2B^{\#}B^{\#}B = B$, 应用 (4.1.8) 和 (4.1.9), 得到

$$
\begin{aligned}
B &= U_B \begin{pmatrix} B_1 & B_2 & O \\ B_2^* & B_5 & O \\ O & O & O \end{pmatrix} U_B^* U_B \begin{pmatrix} I_{\mathrm{rank}(A)} & O & T_{A1}^{-1}T_{A22} \\ O & I_{\mathrm{rank}(B)-\mathrm{rank}(A)} & T_{Z2} \\ O & O & O \end{pmatrix} U_B^* \\
&= U_B \begin{pmatrix} B_1 & B_2 & B_1T_{A1}^{-1}T_{A22} + B_2T_{Z2} \\ B_2^* & B_5 & B_2^*T_{A1}^{-1}T_{A22} + B_5T_{Z2} \\ O & O & O \end{pmatrix} U_B^*.
\end{aligned} \tag{4.1.10}
$$

因此, 我们有 (4.1.5) 成立.

接下来, 举例说明 CL 偏序与减偏序、Löwner 偏序、GL 偏序和 BT 偏序等偏序的区别.

例 4.1.3　设 $A = \begin{pmatrix} 1 & 0 & 1 \\ 0 & 0 & 0 \\ 0 & 0 & 0 \end{pmatrix}$, $B = \begin{pmatrix} 2 & 0 & 2 \\ 0 & 2 & 1 \\ 0 & 0 & 0 \end{pmatrix}$. 则 $\mathrm{rank}\,(B) = 2$, $\mathrm{rank}\,(A) = 1$,

$$
A^{\dagger} = \begin{pmatrix} 0.5 & 0 & 0 \\ 0 & 0 & 0 \\ 0.5 & 0 & 0 \end{pmatrix}, \quad A^{\#} = \begin{pmatrix} 1 & 0 & 0 \\ 0 & 0 & 0 \\ 0 & 0 & 0 \end{pmatrix},
$$

$$
B^{\dagger} = \begin{pmatrix} \frac{5}{18} & -\frac{1}{9} & 0 \\ -\frac{1}{9} & \frac{4}{9} & 0 \\ \frac{2}{9} & \frac{1}{9} & 0 \end{pmatrix}, \quad B^{\#} = \begin{pmatrix} 0.5 & 0 & 0 \\ 0 & 0.5 & 0 \\ 0 & 0 & 0 \end{pmatrix},
$$

$$
B^{\dagger} - A^{\dagger} = \begin{pmatrix} -\frac{2}{9} & -\frac{1}{9} & 0 \\ -\frac{1}{9} & \frac{4}{9} & 0 \\ -\frac{5}{18} & \frac{1}{9} & 0 \end{pmatrix}, \quad B - A = \begin{pmatrix} 1 & 0 & 1 \\ 0 & 2 & 1 \\ 0 & 0 & 0 \end{pmatrix}.
$$

因为

$$\begin{cases} A^{\#}A = \begin{pmatrix} 1 & 0 & 1 \\ 0 & 0 & 0 \\ 0 & 0 & 0 \end{pmatrix}, \ B^{\#}B = \begin{pmatrix} 1 & 0 & 1 \\ 0 & 1 & 0.5 \\ 0 & 0 & 0 \end{pmatrix}, \ A^{\#}A \overset{\#}{\leq} B^{\#}B, \\ A^2A^{\#} = \begin{pmatrix} 1 & 0 & 0 \\ 0 & 0 & 0 \\ 0 & 0 & 0 \end{pmatrix}, \ B^2B^{\#} = \begin{pmatrix} 2 & 0 & 0 \\ 0 & 2 & 0 \\ 0 & 0 & 0 \end{pmatrix}, \ A^2A^{\#} \overset{L}{\leq} B^2B^{\#}, \end{cases}$$

我们得到 $A \overset{\text{CL}}{\leq} B$.

(1) 因为 $\operatorname{rank}(B-A) = 2 \neq \operatorname{rank}(B) - \operatorname{rank}(A)$, 所以 A 和 B 不构成减偏序;

(2) 因为 $B-A$ 不是半正定矩阵, 所以 A 和 B 不构成 Löwner 偏序;

(3) 因为

$$AB^* = \begin{pmatrix} 4 & 1 & 0 \\ 0 & 0 & 0 \\ 0 & 0 & 0 \end{pmatrix}, \quad AA^* = \begin{pmatrix} 2 & 0 & 0 \\ 0 & 0 & 0 \\ 0 & 0 & 0 \end{pmatrix}, \quad BB^* = \begin{pmatrix} 8 & 2 & 0 \\ 2 & 5 & 0 \\ 0 & 0 & 0 \end{pmatrix},$$

$$AB^* \neq (AA^*)^{\frac{1}{2}} (BB^*)^{\frac{1}{2}},$$

所以 A 和 B 不构成 GL 偏序;

(4) 因为 $\operatorname{rank}(B^\dagger) = 2$, $\operatorname{rank}(A^\dagger) = 1$, $\operatorname{rank}(B^\dagger - A^\dagger) = 2$, A 和 B 不构成菱形偏序.

在文献 [131, 章节 8] 中, 给出了偏序 $\overset{\circ}{\leq}$ 的定义和性质. 容易验证 $A \overset{\text{CL}}{\leq} B \nRightarrow A \overset{\circ}{\leq} B$ 和 $A \overset{\circ}{\leq} B \nRightarrow A \overset{\text{CL}}{\leq} B$.

例 4.1.4 设 $A = \begin{pmatrix} -1 & 0 \\ 0 & 0 \end{pmatrix}$ 和 $B = \begin{pmatrix} 2 & 0 \\ 0 & 0 \end{pmatrix}$. 容易验证 $A \overset{\text{CL}}{\leq} B$ 和 $A - AB^-A = \begin{pmatrix} -\frac{3}{2} & 0 \\ 0 & 0 \end{pmatrix}$, 即 AB^-A 和 A 不构成 Löwner 偏序. 因此, $A \overset{\text{CL}}{\leq} B$ 推不出 $A \overset{\circ}{\leq} B$.

例 4.1.5 设 $A = \begin{pmatrix} 1 & 0 \\ 0 & 0 \end{pmatrix}$, $B = \begin{pmatrix} -2 & 0 \\ 0 & 0 \end{pmatrix}$. 因为 $\mathcal{R}(A) \subseteq \mathcal{R}(B)$, $A - AB^-A$ 是半正定矩阵, 我们得到 $A \overset{\circ}{\leq} B$. 容易验证 A 和 B 不构成 CL 偏序. 因此, $A \overset{\circ}{\leq} B$

推不出 $A \overset{\text{CL}}{\leq} B$.

接下来, 我们在一些约束条件下考虑 CL 偏序和 Löwner 偏序之间的关系. 通过应用定理 4.1.2, 我们得出下列推论 4.1.6 和推论 4.1.8.

推论 4.1.6 设 $A, B \in \mathbb{C}_n^{\sharp}$, $\operatorname{rank}(A) = \operatorname{rank}(B) \geq 1$ 以及 $A \overset{\text{CL}}{\leq} B$. 则存在一个酉矩阵 U_B 使得

$$A = U_B \begin{pmatrix} T_{A1} & T_{A22} \\ O & O \end{pmatrix} U_B^*, \quad B = U_B \begin{pmatrix} B_1 & B_1 T_{A1}^{-1} T_{A22} \\ O & O \end{pmatrix} U_B^*, \tag{4.1.11}$$

其中 $T_{A22} \in \mathbb{C}_{\operatorname{rank}(A),(n-\operatorname{rank}(A))}$ 是任意的, $B_1 \in \mathbb{C}_{\operatorname{rank}(A),\operatorname{rank}(A)}$, $B_1 - T_{A1} \geq O$, T_{A1} 和 B_1 都是非奇异的.

注记 4.1.7 当 $\operatorname{rank}(A) = \operatorname{rank}(B)$, 显然 $A \overset{\diamond}{\leq} B$ 能推出 $A = B$. 但对 CL 偏序则不然.

推论 4.1.8 设 A, B 是 EP 矩阵, $\operatorname{rank}(B) > \operatorname{rank}(A) \geq 1$ 以及 $A \overset{\text{CL}}{\leq} B$. 则存在一个酉矩阵 U_B 使得

$$A = U_B \begin{pmatrix} T_{A1} & O & O \\ O & O & O \\ O & O & O \end{pmatrix} U_B^*, \quad B = U_B \begin{pmatrix} B_1 & B_2 & O \\ B_2^* & B_5 & O \\ O & O & O \end{pmatrix} U_B^*, \tag{4.1.12}$$

其中, $B_1 \in \mathbb{C}_{\operatorname{rank}(A),\operatorname{rank}(A)}$, $B_5 \in \mathbb{C}_{\operatorname{rank}(B)-\operatorname{rank}(A),\operatorname{rank}(B)-\operatorname{rank}(A)}$, $B_5 > O$, $B_1 - T_{A1} - B_2 B_5^{-1} B_2^* \geq O$, T_{A1} 和 $\begin{pmatrix} B_1 & B_2 \\ B_2^* & B_5 \end{pmatrix}$ 是非奇异矩阵.

注记 4.1.9 我们知道 EP 矩阵是 core 可逆的, 并且 EP 矩阵的 core 逆、Moore-Penrose 逆和群逆是相同的. 当 A, B 都是 EP 矩阵时, 容易验证 $A \overset{L}{\leq} B$ 当且仅当 $A^2 A^{\#} \overset{L}{\leq} B^2 B^{\#}$, 即 $A \overset{\text{CL}}{\leq} B$ 能推出 $A \overset{L}{\leq} B$.

在相同条件下, $A \overset{L}{\leq} B$ 推不出 $A \overset{\text{CL}}{\leq} B$, 这是因为 $A \overset{L}{\leq} B$ 推不出 $A^{\#} A \overset{\#}{\leq} B^{\#} B$.

例 4.1.10 设 $A = \begin{pmatrix} -1 & 0 \\ 0 & 0 \end{pmatrix}$ 以及 $B = \begin{pmatrix} 0 & 0 \\ 0 & 1 \end{pmatrix}$. 则 $B - A = \begin{pmatrix} 1 & 0 \\ 0 & 1 \end{pmatrix}$, 即 $A \overset{L}{\leq} B$. 容易验证

$$A^{\#} A = \begin{pmatrix} 1 & 0 \\ 0 & 0 \end{pmatrix} \text{ 且 } B^{\#} B = \begin{pmatrix} 0 & 0 \\ 0 & 1 \end{pmatrix}.$$

因此, $A^{\#} A$ 和 $B^{\#} B$ 不构成 core 偏序. 由此可知 A 和 B 不构成 CL 偏序.

从例 4.1.10 中, 我们看到, 即使 A 和 B 都是秩相同的 EP 矩阵, A 和 B 不构成 CL 偏序. 探讨 CL 偏序与 Löwner 偏序等价的条件是有趣且必要的.

在引理 1.0.9 中, 我们看到, 如果 $A, B \in \mathbb{H}(n)$ 使得 $\mathcal{R}(A) = \mathcal{R}(B)$. 则 $A \overset{\circ}{\leq} B$ 当且仅当 $B^{\dagger} \overset{L}{\leq} A^{\dagger}$. 受此结论的启发, 我们考虑 CL 偏序和 Löwner 偏序之间的关系, 其中, A 和 B 具有值域包含的关系.

定理 4.1.11 设 A, B 是 EP 矩阵, 则 $A \overset{\text{CL}}{\leq} B$ 当且仅当 $A \overset{L}{\leq} B$ 和 $\mathcal{R}(A) \subseteq \mathcal{R}(B)$.

证明 若 $A \overset{\text{CL}}{\leq} B$, 则通过应用推论 4.1.8, 我们知道, $A \overset{L}{\leq} B$, $\mathcal{R}(A) \subseteq \mathcal{R}(B)$.

设 $A \overset{L}{\leq} B$. 因为 A 和 B 都是 EP 矩阵, 通过应用注记 4.1.9, 我们得到 $A^2 A^{\text{\textcircled{\#}}} \overset{L}{\leq} B^2 B^{\text{\textcircled{\#}}}$ 和 $(A^{\text{\textcircled{\#}}} A)^{\text{\textcircled{\#}}} = A^{\text{\textcircled{\#}}} A$. 因为 A 和 B 是 EP 矩阵, 并且 $\mathcal{R}(A) \subseteq \mathcal{R}(B)$, 则

$$
\begin{aligned}
A^{\text{\textcircled{\#}}} A &= A^{\text{\textcircled{\#}}} A (A^{\text{\textcircled{\#}}} A)^{\text{\textcircled{\#}}} = B^{\text{\textcircled{\#}}} B (A^{\text{\textcircled{\#}}} A)^{\text{\textcircled{\#}}} \\
&= (A^{\text{\textcircled{\#}}} A)^{\text{\textcircled{\#}}} A^{\text{\textcircled{\#}}} A = (A^{\text{\textcircled{\#}}} A)^{\text{\textcircled{\#}}} B^{\text{\textcircled{\#}}} B.
\end{aligned}
$$

由此可知 $A^{\text{\textcircled{\#}}} A \overset{\text{\textcircled{\#}}}{\leq} B^{\text{\textcircled{\#}}} B$. 因此, $A \overset{\text{CL}}{\leq} B$. □

推论 4.1.12 设 A 和 B 是 Hermite 矩阵以及 $\mathcal{R}(A) \subseteq \mathcal{R}(B)$, 则 $A \overset{\text{CL}}{\leq} B$ 当且仅当 $A \overset{L}{\leq} B$.

通过应用引理 1.0.9 和推论 4.1.12, 我们有下面的推论 4.1.13.

推论 4.1.13 设 A 和 B 是 Hermite 矩阵以及 $\mathcal{R}(A) = \mathcal{R}(B)$, 则 $A \overset{\circ}{\leq} B$ 当且仅当 $B^{\dagger} \overset{\text{CL}}{\leq} A^{\dagger}$.

在引理 1.0.10 中, 我们看到, 若 $A, B \in \mathbb{H}_{\geq}(n)$, 则 $A \overset{\text{GL}}{\leq} B$ 当且仅当 $A \overset{L}{\leq} B$. 在下面的推论 4.1.14 中, 我们在 $\mathbb{H}_{\geq}(n)$ 上得到 CL 偏序和 Löwner 偏序之间的联系.

推论 4.1.14 设 $A, B \in \mathbb{H}_{\geq}(n)$. 则 $A \overset{\text{CL}}{\leq} B$ 当且仅当 $A \overset{L}{\leq} B$.

通过应用引理 1.0.10 和推论 4.1.14, 我们有下面的推论 4.1.15.

推论 4.1.15 设 $A, B \in \mathbb{H}_{\geq}(n)$. 则 $A \overset{\text{GL}}{\leq} B$ 当且仅当 $A \overset{\text{CL}}{\leq} B$.

最后, 我们考虑定义 4.1.1. 通过应用引理 1.0.6, 我们得到与定义 4.1.1 等价的可替代的定义:

$$
A \overset{\text{CL}}{\leq} B \Leftrightarrow AA^{\sharp} \overset{\text{\textcircled{\#}}}{\leq} BB^{\sharp}, \quad AP_A \overset{L}{\leq} BP_B. \tag{4.1.13}
$$

需要注意的是, 当用 Moore-Penrose 逆替换群逆时, 即

$$AA^{\dagger} \overset{\#}{\leq} BB^{\dagger}, \quad AP_A \overset{L}{\leq} BP_B, \tag{4.1.14}$$

A 和 B 之间的关系 (4.1.14) 不是反对称的.

例 4.1.16　设 $A = \begin{pmatrix} 1 & 0 & 1 \\ 0 & 1 & 0 \\ 0 & 0 & 0 \end{pmatrix}$, $B = \begin{pmatrix} 1 & 0 & 1 \\ 0 & 1 & 1 \\ 0 & 0 & 0 \end{pmatrix}$.

则 $AA^{\dagger} = BB^{\dagger} = \begin{pmatrix} 1 & 0 & 0 \\ 0 & 1 & 0 \\ 0 & 0 & 0 \end{pmatrix}$. 容易验证 $AA^{\dagger} \overset{\#}{\leq} BB^{\dagger}$, $AP_A \overset{L}{\leq} BP_B$, $BB^{\dagger} \overset{\#}{\leq} AA^{\dagger}$, $BP_B \overset{L}{\leq} AP_A$, 即 A 和 B 之间的关系 (4.1.14) 不是反对称的.

4.2　LC 偏序

在本节中, 我们介绍一个在 $\mathbb{C}_n^{\sharp}$ 上的新的偏序 "$\overset{\text{LC}}{\leq}$". 导出它的一些特性, 并举例说明它与其他偏序的不同. 设 $A \in \mathbb{C}_n^{\sharp}$, $P_A = AA^{\dagger}$, E_A 由 ([18], 第 6 章, 定理 7) 给出, 则

$$A = F_A Q_A, \tag{4.2.1}$$

其中

$$F_A = U \begin{pmatrix} K & O \\ O & O \end{pmatrix} U^* = E_A P_A,$$

$$Q_A = U \begin{pmatrix} K^{-1}\Sigma K & K^{-1}\Sigma L \\ O & O \end{pmatrix} U^* = (E_A P_A)^{\#} A. \tag{4.2.2}$$

记 (4.2.1) 为矩阵 A 的 P-2 表达式. 进一步地, 易知

$$F_A = E_A^{\#}(A^{\#})^{\#},$$

$$Q_A = A^{\#} E_A A.$$

$$F_A = A Q_A^{\#}, \tag{4.2.3}$$

$$A = Q_A Q_A^{\#} A.$$

$F_A \in \mathbb{C}_{n,n}$ 是一个 EP 矩阵, 且 $\rho(F_A) \leq 1$, $Q_A \in \mathbb{C}_{n,n}$.

设 $A, B \in \mathbb{C}_n^\sharp$. 首先, 我们考虑二元关系:

$$A \overset{\mathrm{LC}}{\leq} B \Leftrightarrow F_A \overset{L}{\leq} F_B \text{ 且 } Q_A \overset{\textcircled{\#}}{\leq} Q_B, \tag{4.2.4}$$

其中 $A = F_A Q_A$, $B = F_B Q_B$ 分别是 A 和 B 的 P-2 表达式. 在下面的定理 4.2.1中验证了二元关系 (4.2.4) 是一个偏序, 我们称之为 LC 偏序.

定理 4.2.1 二元关系 (4.2.4) 是 $\mathbb{C}_n^\sharp$ 上的一个偏序关系.

证明 (1) 自反性: 设任意 $A \in \mathbb{C}_n^\sharp$, $A = F_A Q_A$ 是 A 的表达式. 则有

$$F_A \overset{L}{\leq} F_A \text{ 且 } Q_A \overset{\textcircled{\#}}{\leq} Q_A,$$

故 $A \overset{\mathrm{LC}}{\leq} A$.

(2) 反对称性: 设任意 $A, B \in \mathbb{C}_n^\sharp$, $A = F_A Q_A, B = F_B Q_B$ 分别是 A, B 的表达式. 若 $A \overset{\mathrm{LC}}{\leq} B$ 且 $B \overset{\mathrm{LC}}{\leq} A$, 则

$$\begin{cases} F_A \overset{L}{\leq} F_B \text{ 且 } Q_A \overset{\textcircled{\#}}{\leq} Q_B, \\ F_B \overset{L}{\leq} F_A \text{ 且 } Q_B \overset{\textcircled{\#}}{\leq} Q_A, \end{cases}$$

故 $A = B$.

(3) 传递性: 若 $A \overset{\mathrm{LC}}{\leq} B$ 且 $B \overset{\mathrm{LC}}{\leq} C$, 则

$$\begin{cases} F_A \overset{L}{\leq} F_B \text{ 且 } F_B \overset{L}{\leq} F_C, \\ Q_A \overset{\textcircled{\#}}{\leq} Q_B \text{ 且 } Q_B \overset{\textcircled{\#}}{\leq} Q_C, \end{cases}$$

由 Löwner 偏序和 core 偏序的传递性, 有 $F_A \overset{L}{\leq} F_C$, 且 $Q_A \overset{\textcircled{\#}}{\leq} Q_C$, 因此 $A \overset{\mathrm{LC}}{\leq} C$. 由 (1), (2) 和 (3), 二元关系 (4.2.4) 是 $\mathbb{C}_n^\sharp$ 上的偏序关系.

定理 4.2.2 设 $A, B \in \mathbb{C}_n^\sharp$, $\mathrm{rank}(B) \geq \mathrm{rank}(A) \geq 1$ 且 $A \overset{\mathrm{LC}}{\leq} B$. $A = F_A Q_A$, $B = F_B Q_B$ 分别是 A 和 B 的表达式. 则存在一个酉矩阵 U, 使得

$$F_A = U \begin{pmatrix} A_1 T_{A1}^{-1} & O & O \\ O & O & O \\ O & O & O \end{pmatrix} U^*, \quad Q_A = U \begin{pmatrix} T_{A1} & T_{A2} & T_{A3} \\ O & O & O \\ O & O & O \end{pmatrix} U^*,$$

$$F_B = U\begin{pmatrix} B_1T_{A1}^{-1} & (B_4T_{A1}^{-1})^* & O \\ B_4T_{A1}^{-1} & -B_4T_{A1}^{-1}T_{A2}T_{A4}^{-1}+B_5T_{A4}^{-1} & O \\ O & 0 & O \end{pmatrix}U^*,$$

$$Q_B = U\begin{pmatrix} T_{A1} & T_{A2} & T_{A3} \\ O & T_{A4} & T_{A5} \\ O & O & O \end{pmatrix}U^*, \quad B = U\begin{pmatrix} B_1 & B_2 & B_3 \\ B_4 & B_5 & B_6 \\ O & O & O \end{pmatrix}U^*. \tag{4.2.5}$$

其中 $A_1, B_1 \in \mathbb{C}_{\mathrm{rank}(A),\ \mathrm{rank}(A)}$, T_{A2}, T_{A3}, T_{A4} 和 T_{A5} 为任意合适阶矩阵, $\rho(A_1T_{A1}^{-1}) \le 1$, $\rho\begin{pmatrix} B_1T_{A1}^{-1} & (B_4T_{A1}^{-1})^* \\ B_4T_{A1}^{-1} & -B_4T_{A1}^{-1}T_{A2}T_{A4}^{-1}+B_5T_{A4}^{-1} \end{pmatrix} \le 1$, T_{A1} 和 T_{A4} 非奇异, $\begin{pmatrix} (B_1-A_1)T_{A1}^{-1} & (B_4T_{A1}^{-1})^* \\ B_4T_{A1}^{-1} & -B_4T_{A1}^{-1}T_{A2}T_{A4}^{-1}+B_5T_{A4}^{-1} \end{pmatrix} \ge O$.

证明　设 $A \in \mathbb{C}_n^{\sharp}$. 应用 (4.2.2), 有 $A = F_AQ_A$, 其中

$$F_A = U\begin{pmatrix} K_A & O \\ O & O \end{pmatrix}U^*, \quad Q_A = U\begin{pmatrix} K_A^{-1}\Sigma K_A & K_A^{-1}\Sigma L_A \\ O & O \end{pmatrix}U^*.$$

进一步, 记

$$F_A = U\begin{pmatrix} A_1T_{A1}^{-1} & O & O \\ O & O & O \\ O & O & O \end{pmatrix}, \quad U^*Q_A = U\begin{pmatrix} T_{A1} & T_{A2} & T_{A3} \\ O & O & O \\ O & O & O \end{pmatrix}U^*,$$

其中 $T_{A1} = K_A^{-1}\Sigma K_A$, $A_1 = K_AT_{A1}$ 且 $T_{A2} \in \mathbb{C}_{\mathrm{rank}(A),\ \mathrm{rank}(B)-\mathrm{rank}(A)}$.

设 $B \in \mathbb{C}_n^{\sharp}$, $\mathrm{rank}(B) \ge \mathrm{rank}(A) \ge 1$, 且 $B = F_BQ_B$ 是 B 的 P-2 表达式, 因为 $A \overset{\mathrm{LC}}{\le} B$, 由 (4.2.4), 有 $Q_A \overset{\#}{\le} Q_B$. 则有

$$Q_B = U\begin{pmatrix} T_{A1} & T_{A2} & T_{A3} \\ O & T_{A4} & T_{A5} \\ O & O & O \end{pmatrix}U^*,$$

其中 T_{A4} 非奇异. 很容易得出

$$Q_B^{\#} = U\begin{pmatrix} T_{A1}^{-1} & -T_{A1}^{-1}T_{A2}T_{A4}^{-1} & O \\ O & T_{A4}^{-1} & O \\ O & O & O \end{pmatrix}U^*.$$

记

$$B = U \begin{pmatrix} B_1 & B_2 & B_3 \\ B_4 & B_5 & B_6 \\ B_7 & B_8 & B_9 \end{pmatrix} U^*.$$

则应用 (4.2.3), 得到 $B_7 = O$, $B_8 = O$, $B_9 = O$, 且

$$F_B = BQ_B^{\#} = UU^*BQ_B^{\#} = U \left(U^*BU \begin{pmatrix} T_{A1}^{-1} & -T_{A1}^{-1}T_{A2}T_{A4}^{-1} & O \\ O & T_{A4}^{-1} & O \\ O & O & O \end{pmatrix} \right) U^*$$

$$= U \begin{pmatrix} B_1 & B_2 & B_3 \\ B_4 & B_5 & B_6 \\ O & O & O \end{pmatrix} \begin{pmatrix} T_{A1}^{-1} & -T_{A1}^{-1}T_{A2}T_{A4}^{-1} & O \\ O & T_{A4}^{-1} & O \\ O & O & O \end{pmatrix} U^*$$

$$= U \begin{pmatrix} B_1T_{A1}^{-1} & -B_1T_{A1}^{-1}T_{A2}T_{A4}^{-1} + B_2T_{A4}^{-1} & O \\ B_4T_{A1}^{-1} & -B_4T_{A1}^{-1}T_{A2}T_{A4}^{-1} + B_5T_{A4}^{-1} & O \\ O & O & O \end{pmatrix} U^*.$$

因为 $\rho(F_A), \rho(F_B) \leq 1$, 且 F_A, F_B 均为 EP 矩阵, 我们有

$$B_4T_{A1}^{-1} = (-B_1T_{A1}^{-1}T_{A2}T_{A4}^{-1} + B_2T_{A4}^{-1})^*, \quad \rho\left(A_1T_{A1}^{-1}\right) \leq 1,$$

$$\rho \begin{pmatrix} B_1T_{A1}^{-1} & (B_4T_{A1}^{-1})^* \\ B_4T_{A1}^{-1} & -B_4T_{A1}^{-1}T_{A2}T_{A4}^{-1} + B_5T_{A4}^{-1} \end{pmatrix} \leq 1.$$

又因为 $F_A \overset{L}{\leq} F_B$, $F_B - F_A \geq O$. 则

$$F_B - F_A = U \begin{pmatrix} (B_1 - A_1)T_{A1}^{-1} & (B_4T_{A1}^{-1})^* & O \\ B_4T_{A1}^{-1} & -B_4T_{A1}^{-1}T_{A2}T_{A4}^{-1} + B_5T_{A4}^{-1} & O \\ O & 0 & O \end{pmatrix} U^* \geq O.$$

因此,

$$\begin{pmatrix} (B_1 - A_1)T_{A1}^{-1} & (B_4T_{A1}^{-1})^* \\ B_4T_{A1}^{-1} & -B_4T_{A1}^{-1}T_{A2}T_{A4}^{-1} + B_5T_{A4}^{-1} \end{pmatrix} \geq O.$$

故有 (4.2.5).

下面给出 LC 偏序的性质, 并给出 LC 偏序与 Löwner 偏序、GL 偏序和 CL 偏序等价的条件.

定理 4.2.3　设 A, B 为 EP 矩阵, $\operatorname{rank}(B) > \operatorname{rank}(A) \geq 1$ 且 $A \overset{\text{LC}}{\leq} B$. 当且仅当存在一个酉矩阵 U 使得

$$F_A = U \begin{pmatrix} I_{\operatorname{rank}(A)} & O & O \\ O & O & O \\ O & O & O \end{pmatrix} U^*, \quad Q_A = U \begin{pmatrix} T_{A1} & O & O \\ O & O & O \\ O & O & O \end{pmatrix} U^*;$$

$$F_B = U \begin{pmatrix} B_1 T_{A1}^{-1} & B_2 T_{A4}^{-1} & O \\ B_2^* T_{A1}^{-1} & B_5 T_{A4}^{-1} & O \\ O & O & O \end{pmatrix} U^*, \; Q_B = U \begin{pmatrix} T_{A1} & O & O \\ O & T_{A4} & O \\ O & O & O \end{pmatrix} U^*. \tag{4.2.6}$$

其中 $A_1, B_1 \in \mathbb{C}_{\operatorname{rank}(A),\ \operatorname{rank}(A)}$, $\rho(A_1 T_{A1}^{-1}) \leq 1$, $B_2^* T_{A1}^{-1} = (B_2 T_{A4}^{-1})^*$,
$\rho \begin{pmatrix} B_1 T_{A1}^{-1} & B_2 T_{A4}^{-1} \\ (B_2 T_{A4}^{-1})^* & B_5 T_{A4}^{-1} \end{pmatrix} \leq 1$, T_{A1} 和 T_{A4} 非奇异, $\begin{pmatrix} (B_1 - T_{A1}) T_{A1}^{-1} & B_2 T_{A4}^{-1} \\ (B_2 T_{A4}^{-1})^* & B_5 T_{A4}^{-1} \end{pmatrix} \geq O$.

证明　"⇒" 设矩阵 A, B 为 EP 矩阵, $\operatorname{rank}(B) \geq \operatorname{rank}(A) \geq 1$, $A \overset{\text{LC}}{\leq} B$, 存在一个酉矩阵 U, 使得

$$\begin{aligned} A &= U \begin{pmatrix} T_{A1} & O \\ O & O \end{pmatrix} U^* = F_A Q_A = U \begin{pmatrix} \Sigma K_A & \Sigma L_A \\ O & O \end{pmatrix} U^* \\ &= U \begin{pmatrix} K_A & O \\ O & O \end{pmatrix} U^* U \begin{pmatrix} K_A^{-1} \Sigma K_A & K_A^{-1} \Sigma L_A \\ O & O \end{pmatrix} U^*. \end{aligned}$$

则 $L_A = O$, $K_A = I_{\operatorname{rank}(A)}$.

$$F_A = U \begin{pmatrix} I_{\operatorname{rank}(A)} & O & O \\ O & O & O \\ O & O & O \end{pmatrix} U^*.$$

$$Q_A = U \begin{pmatrix} \Sigma & O \\ O & O \end{pmatrix} U^* = U \begin{pmatrix} T_{A1} & O & O \\ O & O & O \\ O & O & O \end{pmatrix} U^*,$$

因为 $\operatorname{rank}(B) \geq \operatorname{rank}(A) \geq 1$, B 是 EP 的,

$$B = U \begin{pmatrix} B_1 & B_2 & O \\ (B_2)^* & B_5 & O \\ O & O & O \end{pmatrix} U^*,$$

同理有

$$Q_B = U\begin{pmatrix} T_{A1} & O & O \\ O & T_{A4} & O \\ O & O & O \end{pmatrix}U^*,$$

$$F_B = BQ_B^{\#}.$$

经计算, 我们有

$$Q_B^{\#} = U\begin{pmatrix} T_{A1}^{-1} & O & O \\ O & T_{A4}^{-1} & O \\ O & O & O \end{pmatrix}U^*.$$

则

$$\begin{aligned} F_B = BQ_B^{\#} = UU^*BQ_B^{\#} &= U\left(U^*BU\begin{pmatrix} T_{A1}^{-1} & O & O \\ O & T_{A4}^{-1} & O \\ O & O & O \end{pmatrix}\right)U^* \\ &= U\begin{pmatrix} B_1 & B_2 & O \\ (B_2)^* & B_5 & O \\ O & O & O \end{pmatrix}\begin{pmatrix} T_{A1}^{-1} & O & O \\ O & T_{A4}^{-1} & O \\ O & O & O \end{pmatrix}U^* \\ &= U\begin{pmatrix} B_1T_{A1}^{-1} & B_2T_{A4}^{-1} & O \\ (B_2)^*T_{A1}^{-1} & B_5T_{A4}^{-1} & O \\ O & O & O \end{pmatrix}U^*. \end{aligned}$$

因为 $\rho(F_A), \rho(F_B) \leq 1$, 且 F_A, F_B 均为 EP 矩阵, 我们有 $(B_2)^*T_{A1}^{-1} = (B_2T_{A4}^{-1})^*$, $\rho\left(A_1T_{A1}^{-1}\right) \leq 1$, $\rho\begin{pmatrix} B_1T_{A1}^{-1} & B_2T_{A4}^{-1} \\ (B_2T_{A4}^{-1})^* & B_5T_{A4}^{-1} \end{pmatrix} \leq 1$. 又因为 $F_A \overset{L}{\leq} F_B$, $F_B - F_A \geq O$. 则

$$F_B - F_A = U\begin{pmatrix} (B_1 - T_{A1})T_{A1}^{-1} & B_2T_{A4}^{-1} & O \\ (B_2T_{A4}^{-1})^* & B_5T_{A4}^{-1} & O \\ O & O & O \end{pmatrix}U^* \geq O.$$

因此,

$$\begin{pmatrix} (B_1 - T_{A1})T_{A1}^{-1} & B_2T_{A4}^{-1} \\ (B_2T_{A4}^{-1})^* & B_5T_{A4}^{-1} \end{pmatrix} \geq O.$$

故有 (4.2.6).

"$\Leftarrow$" 显然. □

注记 4.2.4　一个 EP 矩阵是核可逆的, 且矩阵的核逆, Moore-Penrose 逆和群逆都是相同的, 当 A,B 都是 EP 矩阵时, 容易验证 $A\overset{L}{\leq}B$ 当且仅当 $F_A\overset{L}{\leq}F_B$, 因此可以由 $A\overset{\mathrm{LC}}{\leq}B$ 推断出 $A\overset{L}{\leq}B$.

但是反过来不一定成立, 因为 $A\overset{L}{\leq}B$ 不能推断出 $Q_A\overset{\#}{\leq}Q_B$.

例 4.2.5　设

$$A=\begin{pmatrix}\frac{1}{3}&0&0\\0&-\frac{1}{2}&0\\0&0&0\end{pmatrix},\quad B=\begin{pmatrix}\frac{1}{4}&0&0\\0&-\frac{1}{4}&0\\0&0&0\end{pmatrix},$$

$\mathrm{rank}(B)=\mathrm{rank}(A)=2$ 且

$$Q_A=\begin{pmatrix}\frac{1}{3}&0&0\\0&-\frac{1}{2}&0\\0&0&0\end{pmatrix}=Q_B,\quad Q_A^{\#}=\begin{pmatrix}3&0&0\\0&-2&0\\0&0&0\end{pmatrix}=Q_B^{\#},$$

可得 $Q_B\overset{\#}{\leq}Q_A$. 因为

$$F_A=\begin{pmatrix}1&0&0\\0&1&0\\0&0&0\end{pmatrix},\ F_B=\begin{pmatrix}\frac{3}{4}&0&0\\0&\frac{1}{2}&0\\0&0&0\end{pmatrix},F_A-F_B=\begin{pmatrix}\frac{1}{4}&0&0\\0&\frac{1}{2}&0\\0&0&0\end{pmatrix}\geq 0\Rightarrow F_B\overset{L}{\leq}F_A,$$

可得 $B\overset{\mathrm{LC}}{\leq}A$. 由于

$$A-B=\begin{pmatrix}\frac{1}{12}&0&0\\0&-\frac{1}{4}&0\\0&0&0\end{pmatrix}\leq O,$$

B 与 A 不构成 Löwner 偏序. 故 $B\overset{\mathrm{LC}}{\leq}A\nRightarrow B\overset{L}{\leq}A$.

4.3 矩阵的 $L*$ 偏序

首先, 引入 $L*$ 关系的定义.

定义 4.3.1 设 $A,B\in\mathbb{C}_n^{\sharp}$. 若 A 和 B 满足

$$A^*A\overset{L}{\leq}B^*B \quad 且 \quad A^2A^{\#}\overset{*}{\leq}B^2B^{\#}. \tag{4.3.1}$$

则称 A 和 B 满足 $L*$ 关系, 记作 $A\overset{L*}{\leq}B$.

定理 4.3.1 $L*$ 关系是 $\mathbb{C}_n^{\sharp}$ 上的偏序.

证明 (1) 自反性: 设 $A\in\mathbb{C}_n^{\sharp}$, 有

$$A^*A\overset{L}{\leq}A^*A \quad 且 \quad A^2A^{\#}\overset{*}{\leq}A^2A^{\#},$$

故 $A\overset{L*}{\leq}A$.

(2) 反对称性: 设 $A,B\in\mathbb{C}_n^{\sharp}$. 若 $A\overset{L*}{\leq}B$ 和 $B\overset{L*}{\leq}A$, 即

$$\begin{cases}A^*A\overset{L}{\leq}B^*B \quad 且 \quad A^2A^{\#}\overset{*}{\leq}B^2B^{\#},\\ B^*B\overset{L}{\leq}A^*A \quad 且 \quad B^2B^{\#}\overset{*}{\leq}A^2A^{\#},\end{cases}$$

则

$$A^*A=B^*B,\quad B^2B^{\#}=A^2A^{\#}.$$

故有 $A=((A^2A^{\#})^*)^{\dagger}A^*A=((B^2B^{\#})^*)^{\dagger}B^*B=B$, 即 $A=B$.

(3) 传递性: 假设 $A\overset{L*}{\leq}B$ 和 $B\overset{L*}{\leq}C$, 即

$$\begin{cases}A^*A\overset{L}{\leq}B^*B \quad 且 \quad B^*B\overset{L}{\leq}C^*C,\\ A^2A^{\#}\overset{*}{\leq}B^2B^{\#} \quad 且 \quad B^2B^{\#}\overset{*}{\leq}C^2C^{\#}.\end{cases}$$

由 Löwner 偏序和 $*$ 偏序的传递性知, 有 $A^*A\overset{L}{\leq}C^*C$ 和 $A^2A^{\#}\overset{*}{\leq}C^2C^{\#}$, 即 $A\overset{\mathrm{LC}}{\leq}C$.

故二元关系 (4.3.1) 是 $\in\mathbb{C}_n^{\sharp}$ 上的偏序.

定理 4.3.2 设 $A,B\in\mathbb{C}_n^{\sharp}$, 则 $A\overset{L*}{\leq}B$ 当且仅当存在一个酉矩阵 U 使得

$$A=U\begin{pmatrix}T_1&O&S_2\\O&O&O\\O&O&O\end{pmatrix}U^*,\quad B=U\begin{pmatrix}T_1&O&S_2\\O&T_2&X\\O&O&O\end{pmatrix}U^*, \tag{4.3.2}$$

其中 $T_1 \in \mathbb{C}_{\text{rank}(A),\text{rank}(A)}$ 和 $T_2 \in \mathbb{C}_{\text{rank}(B)-\text{rank}(A),\text{rank}(B)-\text{rank}(A)}$ 是非奇异的, S_2 和 X 是任意合适阶矩阵.

证明 "⇒" 设 $A, B \in \mathbb{C}_n^{\sharp}$ 且 $A \overset{L*}{\leq} B$, A 的 core 分解为

$$A = \widehat{U} \begin{pmatrix} T_1 & N_1 & N_2 \\ O & O & O \\ O & O & O \end{pmatrix} \widehat{U},$$

其中 $T_1 \in \mathbb{C}_{\text{rank}(A),\text{rank}(A)}$ 是非奇异的且 N_1 和 N_2 是任意合适阶矩阵.

应用引理 1.0.7, 有

$$A^{\#\!\!\!\!\bigcirc} = \widehat{U} \begin{pmatrix} T_1^{-1} & O & O \\ O & O & O \\ O & O & O \end{pmatrix} \widehat{U}^*, \quad A^2A^{\#\!\!\!\!\bigcirc} = \widehat{U} \begin{pmatrix} T_1 & O & O \\ O & O & O \\ O & O & O \end{pmatrix} \widehat{U}^*,$$

其中 $A^2A^{\#\!\!\!\!\bigcirc}$ 是 EP 矩阵.

记

$$B^2B^{\#\!\!\!\!\bigcirc} = \widehat{U} \begin{pmatrix} B_1 & B_2 & B_3 \\ B_4 & B_5 & B_6 \\ B_7 & B_8 & B_9 \end{pmatrix} \widehat{U}^*.$$

因为 $A^2A^{\#\!\!\!\!\bigcirc} \overset{*}{\leq} B^2B^{\#\!\!\!\!\bigcirc}$, 所以 $B_1 = T_1$, $B_2 = O$, $B_3 = O$, $B_4 = O$, $B_7 = O$.

又因为 $B^2B^{\#\!\!\!\!\bigcirc}$ 是 EP 矩阵, 则存在一个酉矩阵 U_1, 使得

$$\begin{aligned} B^2B^{\#\!\!\!\!\bigcirc} &= \widehat{U} \begin{pmatrix} T_1 & O & O \\ O & B_5 & B_6 \\ O & B_8 & B_9 \end{pmatrix} \widehat{U}^* = \widehat{U} \begin{pmatrix} I & O \\ O & U_1 \end{pmatrix} \begin{pmatrix} T_1 & O \\ O & \begin{pmatrix} T_2 & O \\ O & O \end{pmatrix} \end{pmatrix} \begin{pmatrix} I & O \\ O & U_1^* \end{pmatrix} \widehat{U}^* \\ &= U \begin{pmatrix} T_1 & O & O \\ O & T_2 & O \\ O & O & O \end{pmatrix} U^*. \end{aligned} \tag{4.3.3}$$

其中 T_2 非奇异.

因为 $A^2A^{\#\!\!\!\!\bigcirc}$ 是 EP 矩阵, 则

$$A^2A^{\#\!\!\!\!\bigcirc} = \widehat{U} \begin{pmatrix} T_1 & O & O \\ O & O & O \\ O & O & O \end{pmatrix} \widehat{U}^*$$

$$= \widehat{U}\begin{pmatrix} I_{\text{rank(A)}} & O \\ O & U_1 \end{pmatrix}\begin{pmatrix} T_1 & O \\ O & \begin{pmatrix} O & O \\ O & O \end{pmatrix} \end{pmatrix}\begin{pmatrix} I_{\text{rank(A)}} & O \\ O & U_1^* \end{pmatrix}\widehat{U}^*$$

$$= U\begin{pmatrix} T_1 & O & O \\ O & O & O \\ O & O & O \end{pmatrix}U^*.$$

可以看到 U_1 不影响 $A^2A^{\#}$ 与 $B^2B^{\#}$ 的分解形式. 那么就有

$$A = \widehat{U}\begin{pmatrix} T_1 & S \\ O & O \end{pmatrix}\widehat{U}^* = \widehat{U}\begin{pmatrix} I_{\text{rank(A)}} & O \\ O & U_1 \end{pmatrix}\begin{pmatrix} T_1 & SU_1 \\ O & O \end{pmatrix}\begin{pmatrix} I_{\text{rank(A)}} & O \\ O & U_1^* \end{pmatrix}\widehat{U}^*$$

$$= U\begin{pmatrix} T_1 & SU_1 \\ O & O \end{pmatrix}U^* = U\begin{pmatrix} T_1 & S_1 & S_2 \\ O & O & O \\ O & O & O \end{pmatrix}U^*. \tag{4.3.4}$$

其中 S_1 和 S_2 是任意合适阶矩阵.

由 (4.3.3), 可得

$$((B^2B^{\#})^*)^\dagger = ((B^2B^{\#})^*)^{\#} = U\begin{pmatrix} (T_1^*)^{-1} & O & O \\ O & (T_2^*)^{-1} & O \\ O & O & O \end{pmatrix}U^*. \tag{4.3.5}$$

由于 $A^*A \overset{L}{\leq} B^*B$, 存在一个矩阵 $P \geq O$, 使得 $B^*B = A^*A + P$. 记

$$P = U\begin{pmatrix} P_1 & P_1X_1 & P_1X_2 \\ X_1^*P_1 & P_2 + X_1^*P_1X_1 & Y \\ X_2^*P_1 & Y^* & V \end{pmatrix}U^*,$$

其中 $P_1 \in \mathbb{C}_{\text{rank}(A),\text{rank}(A)}$, $P_2 \in \mathbb{C}_{\text{rank}(B)-\text{rank}(A),\text{rank}(B)-\text{rank}(A)}$ 且

$$V \in \mathbb{C}_{n-\text{rank}(B)+\text{rank}(A),n-\text{rank}(B)+\text{rank}(A)}$$

都是非负定矩阵, X_1, X_2 和 Y 均为任意合适阶矩阵. 应用 (4.3.4), 有

$$B^*B = A^*A + P$$

$$= U\begin{pmatrix} T_1^*T_1 & T_1^*S_1 & T_1^*S_2 \\ S_1^*T_1 & S_1^*S_1 & S_1^*S_2 \\ S_2^*T_1 & S_2^*S_1 & S_2^*S_2 \end{pmatrix}U^* + U\begin{pmatrix} P_1 & P_1X_1 & P_1X_2 \\ X_1^*P_1 & P_2 + X_1^*P_1X_1 & Y \\ X_2^*P_1 & Y^* & V \end{pmatrix}U^*$$

$$=U\begin{pmatrix} T_1^*T_1+P_1 & T_1^*S_1+P_1X_1 & T_1^*S_2+P_1X_2 \\ S_1^*T_1+X_1^*P_1 & S_1^*S_1+P_2+X_1^*P_1X_1 & S_1^*S_2+Y \\ S_2^*T_1+X_2^*P_1 & S_2^*S_1+Y^* & S_2^*S_2+V \end{pmatrix}U^*.$$

因为 $B^2B^{\#}$ 是 EP 矩阵, 得到

$$((B^2B^{\#})^*)^\dagger B^*BU\begin{pmatrix} I_{\mathrm{rank}(A)} & O & O \\ O & I_{\mathrm{rank}(B)-\mathrm{rank}(A)} & O \\ O & O & O \end{pmatrix}U^*$$

$$=U\begin{pmatrix} T_1+(T_1^*)^{-1}P_1 & S_1+(T_1^*)^{-1}P_1X_1 & O \\ (T_2^*)^{-1}S_1^*T_1+(T_2^*)^{-1}X_1^*P_1 & (T_2^*)^{-1}S_1^*S_1+(T_2^*)^{-1}P_2+(T_2^*)^{-1}X_1^*P_1X_1 & O \\ O & O & O \end{pmatrix}U^*$$

$$=B^2B^{\#}=U\begin{pmatrix} T_1 & O & O \\ O & T_2 & O \\ O & O & O \end{pmatrix}U^*.$$

所以, $P_1=O$, $S_1=O$, 且 $P_2=T_2^*T_2$. 则

$$B^*B=U\begin{pmatrix} T_1^*T_1 & O & T_1^*S_2 \\ O & T_2^*T_2 & Y \\ S_2^*T_1 & Y^* & S_2^*S_2+V \end{pmatrix}U^*. \tag{4.3.6}$$

应用 (1.0.9), (4.3.5), (4.3.6) 和 $S_1=O$, 得到

$$A=U\begin{pmatrix} T_1 & O & S_2 \\ O & O & O \\ O & O & O \end{pmatrix}U^*,\quad B=((B^2B^{\#})^*)^\dagger B^*B=U\begin{pmatrix} T_1 & O & S_2 \\ O & T_2 & (T_2^{-1})^*Y \\ O & O & O \end{pmatrix}U^*.$$

令 $X=(T_2^{-1})^*Y$, 则

$$B=U\begin{pmatrix} T_1 & O & S_2 \\ O & T_2 & X \\ O & O & O \end{pmatrix}U^*. \tag{4.3.7}$$

"$\Leftarrow$" 当 A 和 B 的形式如 (4.3.2) 所示, 容易验证 $A\overset{L*}{\leq}B$.

接下来考虑当 $A\overset{L*}{\leq}B$ 时, rank(A) 和 rank(B) 之间的关系.

注记 4.3.3 给定 $A, B \in \mathbb{C}_n^{\sharp}$ 且 $A \overset{L*}{\leq} B$. 则 $1 \leq \operatorname{rank}(A) \leq \operatorname{rank}(B)$.

证明 由定理 4.3.2 的证明过程, 有

$$\operatorname{rank}(A^2A^{\#}) \leq \operatorname{rank}(B^2B^{\#}) \quad 和 \quad \operatorname{rank}(A^2A^{\#}) = \operatorname{rank}(A) \geq 1.$$

又因为 $\operatorname{rank}(B^2B^{\#}) \leq \operatorname{rank}(B)$, 所以

$$1 \leq \operatorname{rank}(A) = \operatorname{rank}(A^2A^{\#}) \leq \operatorname{rank}(B^2B^{\#}) \leq \operatorname{rank}(B),$$

即 $1 \leq \operatorname{rank}(A) \leq \operatorname{rank}(B)$. □

下面, 通过两个例子来说明 $L*$ 偏序与 Löwner, CL, GL 偏序是不同的.

例 4.3.4 设

$$A = \begin{pmatrix} 1 & 0 & 1 \\ 0 & 0 & 0 \\ 0 & 0 & 0 \end{pmatrix}, \quad B = \begin{pmatrix} 1 & 0 & 1 \\ 0 & -1 & 2 \\ 0 & 0 & 0 \end{pmatrix}.$$

则 $\operatorname{rank}(B) = 2$, $\operatorname{rank}(A) = 1$, 且

$$A^{\dagger} = \begin{pmatrix} \frac{1}{2} & 0 & 0 \\ 0 & 0 & 0 \\ \frac{1}{2} & 0 & 0 \end{pmatrix}, \quad A^{\#} = \begin{pmatrix} 1 & 0 & 0 \\ 0 & 0 & 0 \\ 0 & 0 & 0 \end{pmatrix},$$

$$B^{\dagger} = \begin{pmatrix} \frac{5}{6} & -\frac{1}{3} & 0 \\ \frac{1}{3} & -\frac{1}{3} & 0 \\ \frac{1}{6} & \frac{1}{3} & 0 \end{pmatrix}, \quad B^{\#} = \begin{pmatrix} 1 & 0 & 0 \\ 0 & -1 & 0 \\ 0 & 0 & 0 \end{pmatrix}, \quad B - A = \begin{pmatrix} 0 & 0 & 0 \\ 0 & -1 & 2 \\ 0 & 0 & 0 \end{pmatrix}.$$

因为

$$A^*A = \begin{pmatrix} 1 & 0 & 1 \\ 0 & 0 & 0 \\ 1 & 0 & 1 \end{pmatrix}, \quad B^*B = \begin{pmatrix} 1 & 0 & 1 \\ 0 & 1 & -2 \\ 1 & -2 & 5 \end{pmatrix},$$

$$B^*B - A^*A = \begin{pmatrix} 0 & 0 & 0 \\ 0 & 1 & -2 \\ 0 & -2 & 4 \end{pmatrix} \geq 0 \Rightarrow A^*A \overset{L}{\leq} B^*B,$$

$$A^2A^{\#} = \begin{pmatrix} 1 & 0 & 0 \\ 0 & 0 & 0 \\ 0 & 0 & 0 \end{pmatrix}, \quad B^2B^{\#} = \begin{pmatrix} 1 & 0 & 0 \\ 0 & -1 & 0 \\ 0 & 0 & 0 \end{pmatrix},$$

$$(A^2A^{\circledS})^*A^2A^{\circledS}=\begin{pmatrix}1&0&0\\0&0&0\\0&0&0\end{pmatrix}=(A^2A^{\circledS})^*B^2B^{\circledS},$$

$$A^2A^{\circledS}(A^2A^{\circledS})^*=\begin{pmatrix}1&0&0\\0&0&0\\0&0&0\end{pmatrix}=B^2B^{\circledS}(A^2A^{\circledS})^*,$$

则 $A^2A^{\circledS}\overset{*}{\leq}B^2B^{\circledS}$. 故 $A\overset{L*}{\leq}B$.

(1) 因为 $B-A$ 不是一个非负定矩阵, 故 A 与 B 不满足 Löwner 偏序.

(2) 因为

$$B^2B^{\circledS}-A^2A^{\circledS}=\begin{pmatrix}0&0&0\\0&-1&0\\0&0&0\end{pmatrix},$$

所以 $B^2B^{\circledS}-A^2A^{\circledS}$ 不是一个非负定矩阵, 故 A 与 B 不满足 CL 偏序.

(3) 因为

$$AA^*=\begin{pmatrix}2&0&0\\0&0&0\\0&0&0\end{pmatrix},\quad BA^*=\begin{pmatrix}2&0&0\\2&0&0\\0&0&0\end{pmatrix},$$

且

$$AA^*\neq BA^*,$$

故 A 与 B 不满足 $*$ 偏序.

例 4.3.5　设

$$A=\begin{pmatrix}1&0&2\\0&0&0\\0&0&0\end{pmatrix},\quad B=\begin{pmatrix}1&0&2\\0&1&2\\0&0&0\end{pmatrix}.$$

则 $\operatorname{rank}(B)=2$, $\operatorname{rank}(A)=1$, 且

$$A^{\circledS}=\begin{pmatrix}1&0&0\\0&0&0\\0&0&0\end{pmatrix},\quad B^{\circledS}=\begin{pmatrix}1&0&0\\0&1&0\\0&0&0\end{pmatrix}.$$

因为

$$A^*A=\begin{pmatrix}1&0&2\\0&0&0\\2&0&4\end{pmatrix},\ B^*B=\begin{pmatrix}1&0&2\\0&1&2\\2&2&8\end{pmatrix},$$

$$B^*B-A^*A=\begin{pmatrix}0&0&0\\0&1&2\\0&2&4\end{pmatrix}\geq O\Rightarrow A^*A\overset{L}{\leq}B^*B,$$

$$A^2A^{\#}=\begin{pmatrix}1&0&0\\0&0&0\\0&0&0\end{pmatrix},\quad B^2B^{\#}=\begin{pmatrix}1&0&0\\0&1&0\\0&0&0\end{pmatrix},$$

$$(A^2A^{\#})^*A^2A^{\#}=\begin{pmatrix}1&0&0\\0&0&0\\0&0&0\end{pmatrix}=(A^2A^{\#})^*B^2B^{\#},$$

$$A^2A^{\#}(A^2A^{\#})^*=\begin{pmatrix}1&0&0\\0&0&0\\0&0&0\end{pmatrix}=B^2B^{\#}(A^2A^{\#})^*,$$

所以有 $A^2A^{\#}\overset{*}{\leq}B^2B^{\#}$, 故 $A\overset{L*}{\leq}B$.

因为

$$AB^*=\begin{pmatrix}5&4&0\\0&0&0\\0&0&0\end{pmatrix},\quad AA^*=\begin{pmatrix}5&0&0\\0&0&0\\0&0&0\end{pmatrix},$$

$$BB^*=\begin{pmatrix}5&4&0\\4&5&0\\0&0&0\end{pmatrix},\quad (AA^*)^{\frac{1}{2}}(BB^*)^{\frac{1}{2}}=\begin{pmatrix}5&4.4721&0\\0&0&0\\0&0&0\end{pmatrix},$$

且

$$AB^*\neq(AA^*)^{\frac{1}{2}}(BB^*)^{\frac{1}{2}},$$

故 A 与 B 不满足 GL 偏序.

定理 4.3.6 设 $A\overset{L*}{\leq}B$, A 和 B 的分解如定理 4.3.2 所示, $s\neq0$, $t\neq0$ 且 $s+t\neq0$. 则

(1) $AB = BA$.

(2) $(sA + tB)^{\oplus} = \dfrac{1}{t}B^{\oplus} - \dfrac{s}{t(s+t)}A^{\oplus}$.

(3) $(AB)^{\oplus} = B^{\oplus}A^{\oplus} = (A^{\oplus})^2$.

(4) $(sA + tB)^{\#} = \dfrac{1}{t}B^{\#} - \dfrac{s}{t(s+t)}A^{\#}$.

(5) $(AB)^{\#} = B^{\#}A^{\#} = (A^{\#})^2$.

证明　(1)

$$AB = U\begin{pmatrix} T_1^2 & O & T_1 S_2 \\ O & O & O \\ O & O & O \end{pmatrix} U^* = BA.$$

(2)

$$(sA + tB)^{\oplus} = U\begin{pmatrix} \dfrac{1}{s+t}T_1^{-1} & O & O \\ O & \dfrac{1}{t}T_2^{-1} & O \\ O & O & O \end{pmatrix} U^* = \dfrac{1}{t}B^{\oplus} - \dfrac{s}{t(s+t)}A^{\oplus}.$$

(3)

$$(AB)^{\oplus} = U\begin{pmatrix} T_1^{-2} & O & O \\ O & O & O \\ O & O & O \end{pmatrix} U^* = B^{\oplus}A^{\oplus} = A^{\oplus}B^{\oplus} = (A^{\oplus})^2.$$

(4) 应用 (1.0.6), 得

$$(sA + tB)^{\#} = U\begin{pmatrix} \dfrac{1}{s+t}T_1^{-1} & O & \dfrac{1}{s+t}T_1^{-2}S_2 \\ O & \dfrac{1}{t}T_2^{-1} & \dfrac{1}{t}T_2^{-2}X \\ O & O & O \end{pmatrix} U^*$$

$$= U\begin{pmatrix} \left(\dfrac{1}{t} - \dfrac{s}{t(s+t)}\right)T_1^{-1} & O & \left(\dfrac{1}{t} - \dfrac{s}{t(s+t)}\right)T_1^{-2}S_2 \\ O & \dfrac{1}{t}T_2^{-1} & \dfrac{1}{t}T_2^{-2}X \\ O & O & O \end{pmatrix} U^*$$

$$= \dfrac{1}{t}B^{\#} - \dfrac{s}{t(s+t)}A^{\#}.$$

(5) 应用 (1.0.6), 得到

$$(AB)^{\#} = U \begin{pmatrix} T_1^{-2} & O & T_1^{-3}S_2 \\ O & O & O \\ O & O & O \end{pmatrix} U^* = B^{\#}A^{\#} = (A^{\#})^2.$$

早在文献 [5] 和 [8] 中, 对矩阵 $A, B \in \mathbb{C}_{n,n}$, Baksalary 等考虑了 $A \overset{*}{\leq} B$ 和 $A^2 \overset{*}{\leq} B^2$ 之间的关系. 受到他们的启发, 对于矩阵 $A, B \in \mathbb{C}_n^{\sharp}$, 在下面的定理 4.3.7 考虑 $A \overset{L*}{\leq} B$ 和 $A^2 \overset{L*}{\leq} B^2$ 之间的关系. □

定理 4.3.7 设 $A, B \in \mathbb{C}_n^{\sharp}$. 若 $A \overset{L*}{\leq} B$, 则 $A^2 \overset{L*}{\leq} B^2$.

证明 应用定理 4.3.2, 若 $A \overset{L*}{\leq} B$, 则存在一个酉矩阵 U 使得 A 和 B 的形式如 (4.3.2) 所示. 则

$$A^2 = U \begin{pmatrix} T_1^2 & O & T_1S_2 \\ O & O & O \\ O & O & O \end{pmatrix} U^*, \quad B^2 = U \begin{pmatrix} T_1^2 & O & T_1S_2 \\ O & T_2^2 & Z \\ O & O & O \end{pmatrix} U^*,$$

因此, $A^2 \overset{L*}{\leq} B^2$. □

注记 4.3.8 A 或 B 是负定矩阵时, $A^2 \overset{L*}{\leq} B^2 \nRightarrow A \overset{L*}{\leq} B$.

例如, 设

$$A^2 = \begin{pmatrix} 1 & 0 & 0 \\ 0 & 0 & 0 \\ 0 & 0 & 0 \end{pmatrix}, \quad B^2 = \begin{pmatrix} 1 & 0 & 0 \\ 0 & 1 & 0 \\ 0 & 0 & 0 \end{pmatrix},$$

容易得到 $A^2 \overset{L*}{\leq} B^2$. 令

$$A = \begin{pmatrix} 1 & 0 & 0 \\ 0 & 0 & 0 \\ 0 & 0 & 0 \end{pmatrix}, \quad B = \begin{pmatrix} -1 & 0 & 0 \\ 0 & 1 & 0 \\ 0 & 0 & 0 \end{pmatrix},$$

通过计算得, A 和 B 不满足 $L*$ 偏序.

接下来, 给出 $L*$ 偏序的一些性质并讨论 $L*$ 偏序与 core, $*$, Löwner, GL 和 CL 偏序之间的关系. 进一步地, 研究了矩阵的平方矩阵的 $L*$ 偏序, 并给出了矩阵的 $L*$ 与其平方矩阵的 $L*$ 偏序的等价条件.

下面, 讨论了当矩阵 A 和 B 满足 $L*$ 偏序时, A 和 B 之间的一些关系.

定理 4.3.9　设 $A, B \in \mathbb{C}_n^{\sharp}$ 且 $A \overset{L*}{\leq} B$, 则 $A \overset{\#}{\leq} B$.

证明　应用定理 4.3.2, 当 $A \overset{L*}{\leq} B$, 存在一个酉矩阵 U 使得 A 和 B 的形式如 (4.3.2) 所示. 则

$$A^{\#}A = U\begin{pmatrix} I_{\mathrm{rank}(A)} & O & T_1^{-1}S_2 \\ O & O & O \\ O & O & O \end{pmatrix}U^* = A^{\#}B,$$

$$AA^{\#} = U\begin{pmatrix} I_{\mathrm{rank}(A)} & O & O \\ O & O & O \\ O & O & O \end{pmatrix}U^* = BA^{\#},$$

故 $A \overset{\#}{\leq} B$.

因此, $L*$ 偏序一定是 core 偏序. 我们知道 core 偏序是一类减偏序, 所以 $L*$ 偏序也是一类特殊的减偏序, 故当 $\mathrm{rank}(B) = \mathrm{rank}(A)$ 时, $A = B$ 恒成立.

接下来, 给出 $L*$ 偏序与 core 偏序等价的条件.

定理 4.3.10　设 $A, B \in \mathbb{C}_n^{\sharp}$. 则下列条件是等价的:

(1) $A \overset{L*}{\leq} B$.

(2) $A \overset{\#}{\leq} B$, $AA^{\dagger}B(B-A)(B-A)^{\dagger} = O$.

(3) $A \overset{\#}{\leq} B$, $BB^{\dagger}A(B-A)(B-A)^{\dagger} = O$.

证明　(1) ⇒ (2)　又定理 4.3.9, 有 $A \overset{\#}{\leq} B$, 且 $AA^{\dagger}B(B-A)(B-A)^{\dagger} = O$.

(2) ⇒ (3)　由文献 [194] 有, 当 $A \overset{\#}{\leq} B$ 时, 存在一个酉矩阵 U 使得

$$A = U\begin{pmatrix} T_1 & S_1 & S_2 \\ O & O & O \\ O & O & O \end{pmatrix}U^*, \quad B = U\begin{pmatrix} T_1 & S_1 & S_2 \\ O & T_2 & Z \\ O & O & O \end{pmatrix}U^*,$$

其中 $T_1 \in \mathbb{C}_{\mathrm{rank}(A),\mathrm{rank}(A)}$ 和 $T_2 \in \mathbb{C}_{\mathrm{rank}(B)-\mathrm{rank}(A),\mathrm{rank}(B)-\mathrm{rank}(A)}$ 都是非奇异的, S_1, S_2 和 Z 是任意合适阶矩阵. 设

$$M = B - A = U\begin{pmatrix} O & O & O \\ O & T_2 & Z \\ O & O & O \end{pmatrix}U^*,$$

因为 $AA^{\dagger}BMM^{\dagger} = O$, 得 $S_1 = O$, 所以 $BB^{\dagger}A(B-A)(B-A)^{\dagger} = O$.

(3) ⇒ (1) 当 $A \overset{\#}{\le} B$ 且 $BB^{\dagger}A(B-A)(B-A)^{\dagger}=O$ 时, 有 $S_1=O$. 故有 $A \overset{L*}{\le} B$. □

EP 矩阵的偏序问题得到了广泛的关注, 如 [22] Benítez 等讨论了当两个矩阵中至少有一个为 EP 的时的偏序问题. 一般来说, $*$ 偏序和 $L*$ 偏序是不等价的. 接下来, 讨论当矩阵 A 是 EP 的时 $*$ 偏序和 $L*$ 偏序之间的关系.

定理 4.3.11 设 $A,B\in\mathbb{C}_n^{\sharp}$. 则下面任意两个条件能推出第三个条件:

(1) A 是 EP 的.

(2) $A \overset{*}{\le} B$.

(3) $A \overset{L*}{\le} B$.

证明 (1), (2) ⇒ (3) 给定 $A,B\in\mathbb{C}_n^{\sharp}$, 则 $A \overset{*}{\le} B$ 当且仅当

$$A=U\begin{pmatrix}D_1 & O & O\\ O & O & O\\ O & O & O\end{pmatrix}V^* \quad 且 \quad B=U\begin{pmatrix}D_1 & O & O\\ O & D_2 & O\\ O & O & O\end{pmatrix}V^*,$$

其中 $U,V\in\mathbb{C}^{n,n}$ 是酉矩阵, $D_1\in\mathbb{C}_{\mathrm{rank}(A),\ \mathrm{rank}(A)}$ 和

$$D_2\in\mathbb{C}_{\mathrm{rank}(B)-\mathrm{rank}(A),\mathrm{rank}(B)-\mathrm{rank}(A)}$$

是对角正定矩阵. 记

$$V^*U=\begin{pmatrix}X_1 & X_2 & X_3\\ X_4 & X_5 & X_6\\ X_7 & X_8 & X_9\end{pmatrix},$$

其中 $X_1\in\mathbb{C}_{\mathrm{rank}(A),\mathrm{rank}(A)}$, $X_5\in\mathbb{C}_{\mathrm{rank}(B)-\mathrm{rank}(A),\mathrm{rank}(B)-\mathrm{rank}(A)}$, 则

$$A=U\begin{pmatrix}D_1 & O & O\\ O & O & O\\ O & O & O\end{pmatrix}V^*UU^*=U\begin{pmatrix}D_1X_1 & D_1X_2 & D_1X_3\\ O & O & O\\ O & O & O\end{pmatrix}U^*,$$

$$B=U\begin{pmatrix}D_1X_1 & D_1X_2 & D_1X_3\\ D_2X_4 & D_2X_5 & D_2X_6\\ O & O & O\end{pmatrix}U^*.$$

由 A 是 EP 矩阵且 $A \overset{*}{\le} B$, 得到 X_1 是酉矩阵, $X_2=O$, $X_3=O$, $X_4=O$, 且

$$A = U\begin{pmatrix} D_1X_1 & O & O \\ O & O & O \\ O & O & O \end{pmatrix}U^*, \quad B = U\begin{pmatrix} D_1X_1 & O & O \\ O & D_2X_5 & D_2X_6 \\ O & O & O \end{pmatrix}U^*.$$

又因为 D_1 是非奇异的, 与定理 4.3.2 比较得到 $A\overset{L*}{\leq}B$.

(1), (3)⇒ (2) 由定理 4.3.2, 当 $A\overset{L*}{\leq}B$ 时, A 和 B 的形式如 (4.3.2) 所示. 则

$$A^*A = U\begin{pmatrix} T_1^*T_1 & O & T_1^*S_2 \\ O & O & O \\ S_2^*T_1 & O & S_2^*S_2 \end{pmatrix}U^*, \quad A^*B = U\begin{pmatrix} T_1^*T_1 & O & T_1^*S_2 \\ O & O & O \\ S_2^*T_1 & O & S_2^*S_2 \end{pmatrix}U^*,$$

$$AA^* = U\begin{pmatrix} T_1T_1^* + S_2S_2^* & O & O \\ O & O & O \\ O & O & O \end{pmatrix}U^*, \quad BA^* = U\begin{pmatrix} T_1T_1^* + S_2S_2^* & O & O \\ XS_2^* & O & O \\ O & O & O \end{pmatrix}U^*. \tag{4.3.8}$$

因为 A 是 EP 矩阵, 所以有 $\mathcal{R}(A) = \mathcal{R}(A^*)$, 则有 $S_2 = O$ 和 $XS_2^* = O$. 进一步, 得到 $A^*A = A^*B$ 和 $AA^* = BA^*$, 即 $A\overset{*}{\leq}B$.

(2), (3)⇒ (1) 若 $A\overset{L*}{\leq}B$ 且 $A\overset{*}{\leq}B$, 则存在一个酉矩阵 U 使得

$$A = U\begin{pmatrix} T_1 & O & O \\ O & O & O \\ O & O & O \end{pmatrix}U^*, \ B = U\begin{pmatrix} T_1 & O & O \\ O & T_2 & X \\ O & O & O \end{pmatrix}U^*.$$

故有 A 是 EP 的. □

在文献 [18], [131], [197] 和 [193] 中, 可以知道在 Hermite 非负定集合中, 部分偏序是等价的, 例如 $A, B \in \mathbb{H}_{\geq}(n)$, 有 $A\overset{\text{CL}}{\leq}B \Leftrightarrow A\overset{L}{\leq}B \Leftrightarrow A\overset{\text{GL}}{\leq}B$. 下面, 在 Hermite 非负定集合中讨论 $L*$ 偏序与 Löwner 偏序的关系.

推论 4.3.12 设 $A, B \in \mathbb{H}_{\geq}(n)$. 则 $A\overset{L*}{\leq}B$ 当且仅当存在一个酉矩阵 U 使得

$$A = U\begin{pmatrix} T_1 & O & O \\ O & O & O \\ O & O & O \end{pmatrix}U^*, \quad B = U\begin{pmatrix} T_1 & O & O \\ O & T_2 & O \\ O & O & O \end{pmatrix}U^*, \tag{4.3.9}$$

其中 $T_1 \in \mathbb{C}_{\text{rank}(A),\text{rank}(A)}$ 和 $T_2 \in \mathbb{C}_{\text{rank}(B)-\text{rank}(A),\text{rank}(B)-\text{rank}(A)}$ 是 Hermite 非负定的.

证明 应用定理 4.3.2, 知道当 $A, B \in \mathbb{H}_{\geq}(n)$ 且 $A \overset{L*}{\leq} B$ 时, 存在一个酉矩阵 U 使得 A 和 B 有 (4.3.9) 的形式. □

推论 4.3.13 设 $A, B \in \mathbb{H}_{\geq}(n)$, 且 $A \overset{L*}{\leq} B$. 则 $A \overset{L}{\leq} B$.

证明 应用推论 4.3.12, 容易验证当 $A, B \in \mathbb{H}_{\geq}(n)$ 且 $A \overset{L*}{\leq} B$ 时, 存在一个酉矩阵 U 使得 A 和 B 的形式如 (4.3.9) 所示. 则有 $A \overset{L}{\leq} B$. □

由上面的推论 4.3.12, 进一步地, 应用 [131] 和 [193], 得到当 $A, B \in \mathbb{H}_{\geq}(n)$ 时, 有

$$A \overset{\mathrm{CL}}{\leq} B \Leftrightarrow A \overset{L}{\leq} B \Leftrightarrow A \overset{\mathrm{GL}}{\leq} B.$$

故当 $A \overset{L*}{\leq} B$ 时, 有 $A \overset{\mathrm{CL}}{\leq} B$ 和 $A \overset{\mathrm{GL}}{\leq} B$.

注记 4.3.14 $A \overset{L}{\leq} B$ 不能推出 $A \overset{L*}{\leq} B$. 例如: 设

$$A = \begin{pmatrix} 1 & 0 & 0 \\ 0 & 0 & 0 \\ 0 & 0 & 0 \end{pmatrix}, \quad B = \begin{pmatrix} 3 & 1 & 0 \\ 1 & 1 & 0 \\ 0 & 0 & 0 \end{pmatrix}.$$

因为

$$B - A = \begin{pmatrix} 2 & 1 & 0 \\ 1 & 1 & 0 \\ 0 & 0 & 0 \end{pmatrix} \geq O,$$

则 $A \overset{L}{\leq} B$.

但是由于

$$A^2 A^{\#} = \begin{pmatrix} 1 & 0 & 0 \\ 0 & 0 & 0 \\ 0 & 0 & 0 \end{pmatrix}, \quad B^2 B^{\#} = \begin{pmatrix} 3 & 1 & 0 \\ 1 & 1 & 0 \\ 0 & 0 & 0 \end{pmatrix},$$

则 $A^2 A^{\#}(A^2 A^{\#})^* \neq B^2 B^{\#}(A^2 A^{\#})^*$, 故 A 与 B 不满足 $L*$ 偏序.

由上面的注 4.3.14, 得到当 A 和 B 是 Hermite 非负定矩阵时, $A \overset{L*}{\leq} B \not\Leftrightarrow A \overset{L}{\leq} B$. 下面, 给出了 $L*$ 偏序与 Löwner 偏序等价的条件.

定理 4.3.15 设 $A, B \in \mathbb{H}_{\geq}(n)$ 且 $AA^{\dagger}B = BAA^{\dagger} = A$. 则下列条件是等价的:

(1) $A \overset{L*}{\leq} B$.

(2) $A \overset{\mathrm{CL}}{\leq} B$.

(3) $A \overset{L}{\leq} B$.

(4) $A \overset{\mathrm{GL}}{\leq} B$.

证明　(1) ⇒ (2)　应用推论 4.3.14, 当 $A, B \in \mathbb{H}_{\geq}(n)$ 时, 有 $A \overset{L*}{\leq} B \Rightarrow A \overset{\mathrm{CL}}{\leq} B$.

(2) ⇒ (1)　应用 [193], 当 $A, B \in \mathbb{H}_{\geq}(n)$ 且 $A \overset{\mathrm{CL}}{\leq} B$ 时. 存在一个酉矩阵 U 使得

$$A = U\begin{pmatrix} T_1 & O & O \\ O & O & O \\ O & O & O \end{pmatrix}U^* = A^2 A^{\#},$$

$$B = U\begin{pmatrix} B_1 & B_2 & O \\ B_2^* & B_5 & O \\ O & O & O \end{pmatrix}U^* = B^2 B^{\#},$$

其中 $T_1, B_1 \in \mathbb{C}_{\mathrm{rank}(A),\mathrm{rank}(A)}$, $B_5 \in \mathbb{C}_{\mathrm{rank}(B)-\mathrm{rank}(A),\mathrm{rank}(B)-\mathrm{rank}(A)}$, $B_5 > O$, $B_1 - T_1 - B_2 B_5^{-1} B_2^* \geq O$, T_1 和 $\begin{pmatrix} B_1 & B_2 \\ B_2^* & B_5 \end{pmatrix}$ 都是 Hermite 非负定矩阵.

因为 $AA^{\dagger}B = BAA^{\dagger} = A$, 有 $B_1 = T_1$, $B_2 = 0$. 由 (4.3.9), 得 $A \overset{L*}{\leq} B$.

(2) ⇔ (3) ⇔ (4)　应用 [131] 和 [193], 当 $A, B \in \mathbb{H}_{\geq}(n)$ 时, 有

$$A \overset{\mathrm{CL}}{\leq} B \Leftrightarrow A \overset{L}{\leq} B \Leftrightarrow A \overset{\mathrm{GL}}{\leq} B.$$ □

定理 4.3.16　设 $A, B \in \mathbb{H}_{\geq}(n)$. 则 $A \overset{L*}{\leq} B \Leftrightarrow A^2 \overset{L*}{\leq} B^2$.

证明　"⇒" 由定理 4.3.7 可得.

"⇐" 应用推论 4.3.12 和 $A, B \in \mathbb{H}_{\geq}(n)$, 若 $A^2 \overset{L*}{\leq} B^2$, 则存在一个酉矩阵 U 使得 A^2 和 B^2 有 (4.3.9) 的形式.

因此

$$A = U\begin{pmatrix} T_1^{\frac{1}{2}} & O & O \\ O & O & O \\ O & O & O \end{pmatrix}U^*, \quad B = U\begin{pmatrix} T_1^{\frac{1}{2}} & O & O \\ O & T_2^{\frac{1}{2}} & O \\ O & O & O \end{pmatrix}U^*,$$

$$A^{\#} = U\begin{pmatrix} T_1^{-\frac{1}{2}} & O & O \\ O & O & O \\ O & O & O \end{pmatrix}U^*, \quad B^{\#} = U\begin{pmatrix} T_1^{-\frac{1}{2}} & O & O \\ O & T_2^{-\frac{1}{2}} & O \\ O & O & O \end{pmatrix}U^*,$$

其中 $T_1^{\frac{1}{2}} \in \mathbb{C}_{\mathrm{rank}(A),\mathrm{rank}(A)}$ 和 $T_2^{\frac{1}{2}} \in \mathbb{C}_{\mathrm{rank}(B)-\mathrm{rank}(A),\mathrm{rank}(B)-\mathrm{rank}(A)}$ 是 Hermite 非负定矩阵.

因为

$$A^*A = U\begin{pmatrix} \left(T_1^{\frac{1}{2}}\right)^* T_1^{\frac{1}{2}} & O & O \\ O & O & O \\ O & O & O \end{pmatrix}U^*,$$

$$B^*B = U\begin{pmatrix} \left(T_1^{\frac{1}{2}}\right)^* T_1^{\frac{1}{2}} & O & O \\ O & \left(T_2^{\frac{1}{2}}\right)^* T_2^{\frac{1}{2}} & O \\ O & O & O \end{pmatrix}U^*,$$

有 $B^*B - A^*A \geq O$, 所以 $A^*A \overset{L}{\leq} B^*B$.

因为

$$A^2A^{\#} = U\begin{pmatrix} T_1^{\frac{1}{2}} & O & O \\ O & O & O \\ O & O & O \end{pmatrix}U^*, \quad B^2B^{\#} = U\begin{pmatrix} T_1^{\frac{1}{2}} & O & O \\ O & T_2^{\frac{1}{2}} & O \\ O & O & O \end{pmatrix}U^*,$$

有 $A^2A^{\#} \overset{*}{\leq} B^2B^{\#}$, 所以有 $A \overset{L*}{\leq} B$.

第 5 章　一些偏序条件下矩阵不等式 $AXA \overset{?}{\leq} A$ 的解

在本章中, 我们在 star, sharp 和 core 偏序下考虑如下的矩阵不等式

$$AXA \overset{?}{\leq} A. \tag{5.0.1}$$

5.1　矩阵不等式 $AXA \overset{*}{\leq} A$

令 $A, B \in \mathbb{C}_{m,n}$. 若 U 为 $m \times m$ 阶酉矩阵, V 为 $n \times n$ 阶酉矩阵, 则

$$A \overset{*}{\leq} B \Leftrightarrow UAV \overset{*}{\leq} UBV. \tag{5.1.1}$$

在 [134, 定理 2.2] 中, Mitra 给出

$$A \overset{-}{\leq} B \Leftrightarrow B\{1\} \subseteq A\{1\}.$$

在 [9, 定理 3.2] 中, Baksalary 和 Mitra 给出

$$A \overset{*}{\leq} B \Leftrightarrow B^{\dagger} \in A\{1,3,4\}. \tag{5.1.2}$$

定理 5.1.1　令 $A \in \mathbb{C}_{m,n}$ 的奇异值分解为

$$A = U \begin{pmatrix} D_a & O \\ O & O \end{pmatrix} V^*, \tag{5.1.3}$$

其中

$$D_a = \operatorname{diag}(\lambda_1 I_{r_1}, \cdots, \lambda_s I_{r_s}), \tag{5.1.4}$$

$\lambda_1 > \cdots > \lambda_s > 0$, $r_1 + \cdots + r_s = \operatorname{rank}(A) = r$, U 和 V 为适当的酉矩阵. 矩阵不等式 $AXA \overset{*}{\leq} A$ 的通解为

$$X = V \begin{pmatrix} D_a^{-1} N & X_{12} \\ X_{21} & X_{22} \end{pmatrix} U^*, \tag{5.1.5}$$

其中 $N=\operatorname{diag}(N_1,N_2,\cdots,N_s)\in\mathbb{C}_{r,r}$, $N_i=N_i^*\in\mathbb{C}_{r_i,r_i}$, $N_i=N_i^2$, $i=1,2,\cdots,s$, 且 X_{12}, X_{21} 和 X_{22} 任意适当的矩阵.

证明 令 $A\in\mathbb{C}_{m,n}$ 的奇异值分解为 (5.1.3). 令

$$V^*XU=\begin{pmatrix}X_{11} & X_{12}\\ X_{21} & X_{22}\end{pmatrix}, \tag{5.1.6}$$

$$M=D_aX_{11}D_a.$$

则

$$\begin{aligned}AXA&=U\begin{pmatrix}D_a & O\\ O & O\end{pmatrix}V^*XU\begin{pmatrix}D_a & O\\ O & O\end{pmatrix}V^*\\&=U\begin{pmatrix}D_a & O\\ O & O\end{pmatrix}\begin{pmatrix}X_{11} & X_{12}\\ X_{21} & X_{22}\end{pmatrix}\begin{pmatrix}D_a & O\\ O & O\end{pmatrix}V^*\\&=U\begin{pmatrix}M & O\\ O & O\end{pmatrix}V^*.\end{aligned}$$

则由等式 (5.1.1) 得

$$AXA\overset{*}{\leq}A\Leftrightarrow\begin{pmatrix}M & O\\ O & O\end{pmatrix}\overset{*}{\leq}\begin{pmatrix}D_a & O\\ O & O\end{pmatrix}\Leftrightarrow M\overset{*}{\leq}D_a\ .$$

应用等式 (5.1.2), 可得

$$\begin{cases}MD_a^{-1}M=M,\\ \left(MD_a^{-1}\right)^*=MD_a^{-1},\\ \left(D_a^{-1}M\right)^*=D_a^{-1}M,\end{cases} \tag{5.1.7}$$

其中 M 是 D_a^{-1} 的 $\{2,3,4\}$-逆. 令 $N=MD_a^{-1}$. 将 (5.1.7) 的第一个等式右乘 D_a^{-1}, 可得 $N^2=N$. 又因为 D_a 是一个对角正定矩阵, 应用 (5.1.7) 的第三个等式, 则有 $D_a^2N^*=ND_a^2$. 故 $AXA\overset{*}{\leq}A$ 成立当且仅当

$$\begin{cases}N^2=N,\\ N^*=N,\\ D_a^2N^*=ND_a^2.\end{cases} \tag{5.1.8}$$

令

$$N = \begin{pmatrix} N_{11} & N_{12} & N_{13} & \cdots & N_{1s} \\ N_{21} & N_{22} & N_{23} & \cdots & N_{2s} \\ N_{31} & N_{32} & N_{33} & \cdots & N_{3s} \\ \vdots & \vdots & \vdots & \ddots & \vdots \\ N_{s1} & N_{s2} & N_{s3} & \cdots & N_{ss} \end{pmatrix},$$

其中 $N_{ii} \in \mathbb{C}_{r_i,r_i}$, $i = 1, \cdots, s$ 和 $r_1 + \cdots + r_s = r$. 应用 (5.1.7) 和 (5.1.8), 我们有

$$N^* = D_a^{-2} N D_a^2 = \begin{pmatrix} N_{11} & \frac{\lambda_2^2}{\lambda_1^2} N_{12} & \frac{\lambda_3^2}{\lambda_1^2} N_{13} & \cdots & \frac{\lambda_s^2}{\lambda_1^2} N_{1s} \\ \frac{\lambda_1^2}{\lambda_2^2} N_{21} & N_{22} & \frac{\lambda_3^2}{\lambda_2^2} N_{23} & \cdots & \frac{\lambda_s^2}{\lambda_2^2} N_{2s} \\ \frac{\lambda_1^2}{\lambda_3^2} N_{31} & \frac{\lambda_2^2}{\lambda_3^2} N_{32} & N_{33} & \cdots & \frac{\lambda_s^2}{\lambda_3^2} N_{3s} \\ \vdots & \vdots & \vdots & \ddots & \vdots \\ \frac{\lambda_1^2}{\lambda_s^2} N_{s1} & \frac{\lambda_2^2}{\lambda_s^2} N_{s2} & \frac{\lambda_3^2}{\lambda_s^2} N_{s3} & \cdots & N_{ss} \end{pmatrix}.$$

又由于 $N^2 = N$, $N = N^*$ 且 $\lambda_i \neq \lambda_j$ ($i \neq j$ 和 $i, j = 1, \cdots, s$), 可得 $N = \operatorname{diag}(N_1, N_2, \cdots, N_s)$, $N_i = N_i^*$, $N_i = N_i^2$ 和 $i = 1, 2, \cdots, s$. 进一步地, 应用 (5.1.6), 可得 (5.1.5).

令

$$\mathcal{S}_* = \left\{ X \,\middle|\, AXA \overset{*}{\leq} A \right\}. \tag{5.1.9}$$

由于 $AA^\dagger A = A$, 则 $A^\dagger \in \mathcal{S}_*$.

令

$$\begin{aligned} \mathcal{N}_* &= \left\{ X \,\middle|\, X = D_a^{-1} N \right\}, \\ \mathcal{D}_* &= \left\{ X \,\middle|\, X \overset{*}{\leq} A^\dagger \right\}, \end{aligned} \tag{5.1.10}$$

其中 D_a 和 N 如定理 5.1.1所示. 令 $\widehat{N} \in \mathcal{N}_*$, 则

$$\widehat{N} = \operatorname{diag}\left(\lambda_1^{-1} N_1, \cdots, \lambda_s^{-1} N_s\right) \in \mathbb{C}_{r,r},$$

其中 $N_i=N_i^*\in\mathbb{C}_{r_i,r_i}$, $N_i=N_i^2$, $i=1,2,\cdots,s$ 且 $\lambda_1>\cdots>\lambda_s>0$. 又 $\lambda_i>0$ 和 N_i 是一个正交投影矩阵, 则对于任意 $i=1,\cdots,s$ 有 $\lambda_i^{-1}N_i\overset{*}{\leq}I_{r_i}$. 因此, 可得 $\widehat{N}\overset{*}{\leq}D_a^{-1}$.

令 $A\in\mathbb{C}_{m,n}$ 的奇异值分解如 (5.1.3) 所示且 $\widetilde{N}\in\mathcal{D}_*$. 令

$$V^*\widetilde{N}U=\begin{pmatrix}\widetilde{N}_{11} & \widetilde{N}_{12}\\ \widetilde{N}_{21} & \widetilde{N}_{22}\end{pmatrix}. \tag{5.1.11}$$

则

$$\widetilde{N}_{12}=O,\ \widetilde{N}_{21}=O,\ \widetilde{N}_{22}=O, \tag{5.1.12}$$

且 $\widetilde{N}_{11}\overset{*}{\leq}D_a^{-1}$. 因此 D_a 是 $\widetilde{N}_{11}$ 的 $\{1,3,4\}$-逆, 即

$$\begin{cases}\widetilde{N}_{11}D_a\widetilde{N}_{11}=\widetilde{N}_{11},\\ \left(\widetilde{N}_{11}D_a\right)^*=\widetilde{N}_{11}D_a,\\ \left(D_a\widetilde{N}_{11}\right)^*=D_a\widetilde{N}_{11}.\end{cases}$$

令 $\widetilde{N}_{D_a}=\widetilde{N}_{11}D_a$, 则

$$\begin{cases}\widetilde{N}_{D_a}^2=\widetilde{N}_{D_a},\\ \widetilde{N}_{D_a}^*=\widetilde{N}_{D_a},\\ \widetilde{N}_{D_a}^*D_a^2=D_a^2\widetilde{N}_{D_a}.\end{cases}$$

因此 $\widetilde{N}_{11}=\widetilde{N}_{D_a}D_a^{-1}$, 其中 $\widetilde{N}_{D_a}=\mathrm{diag}\left(\widetilde{N}_1,\cdots,\widetilde{N}_s\right)\in\mathbb{C}_{r,r}$, $\widetilde{N}_i=\widetilde{N}_i^*$, $\widetilde{N}_i=\widetilde{N}_i^2$ 且 $i=1,2,\cdots,s$. 应用 $\widetilde{N}_{D_a}D_a^{-1}=D_a^{-1}\widetilde{N}_{D_a}$, (5.1.11) 和 (5.1.12), 可得 $\widetilde{N}_{11}\in\mathcal{N}_*$ 且

$$\widetilde{N}=V\begin{pmatrix}\widetilde{N}_{11} & O\\ O & O\end{pmatrix}U^*,$$

其中 $\widetilde{N}_{11}\in\mathcal{N}_*$. 接着应用上述等式到 (5.1.5), 可得

$$X=V\begin{pmatrix}D_a^{-1}N & O\\ O & O\end{pmatrix}U^*+V\begin{pmatrix}O & X_{12}\\ O & X_{22}\end{pmatrix}U^*+V\begin{pmatrix}O & O\\ X_{21} & X_{22}\end{pmatrix}U^*$$

$$= \widehat{X} + Y\left(I - AA^{\dagger}\right) + \left(I - A^{\dagger}A\right)Z,$$

其中 $\widehat{X} \overset{*}{\leq} A^{\dagger}$, $Y \in \mathbb{C}_{n,m}$ 和 $Z \in \mathbb{C}_{n,m}$ 都是任意的. □

定理 5.1.2　令 $A \in \mathbb{C}_{m,n}$, $\operatorname{rank}(A) = r$, 且 $\mathcal{S}_*$ 和 $\mathcal{D}_*$ 如 (5.1.9) 和 (5.1.10) 所示. 则有

$$\mathcal{D}_* \subseteq \mathcal{S}_*.$$

定理 5.1.3　令 $A \in \mathbb{C}_{m,n}$ 且 $\operatorname{rank}(A) = r$. 则矩阵不等式 $AXA \overset{*}{\leq} A$ 的通解为

$$X = \widehat{X} + Y\left(I - AA^{\dagger}\right) + \left(I - A^{\dagger}A\right)Z,$$

其中 $\widehat{X} \overset{*}{\leq} A^{\dagger}$, $Y \in \mathbb{C}_{n,m}$ 和 $Z \in \mathbb{C}_{n,m}$ 都是任意的.

5.2　矩阵不等式 $AXA \overset{\sharp}{\leq} A$

引理 5.2.1 ([212])　令 $N \in \mathbb{C}_{r,r}$, 则

(1) N 是幂等的当且仅当 $N = \widehat{P}\begin{pmatrix} I_i & O \\ O & O \end{pmatrix}\widehat{P}^{-1}$, 其中 $\widehat{P}$ 一些使其成立的非奇异矩阵;

(2) N 是正交投影矩阵当且仅当 $N = \widehat{U}\begin{pmatrix} I_i & O \\ O & O \end{pmatrix}\widehat{U}^{*}$, 其中 $\widehat{U}$ 为一些使其成立的酉矩阵.

引理 5.2.2 ([133])　令 $A, B \in \mathbb{C}_m^{\mathrm{CM}}$, 且 $P \in \mathbb{C}_{m,m}$ 是非奇异的. 则

$$A \overset{\sharp}{\leq} B \Leftrightarrow PAP^{-1} \overset{\sharp}{\leq} PBP^{-1} \tag{5.2.1}$$

$$\Leftrightarrow B\{1\} \subseteq A\{1\} \text{ 且} AB = BA. \tag{5.2.2}$$

引理 5.2.3　令 $E \in \mathbb{C}_{r,r}$ 是非奇异的. 且令

$$\mathfrak{B}(E) = \left\{ \widehat{P} \,\middle|\, \widehat{P}E\widehat{P}^{-1} = \begin{pmatrix} E_1 & O \\ O & E_4 \end{pmatrix}, \widehat{P} \in \mathbb{C}_{r,r} \text{ 是非奇异的}, E_1 \in \mathbb{C}_{i,i}, i = 1, \cdots, r \right\} \tag{5.2.3}$$

和

$$\mathcal{W}_1 = \left\{ N \,\middle|\, N = \widehat{P}\begin{pmatrix} I_i & O \\ O & O \end{pmatrix}\widehat{P}^{-1}, i = 1, \cdots, r, \text{ 且} \widehat{P} \in \mathfrak{B}(E) \right\},$$

$$\mathcal{W}_2=\left\{N\,\middle|\,N^2=N\ \text{且}NE=EN\right\}.$$

则

$$\mathcal{W}_1=\mathcal{W}_2.$$

证明 令 $N\in\mathcal{W}_1$, 即

$$N=\widehat{P}\begin{pmatrix}I_i & O\\ O & O\end{pmatrix}\widehat{P}^{-1},$$

且

$$\widehat{P}^{-1}E\widehat{P}=\begin{pmatrix}E_1 & O\\ O & E_4\end{pmatrix}.$$

则

$$N^2=\widehat{P}\begin{pmatrix}I_i & O\\ O & O\end{pmatrix}\widehat{P}^{-1}\widehat{P}\begin{pmatrix}I_i & O\\ O & O\end{pmatrix}\widehat{P}^{-1}=N,$$

$$\begin{aligned}NE-EN&=\widehat{P}\left(\begin{pmatrix}I_i & O\\ O & O\end{pmatrix}\widehat{P}^{-1}E\widehat{P}-\widehat{P}^{-1}E\widehat{P}\begin{pmatrix}I_i & O\\ O & O\end{pmatrix}\right)\widehat{P}^{-1}\\&=\widehat{P}\begin{pmatrix}E_1-E_1 & O\\ O & O\end{pmatrix}\widehat{P}^{-1}\\&=O.\end{aligned}$$

又 $N\in\mathcal{W}_2$, 因此 $\mathcal{W}_1\subseteq\mathcal{W}_2$.

相反地, 令 $N\in\mathcal{W}_2$. 因为 N 是幂等矩阵, 则存在一个非奇异矩阵 $\widehat{P}$, 使得 $N=\widehat{P}\begin{pmatrix}I_i & O\\ O & O\end{pmatrix}\widehat{P}^{-1}$. 令 $\widehat{P}^{-1}E\widehat{P}=\begin{pmatrix}E_1 & E_2\\ E_3 & E_4\end{pmatrix}$, 则 $NE=EN$ 且

$$\begin{aligned}NE-EN&=\widehat{P}\left(\begin{pmatrix}I_i & O\\ O & O\end{pmatrix}\widehat{P}^{-1}EP-\widehat{P}^{-1}E\widehat{P}\begin{pmatrix}I_i & O\\ O & O\end{pmatrix}\right)\widehat{P}^{-1}\\&=\widehat{P}\begin{pmatrix}O & E_2\\ -E_3 & O\end{pmatrix}\widehat{P}^{-1},\end{aligned}$$

可得 $E_2=O$ 且 $E_3=O$. 又 $\widehat{P}\in\mathfrak{B}(E)$. 因此 $N\in\mathcal{W}_1$, 即 $\mathcal{W}_2\subseteq\mathcal{W}_1$. □

定理 5.2.4　令 $A \in \mathbb{C}_m^{\mathrm{CM}}$, $\mathrm{rank}(A) = r$, 且 A 的核心-幂零分解为

$$A = P\begin{pmatrix} E & O \\ O & O \end{pmatrix}P^{-1}, \tag{5.2.4}$$

其中 P 和 E 是非奇异的. 则矩阵不等式 $AXA \overset{\#}{\leq} A$ 的通解为

$$X = P\begin{pmatrix} E^{-1}N & X_{12} \\ X_{21} & X_{22} \end{pmatrix}P^{-1}, \tag{5.2.5}$$

其中 $N = \widehat{P}\begin{pmatrix} I_i & O \\ O & O \end{pmatrix}\widehat{P}^{-1}$, $i = 1, \cdots, r$, $\widehat{P} \in \mathfrak{B}(E)$, 且 X_{12}, X_{21} 和 X_{22} 是任意且适当的矩阵.

证明　令 A 的分解如 (5.2.4) 所示, 令

$$P^{-1}XP = \begin{pmatrix} X_{11} & X_{12} \\ X_{21} & X_{22} \end{pmatrix},$$

$$M = EX_{11}E.$$

则

$$AXA = P\begin{pmatrix} M & O \\ O & O \end{pmatrix}P^{-1}.$$

由 (5.2.1) 可得

$$AXA \overset{\#}{\leq} A \Leftrightarrow M \overset{\#}{\leq} E.$$

应用 (5.2.2), 可得

$$\begin{cases} ME^{-1}M = M, \\ ME = EM. \end{cases}$$

令 $N = ME^{-1}$. 因为 E 是非奇异的, 则

$$\begin{cases} N^2 = N, \\ NE = EN. \end{cases} \tag{5.2.6}$$

因为 N 幂等的, 应用引理 5.2.3, 可得

$$N=P\begin{pmatrix}I_i & O\\ O & O\end{pmatrix}P^{-1},$$

其中 $i=1,\cdots,r$ 且 $P\in\mathfrak{B}(E)$.

令 $A\in\mathbb{C}_m^{\mathrm{CM}}$. 令

$$\mathcal{S}_{\#}=\left\{X\,\middle|\,AXA\overset{\sharp}{\leq}A\right\}. \tag{5.2.7}$$

显然有 $A^{\#}\in\mathcal{S}_{\#}$ 成立. 接着令

$$\begin{aligned}\mathcal{N}_{\#}&=\left\{X\,\middle|\,X=E^{-1}N\right\},\\ \mathcal{D}_{\#}&=\left\{X\,\middle|\,X\overset{\sharp}{\leq}A^{\#}\right\},\end{aligned} \tag{5.2.8}$$

其中 E 和 N 如定理 5.2.4 所示. 令 $\widehat{N}\in\mathcal{N}_{\#}$. 则

$$N=\widehat{P}\begin{pmatrix}I_i & O\\ O & O\end{pmatrix}\widehat{P}^{-1},$$

其中 $i=1,\cdots,r$, $\widehat{P}\in\mathfrak{B}(E)$, $\mathfrak{B}(E)$ 如 (5.2.3) 所示. 因为 $\widehat{P}\in\mathfrak{B}(E)$, 所以 $\widehat{P}^{-1}\in\mathfrak{B}\left(E^{-1}\right)$. 应用

$$E^{-1}N=E^{-1}\widehat{P}\begin{pmatrix}I_i & O\\ O & O\end{pmatrix}\widehat{P}^{-1}=\widehat{P}\left(\widehat{P}^{-1}E^{-1}\widehat{P}\begin{pmatrix}I_i & O\\ O & O\end{pmatrix}\right)\widehat{P}^{-1}$$

和 (5.2.1) 可得 $\widehat{N}\overset{\sharp}{\leq}E^{-1}$.

令 $A\in\mathbb{C}_m^{\mathrm{CM}}$ 的分解为 (5.2.4) 且 $\widetilde{N}\in\mathcal{D}_{\#}$. 令

$$P^{-1}\widetilde{N}P=\begin{pmatrix}\widetilde{N}_{11} & \widetilde{N}_{12}\\ \widetilde{N}_{21} & \widetilde{N}_{22}\end{pmatrix}. \tag{5.2.9}$$

则

$$\widetilde{N}_{12}=O,\ \widetilde{N}_{21}=O,\ \widetilde{N}_{22}=O, \tag{5.2.10}$$

且 $\widetilde{N}_{11} \overset{*}{\leq} E^{-1}$. 因此 E 是 $\widetilde{N}_{11}$ 的 $\{1,5\}$-逆, 即

$$\begin{cases} \widetilde{N}_{11}E\widetilde{N}_{11} = \widetilde{N}_{11}, \\ E\widetilde{N}_{11} = \widetilde{N}_{11}E. \end{cases}$$

令 $\widetilde{N}_E = \widetilde{N}_{11}E$, 则

$$\begin{cases} \widetilde{N}_E^2 = \widetilde{N}_E, \\ E\widetilde{N}_E = \widetilde{N}_E E. \end{cases}$$

利用 (5.2.6) 的证明相同方法, 可得 $\widetilde{N}_{11} \in \mathcal{N}_{\#}$. 应用 (5.2.9) 和 (5.2.10), 可得

$$\widetilde{N} = P\begin{pmatrix} \widetilde{N}_{11} & O \\ O & O \end{pmatrix}P^{-1},$$

其中 $\widetilde{N}_{11} \in \mathcal{N}_{\#}$. 应用上述结果到 (5.2.5) 可得

$$\begin{aligned} X &= P\begin{pmatrix} E^{-1}N & O \\ O & O \end{pmatrix}P^{-1} + P\begin{pmatrix} O & X_{12} \\ O & X_{22} \end{pmatrix}P^{-1} + P\begin{pmatrix} O & O \\ X_{21} & X_{22} \end{pmatrix}P^{-1} \\ &= \widehat{X} + Y\left(I - AA^{\#}\right) + \left(I - A^{\#}A\right)Z, \end{aligned}$$

其中 $\widehat{X} \overset{\sharp}{\leq} A^{\#}$, $Y \in \mathbb{C}_{m,m}$ 和 $Z \in \mathbb{C}_{m,m}$ 都是任意的. □

定理 5.2.5 令 $A \in \mathbb{C}_m^{\mathrm{CM}}$, $\mathcal{S}_{\#}$, $\mathcal{D}_{\#}$ 如 (5.2.7) 和 (5.2.8) 所示. 则

$$\mathcal{D}_{\#} \subseteq \mathcal{S}_{\#}.$$

定理 5.2.6 令 $A \in \mathbb{C}_m^{\mathrm{CM}}$. 则矩阵不等式 $AXA \overset{\sharp}{\leq} A$ 的通解为

$$X = \widehat{X} + Y\left(I - AA^{\#}\right) + \left(I - A^{\#}A\right)Z,$$

其中 $\widehat{X} \overset{\sharp}{\leq} A^{\#}$, $Y \in \mathbb{C}_{m,m}$ 和 $Z \in \mathbb{C}_{m,m}$ 都是任意的.

5.3 矩阵不等式 $AXA \overset{\text{\#}}{\leq} A$

对于 $A, B \in \mathbb{C}_{m,m}$, 则有

(1) 若 $A, B \in \mathbb{C}_{m,n}$, $B\{1,3\} \subseteq A\{1,3\}$, A 与 B 构成左 $*$ 偏序记作 $A * \leq B$ [106].

(2) 若 $A, B \in \mathbb{C}_m^{\mathrm{CM}}$, $A^2 = BA$ 且 $\mathcal{R}(A^*) \subseteq \mathcal{R}(B^*)$, 则 A 与 B 构成右 sharp 偏序, 记作 $A \leq_{\#} B$ [117].

令 $A, B \in \mathbb{C}_m^{\mathrm{CM}}$. 在 [128, 推论 5] 中, 给出了 core 偏序的一个等价刻画:

$$A \overset{\#}{\leq} B \Leftrightarrow A * \leq B \text{ 和} A \leq_{\#} B. \tag{5.3.1}$$

这里值得注意的是, 通过应用一些广义逆, 在 (5.1.2) 和 (5.2.2) 给出了偏序的一些等价刻画.

在下面的定理中, 我们给出 core 偏序的一个类似的等价刻画.

定理 5.3.1 令 $A, B \in \mathbb{C}_m^{\mathrm{CM}}$. 则

$$A \overset{\#}{\leq} B \Leftrightarrow A^2 = BA, B\{1,3\} \subseteq A\{1,3\}.$$

证明 令 $A \overset{\#}{\leq} B$. 应用 (5.3.1), 则有 $A * \leq B$ 和 $A \leq_{\#} B$. 接着应用 (vi) 和 (vii) 可得 $B\{1,3\} \subseteq A\{1,3\}$ 和 $A^2 = BA$.

相反地, 应用 $B\{1,3\} \subseteq A\{1,3\}$, 则有 $A * \leq B$ 和 $\mathcal{R}(A^*) \subseteq \mathcal{R}(B^*)$. 应用 (vii), $\mathcal{R}(A^*) \subseteq \mathcal{R}(B^*)$ 和 $A^2 = BA$, 可得 $A \leq_{\#} B$. 因此 $A \overset{\#}{\leq} B$. □

引理 5.3.2 设 $D_{aK} \in \mathbb{C}_{r,r}$ 是非奇异的, 令

$$\mathfrak{B}_{\widehat{U}}(D_{aK}) = \left\{ \widehat{U} \,\middle|\, \widehat{U} D_{aK} \widehat{U}^* = \begin{pmatrix} D_1 & D_2 \\ O & D_4 \end{pmatrix},\ \widehat{U} \in \mathbb{C}_{r,r} \text{是酉矩阵}, D_1 \in \mathbb{C}_{i,i}, i = 1, \cdots, r \right\}$$

且

$$\mathcal{U}_1 = \left\{ N \,\middle|\, N = \widehat{U} \begin{pmatrix} I_i & O \\ O & O \end{pmatrix} \widehat{U}^*, i = 1, \cdots, r \text{ 且} \widehat{U} \in \mathfrak{B}_{\widehat{U}}(E) \right\},$$

$$\mathcal{U}_2 = \left\{ N \,\middle|\, N^2 = N, N^* = N \text{ 且} N D_{aK} N = D_{aK} N \right\}.$$

则

$$\mathcal{U}_1 = \mathcal{U}_2.$$

证明 令 $N \in \mathcal{U}_1$, 则

$$N = \widehat{U} \begin{pmatrix} I_i & O \\ O & O \end{pmatrix} \widehat{U}^*, \quad \widehat{U}^* D_{aK} \widehat{U} = \begin{pmatrix} D_1 & D_2 \\ O & D_4 \end{pmatrix},$$

$$N^2=\widehat{U}\begin{pmatrix} I_i & O \\ O & O \end{pmatrix}\widehat{U}^*\widehat{U}\begin{pmatrix} I_i & O \\ O & O \end{pmatrix}\widehat{U}^*=N,$$

$$N^*=N,$$

$$\begin{aligned} ND_{aK}N-D_{aK}N&=\widehat{U}\left(\begin{pmatrix} I_i & O \\ O & O \end{pmatrix}\widehat{U}^*D_{aK}\widehat{U}\begin{pmatrix} I_i & O \\ O & O \end{pmatrix}-\widehat{U}^*D_{aK}\widehat{U}\begin{pmatrix} I_i & O \\ O & O \end{pmatrix}\right)\widehat{U}^* \\ &=\widehat{U}\begin{pmatrix} D_1-D_1 & O \\ O & O \end{pmatrix}\widehat{U}^*=O. \end{aligned}$$

显然 $N\in\mathcal{U}_2$. 因此, $\mathcal{U}_1\subseteq\mathcal{U}_2$.

相反地, 因为 $N\in\mathcal{U}_2$, 则有 $N^2=N$ 和 $N^*=N$, 即 N 是正交投影矩阵. 故存在 $\widehat{U}$ 使得 $N=\widehat{U}\begin{pmatrix} I_i & O \\ O & O \end{pmatrix}\widehat{U}^*$. 令

$$\widehat{U}^*D_{aK}\widehat{U}=\begin{pmatrix} D_1 & D_2 \\ D_3 & D_4 \end{pmatrix}.$$

接着由 $ND_{aK}N-D_{aK}N=O$ 和

$$\begin{aligned} ND_{aK}N-D_{aK}N&=\widehat{U}\begin{pmatrix} I_i & O \\ O & O \end{pmatrix}\widehat{U}^*D_{aK}\widehat{U}\begin{pmatrix} I_i & O \\ O & O \end{pmatrix}\widehat{U}^*-D_{aK}\widehat{U}\begin{pmatrix} I_i & O \\ O & O \end{pmatrix}\widehat{U}^* \\ &=\widehat{U}\begin{pmatrix} O & D_2 \\ -D_3 & O \end{pmatrix}\widehat{U}^*, \end{aligned}$$

可得 $\widehat{U}\in\mathfrak{B}_{\widehat{U}}(D_{aK})$. 因此, $N\in\mathcal{U}_1$, 即 $\mathcal{U}_2\subseteq\mathcal{U}_1$. □

定理 5.3.3　令 $A\in\mathbb{C}_m^{\text{CM}}$ 的分解如 (5.1.3) 所示且 $\text{rank}(A)=r$. 则矩阵不等式 $AXA\overset{\#}{\leq}A$ 的通解为

$$X=V\begin{pmatrix} D_a^{-1}N & X_{12} \\ X_{21} & X_{22} \end{pmatrix}U^*, \tag{5.3.2}$$

其中 $N=\widehat{U}\begin{pmatrix} I_i & O \\ O & O \end{pmatrix}\widehat{U}^*$, $i=1,\cdots,r$, $\widehat{U}\in\mathfrak{B}_{\widehat{U}}(D_{aK})$, $D_{aK}=D_aK$, $K=\begin{pmatrix} I_r & O_{r,m-r} \end{pmatrix}V^*U\begin{pmatrix} I_r \\ O_{n-r,r} \end{pmatrix}$, X_{12}, X_{21} 和 X_{22} 都是适当的任意矩阵.

证明 令 $A \in \mathbb{C}_m^{\mathrm{CM}}$ 的分解如 (5.1.3) 所示. 令

$$V^*XU = \begin{pmatrix} X_{11} & X_{12} \\ X_{21} & X_{22} \end{pmatrix},$$

$$M = D_a X_{11} D_a.$$

因为 $AXA \overset{\#}{\leq} A$, 则有

$$\begin{cases} MD_a^{-1}M = M, \\ \left(MD_a^{-1}\right)^* = MD_a^{-1}, \end{cases}$$

即 M 是 D_a^{-1} 的 $\{2,4\}$-逆. 令 $N = MD_a^{-1}$. 因为 D_a 是一个对角正定矩阵, 则有

$$\begin{cases} N^2 = N, \\ N^* = N, \end{cases} \tag{5.3.3}$$

即 N 是一个正交投影.

令

$$V^*U = \begin{pmatrix} K & L \\ G & H \end{pmatrix}, \quad D_{aK} = D_a K.$$

应用定理 5.3.1, 则

$$AXA = U \begin{pmatrix} M & O \\ O & O \end{pmatrix} V^*,$$

$$AXAAXA = U \begin{pmatrix} M & O \\ O & O \end{pmatrix} \begin{pmatrix} K & L \\ G & H \end{pmatrix} \begin{pmatrix} M & O \\ O & O \end{pmatrix} V^* = U \begin{pmatrix} MKM & O \\ O & O \end{pmatrix} V^*,$$

$$AAXA = U \begin{pmatrix} D_a & O \\ O & O \end{pmatrix} \begin{pmatrix} K & L \\ G & H \end{pmatrix} \begin{pmatrix} M & O \\ O & O \end{pmatrix} V^* = U \begin{pmatrix} D_aKM & O \\ O & O \end{pmatrix} V^*.$$

由上述可得

$$ND_{aK}N = D_{aK}N. \tag{5.3.4}$$

应用 (5.3.3), (5.3.4) 和引理 5.3.2, 可得 (5.3.2).

令

$$\mathcal{S}_{\textcircled{\#}} = \left\{ X \,\middle|\, AXA \overset{\textcircled{\#}}{\leq} A. \right\}.$$

显然有 $A^{\textcircled{\#}} \in \mathcal{S}_{\textcircled{\#}}$. 令

$$\mathcal{N}_{\textcircled{\#}} = \left\{ X \,\middle|\, X = D_a^{-1}N \right\},$$

$$\mathcal{D}_{\textcircled{\#}} = \left\{ X \,\middle|\, X \overset{\textcircled{\#}}{\leq} A^{\textcircled{\#}} \right\},$$

其中 D_a 和 N 如定理 5.3.3 所示. □

在定理 5.1.2 和定理 5.2.5, 我们有 $\mathcal{D}_* \subseteq \mathcal{S}_*$ 和 $\mathcal{D}_\# \subseteq \mathcal{S}_\#$. 值得注意的是相同关系在 $\mathcal{S}_{\textcircled{\#}}$ 和 $\mathcal{D}_{\textcircled{\#}}$ 之间就不存在.

例 5.3.4 令

$$A = \begin{pmatrix} 1 & 1 \\ 0 & 1 \end{pmatrix},$$

则

$$A^{\textcircled{\#}} = A^{\dagger} = \begin{pmatrix} 1 & -1 \\ 0 & 1 \end{pmatrix}.$$

令

$$B = \begin{pmatrix} 1 & -1 \\ 0 & 0 \end{pmatrix},$$

显然有

$$B \overset{\textcircled{\#}}{\leq} A^{\textcircled{\#}}.$$

因为

$$ABA = \begin{pmatrix} 1 & 1 \\ 0 & 1 \end{pmatrix} \begin{pmatrix} 1 & -1 \\ 0 & 0 \end{pmatrix} \begin{pmatrix} 1 & 1 \\ 0 & 1 \end{pmatrix} = \begin{pmatrix} 1 & 0 \\ 0 & 0 \end{pmatrix}, \quad (ABA)^{\dagger} = \begin{pmatrix} 1 & 0 \\ 0 & 0 \end{pmatrix},$$

且

$$(ABA)^{\dagger}(ABA) = \begin{pmatrix} 1 & 0 \\ 0 & 0 \end{pmatrix}, \quad (ABA)^{\dagger}A = \begin{pmatrix} 1 & 0 \\ 0 & 0 \end{pmatrix}\begin{pmatrix} 1 & -1 \\ 0 & 1 \end{pmatrix} = \begin{pmatrix} 1 & -1 \\ 0 & 0 \end{pmatrix},$$

应用 (iv) 可得 ABA 和 A 不构成 core 偏序. 因此, $\mathcal{D}_{\#} \not\subseteq \mathcal{S}_{\#}$.

注记 5.3.5 考虑在 Hilbert 空间的近距离算子 (5.0.1). 可得与定理 5.1.3 和定理 5.2.6 相关的结论. 但是如何得到矩阵不等式 $AXA \overset{\#}{\leq} A$ 的通解是一个有难度的问题.

第 6 章 WG 矩阵与偏序

在 [189] 中, Wang 和 Chen 研究和定义了 WG 逆, 并研究了 WG 逆的相关性质. 本章结合矩阵分解主要介绍了弱群逆、弱群矩阵, 并且根据 WG 逆的相关性质给出了 WG 矩阵的刻画及其广义 Cayley-Hamilton 定理, 最后给出 WG 逆的 Gauss-Jordan 消元法和其在约束矩阵逼近问题中的应用.

6.1 节, 我们的主要工具是 core-EP 分解. 利用这种分解, 我们推广了任意指标方阵的群逆. 在此基础上, 本节引入了任意指标的复方阵的弱群逆 (本文称为 WG 逆), 并给出了它的一些表征和性质. 此外, 我们引入了两个序: 预序和偏序, 并推导了这两个序的几个特征. 本书最后用 WG 逆对 core-EP 序进行了研究.

6.2 节, 我们引入了弱群矩阵的定义, 并通过矩阵的 core-EP 分解研究了该矩阵的性质和特征. 值得注意的是, 弱群矩阵比群矩阵更具有包容性. 与此同时, 我们也获得了 p-EP 矩阵和 i-EP 矩阵的一些性质.

6.3 节, 基于矩阵 core-EP 分解, 应用 WG 逆, Drazin 逆等给出 WG 矩阵新的刻画, 推导出 WG 矩阵等特殊矩阵的广义 Cayley-Hamilton 定理.

6.4 节, 给出了计算 WG 逆的 Gauss-Jordan 分解形式. 在此基础上, 给出计算 WG 逆的 Gauss-Jordan 算法, 同时分析了该算法的算法复杂度. 最后给出一个数值例子.

6.5 节, 我们研究了 WG 逆在一个约束矩阵逼近问题中的应用, 从而推导出该问题的唯一解, 并通过矩阵分解得到了 WG 逆的特征. 此外, 我们还得到了 WG 逆的一种 Gauss-Jordan 消元法.

6.1 弱 群 逆

在这一节, 我们应用 core-EP 分解引入了广义群逆（即 WG 逆）, 并考虑了广义群逆的一些表征.

设 $A \in \mathbb{C}_{n,n}$, $\mathrm{Ind}(A) = k$, 并且考虑一个方程组①

$$(2')\ AX^2 = X,\quad (3^c)\ AX = A^{\textcircled{\dagger}}A. \tag{6.1.1}$$

① 由于 $A^{\textcircled{\dagger}}A$ 是核可逆的, 我们在 (6.1.1) 中使用符号 3^c.

定理 6.1.1 方程组 (6.1.1) 有解, 并且有唯一解

$$X = U \begin{pmatrix} T^{-1} & T^{-2}S \\ O & O \end{pmatrix} U^*. \tag{6.1.2}$$

证明 设 $A \in \mathbb{C}_{n,n}$, $\mathrm{Ind}(A) = k$. 由于 $A^{\textcircled{\dagger}} = A^k \left((A^*)^k A^{k+1} \right)^- (A^*)^k$, 并且 $\mathcal{R}(A^{\textcircled{\dagger}} A) \subseteq \mathcal{R}(A)$. 因此, (3^c) 有解. 假设 A 的形式为 (2.1.1). 根据 (2.1.3), 可以得到

$$(A^{\textcircled{\dagger}})^2 A = U \begin{pmatrix} T^{-1} & T^{-2}S \\ O & O \end{pmatrix} U^* \tag{6.1.3}$$

和

$$A \left((A^{\textcircled{\dagger}})^2 A \right) = A^{\textcircled{\dagger}} A, \tag{6.1.4}$$

进而可知 $(A^{\textcircled{\dagger}})^2 A$ 是 (3^c) 的解.

显然 $(2')$ 也有解. 通过应用 (6.1.3), 可以得到

$$A \left(\left((A^{\textcircled{\dagger}})^2 A \right)^2 \right) = (A^{\textcircled{\dagger}})^2 A. \tag{6.1.5}$$

因此, $(A^{\textcircled{\dagger}})^2 A$ 是 $(2')$ 的解.

所以, 根据 (6.1.3), (6.1.4) 和 (6.1.5), 可得 (6.1.1) 是有解的, 并且 (6.1.2) 是 (6.1.1) 的一个解.

另外, 假设 X 和 Y 满足 (6.1.1), 则

$$X = AX^2 = A^{\textcircled{\dagger}} AX = A^{\textcircled{\dagger}} A^{\textcircled{\dagger}} A = A^{\textcircled{\dagger}} AY = AY^2 = Y.$$

因此, 方程组 (6.1.1) 的解是唯一的. □

定义 6.1.1 设 $A \in \mathbb{C}_{n,n}$ 是一个指数为 k 的矩阵, 则满足条件 (6.1.1) 的矩阵 $X \in \mathbb{C}_{n,n}$ 称为 A 的 WG 逆, 记作 $A^{\textcircled{w}}$.

注记 6.1.2 假设 $A \in \mathbb{C}_n^{\mathrm{CM}}$, 则有 $A^{\textcircled{w}} = A^{\#}$.

注记 6.1.3 弱 Drazin 逆的概念在 [26, 定义 1] 中给出: 设 $A \in \mathbb{C}_{n,n}$, 并且 $\mathrm{Ind}(A) = k$, 若 X 满足 (6^k), 则 X 是 A 的弱 Drazin 逆. 应用 (6.1.2), 容易验证 WG 逆 $A^{\textcircled{w}}$ 是 A 的一个弱 Drazin 逆.

注记 6.1.4 设 $A \in \mathbb{C}_{n,n}$. 根据定理 6.1.1, $A^{\textcircled{w}} A A^{\textcircled{w}} = A^{\textcircled{w}}$ 和 $\mathcal{R}(A^{\textcircled{w}}) = \mathcal{R}(A^k)$ 显然成立.

关于弱 Drazin 逆的更多内容可见 [26, 27, 196].

通过如下例题, 我们说明了 WG 逆与 Drazin 逆、 DMP 逆、core-EP 逆和 BT 逆是不同的.

例 6.1.5　设 $A = \begin{pmatrix} 1 & 0 & 1 & 0 \\ 0 & 1 & 0 & 1 \\ 0 & 0 & 0 & 1 \\ 0 & 0 & 0 & 0 \end{pmatrix}$. 容易验证 $\operatorname{Ind}(A) = 2$, A 的 Moore-Penrose 逆 $A^{\dagger}$ 和 Drazin 逆 A^{D} 分别为

$$A^{\dagger} = \begin{pmatrix} 0.5 & 0 & 0 & 0 \\ 0 & 1 & -1 & 0 \\ 0.5 & 0 & 0 & 0 \\ 0 & 0 & 1 & 0 \end{pmatrix} \quad \text{且} \quad A^{D} = \begin{pmatrix} 1 & 0 & 1 & 1 \\ 0 & 1 & 0 & 1 \\ 0 & 0 & 0 & 0 \\ 0 & 0 & 0 & 0 \end{pmatrix},$$

DMP 逆 $A^{d,\dagger}$ 和 BT 逆 $A^{\diamond}$ 分别为

$$A^{d,\dagger} = A^{D}AA^{\dagger} = \begin{pmatrix} 1 & 0 & 1 & 0 \\ 0 & 1 & 0 & 0 \\ 0 & 0 & 0 & 0 \\ 0 & 0 & 0 & 0 \end{pmatrix} \quad \text{且} \quad A^{\diamond} = \left(A^{2}A^{\dagger}\right)^{\dagger} = \begin{pmatrix} 0.5 & 0 & 0 & 0 \\ 0 & 1 & 0 & 0 \\ 0.5 & 0 & 0 & 0 \\ 0 & 0 & 0 & 0 \end{pmatrix},$$

并且 core-EP 逆 $A^{\textcircled{\dagger}}$ 和 WG 逆 $A^{\textcircled{W}}$ 分别为

$$A^{\textcircled{\dagger}} = \begin{pmatrix} 1 & 0 & 0 & 0 \\ 0 & 1 & 0 & 0 \\ 0 & 0 & 0 & 0 \\ 0 & 0 & 0 & 0 \end{pmatrix} \quad \text{且} \quad A^{\textcircled{W}} = \begin{pmatrix} 1 & 0 & 1 & 0 \\ 0 & 1 & 0 & 1 \\ 0 & 0 & 0 & 0 \\ 0 & 0 & 0 & 0 \end{pmatrix}.$$

定理 6.1.6　设 $A \in \mathbb{C}_{n,n}$ 的形式是 (2.1.1), 则

$$A^{\textcircled{W}} = A_1^{\#} = U\begin{pmatrix} T^{-1} & T^{-2}S \\ O & O \end{pmatrix}U^{*}. \tag{6.1.6}$$

证明　设 $A = \widehat{A}_1 + \widehat{A}_2$ 是 $A \in \mathbb{C}_{n,n}$ 的核心-幂零分解形式. 显然 $A^{D} = \widehat{A}_1^{\#}$. 根据 (2.1.1), (6.1.1) 和 (6.1.2), 有 (6.1.6) 成立. □

定理 6.1.7　设 $A \in \mathbb{C}_{n,n}$, $\operatorname{Ind}(A) = k$. 则有

$$A^{\textcircled{W}} = (AA^{\textcircled{\dagger}}A)^{\#} = (A^{\textcircled{\dagger}})^{2}A = \left(A^{2}\right)^{\textcircled{\dagger}}A. \tag{6.1.7}$$

证明 设 A 的形式为 (2.1.1). 则

$$AA^{\textcircled{\dagger}}A = U\begin{pmatrix} T & S \\ O & N \end{pmatrix}\begin{pmatrix} T^{-1} & O \\ O & O \end{pmatrix}\begin{pmatrix} T & S \\ O & N \end{pmatrix}U^* = U\begin{pmatrix} T & S \\ O & O \end{pmatrix}U^*,$$

$$(A^{\textcircled{\dagger}})^2 = \left(U\begin{pmatrix} T^{-1} & O \\ O & O \end{pmatrix}U^*\right)^2 = U\begin{pmatrix} T^{-2} & O \\ O & O \end{pmatrix}U^*,$$

$$(A^2)^{\textcircled{\dagger}} = \left(U\begin{pmatrix} T^2 & TS+SN \\ O & N^2 \end{pmatrix}U^*\right)^{\textcircled{\dagger}} = U\begin{pmatrix} T^{-2} & O \\ O & O \end{pmatrix}U^*.$$

根据定理 6.1.6 可得

$$(AA^{\textcircled{\dagger}}A)^{\#} = \left(U\begin{pmatrix} T & S \\ O & O \end{pmatrix}U^*\right)^{\#} = U\begin{pmatrix} T^{-1} & T^{-2}S \\ O & O \end{pmatrix}U^* = A^{\textcircled{w}},$$

$$\begin{aligned}(A^{\textcircled{\dagger}})^2 A = (A^2)^{\textcircled{\dagger}} A &= U\begin{pmatrix} T^{-2} & O \\ O & O \end{pmatrix}\begin{pmatrix} T & S \\ O & N \end{pmatrix}U^* \\ &= U\begin{pmatrix} T^{-1} & T^{-2}S \\ O & O \end{pmatrix}U^* = A^{\textcircled{w}}.\end{aligned}$$

因此, (6.1.7) 成立. □

定理 6.1.8 设 $A \in \mathbb{C}_{n,n}$, $\operatorname{Ind}(A) = k$. 则

$$A^{\textcircled{w}} = A^k\left(A^{k+2}\right)^{\textcircled{\#}} A = \left(A^2 P_{A^k}\right)^{\dagger} A. \tag{6.1.8}$$

证明 设 A 的形式为 (2.1.1). 则

$$A^k = U\begin{pmatrix} T^k & \Phi \\ O & O \end{pmatrix}U^*, \tag{6.1.9}$$

其中 $\Phi = \sum_{i=1}^{k} T^{i-1}SN^{k-i}$. 从而,

$$\begin{aligned}A^k\left(A^{k+2}\right)^{\textcircled{\#}} A &= U\begin{pmatrix} T^k & \Phi \\ O & O \end{pmatrix}\begin{pmatrix} T^{-(k+2)} & O \\ O & O \end{pmatrix}\begin{pmatrix} T & S \\ O & N \end{pmatrix}U^* \\ &= U\begin{pmatrix} T^{-1} & T^{-2}S \\ O & O \end{pmatrix}U^* = A^{\textcircled{w}},\end{aligned} \tag{6.1.10}$$

$$P_{A^k} = A^k\left(A^k\right)^{\dagger} = U\begin{pmatrix} I_{\mathrm{r}(A^k)} & O \\ O & O \end{pmatrix}U^*,$$

$$\left(A^2P_{A^k}\right)^{\dagger}A = U\begin{pmatrix} T^2 & O \\ O & O \end{pmatrix}^{\dagger}\begin{pmatrix} T & S \\ O & N \end{pmatrix}U^* = A^{\textcircled{W}}. \tag{6.1.11}$$

因此, (6.1.8) 成立. □

众所周知, Drazin 逆是群逆的一种推广. 接下来, 我们将会从下面的推论中看到 Drazin 逆和 WG 逆之间的异同.

推论 6.1.9　设 $A \in \mathbb{C}_{n,n}$, $\mathrm{Ind}(A) = k$. 则

$$\mathrm{rank}\left(A^{\textcircled{W}}\right) = \mathrm{rank}\left(A^D\right) = \mathrm{rank}\left(A^k\right).$$

显然, 等式 $\left(A^2\right)^D = \left(A^D\right)^2$ 是成立的, 但是对于 WG 逆来说就不是这样了. 应用 A 的 core-EP 分解形式 (2.1.1), 可以得到

$$A^2 = U\begin{pmatrix} T^2 & TS+SN \\ O & N^2 \end{pmatrix}U^* \tag{6.1.12}$$

和

$$\begin{aligned} \left(A^2\right)^{\textcircled{W}} &= U\begin{pmatrix} T^{-2} & T^{-4}(TS+SN) \\ O & O \end{pmatrix}U^*, \\ \left(A^{\textcircled{W}}\right)^2 &= U\begin{pmatrix} T^{-2} & T^{-3}S \\ O & O \end{pmatrix}U^*. \end{aligned} \tag{6.1.13}$$

由此可得 $\left(A^2\right)^{\textcircled{W}} = \left(A^{\textcircled{W}}\right)^2$ 当且仅当 $T^{-4}(TS+SN) = T^{-3}S$. 因为 T 是可逆的, 所以我们推导出了以下推论 6.1.10.

推论 6.1.10　设 $A \in \mathbb{C}_{n,n}$ 的形式为 (2.1.1), 则 $\left(A^2\right)^{\textcircled{W}} = \left(A^{\textcircled{W}}\right)^2$ 当且仅当 $SN = 0$.

交换性是群逆的主要特征之一, Drazin 逆也有这个特点. 那么接下来探究 WG 逆是否也有交换性. 首先, 应用 A 的 core-EP 分解形式 (2.1.1), 可以得到

$$AA^{\textcircled{W}} = U\begin{pmatrix} T & S \\ O & N \end{pmatrix}\begin{pmatrix} T^{-1} & T^{-2}S \\ O & O \end{pmatrix}U^* = U\begin{pmatrix} I & T^{-1}S \\ O & O \end{pmatrix}U^*, \tag{6.1.14a}$$

$$\begin{aligned} A^{\textcircled{W}}A &= U\begin{pmatrix} T^{-1} & T^{-2}S \\ O & O \end{pmatrix}\begin{pmatrix} T & S \\ O & N \end{pmatrix}U^* \\ &= U\begin{pmatrix} I & T^{-1}S+T^{-2}SN \\ O & O \end{pmatrix}U^*. \end{aligned} \tag{6.1.14b}$$

由此可得下面推论 6.1.11.

推论 6.1.11 设 $A \in \mathbb{C}_{n,n}$ 的 core-EP 分解形式为 (2.1.1). 则 $AA^{ⓦ} = A^{ⓦ}A$ 当且仅当 $SN = O$.

推论 6.1.12 设 $A \in \mathbb{C}_{n,n}$, $\mathrm{Ind}(A) = k$, A 的 core-EP 分解形式为 (2.1.1) 和 $SN = O$. 则

$$A^{ⓦ} = A^D = \left(A^{k+1}\right)^{\#} A^k = \left(A^{t+1}\right)^{\dagger} A^t,$$

其中 t 是任意正整数.

证明 设 $A \in \mathbb{C}_{n,n}$ 的 core-EP 分解形式为 (2.1.1). 由于 $SN = O$ 和 $\mathrm{Ind}(A) = k$, 我们可得

$$A^{k-1} = U \begin{pmatrix} T^{k-1} & T^{k-2}S \\ O & N^{k-1} \end{pmatrix} U^*, \ A^k = U \begin{pmatrix} T^k & T^{k-1}S \\ O & O \end{pmatrix} U^*,$$

$$A^{k+1} = U \begin{pmatrix} T^{k+1} & T^k S \\ O & O \end{pmatrix} U^*.$$

根据 (2.1.3), 可得

$$\left(A^{k+1}\right)^{\#} = \left(A^{k+1}\right)^{\#} = U \begin{pmatrix} T^{-(k+1)} & T^{-(k+2)}S \\ O & O \end{pmatrix} U^*,$$

$$A^D = \left(A^{k+1}\right)^{\#} A^k = U \begin{pmatrix} T^{-(k+1)} & T^{-(k+2)}S \\ O & O \end{pmatrix} \begin{pmatrix} T^k & T^{k-1}S \\ O & O \end{pmatrix} U^*$$

$$= U \begin{pmatrix} T^{-1} & T^{-2}S \\ O & O \end{pmatrix} U^* = A^{ⓦ}.$$

因此, $A^{ⓦ} = A^D = \left(A^{k+1}\right)^{\#} A^k$.

设 t 任意正整数. 通过应用 $SN = O$, 可得

$$A^t = U \begin{pmatrix} T^t & T^{t-1}S \\ O & N^t \end{pmatrix} U^*, \quad A^{t+1} = U \begin{pmatrix} T^{t+1} & T^t S \\ O & N^{t+1} \end{pmatrix} U^*.$$

因此有

$$\left(A^{t+1}\right)^{\dagger} = U \begin{pmatrix} T^{-(t+1)} & O \\ O & O \end{pmatrix} U^*,$$

$$\left(A^{t+1}\right)^{\dagger} A^t = U \begin{pmatrix} T^{-(t+1)} & O \\ O & O \end{pmatrix} \begin{pmatrix} T^t & T^{t-1}S \\ O & N^t \end{pmatrix} U^* = A^{ⓦ}, \tag{6.1.15}$$

由此可得 $A^{ⓦ} = (A^{t+1})^{\dagger} A^t$, 其中 t 是任意正整数. □

在下面, 我们通过运用 core-EP 分解方法来介绍两种序: WG 序和 CE 偏序.

WG 序

二元关系:

$$A \overset{\text{WG}}{\leq} B : A, B \in \mathbb{C}_{n,n}, \text{ 若 } A_1 \overset{\sharp}{\leq} B_1, \tag{6.1.16}$$

其中 $A = A_1 + A_2$ 和 $B = B_1 + B_2$ 分别是 A 和 B 的 core-EP 分解形式.

以上二元关系的自反性是显而易见的. 假设 $A \overset{\text{WG}}{\leq} B$ 和 $B \overset{\text{WG}}{\leq} C$, 其中 $A = A_1 + A_2$, $B = B_1 + B_2$ 和 $C = C_1 + C_2$ 分别是 A, B 和 C 的 core-EP 分解形式. 由此可得 $A_1 \leq^\sharp B_1$ 和 $B_1 \leq^\sharp C_1$. 从而 $A_1 \leq^\sharp C_1$. 根据 (6.1.16) 有 $A \overset{\text{WG}}{\leq} C$.

例 6.1.13 设

$$A = \begin{pmatrix} 1 & 1 & 1 \\ 0 & 0 & 1 \\ 0 & 0 & 0 \end{pmatrix}, \quad B = \begin{pmatrix} 1 & 1 & 1 \\ 0 & 0 & 2 \\ 0 & 0 & 0 \end{pmatrix},$$

虽然 $A \overset{\text{WG}}{\leq} B$ 且 $B \overset{\text{WG}}{\leq} A$, 但是 $A \neq B$. 所以, 二元运算的反对称性一般不成立.

因此, 我们可以得到如下定理 6.1.14.

定理 6.1.14 二元关系 (6.1.16) 是一个预偏序. 我们称这个预偏序为弱群 (简称 WG) 序.

注记 6.1.15 在 $A \in \mathbb{C}_n^{\text{CM}}$ 中, WG 序和 sharp 偏序一致.

我们给出下面两个例子来展示 WG 序与 Drazin 序的差别, 并且说明这两个序都不可相互推导.

例 6.1.16 设 A 和 B 与例题 6.1.13 相同. 则

$$A^D = \begin{pmatrix} 1 & 1 & 2 \\ 0 & 0 & 0 \\ 0 & 0 & 0 \end{pmatrix}.$$

容易验证得到 $A \overset{\text{WG}}{\leq} B$.

由 $A^D A \neq A^D B$ 可得 $A \overset{D}{\nleq} B$. 因此, WG 序不能推导出 Drazin 序.

例 6.1.17 设

$$\widehat{A} = \begin{pmatrix} 1 & 0 & 0 \\ 0 & 0 & 0 \\ 0 & 0 & 0 \end{pmatrix}, \quad \widehat{B} = \begin{pmatrix} 1 & 0 & 0 \\ 0 & 0 & 1 \\ 0 & 0 & 0 \end{pmatrix}, \quad P = \begin{pmatrix} 1 & -2 & 0 \\ 0 & 1 & 0 \\ 0 & 0 & 1 \end{pmatrix},$$

$$A = P\widehat{A}P^{-1} = \begin{pmatrix} 1 & 2 & 0 \\ 0 & 0 & 0 \\ 0 & 0 & 0 \end{pmatrix}, \quad B = P\widehat{B}P^{-1} = \begin{pmatrix} 1 & 2 & -2 \\ 0 & 0 & 1 \\ 0 & 0 & 0 \end{pmatrix},$$

$$A_1=\begin{pmatrix}1&2&0\\0&0&0\\0&0&0\end{pmatrix},\quad A_2=O,\quad B_1=\begin{pmatrix}1&2&-2\\0&0&0\\0&0&0\end{pmatrix},\quad B_2=\begin{pmatrix}0&0&0\\0&0&1\\0&0&0\end{pmatrix},$$

其中 $A=A_1+A_2$ 和 $B=B_1+B_2$ 分别是 A 和 B 的 core-EP 分解形式. 则有 $A\overset{D}{\leq}B$ 和 $A_1\not\leq^{\sharp}B_1$. 因此, Drazin 序不能推导出 WG 序.

众所周知 $A\overset{D}{\leq}B\ \Rightarrow A^2\overset{D}{\leq}B^2$, 但是对于 WG 序来说就不成立了, 如下例子所示:

例 6.1.18 设 A 和 B 与例 6.1.13 的相同, 通过计算得到

$$A^2=\begin{pmatrix}1&1&1\\0&0&0\\0&0&0\end{pmatrix},\quad B^2=\begin{pmatrix}1&1&3\\0&0&0\\0&0&0\end{pmatrix}.$$

则 $A^2\overset{\text{WG}}{\not\leq}B^2$. 因此可得 $A\overset{\text{WG}}{\leq}B\nRightarrow A^2\overset{\text{WG}}{\leq}B^2$.

定理 6.1.19 设 $A,B\in\mathbb{C}_{n,n}$, 则 $A\overset{\text{WG}}{\leq}B$ 当且仅当存在一个酉矩阵 $\widehat{U}$ 使得

$$A=\widehat{U}\begin{pmatrix}T&\widehat{S}_1&\widehat{S}_2\\O&N_{11}&N_{12}\\O&N_{21}&N_{22}\end{pmatrix}\widehat{U}^*,\tag{6.1.17a}$$

$$B=\widehat{U}\begin{pmatrix}T&\widehat{S}_1-T^{-1}\widehat{S}_1T_1&\widehat{S}_2-T^{-1}\widehat{S}_1S_1\\O&T_1&S_1\\O&O&N_2\end{pmatrix}\widehat{U}^*,\tag{6.1.17b}$$

其中 T 和 T_1 是可逆的, $\begin{pmatrix}N_{11}&N_{12}\\N_{21}&N_{22}\end{pmatrix}$ 和 N_2 是幂零的.

证明 假设 $A\overset{\text{WG}}{\leq}B$. 并且 $A=A_1+A_2$ 和 $B=B_1+B_2$ 分别是 A 和 B 的 core-EP 分解形式, 其中 A_1 和 A_2 由 (2.1.1) 给出, 以及有分块矩阵

$$U^*B_1U=\begin{pmatrix}B_{11}&B_{12}\\B_{21}&B_{22}\end{pmatrix}.\tag{6.1.18}$$

根据 (6.1.6), 有

$$A_1A_1^{\sharp}=U\begin{pmatrix}T&S\\O&O\end{pmatrix}\begin{pmatrix}T^{-1}&T^{-2}S\\O&O\end{pmatrix}U^*=U\begin{pmatrix}I&T^{-1}S\\O&O\end{pmatrix}U^*;$$

$$B_1A_1^{\sharp}=U\begin{pmatrix}B_{11}&B_{12}\\B_{21}&B_{22}\end{pmatrix}\begin{pmatrix}T^{-1}&T^{-2}S\\O&O\end{pmatrix}U^*=U\begin{pmatrix}B_{11}T^{-1}&B_{11}T^{-2}S\\B_{21}T^{-1}&B_{21}T^{-2}S\end{pmatrix}U^*.$$

因为 $A \overset{\text{WG}}{\leq} B$, 所以 $A_1 \overset{\sharp}{\leq} B_1$. 由 $A_1 A_1^{\sharp} = B_1 A_1^{\sharp}$ 可得

$$B_{11} = T \ \text{和}\ B_{21} = O. \tag{6.1.19}$$

通过运用 (6.1.6) 和 (6.1.19), 我们可以推导出

$$A_1^{\sharp} A_1 = U \begin{pmatrix} I & T^{-1}S \\ O & O \end{pmatrix} U^*,$$

$$A_1^{\sharp} B_1 = U \begin{pmatrix} I & T^{-1}B_{12} + T^{-2}SB_{22} \\ O & O \end{pmatrix} U^*.$$

由于 $A_1^{\sharp} A_1 = A_1^{\sharp} B_1$, 有

$$T^{-1}\left(S - T^{-1}SB_{22} - B_{12}\right) = O.$$

因此,

$$B_{12} = S - T^{-1}SB_{22}, \tag{6.1.20}$$

其中 B_{22} 是一个适当大小的任意矩阵. 根据 (6.1.19) 和 (6.1.20), 我们可以得到

$$B_1 = U \begin{pmatrix} T & S - T^{-1}SB_{22} \\ O & B_{22} \end{pmatrix} U^*. \tag{6.1.21}$$

又因为 B_1 和 T 分别是核可逆和非奇异的, 所以 B_{22} 是核可逆的. 设 B_{22} 的 core-EP 分解形式为

$$B_{22} = U_1 \begin{pmatrix} T_1 & S_1 \\ O & O \end{pmatrix} U_1^*, \tag{6.1.22}$$

其中 T_1 是可逆的. 定义

$$\widehat{U} = U \begin{pmatrix} I & O \\ O & U_1 \end{pmatrix}.$$

显然 $\widehat{U}$ 是一个酉矩阵. 设 SU_1 是如下形式的分块矩阵:

$$SU_1 = \begin{pmatrix} \widehat{S}_1 & \widehat{S}_2 \end{pmatrix},$$

其中 $\widehat{S}_1$ 的列数与方阵 T_1 的大小一致. 因此有

$$A_1 = \widehat{U} \begin{pmatrix} T & \widehat{S}_1 & \widehat{S}_2 \\ O & O & O \\ O & O & O \end{pmatrix} \widehat{U}^* \tag{6.1.23}$$

和

$$B_1 = U\begin{pmatrix} T & S - T^{-1}SB_{22} \\ O & U_1\begin{pmatrix} T_1 & S_1 \\ O & O \end{pmatrix}U_1^* \end{pmatrix}U^*$$

$$= U\begin{pmatrix} I & O \\ O & U_1 \end{pmatrix}\begin{pmatrix} T & SU_1 - T^{-1}SU_1U_1^*B_{22}U_1 \\ O & \begin{pmatrix} T_1 & S_1 \\ O & O \end{pmatrix} \end{pmatrix}\begin{pmatrix} I & O \\ O & U_1^* \end{pmatrix}U^*$$

$$= \widehat{U}\begin{pmatrix} T & \begin{pmatrix} \widehat{S}_1 & \widehat{S}_2 \end{pmatrix} - T^{-1}\begin{pmatrix} \widehat{S}_1 & \widehat{S}_2 \end{pmatrix}\begin{pmatrix} T_1 & S_1 \\ O & O \end{pmatrix} \\ O & \begin{pmatrix} T_1 & S_1 \\ O & O \end{pmatrix} \end{pmatrix}\widehat{U}^*$$

$$= \widehat{U}\begin{pmatrix} T & \widehat{S}_1 - T^{-1}\widehat{S}_1T_1 & \widehat{S}_2 - T^{-1}\widehat{S}_1S_1 \\ O & T_1 & S_1 \\ O & O & O \end{pmatrix}\widehat{U}^*. \tag{6.1.24}$$

根据 (6.1.16), (6.1.23) 和 (6.1.24), 可得 (6.1.17a) 和 (6.1.17b) 成立. □

二元关系:

$$A \overset{\text{CE}}{\leq} B : A, B \in \mathbb{C}_{n,n},\ A_1 \overset{\sharp}{\leq} B_1 \text{ 和 } A_2 \overset{-}{\leq} B_2, \tag{6.1.25}$$

其中 $A = A_1 + A_2$ 和 $B = B_1 + B_2$ 分别是 A 和 B 的 core-EP 分解形式.

定义 6.1.2 设 $A, B \in \mathbb{C}_{n,n}$. 若 A 和 B 满足二元关系 (6.1.25), 我们就称 A 和 B 构成了 core-EP-减 (简称 CE) 二元关系. 记为 $A \overset{\text{CE}}{\leq} B$.

注记 6.1.20 根据 (6.1.16) 和 (6.1.25), CE 序可以推导出 WG 序, 即

$$A \overset{\text{CE}}{\leq} B \ \Rightarrow\ A \overset{\text{WG}}{\leq} B. \tag{6.1.26}$$

并且,

$$A \overset{\text{CE}}{\leq} B \Leftrightarrow A \overset{\text{WG}}{\leq} B \ \text{ 和 } A_2 \overset{-}{\leq} B_2. \tag{6.1.27}$$

定理 6.1.21 CE 序是一种偏序.

证明 显然, CE 序具有自反性. 下证传递性和对称性.

设 $A \overset{\text{CE}}{\leq} B$, $B \overset{\text{CE}}{\leq} C$, 以及 $A = A_1 + A_2$, $B = B_1 + B_2$ 和 $C = C_1 + C_2$ 分别是 A, B 和 C 的 core-EP 分解形式. 则有 $A_1 \overset{\sharp}{\leq} B_1$, $B_1 \overset{\sharp}{\leq} C_1$ 和 $A_2 \overset{-}{\leq} B_2$, $B_2 \overset{-}{\leq} C_2$. 进而可得 $A_1 \overset{\sharp}{\leq} C_1$ 和 $A_2 \overset{-}{\leq} C_2$. 由定义 6.1.2 可得 $A \overset{\text{CE}}{\leq} C$. 若 $A \overset{\text{CE}}{\leq} B$ 和 $B \overset{\text{CE}}{\leq} A$ 成立, 则有 $A_1 = B_1$ 和 $A_2 = B_2$, 即 $A = B$. □

定理 6.1.22　设 $A, B \in \mathbb{C}_{n,n}$. 则 $A \overset{\text{CE}}{\leq} B$ 当且仅当存在一个酉矩阵 $\widehat{U}$ 使得

$$A = \widehat{U}\begin{pmatrix} T & \widehat{S}_1 & \widehat{S}_2 \\ O & O & O \\ O & O & N_{22} \end{pmatrix}\widehat{U}^*, \tag{6.1.28a}$$

$$B = \widehat{U}\begin{pmatrix} T & \widehat{S}_1 - T^{-1}\widehat{S}_1 T_1 & \widehat{S}_2 - T^{-1}\widehat{S}_1 S_1 \\ O & T_1 & S_1 \\ O & O & N_2 \end{pmatrix}\widehat{U}^*, \tag{6.1.28b}$$

其中 T 和 T_1 是可逆的, N_{22} 和 N_2 是幂零的, 并且 $N_{22} \overset{-}{\leq} N_2$.

证明　设 $A \overset{\text{CE}}{\leq} B$, 以及 $A = A_1 + A_2$ 和 $B = B_1 + B_2$ 分别是 A 和 B 的 core-EP 分解形式. 则 $A_1 \overset{\sharp}{\leq} B_1$ 和 $A_2 \overset{-}{\leq} B_2$. 通过定理 6.1.19 和 $A_1 \overset{\sharp}{\leq} B_1$, 可得

$$A_1 = \widehat{U}\begin{pmatrix} T & \widehat{S}_1 & \widehat{S}_2 \\ O & O & O \\ O & O & O \end{pmatrix}\widehat{U}^*, \quad A_2 = \widehat{U}\begin{pmatrix} O & O & O \\ O & N_{11} & N_{12} \\ O & N_{21} & N_{22} \end{pmatrix}\widehat{U}^*,$$

$$B_1 = \widehat{U}\begin{pmatrix} T & \widehat{S}_1 - T^{-1}\widehat{S}_1 T_1 & \widehat{S}_2 - T^{-1}\widehat{S}_1 S_1 \\ O & T_1 & S_1 \\ O & O & O \end{pmatrix}\widehat{U}^*, \quad B_2 = \widehat{U}\begin{pmatrix} O & O & O \\ O & O & O \\ O & O & N_2 \end{pmatrix}\widehat{U}^*,$$

其中 $\widehat{U}, T, T_1$, $\begin{pmatrix} N_{11} & N_{12} \\ N_{21} & N_{22} \end{pmatrix}$ 和 N_2 都与定理 6.1.19 一致.

由 $A_2 \overset{-}{\leq} B_2$, 可得 $\operatorname{rank}(B_2 - A_2) = \operatorname{rank}(B_2) - \operatorname{rank}(A_2)$, 即

$$\operatorname{rank}\left(\begin{pmatrix} O & O \\ O & N_2 \end{pmatrix} - \begin{pmatrix} N_{11} & N_{12} \\ N_{21} & N_{22} \end{pmatrix}\right) = \operatorname{rank}(N_2) - \operatorname{rank}\left(\begin{pmatrix} N_{11} & N_{12} \\ N_{21} & N_{22} \end{pmatrix}\right). \tag{6.1.29}$$

另外, 容易验证

$$\begin{aligned} &\operatorname{rank}(N_2) - \operatorname{rank}\left(\begin{pmatrix} N_{11} & N_{12} \\ N_{21} & N_{22} \end{pmatrix}\right) \\ &\leq \operatorname{rank}(N_2) - \operatorname{rank}(N_{22}) \\ &\leq \operatorname{rank}(N_2 - N_{22}) \leq \operatorname{rank}\left(\begin{pmatrix} O & O \\ O & N_2 \end{pmatrix} - \begin{pmatrix} N_{11} & N_{12} \\ N_{21} & N_{22} \end{pmatrix}\right). \end{aligned} \tag{6.1.30}$$

将 (6.1.29) 应用于 (6.1.30) 中可得

$$\operatorname{rank}(N_{22}) = \operatorname{rank}\left(\begin{pmatrix} N_{11} & N_{12} \\ N_{21} & N_{22} \end{pmatrix}\right), \tag{6.1.31}$$

$$\operatorname{rank}(N_2) - \operatorname{rank}(N_{22}) = \operatorname{rank}(N_2 - N_{22}). \tag{6.1.32}$$

因此, 我们可以得到

$$N_{22} \overset{-}{\leq} N_2. \tag{6.1.33}$$

又因为 $N_{22} \overset{-}{\leq} N_2$ 成立, 所以存在非奇异矩阵 P 和 Q 使得

$$N_{22} = P \begin{pmatrix} D_1 & O & O \\ O & O & O \\ O & O & O \end{pmatrix} Q, \quad N_2 = P \begin{pmatrix} D_1 & O & O \\ O & D_2 & O \\ O & O & O \end{pmatrix} Q$$

其中 D_1 和 D_2 都是非奇异的 (见 [131, 定理 3.7.3]). 由此可得

$$\operatorname{rank}(N_{22}) = \operatorname{rank}(D_1) \quad 和 \quad \operatorname{rank}(N_2) - \operatorname{rank}(N_{22}) = \operatorname{rank}(D_2). \tag{6.1.34}$$

定义

$$N_{12} = \begin{pmatrix} M_{12} & M_{13} & M_{14} \end{pmatrix} Q \quad 和 \quad N_{21} = P \begin{pmatrix} M_{21} \\ M_{31} \\ M_{41} \end{pmatrix}. \tag{6.1.35}$$

则

$$\begin{pmatrix} N_{11} & N_{12} \\ N_{21} & N_{22} \end{pmatrix} = \begin{pmatrix} I_{\operatorname{rank}(N_{11})} & O \\ O & P \end{pmatrix} \begin{pmatrix} N_{11} & M_{12} & M_{13} & M_{14} \\ M_{21} & D_1 & O & O \\ M_{31} & O & O & O \\ M_{41} & O & O & O \end{pmatrix} \begin{pmatrix} I_{\operatorname{rank}(N_{11})} & O \\ O & Q \end{pmatrix}$$

和

$$\operatorname{rank}\left(\begin{pmatrix} N_{11} & N_{12} \\ N_{21} & N_{22} \end{pmatrix}\right) = \operatorname{rank}(D_1) + \operatorname{rank}\left(\begin{pmatrix} M_{13} & M_{14} \end{pmatrix}\right) + \operatorname{rank}\left(\begin{pmatrix} M_{31} \\ M_{41} \end{pmatrix}\right)$$
$$+ \operatorname{rank}\left(N_{11} - M_{12} D_1^{-1} M_{21}\right).$$

由 (6.1.31) 和 (6.1.34) 可得

$$M_{13} = O, \quad M_{14} = O, \quad M_{31} = O \quad 和 \quad M_{41} = O. \tag{6.1.36}$$

因此,

$$\begin{pmatrix} -N_{11} & -N_{12} \\ -N_{21} & N_2 - N_{22} \end{pmatrix} = \begin{pmatrix} I_{\mathrm{rank}(N_{11})} & O \\ O & P \end{pmatrix} \begin{pmatrix} -N_{11} & -M_{12} & O & O \\ -M_{21} & O & O & O \\ O & O & D_2 & O \\ O & O & O & O \end{pmatrix} \begin{pmatrix} I_{\mathrm{rank}(N_{11})} & O \\ O & Q \end{pmatrix}.$$

通过运用 (6.1.31)、(6.1.34) 和 $\begin{pmatrix} N_{11} & N_{12} \\ N_{21} & N_{22} \end{pmatrix} \overset{-}{\leq} \begin{pmatrix} O & O \\ O & N_2 \end{pmatrix}$, 我们可以推导出

$$\begin{aligned} \mathrm{rank}\left(\begin{pmatrix} O & O \\ O & N_2 \end{pmatrix} - \begin{pmatrix} N_{11} & N_{12} \\ N_{21} & N_{22} \end{pmatrix}\right) &= \mathrm{rank}\left(\begin{pmatrix} N_{11} & M_{12} \\ M_{21} & O \end{pmatrix}\right) + \mathrm{rank}\,(D_2) \\ &= \mathrm{rank}\,(N_2) - \mathrm{rank}\,(N_{22}) \\ &= \mathrm{rank}\,(D_2)\,. \end{aligned}$$

所以, 我们可以得到 $\begin{pmatrix} N_{11} & M_{12} \\ M_{21} & O \end{pmatrix} = O$, 即 $N_{11} = O$, $M_{12} = O$ 和 $M_{21} = O$. 根据 (6.1.35) 和 (6.1.36), 可得 $N_{11} = O$, $N_{12} = O$ 和 $N_{21} = O$. 综上, (6.1.28a) 和 (6.1.28b) 成立.

设 A 和 B 的形式为 (6.1.28a) 和 (6.1.28b). 容易验证 $A = A_1 + A_2$ 和 $B = B_1 + B_2$ 分别是 A 和 B 的 core-EP 分解形式, 以及

$$A_1 = \widehat{U} \begin{pmatrix} T & \widehat{S}_1 & \widehat{S}_2 \\ O & O & O \\ O & O & O \end{pmatrix} \widehat{U}^*, \quad A_2 = \widehat{U} \begin{pmatrix} O & O & O \\ O & O & O \\ O & O & N_{22} \end{pmatrix} \widehat{U}^*,$$

$$B_1 = \widehat{U} \begin{pmatrix} T & \widehat{S}_1 - T^{-1}\widehat{S}_1 T_1 & \widehat{S}_2 - T^{-1}\widehat{S}_1 S_1 \\ O & T_1 & S_1 \\ O & O & O \end{pmatrix} \widehat{U}^*, \quad B_2 = \widehat{U} \begin{pmatrix} O & O & O \\ O & O & O \\ O & O & N_2 \end{pmatrix} \widehat{U}^*.$$

根据 $N_{22} \overset{-}{\leq} N_2$ 有 $A_1 \overset{\sharp}{\leq} B_1$ 和 $A_2 \overset{-}{\leq} B_2$. 由此可得 $A \overset{\mathrm{CE}}{\leq} B$. □

注记 6.1.23　在例 6.1.17 中, 容易验证 $A \overset{\sharp,-}{\leq} B$. 由于 $A_1 \overset{\sharp}{\nleq} B_1$, 我们得到 $A \overset{\mathrm{CE}}{\nleq} B$. 因此, 核心-幂零偏序不能推导出 CE 偏序.

推论 6.1.24　设 $A, B \in \mathbb{C}_{n,n}$. 若 $A \overset{\mathrm{CE}}{\leq} B$, 则 $A \overset{-}{\leq} B$.

证明　设 $A, B \in \mathbb{C}_{n,n}$. 则 A 和 B 的形式与定理 6.1.22 中的一致. 根据 $A \overset{\mathrm{CE}}{\leq} B$, 有 $N_{22} \overset{-}{\leq} N_2$, 即

$$\operatorname{rank}(N_2 - N_{22}) = \operatorname{rank}(N_2) - \operatorname{rank}(N_{22}). \tag{6.1.37}$$

因为 T 和 T_1 是可逆的, 所以

$$\operatorname{rank}(B) = \operatorname{rank}(T) + \operatorname{rank}(T_1) + \operatorname{rank}(N_2),$$

$$\operatorname{rank}(A) = \operatorname{rank}(T) + \operatorname{rank}(N_{22});$$

$$\begin{aligned}
\operatorname{rank}(B-A) &= \operatorname{rank}\left(\begin{pmatrix} O & -T^{-1}\widehat{S}_1 T_1 & -T^{-1}\widehat{S}_1 S_1 \\ O & T_1 & S_1 \\ O & O & N_2 - N_{22} \end{pmatrix}\right) \\
&= \operatorname{rank}\left(\begin{pmatrix} I_{\operatorname{rank}(T)} & T^{-1}\widehat{S}_1 & O \\ O & I_{\operatorname{rank}(T_1)} & O \\ O & O & I_{n-\operatorname{rank}(T)-\operatorname{rank}(T_1)} \end{pmatrix}\right. \\
&\qquad \left.\cdot \begin{pmatrix} O & -T^{-1}\widehat{S}_1 T_1 & -T^{-1}\widehat{S}_1 S_1 \\ O & T_1 & S_1 \\ O & O & N_2 - N_{22} \end{pmatrix}\right) \\
&= \operatorname{rank}\left(\begin{pmatrix} T_1 & S_1 \\ O & N_2 - N_{22} \end{pmatrix}\right) = \operatorname{rank}\left(\begin{pmatrix} T_1 & O \\ O & N_2 - N_{22} \end{pmatrix}\right) \\
&= \operatorname{rank}(T_1) + \operatorname{rank}(N_2 - N_{22}).
\end{aligned} \tag{6.1.38}$$

因此, 通过运用 (6.1.37) 和 (6.1.38) 有 $\operatorname{rank}(B-A) = \operatorname{rank}(B) - \operatorname{rank}(A)$, 即 $A \overset{-}{\leq} B$. □

正如 [191] 所写, core-EP 序的定义如下:

$$A \overset{\textcircled{\dagger}}{\leq} B:\ A, B \in \mathbb{C}_{n,n}, A^{\textcircled{\dagger}} A = A^{\textcircled{\dagger}} B \text{ 且 } AA^{\textcircled{\dagger}} = BA^{\textcircled{\dagger}}. \tag{6.1.39}$$

并且 [191] 还给出了 core-EP 序的相关性质.

引理 6.1.25 ([191]) 设 $A, B \in \mathbb{C}_{n,n}$, $A \overset{\textcircled{\dagger}}{\leq} B$. 则存在一个酉矩阵 U 使得

$$A = U\begin{pmatrix} T_1 & T_2 & S_1 \\ O & N_{11} & N_{12} \\ O & N_{21} & N_{22} \end{pmatrix}U^*, \quad B = U\begin{pmatrix} T_1 & T_2 & S_1 \\ O & T_3 & S_2 \\ O & O & N_2 \end{pmatrix}U^*, \tag{6.1.40}$$

其中 $\begin{pmatrix} N_{11} & N_{12} \\ N_{21} & N_{22} \end{pmatrix}$ 和 N_2 是幂零的, T_1 和 T_3 是非奇异的.

定理 6.1.26 设 $A, B \in \mathbb{C}_{n,n}$, 则 $A \overset{\textcircled{\dagger}}{\leq} B$ 当且仅当

$$AA^{\textcircled{w}} = BA^{\textcircled{w}} \quad 和 \quad A^*A^{\textcircled{w}} = B^*A^{\textcircled{w}}. \tag{6.1.41}$$

证明 设 A 的形式与 (6.1.9) 一致, 并且定义

$$U^*BU = \begin{pmatrix} B_1 & B_2 \\ B_3 & B_4 \end{pmatrix}. \tag{6.1.42}$$

通过运用 (6.1.14a) 和

$$BA^{\textcircled{w}} = U\begin{pmatrix} B_1 & B_2 \\ B_3 & B_4 \end{pmatrix}\begin{pmatrix} T^{-1} & T^{-2}S \\ O & O \end{pmatrix}U^* = U\begin{pmatrix} B_1T^{-1} & B_1T^{-2}S \\ B_3T^{-1} & B_3T^{-2}S \end{pmatrix}U^*,$$

我们可以得到 $AA^{\textcircled{w}} = BA^{\textcircled{w}}$ 当且仅当

$$B_1 = T \quad 和 \quad B_3 = O.$$

并且

$$A^*A^{\textcircled{w}} = U\begin{pmatrix} T^* & O \\ S^* & N^* \end{pmatrix}\begin{pmatrix} T^{-1} & T^{-2}S \\ O & O \end{pmatrix}U^* = U\begin{pmatrix} T^*T^{-1} & T^*T^{-2}S \\ S^*T^{-1} & S^*T^{-2}S \end{pmatrix}U^*,$$

$$B^*A^{\textcircled{w}} = U\begin{pmatrix} T^* & O \\ B_2^* & B_4^* \end{pmatrix}\begin{pmatrix} T^{-1} & T^{-2}S \\ O & O \end{pmatrix}U^* = U\begin{pmatrix} T^*T^{-1} & T^*T^{-2}S \\ B_2^*T^{-1} & B_2^*T^{-2}S \end{pmatrix}U^*.$$

因此, $AA^{\textcircled{w}} = BA^{\textcircled{w}}$ 和 $A^*A^{\textcircled{w}} = B^*A^{\textcircled{w}}$ 当且仅当

$$B_1 = T, B_3 = O, B_2 = S \text{ 和 } B_4 \text{ 任意}, \tag{6.1.43}$$

即 A 和 B 满足 $AA^{\textcircled{w}} = BA^{\textcircled{w}}$ 和 $A^*A^{\textcircled{w}} = B^*A^{\textcircled{w}}$ 当且仅当存在一个酉矩阵 U 使得

$$A = U\begin{pmatrix} T & S \\ O & N \end{pmatrix}U^*, \quad B = U\begin{pmatrix} T & S \\ O & B_4 \end{pmatrix}U^*, \tag{6.1.44}$$

其中 N 是幂零的, T 是非奇异的和 B_4 是任意矩阵. 因此, 通过运用引理 6.1.25, 我们得到 core-EP 序的相关性质 (6.1.41). □

6.2 弱群矩阵

引理 6.2.1 ([72]) 设 $A \in \mathbb{C}_{n,n}$, 若 $\operatorname{rank}(A^2) = \operatorname{rank}(A)$, 则称 A 为群矩阵. $\mathbb{C}_n^{\mathrm{CM}}$ 记为所有群矩阵的集合:

$$\mathbb{C}_n^{\mathrm{CM}} = \left\{A \,\middle|\, \operatorname{rank}\left(A^2\right) = \operatorname{rank}(A),\ A \in \mathbb{C}_{n,n}\right\}. \tag{6.2.1}$$

引理 6.2.2 ([212]) 设 $A \in \mathbb{C}_{n,n}$, 若 $\mathcal{R}(A) = \mathcal{R}(A^*)$, 则称 A 为 EP 矩阵. $\mathbb{C}_n^{\mathrm{EP}}$ 记为所有 EP 矩阵的集合:

$$\mathbb{C}_n^{\mathrm{EP}} = \{A \,|\mathcal{R}(A) = \mathcal{R}(A^*),\ A \in \mathbb{C}_{n,n}\}. \tag{6.2.2}$$

引理 6.2.3 ([153]) 若 $A \in \mathbb{C}_{n,n}$ 是 EP 矩阵, 则

(1) 存在一个酉矩阵 U 和一个非奇异矩阵 T 使得

$$A = U\begin{pmatrix} T & O \\ O & O \end{pmatrix}U^*; \tag{6.2.3}$$

(2) 矩阵 A 与 $A^\dagger$ 可交换.

引理 6.2.4 ([118,181]) 设 $A \in \mathbb{C}_{n,n}$, 若 $A^k \in \mathbb{C}_n^{\mathrm{EP}}$, 其中 A 的指标为 k, 则称 A 是 index-EP (后面简称 i-EP) 矩阵. $\mathbb{C}_n^{\mathrm{iE}}$ 记为所有 i-EP 矩阵的集合:

$$\mathbb{C}_n^{\mathrm{iE}} = \left\{A \,\middle|\, A \in \mathbb{C}^{n,n},\ A^k \in \mathbb{C}_n^{\mathrm{EP}}, \operatorname{Ind}(A) = k, k \in \mathbb{N}^+\right\}. \tag{6.2.4}$$

引理 6.2.5 ([198]) 设 $A \in \mathbb{C}_{n,n}$, 若 $A^\dagger A^k = A^k A^\dagger$, 其中 A 的指标为 k, 则称 A 是 power-EP (后面简称 p-EP) 矩阵. $\mathbb{C}_n^{p\mathrm{E}}$ 记为所有 p-EP 矩阵的集合:

$$\mathbb{C}_n^{p\mathrm{E}} = \left\{A \,\middle|\, A^\dagger A^k = A^k A^\dagger,\ A \in \mathbb{C}^{n,n},\ \operatorname{Ind}(A) = k, k \in \mathbb{N}^+\right\}. \tag{6.2.5}$$

引理 6.2.6 ([118]) 设 $A \in \mathbb{C}_{n,n}$, 且 $\operatorname{Ind}(A) = k$, 则下面的条件是等价的:

(1) 存在一个酉矩阵 U 使得 $A = U\begin{pmatrix} T & O \\ O & N \end{pmatrix}U^*$, 其中 T 是非奇异的, N 是幂零的且幂零指标为 k ;

(2) A 是 p-EP 矩阵, 也是 i-EP 矩阵.

定理 6.2.7 设 $A \in \mathbb{C}_{n,n}$ 且 $\operatorname{Ind}(A) = k$, 则 A 是 i-EP 矩阵当且仅当存在一个酉矩阵 U 使得

$$A = U\begin{pmatrix} T & O \\ O & N \end{pmatrix}U^*, \tag{6.2.6}$$

其中 T 是非奇异的, N 是幂零的且 $\operatorname{Ind}(N) = k$.

证明　设 A 的 core-EP 分解如 (1.0.11) 所示, 则

$$A^k = U\begin{pmatrix} T^k & K \\ O & O \end{pmatrix} U^*, \tag{6.2.7}$$

其中 $K = T^{k-1}S + T^{k-2}SN + \cdots + TSN^{k-2} + SN^{k-1}$.

若 A^k 是 EP 矩阵, 我们有

$$T^{k-1}S + T^{k-2}SN + \cdots + TSN^{k-2} + SN^{k-1} = O. \tag{6.2.8}$$

在上述方程的两边同时右乘 N^{k-1}, 再应用 $N^k = O$ 可得 $T^{k-1}SN^{k-1} = O$. 因为 T 是可逆的, 我们可以得到 $SN^{k-1} = O$. 由 (6.2.8) 可得

$$T^{k-1}S + T^{k-2}SN + \cdots + TSN^{k-2} = O.$$

在上述方程的两边同时右乘 N^{k-2}, 再应用 $SN^{k-1} = O$ 可得 $SN^{k-2} = O$. 用相同的方法, 我们可以得到 $SN^{k-3} = O, \cdots, SN = O$. 由 (6.2.8) 可得 $T^{k-1}S = O$, 即 $S = O$. 因此, 我们可以得到 A 如 (6.2.6) 所示.

相反地, 设 A 如 (6.2.6) 所示, 它是容易地去验证 A^k 是 i-EP 矩阵. □

注记 6.2.8 ([118])　设 A 如 (6.2.6) 所示, 易得

$$A^\dagger = U\begin{pmatrix} T^{-1} & O \\ O & N^\dagger \end{pmatrix} U^*.$$

由此可见 $A^kA^\dagger = A^\dagger A^k$. 因此, $\mathbb{C}_n^{i\mathrm{E}} \subseteq \mathbb{C}_n^{p\mathrm{E}}$.

定理 6.2.9　设 $A \in \mathbb{C}_{n,n}$, 且 $\mathrm{Ind}(A) = k$. 则 A 是 i-EP 矩阵当且仅当

$$AA^{\textcircled{\dagger}} = A^{\textcircled{\dagger}}A.$$

证明　若 A 是 i-EP 矩阵, 则 A 如 (6.2.6) 所示. 应用 (6.2.4) 和 (1.0.13), 易证得 $A^D = U\begin{pmatrix} T^{-1} & O \\ O & O \end{pmatrix} U^* = A^{\textcircled{\dagger}}$. 因此, $AA^{\textcircled{\dagger}} = A^{\textcircled{\dagger}}A$.

设 A 的 core-EP 分解如引理 1.0.8 所示. 则

$$AA^{\textcircled{\dagger}} = U\begin{pmatrix} T & S \\ O & N \end{pmatrix}\begin{pmatrix} T^{-1} & O \\ O & O \end{pmatrix} U^* = U\begin{pmatrix} I & O \\ O & O \end{pmatrix} U^*;$$

$$A^{\textcircled{\dagger}}A = U\begin{pmatrix} T^{-1} & O \\ O & O \end{pmatrix}\begin{pmatrix} T & S \\ O & N \end{pmatrix} U^* = U\begin{pmatrix} I & T^{-1}S \\ O & O \end{pmatrix} U^*.$$

因为 $AA^{\textcircled{\dagger}} = A^{\textcircled{\dagger}}A$, 且 T 是可逆的, 由此可得 $S = O$. 因此, A 是 i-EP 矩阵. □

在文献 [118] 中, Malik, Rueda 和 Thome 考虑了 p-EP 矩阵, 并且研究了它们的性质和刻画. 在文献 [177] 中, Tian 给出了若 A 是 p-EP 矩阵, $\operatorname{Ind}(A)=k$, 则

$$\operatorname{rank}\left(\begin{pmatrix} A^k & A^* \end{pmatrix}\right)+\operatorname{rank}\left(\begin{pmatrix} A^k \\ A^* \end{pmatrix}\right)=2\operatorname{rank}(A). \tag{6.2.9}$$

通过应用 (6.2.9) 和 A 的 core-EP 分解, 我们得到了下面的定理.

定理 6.2.10 设 $A\in\mathbb{C}_{n,n}$, 且 $\operatorname{Ind}(A)=k$, A 的 core-EP 分解如 (1.0.11) 所示. 则下面的条件是等价的:

(1) A 是 p-EP 矩阵;

(2) $\mathcal{R}(S^*)\subseteq\mathcal{R}(N^*)$ 且 $\mathcal{R}(K^*)\subseteq\mathcal{R}(N)$;

(3) $SF_N=O$ 且 $E_NK^*=O$,

其中 $K=T^{k-1}S+T^{k-2}SN+\cdots+TSN^{k-2}+SN^{k-1}$.

证明 设 A 的 core-EP 分解如 (1.0.11) 所示, 则 A^k 如 (6.2.7) 所示. 通过应用 (6.2.9), 有 $\operatorname{rank}(A)=\operatorname{rank}(A^*)\le\operatorname{rank}\left(\begin{pmatrix} A^k & A^* \end{pmatrix}\right)$ 且 $\operatorname{rank}(A)=\operatorname{rank}(A^*)\le\operatorname{rank}\left(\begin{pmatrix} A^k \\ A^* \end{pmatrix}\right)$, 我们可以得到 A 是 p-EP 矩阵当且仅当

$$\operatorname{rank}(A)=\operatorname{rank}\left(\begin{pmatrix} A^k & A^* \end{pmatrix}\right)=\operatorname{rank}\left(\begin{pmatrix} A^k \\ A^* \end{pmatrix}\right).$$

因为

$$\operatorname{rank}(A)=\operatorname{rank}(T)+\operatorname{rank}(N),$$

$$\begin{aligned}\operatorname{rank}\left(\begin{pmatrix} A^k & A^* \end{pmatrix}\right)&=\operatorname{rank}\left(\begin{pmatrix} T^k & K & T^* & O \\ O & O & S^* & N^* \end{pmatrix}\right)\\ &=\operatorname{rank}(T)+\operatorname{rank}\left(\begin{pmatrix} S^* & N^* \end{pmatrix}\right),\end{aligned}$$

由此可得 $\operatorname{rank}(A)=\operatorname{rank}\left(\begin{pmatrix} A^k & A^* \end{pmatrix}\right)$ 当且仅当

$$\operatorname{rank}\left(\begin{pmatrix} S^* & N^* \end{pmatrix}\right)=\operatorname{rank}(N), \tag{6.2.10}$$

即 $\mathcal{R}(S^*)\subseteq\mathcal{R}(N^*)$ (或 $SF_N=O$). 因为

$$\operatorname{rank}\left(\begin{pmatrix} A^k \\ A^* \end{pmatrix}\right)=\operatorname{rank}\left(\begin{pmatrix} T^k & K \\ O & O \\ T^* & O \\ S^* & N^* \end{pmatrix}\right)=\operatorname{rank}(T)+\operatorname{rank}\left(\begin{pmatrix} K \\ N^* \end{pmatrix}\right),$$

由此可得 $\operatorname{rank}(A)=\operatorname{rank}\left(\begin{pmatrix}A^k\\A^*\end{pmatrix}\right)$ 当且仅当

$$\operatorname{rank}\left(\begin{pmatrix}K\\N^*\end{pmatrix}\right)=\operatorname{rank}(N), \tag{6.2.11}$$

即 $\mathcal{R}(K^*)\subseteq\mathcal{R}(N)$ (或 $E_NK^*=O$). □

在文献 [120] 中, Malik 和 Thome 引入了 A 的 DMP 逆 $A^{d,\dagger}$, 且 $A^{d,\dagger}=A^DAA^\dagger$. 同时还给出了另一个逆 (外逆): $A^{\dagger,d}=A^\dagger AA^D$.

在文献 [177] 中, Tian 给出了下面的秩方程:

$$\begin{aligned}\operatorname{rank}\left(A^DAA^\dagger-A^\dagger AA^D\right)=&\operatorname{rank}\left(\begin{pmatrix}A^k & A^*\end{pmatrix}\right)\\&+\operatorname{rank}\left(\begin{pmatrix}A^k\\A^*\end{pmatrix}\right)-2\operatorname{rank}(A).\end{aligned}$$

通过应用 (6.2.9) 可得矩阵 A 是 p-EP 矩阵当且仅当 $A^{d,\dagger}=A^{\dagger,d}$.

接下来, 我们引入群矩阵的概论和应用 core-EP 分解考虑群矩阵的性质和刻画.

在文献 [189] 中, Wang 和 Chen 引入弱群逆, 并利用 core-EP 分解提出了弱群逆的一些表达式:

引理 6.2.11 ([189]) 设 A, A_1, T, S 和 A 的 core-EP 分解如引理 1.0.8 所示. 则 A 的弱群逆可表示为

$$A^{\text{Ⓦ}}=A_1^\sharp=U\begin{pmatrix}T^{-1} & T^{-2}S\\O & O\end{pmatrix}U^*. \tag{6.2.12}$$

引理 6.2.12 ([189]) 设 $A\in\mathbb{C}_{n,n}$, $\operatorname{Ind}(A)=k$, 且 S 和 N 如引理 1.0.8 所示. 则下面的三个条件是等价的:

(1) $SN=O$;

(2) $AA^{\text{Ⓦ}}=A^{\text{Ⓦ}}A$;

(3) $(A^2)^{\text{Ⓦ}}=(A^{\text{Ⓦ}})^2$.

当 $SN=O$, 我们有

$$A^{\text{Ⓦ}}=A^D=\left(A^{k+1}\right)^{\text{#}}A^k=\left(A^{t+1}\right)^{\dagger}A^t, \tag{6.2.13}$$

其中 t 是一个正整数.

在文献 [153] 中, Pearl 给出了一个著名的结论: A 是 EP 矩阵当且仅当 $AA^\dagger=A^\dagger A$. 在定理 6.2.9 中, 我们证明了 A 是 i-EP 矩阵当且仅当 $AA^{\textcircled{\dagger}}=A^{\textcircled{\dagger}}A$. 用相同的方法, 我们在下面的定义 6.2.1 中引入弱群矩阵的定义.

定义 6.2.1 设 $A\in\mathbb{C}_{n,n}$. 我们说 A 是一个弱群矩阵如果有 $A\in\mathbb{C}_n^{\mathrm{WG}}$, 其中

$$\mathbb{C}_n^{\mathrm{WG}}=\{A\,|\,AA^{\textcircled{w}}=A^{\textcircled{w}}A, A\in\mathbb{C}_{n,n}\}. \tag{6.2.14}$$

对任意的正整数 k, $\mathbb{C}_n^{\mathrm{WG}}(k)$ 表示所有指标为 k 的弱群矩阵的集合.

众所周知 A 是 EP 矩阵当且仅当 $A^{\#}=A^{\dagger}$. 在定理 6.2.9 中, 我们证明了 A 是 i-EP 矩阵当且仅当 $A^{\textcircled{\dagger}}=A^{D}$. 在下面的定理中, 我们给出弱群矩阵的刻画.

定理 6.2.13 设 $A\in\mathbb{C}_{n,n}$, 且 $\mathrm{Ind}(A)=k$. 则 A 是一个弱群矩阵当且仅当

$$A^{\textcircled{w}}=A^{D}. \tag{6.2.15}$$

证明 设 A 的 core-EP 分解如 (1.0.11) 所示. 则

$$A^k=U\begin{pmatrix}T^k & \sum\limits_{i=1}^{k}T^{i-1}SN^{k-i}\\ O & O\end{pmatrix}U^*, \tag{6.2.16}$$

$$A^{k+1}=U\begin{pmatrix}T^{k+1} & \sum\limits_{i=1}^{k}T^{i}SN^{k-i}\\ O & O\end{pmatrix}U^*,$$

且

$$\left(A^{k+1}\right)^{\#}=U\begin{pmatrix}T^{-(k+1)} & T^{-2(k+1)}\left(\sum\limits_{i=1}^{k}T^{i}SN^{k-i}\right)\\ O & O\end{pmatrix}U^*,$$

$$A^D=A^k\left(A^{k+1}\right)^{\#}=U\begin{pmatrix}T^{-1} & T^{-(k+2)}\left(\sum\limits_{i=1}^{k}T^{i}SN^{k-i}\right)\\ O & O\end{pmatrix}U^*,$$

$$A^{\textcircled{w}}=U\begin{pmatrix}T^{-1} & T^{-2}S\\ O & O\end{pmatrix}U^*.$$

若 $A^D=A^{\textcircled{w}}$, 则有

$$\begin{aligned}T^{-2}S&=T^{-(k+2)}\left(\sum_{i=1}^{k}T^{i}SN^{k-i}\right)\\&=T^{-2}S+T^{-3}SN+\cdots+T^{-k}SN^{k-2}+T^{-(k+1)}SN^{k-1},\end{aligned}$$

即

$$T^{-3}SN+\cdots+T^{-k}SN^{k-2}+T^{-(k+1)}SN^{k-1}=O. \tag{6.2.17}$$

在上述方程的两边同时右乘 N^{k-2} , 再应用 $N^k = O$, 可以得到 $T^{-3}SN^{k-1} = O$. 因为 T 是可逆的, 则有 $SN^{k-1} = O$. 由 (6.2.17) 可得

$$T^{-3}SN + \cdots + T^{-k}SN^{k-2} = O. \tag{6.2.18}$$

在上述方程的两边同时右乘 N^{k-3}, 再应用 $SN^{k-1} = O$, 可以得到 $SN^{k-2} = O$. 用相同的方法, 我们可以得到 $SN^{k-3} = O, \cdots, SN = O$. 因此, 应用引理 6.2.12, 我们可以得到 A 是一个弱群矩阵.

当 A 是一个弱群矩阵, 应用引理 6.2.12, 易验证得到 $A^D = A^{Ⓦ}$. □

定理 6.2.14　设 $A \in \mathbb{C}_{n,n}$ 且 $\mathrm{Ind}(A) = k$, 则 A 是一个弱群矩阵当且仅当 $A^{\oplus}A$ 与 $A^{\oplus}A^2$ 可交换.

证明　设 A 的 core-EP 分解如 (1.0.11) 所示. 则

$$A^2 = U\begin{pmatrix} T^2 & TS + SN \\ O & N^2 \end{pmatrix}U^*, \tag{6.2.19}$$

且

$$A^{\oplus} = U\begin{pmatrix} T^{-1} & O \\ O & O \end{pmatrix}U^*, \quad AA^{\oplus} = U\begin{pmatrix} I & O \\ O & O \end{pmatrix}U^*, \quad A^{\oplus}A = U\begin{pmatrix} I & T^{-1}S \\ O & O \end{pmatrix}U^*.$$

由此可得

$$\begin{aligned} A^{\oplus}AA^{\oplus}A^2 - A^{\oplus}A^2A^{\oplus}A &= A^{\oplus}A^2\left(I - A^{\oplus}A\right) \\ &= U\begin{pmatrix} T & S + T^{-1}SN \\ O & O \end{pmatrix}\begin{pmatrix} O & -T^{-1}S \\ O & I \end{pmatrix}U^* \\ &= U\begin{pmatrix} O & T^{-1}SN \\ O & O \end{pmatrix}U^*. \end{aligned}$$

因此, $(A^{\oplus}A)(A^{\oplus}A^2) = (A^{\oplus}A^2)(A^{\oplus}A)$ 当且仅当 $SN = O$. □

根据注记 6.2.8, 我们有 $\mathbb{C}_n^{i\mathrm{E}} \subseteq \mathbb{C}_n^{p\mathrm{E}}$. 在下面的定理 6.2.15、定理 6.2.16 和定理 6.2.17, 我们分别证明了 $\mathbb{C}_n^{i\mathrm{E}} \subseteq \mathbb{C}_n^{\mathrm{WG}}$, $\mathbb{C}_n^{p\mathrm{E}} \cap \mathbb{C}_n^{\mathrm{WG}} = \mathbb{C}_n^{i\mathrm{E}}$ 和 $\mathbb{C}_n^{\mathrm{CM}} \subseteq \mathbb{C}_n^{\mathrm{WG}}$.

定理 6.2.15　设 $\mathbb{C}_n^{i\mathrm{E}}$ 和 $\mathbb{C}_n^{\mathrm{WG}}$ 分别如 (6.2.4), (6.2.14) 所示. 则

$$\mathbb{C}_n^{i\mathrm{E}} \subseteq \mathbb{C}_n^{\mathrm{WG}}. \tag{6.2.20}$$

证明　根据定理 6.2.7, 我们知道, 对任意的 i-EP 矩阵 A , 其中 $\mathrm{Ind}(A) = k$, 都存在一个酉矩阵 U 使得

$$A = U\begin{pmatrix} T & O \\ O & N \end{pmatrix}U^*,$$

其中 T 是非奇异的, N 是幂零的, 且 $\operatorname{Ind}(N)=k$, 即 $S=O$. 由此可得 $A\in\mathbb{C}_n^{\mathrm{WG}}$. 因此, $\mathbb{C}_n^{i\mathrm{E}}\subseteq\mathbb{C}_n^{\mathrm{WG}}$. $\square$

定理 6.2.16 设 $\mathbb{C}_n^{p\mathrm{E}}$ 和 $\mathbb{C}_n^{\mathrm{WG}}$ 分别如 (6.2.5), (6.2.14) 所示. 则

$$\mathbb{C}_n^{p\mathrm{E}}\cap\mathbb{C}_n^{\mathrm{WG}}=\mathbb{C}_n^{i\mathrm{E}}. \tag{6.2.21}$$

证明 设 $A\in\mathbb{C}_n^{p\mathrm{E}}\cap\mathbb{C}_n^{\mathrm{WG}}$, $\operatorname{Ind}(A)=k$. 设 A 的 core-EP 分解如 (1.0.11) 所示, 且 K 如定理 6.2.10 所示. 则应用引理 6.2.12(1), 我们得到 $K=T^{k-1}S$. 由 (6.2.11) 可得

$$\operatorname{rank}(N)=\operatorname{rank}\left(\begin{pmatrix}K\\N^*\end{pmatrix}\right)=\operatorname{rank}\left(\begin{pmatrix}T^{k-1}S\\N^*\end{pmatrix}\right)=\operatorname{rank}\left(\begin{pmatrix}S\\N^*\end{pmatrix}\right),$$

即存在一个矩阵 X 使得 $S=XN^*$. 由引理 6.2.12 可得 $O\leq SS^*=SNX^*=O$. 因此, $S=O$.

若 $A\in\mathbb{C}_n^{i\mathrm{E}}$, 则通过应用定理 6.2.7, 易验证得 $A\in\mathbb{C}_n^{p\mathrm{E}}\cap\mathbb{C}_n^{\mathrm{WG}}$. $\square$

定理 6.2.17 设 $\mathbb{C}_n^{\mathrm{WG}}$ 如 (6.2.14) 所示. 则

$$\mathbb{C}_n^{\mathrm{CM}}\subseteq\mathbb{C}_n^{\mathrm{WG}}. \tag{6.2.22}$$

证明 当 $A\in\mathbb{C}_n^{\mathrm{CM}}$, 由定理 6.2.13 可得 $A^D=A^\#$, $A^{ⓦ}=A^\#$, 即 $\mathbb{C}_n^{\mathrm{WG}}(1)=\mathbb{C}_n^{\mathrm{CM}}$. 因此, $\mathbb{C}_n^{\mathrm{CM}}\subseteq\mathbb{C}_n^{\mathrm{WG}}$. $\square$

在下面的两个例子中, 我们注意到 $\mathbb{C}_n^{i\mathrm{E}}$ 是 $\mathbb{C}_n^{\mathrm{WG}}$ 的子集, 且 $\mathbb{C}_n^{\mathrm{WG}}$ 和 $\mathbb{C}_n^{p\mathrm{E}}$ 本质上是两个不同的集合.

例 6.2.18 设 $A=\begin{pmatrix}1&0&0&1\\0&0&1&0\\0&0&0&0\\0&0&0&0\end{pmatrix}$, $\operatorname{Ind}(A)=2$. 则 $S=\begin{pmatrix}0&0&1\end{pmatrix}$,

$N=\begin{pmatrix}0&1&0\\0&0&0\\0&0&0\end{pmatrix}$, $A^2=\begin{pmatrix}1&0&0&1\\0&0&0&0\\0&0&0&0\\0&0&0&0\end{pmatrix}$, $A^\dagger=\begin{pmatrix}0.5&0&0&0\\0&0&0&0\\0&1&0&0\\0.5&0&0&0\end{pmatrix}$, $A^\dagger A^2=$

$\begin{pmatrix}0.5&0&0&0.5\\0&0&0&0\\0&0&0&0\\0.5&0&0&0.5\end{pmatrix}$ 和 $A^2A^\dagger=\begin{pmatrix}1&0&0&0\\0&0&0&0\\0&0&0&0\\0&0&0&0\end{pmatrix}$.

因为 $SN=O$, 我们得到 $A\in\mathbb{C}_n^{\mathrm{WG}}$. 因为 $A^2\notin\mathbb{C}_n^{\mathrm{EP}}$, 我们得到 $A\notin\mathbb{C}_n^{i\mathrm{E}}$. 因为 $A^2A^\dagger\neq A^\dagger A^2$, 我们得到 $A\notin\mathbb{C}_n^{p\mathrm{E}}$.

例 6.2.19 设 $A=\begin{pmatrix}1&0&1&-1\\0&0&1&0\\0&0&0&1\\0&0&0&0\end{pmatrix}$, $\mathrm{Ind}(A)=3$. 则 $T=1$, $S=\begin{pmatrix}0&1&-1\end{pmatrix}$ 和 $N=\begin{pmatrix}0&1&0\\0&0&1\\0&0&0\end{pmatrix}$.

因为 $SN=\begin{pmatrix}0&0&1\end{pmatrix}\neq O$ 和 $SN^2=\begin{pmatrix}0&0&0\end{pmatrix}$, 我们得到 $K=T^2S+TSN+SN^2=S+SN=\begin{pmatrix}0&1&0\end{pmatrix}$, $\mathrm{rank}\left(\begin{pmatrix}S\\N\end{pmatrix}\right)=\mathrm{rank}\left(\begin{pmatrix}K\\N^*\end{pmatrix}\right)=2=\mathrm{rank}\,(N)$.

通过应用定理 6.2.10、定义 6.2.1 和引理 6.2.12, 我们得到 $A\notin\mathbb{C}_n^{\mathrm{WG}}$ 且 $A\in\mathbb{C}_n^{p\mathrm{E}}$.

由 (6.2.1), 我们知道 A 是群可逆的当且仅当 $\mathrm{rank}\,(A^2)=\mathrm{rank}\,(A)$. 在下面的定理中, 我们利用一个秩方程给出弱群矩阵的另一种刻画.

定理 6.2.20 设 $A\in\mathbb{C}_{n,n}$, $\mathrm{Ind}(A)=k$. 则 $A\in\mathbb{C}_n^{\mathrm{WG}}(k)$ 当且仅当

$$\mathrm{rank}\left(\begin{pmatrix}A^*A^k & (A^*)^2A^k\end{pmatrix}\right)=\mathrm{rank}\left(A^k\right). \tag{6.2.23}$$

证明 设 $A\in\mathbb{C}_{n,n}$, $\mathrm{Ind}(A)=k$, 且 A 的 core-EP 分解如 (1.0.11) 所示. 记 $P=\sum\limits_{i=1}^{k}T^{i-1}SN^{k-i}$. 通过应用 (6.2.16) 和 (6.2.19), 我们得到

$$\mathrm{rank}\left(A^k\right)=\mathrm{rank}\,(T),\quad A^*A^k=U\begin{pmatrix}T^*T^k & T^*P\\ S^*T^k & S^*P\end{pmatrix}U^*,$$

$$(A^*)^2A^k=U\begin{pmatrix}(T^*)^2T^k & (T^*)^2P\\ (TS)^*T^k+(SN)^*T^k & (TS)^*P+(SN)^*P\end{pmatrix}U^*.$$

由此可得

$$\begin{aligned}&\begin{pmatrix}A^*A^k & (A^*)^2A^k\end{pmatrix}\\ =&U\begin{pmatrix}T^*T^k & T^*P & (T^*)^2T^k & (T^*)^2P\\ S^*T^k & S^*P & (TS)^*T^k+(SN)^*T^k & (TS)^*P+(SN)^*P\end{pmatrix}U^*\\ =&U\begin{pmatrix}I_{\mathrm{rank}(A^k)} & 0\\ S^*(T^*)^{-1} & I_{n-\mathrm{rank}(A^k)}\end{pmatrix}\begin{pmatrix}T^*T^k & T^*P & (T^*)^2T^k & (T^*)^2P\\ 0 & 0 & (SN)^*T^k & (SN)^*P\end{pmatrix}U^*.\end{aligned}$$

则

$$\begin{aligned}&\operatorname{rank}\left(\begin{pmatrix}A^*A^k & (A^*)^2A^k\end{pmatrix}\right)\\ =&\operatorname{rank}(T)+\operatorname{rank}\left(\begin{pmatrix}(SN)^*T^k & (SN)^*P\end{pmatrix}\right).\end{aligned}\tag{6.2.24}$$

因为 T 是非奇异的, 容易验证 $\operatorname{rank}\left(\begin{pmatrix}(SN)^*T^k & (SN)^*P\end{pmatrix}\right)=0$ 当且仅当 $SN=O$. 由此可得秩方程 (6.2.23) 成立当且仅当 $SN=O$. 因此, 通过应用引理 6.2.12 和定义 6.2.1, 我们证得秩方程 (6.2.23) 是弱群矩阵 A , $\operatorname{Ind}(A)=k$ 的一个刻画. □

注记 6.2.21 若对一些 $k<\operatorname{Ind}(A)$, $A\in\mathbb{C}_{n,n}$ 满足秩方程 (6.2.23), 我们不能得到 $A\in\mathbb{C}_n^{\mathrm{WG}}$. 例如, 设

$$A=\begin{pmatrix}1&0&1&0\\0&1&0&1\\0&0&0&1\\0&0&0&0\end{pmatrix},\quad \operatorname{Ind}(A)=2.$$

易验证得 $\operatorname{rank}\left(\begin{pmatrix}A^*A & (A^*)^2A\end{pmatrix}\right)=\operatorname{rank}(A)$, 但是 $A\notin\mathbb{C}_n^{\mathrm{WG}}$.

推论 6.2.22 若 $A\in\mathbb{C}_n^{\mathrm{WG}}$ 满足秩方程 (6.2.23), 则 $\operatorname{Ind}(A)\le k$.

证明 设 A 的 core-EP 分解如 (1.0.11) 所示. 记 $P=\sum\limits_{i=1}^{k}T^{i-1}SN^{k-i}$. 则

$$\operatorname{rank}\left(A^k\right)=\operatorname{rank}(T)+\operatorname{rank}\left(N^k\right),\quad A^*A^k=U\begin{pmatrix}T^*T^k & T^*P\\ S^*T^k & S^*P+N^*N^k\end{pmatrix}U^*,$$

$$\left(A^*\right)^2A^k=U\begin{pmatrix}(T^*)^2T^k & (T^*)^2P\\ (TS)^*T^k+(SN)^*T^k & (TS)^*P+(SN)^*P+(N^2)^*N^k\end{pmatrix}U^*.$$

由此可得

$$\begin{aligned}&\begin{pmatrix}A^*A^k & (A^*)^2A^k\end{pmatrix}\\ =&U\begin{pmatrix}T^*T^k & T^*P & (T^*)^2T^k & (T^*)^2P\\ S^*T^k & S^*P+N^*N^k & (TS)^*T^k+(SN)^*T^k & (TS)^*P+(SN)^*P+(N^2)^*N^k\end{pmatrix}U^*\\ =&U\begin{pmatrix}I_{\operatorname{rank}(A^{k+1})} & 0\\ S^*(T^*)^{-1} & I_{n-\operatorname{rank}(A^{k+1})}\end{pmatrix}\begin{pmatrix}T^*T^k & T^*P & (T^*)^2T^k & (T^*)^2P\\ 0 & N^*N^k & (SN)^*T^k & (SN)^*P+(N^2)^*N^k\end{pmatrix}U^*.\end{aligned}$$

则

$$\operatorname{rank}\left(\begin{pmatrix}A^*A^k & (A^*)^2A^k\end{pmatrix}\right)$$

$$=\operatorname{rank}(T)+\operatorname{rank}\left(\begin{pmatrix} N^*N^k(SN)^*T^k & (SN)^*P+(N^2)^*N^k \end{pmatrix}\right). \tag{6.2.25}$$

若 $A\in\mathbb{C}_n^{\mathrm{WG}}$ (即 $SN=0$) 满足秩方程 (6.2.23), 则通过应用 (6.2.25), 我们有

$$\begin{aligned}\operatorname{rank}(N^k)&=\operatorname{rank}\left(\begin{pmatrix} N^*N^k & (SN)^*T^k & (SN)^*P+(N^2)^*N^k \end{pmatrix}\right)\\ &\geq \operatorname{rank}\left(\begin{pmatrix} N^*N^k & N^*N^*N^k \end{pmatrix}\right)\geq \operatorname{rank}(N^*N^*N^k)\\ &\geq \operatorname{rank}\left((N^k)^*N^k\right)=\operatorname{rank}(N^k).\end{aligned}$$

因此,

$$\operatorname{rank}(N^*N^*N^k)=\operatorname{rank}(N^k). \tag{6.2.26}$$

由此可得 $\operatorname{rank}\left(\begin{pmatrix} N^*N^k & N^*N^*N^k \end{pmatrix}\right)=\operatorname{rank}(N^*N^*N^k)$, 即存在 X 使得 $N^*N^k=N^*N^*N^kX$. 则 $N^*N^k=N^*N^*N^kX=(N^*)^2N^*N^kX^2=\cdots=(N^*)^nN^*N^kX^n=O$, 即 $N^*N^k=O$. 根据 (6.2.26), 我们得到 $N^k=O$. 因此, $\operatorname{Ind}(A)\leq k$. □

6.3 WG 矩阵的刻画及其广义 Cayley-Hamilton 定理

定义 6.3.1 ([126]) 设矩阵 $A\in\mathbb{C}_{n,n}$ 且 $\operatorname{Ind}(A)=k$, 则满足下列方程

$$XAX=X,\quad AX=AA^D,\quad XA^k=A^\dagger A^k$$

的矩阵 X 唯一, 记 $X=A^{\dagger,D}$, 称之为 A 的对偶 DMP 逆.

定义 6.3.2 ([126]) 设矩阵 $A\in\mathbb{C}_{n,n}$ 且 $\operatorname{Ind}(A)=k$, 则满足下列方程

$$XAX=X,\ AX=AA^DAA^\dagger,\ XA=A^\dagger AA^DA$$

的矩阵 X 唯一, 记 $X=A^{C,\dagger}$, 称之为 A 的 CMP 逆.

引理 6.3.1 ([191,223]) 设 $A\in\mathbb{C}_{n,n}$ 有 (1.1) 的分解形式, 则

(1) $A^\dagger=U\begin{pmatrix} T^*\triangle & -T^*\triangle SN^\dagger \\ F_NS^*\triangle & N^\dagger-F_NS^*\triangle SN^\dagger \end{pmatrix}U^*$;

(2) $A^D=U\begin{pmatrix} T^{-1} & T^{-(k+1)}\tilde{T} \\ O & O \end{pmatrix}U^*$;

(3) $A^{\textcircled{\dagger}}=U\begin{pmatrix} T^{-1} & O \\ O & O \end{pmatrix}U^*$;

(4) $A^\diamond=U\begin{pmatrix} T^*\triangle_1 & -T^*\triangle_1SN^\diamond \\ (E_N-E_N^\diamond)S^*\triangle_1N^\diamond & -(E_N-E_{N^\diamond})S^*\triangle_1SN^\diamond \end{pmatrix}U^*$;

(5) $A^{D,\dagger}=U\begin{pmatrix}T^{-1} & T^{-(k+1)}\tilde{T}NN^{\dagger}\\ O & O\end{pmatrix}U^*$;

(6) $A^{\dagger,D}=U\begin{pmatrix}T^*\triangle & T^*\triangle T^{-k}\tilde{T}\\ F_NS^*\triangle & F_NS^*\triangle T^{-k}\tilde{T}\end{pmatrix}U^*$;

(7) $A^{C,\dagger}=U\begin{pmatrix}T^*\triangle & T^*\triangle T^{-k}\tilde{T}NN^{\dagger}\\ F_NS^*\triangle & F_NS^*\triangle T^{-k}\tilde{T}NN^{\dagger}\end{pmatrix}U^*$,

其中 $\triangle_1=(TT^*+S(E_N-E_{N^\diamond}S^*))^{-1}$, $k=\mathrm{Ind}(A)$, $\tilde{T}=\left(\sum\limits_{i=0}^{k-1}T^iSN^{k-1-i}\right)$ 和 $\triangle=(TT^*+SF_NS^*)^{-1}$.

定理 6.3.2 ([84]) 设 $A\in\mathbb{C}_{n,n}$ 且 $\mathrm{Ind}(A)=k$, 则下面条件等价:

(1) $A\in\mathbb{C}_n^{\mathrm{CM}}$;

(2) $A^kA^{\dagger}=A^kA^{\textcircled{\dagger}}$;

(3) $A^kA^{\textcircled{\dagger}}=A^kA^{D,\dagger}$;

(4) $A^{\textcircled{\dagger}}A^k=A^{\dagger}A^{\textcircled{w}}$;

(5) $AA^D=A^{\textcircled{\dagger}}A$;

(6) $AA^D=AA^{\textcircled{w}}$;

(7) $A^{\textcircled{\dagger}}A=A^{D,\dagger}A$.

定理 6.3.3 设 $A\in\mathbb{C}_{n,n}$ 且 $\mathrm{Ind}(A)=k$, 则下面条件等价:

(1) $SN=0$, 其中 S, N 如 (2.1.1) 给出;

(2) $AA^{\textcircled{w}}=A^{\textcircled{w}}A$;

(3) $(A^2)^{\textcircled{w}}=(A^{\textcircled{w}})^2$;

(4) $A^{\textcircled{w}}=A^D$;

(5) 矩阵 $A^{\textcircled{\dagger}}A$ 与 $A^{\textcircled{\dagger}}A^2$ 可交换;

(6) 存在酉矩阵 U 使得 UAU^* 是 WG 矩阵;

(7) 矩阵 A 与 $AA^{\textcircled{w}}$ 可交换;

(8) 矩阵 A 与 $A^{\textcircled{\dagger}}A$ 可交换;

(9) $AA^{\textcircled{\dagger}}A=AA^{\textcircled{w}}A$;

(10) 矩阵 $A^{\textcircled{w}}$ 与 $A^{\textcircled{w}}A$ 可交换;

(11) $A^k(A^k)^{\dagger}A^2=(A^k(A^k)^{\dagger}A)^2$;

(12) $AA^{\textcircled{\dagger}}A^2=(AA^{\textcircled{\dagger}}A)^2$;

(13) $A^{\textcircled{w}}A=A^{\textcircled{w}}A^k(A^k)^{\dagger}A$;

(14) $A^{\textcircled{w}}A=A^{\textcircled{w}}AA^{\textcircled{\dagger}}A$;

(15) $A(A^{\textcircled{w}})^2A=AA^{\textcircled{w}}$;

(16) $A^{\textcircled{w}}A^2A^{\textcircled{w}}=A^{\textcircled{w}}A$;

(17) $A(A^2)^{\textcircled{w}} = A^{\textcircled{w}}$;

(18) $A(A^2)^{\textcircled{w}} = AA^{\dagger}A^{\textcircled{w}}$;

(19) $A(A^2)^{\textcircled{w}} = AA^{D,\dagger}A^{\textcircled{w}}$;

(20) $(AA^{\textcircled{w}})^2 = (A^{\textcircled{w}})^2AA^{\textcircled{w}}A^2$;

(21) $(A^{\textcircled{w}}A)^2 = A^2(A^{\textcircled{w}})^2$;

(22) 矩阵 $AA^{\textcircled{w}}$ 与 $A^{\textcircled{w}}A$ 可交换;

(23) $AA^{\textcircled{w}}A = A^k(A^k)^{\dagger}A$;

(24) $(A^{\textcircled{w}})^2A = A^{\textcircled{w}}$;

(25) $(A^{\textcircled{w}})^2A = A^{D,\dagger}AA^{\textcircled{w}}$;

(26) $A^{\textcircled{w}}A^{\textcircled{w}}A = AA^{\dagger,D}A^{\textcircled{w}}$;

(27) $A^{\textcircled{w}}A^{\textcircled{w}}A = AA^{C,\dagger}A^{\textcircled{w}}$;

(28) $A^{\textcircled{w}}A^DA = A^{\textcircled{w}}$;

(29) 矩阵 $A^{\textcircled{w}}$ 与 AA^D 可交换;

(30) $AA^D(I - AA^{\textcircled{\dagger}})A = 0$;

(31) $A^k(I - AA^{\textcircled{\dagger}})A = 0$;

(32) $AA^{D,\dagger}(I - AA^{\textcircled{\dagger}})A = 0$;

(33) $A^{\dagger,D}(I - AA^{\textcircled{\dagger}})A = 0$;

(34) $A^{C,\dagger}(I - AA^{\textcircled{\dagger}})A = 0$;

(35) $A^{\textcircled{\dagger}}A^2 = A^2A^{\textcircled{w}}$;

(36) $A^2A^D = AA^{\textcircled{\dagger}}A$.

证明　由文献 [189], 可知条件 (1)—(5) 等价.

设 U 是酉矩阵, 则 $(UAU^*)^{\textcircled{w}} = UA^{\textcircled{w}}U^*$ 以及

$$UAA^{\textcircled{w}}U^* = UAU^*UA^{\textcircled{w}}U^* = (UAU^*)(UAU^*)^{\textcircled{w}}, \tag{6.3.1}$$

$$UA^{\textcircled{w}}AU^* = UA^{\textcircled{w}}U^*UAU^* = (UAU^*)^{\textcircled{w}}(UAU^*).$$

因此, 条件 (2) 和 (6) 等价.

设 A 的 core-EP 分解有 (2.1.1) 的形式, 运用引理 6.1.6, 得

$$AA^{\textcircled{w}} = U\begin{pmatrix} T & S \\ O & N \end{pmatrix}\begin{pmatrix} T^{-1} & T^{-2}S \\ O & O \end{pmatrix}U^* = U\begin{pmatrix} I_{\mathrm{rank}(A^k)} & T^{-1}S \\ O & O \end{pmatrix}U^*, \tag{6.3.2}$$

$$\begin{aligned} A^{\textcircled{w}}A &= U\begin{pmatrix} T^{-1} & T^{-2}S \\ O & O \end{pmatrix}\begin{pmatrix} T & S \\ O & N \end{pmatrix}U^* \\ &= U\begin{pmatrix} I_{\mathrm{rank}(A^k)} & T^{-1}S + T^{-2}SN \\ O & O \end{pmatrix}U^*. \end{aligned} \tag{6.3.3}$$

应用 (2.1.1) 和 (6.3.2) 得

$$AAA^{ⓦ} = U\begin{pmatrix} T & S \\ O & N \end{pmatrix}\begin{pmatrix} I_{\mathrm{rank}(A^k)} & T^{-1}S \\ O & O \end{pmatrix}U^* = U\begin{pmatrix} T & S \\ O & O \end{pmatrix}U^*, \tag{6.3.4}$$

$$\begin{aligned} AA^{ⓦ}A &= U\begin{pmatrix} I_{\mathrm{rank}(A^k)} & T^{-1}S \\ O & O \end{pmatrix}\begin{pmatrix} T & S \\ O & N \end{pmatrix}U^* \\ &= U\begin{pmatrix} T & S + T^{-1}SN \\ O & O \end{pmatrix}U^*. \end{aligned} \tag{6.3.5}$$

通过比较 (6.3.4) 和 (6.3.5) 得

$$SN = O \Leftrightarrow AAA^{ⓦ} = AA^{ⓦ}A. \tag{6.3.6}$$

因此, 条件 (1) 和 (7) 等价.

利用引理 6.3.1, 可得

$$AA^{\textcircled{\dagger}} = U\begin{pmatrix} T & S \\ O & N \end{pmatrix}\begin{pmatrix} T^{-1} & O \\ O & O \end{pmatrix}U^* = U\begin{pmatrix} I_{\mathrm{rank}(A^k)} & O \\ O & O \end{pmatrix}U^*, \tag{6.3.7}$$

$$A^{\textcircled{\dagger}}A = U\begin{pmatrix} T^{-1} & O \\ O & O \end{pmatrix}\begin{pmatrix} T & S \\ O & N \end{pmatrix}U^* = U\begin{pmatrix} I_{\mathrm{rank}(A^k)} & T^{-1}S \\ O & O \end{pmatrix}U^*. \tag{6.3.8}$$

通过 (6.3.7) 和 (6.3.8), 可得

$$AA^{\textcircled{\dagger}}A = U\begin{pmatrix} I_{\mathrm{rank}(A^k)} & O \\ O & O \end{pmatrix}\begin{pmatrix} T & S \\ O & N \end{pmatrix}U^* = U\begin{pmatrix} T & S \\ O & O \end{pmatrix}U^*, \tag{6.3.9}$$

$$\begin{aligned} A^{\textcircled{\dagger}}AA &= U\begin{pmatrix} I_{\mathrm{rank}(A^k)} & T^{-1}S \\ O & O \end{pmatrix}\begin{pmatrix} T & S \\ O & N \end{pmatrix}U^* \\ &= U\begin{pmatrix} T & S + T^{-1}SN \\ O & O \end{pmatrix}U^*. \end{aligned} \tag{6.3.10}$$

由上述讨论, 可得下面结论

$$SN = O \Leftrightarrow AA^{\textcircled{\dagger}}A = A^{\textcircled{\dagger}}AA. \tag{6.3.11}$$

因此, 条件 (1) 和 (8) 等价.

由于 (6.3.5) 和 (6.3.9), 可得

$$SN = O \Leftrightarrow AA^{\textcircled{\dagger}}A = AA^{ⓦ}A. \tag{6.3.12}$$

因此, 条件 (1) 和 (9) 等价.

利用 (6.1.6) 和 (6.3.3), 可得

$$A^{\circledS}A^{\circledS}A = U\begin{pmatrix} T^{-1} & T^{-2}S \\ O & O \end{pmatrix}\begin{pmatrix} I_{\mathrm{rank}(A^k)} & T^{-1}S+T^{-2}SN \\ O & O \end{pmatrix}U^*$$

$$= U\begin{pmatrix} T^{-1} & T^{-2}S+T^{-3}SN \\ O & O \end{pmatrix}U^*, \tag{6.3.13}$$

$$A^{\circledS}AA^{\circledS} = U\begin{pmatrix} I_{\mathrm{rank}(A^k)} & T^{-1}S+T^{-2}SN \\ O & O \end{pmatrix}\begin{pmatrix} T^{-1} & T^{-2}S \\ O & O \end{pmatrix}U^*$$

$$= U\begin{pmatrix} T^{-1} & T^{-2}S \\ O & O \end{pmatrix}U^*. \tag{6.3.14}$$

通过比较上述方程, 可得

$$SN = O \Leftrightarrow A^{\circledS}A^{\circledS}A = A^{\circledS}AA^{\circledS}. \tag{6.3.15}$$

因此, 条件 (1) 和 (10) 等价.

通过 (2.1.2), 可得

$$A^k(A^k)^{\dagger}A^2 = U\begin{pmatrix} I_{\mathrm{rank}(A^k)} & O \\ O & O \end{pmatrix}\begin{pmatrix} T & S \\ O & N \end{pmatrix}\begin{pmatrix} T & S \\ O & N \end{pmatrix}U^*$$

$$= U\begin{pmatrix} T^2 & TS+SN \\ O & O \end{pmatrix}U^*,$$

$$(A^k(A^k)^{\dagger}A)^2 = U\begin{pmatrix} I_{r(A^k)} & O \\ O & O \end{pmatrix}\begin{pmatrix} T & S \\ O & N \end{pmatrix}\begin{pmatrix} I_{\mathrm{rank}(A^k)} & O \\ O & O \end{pmatrix}\begin{pmatrix} T & S \\ O & N \end{pmatrix}U^*$$

$$= U\begin{pmatrix} T^2 & TS \\ O & O \end{pmatrix}U^*. \tag{6.3.16}$$

通过比较上述方程, 可得

$$SN = O \Leftrightarrow A^k(A^k)^{\dagger}A^2 = (A^k(A^k)^{\dagger}A)^2. \tag{6.3.17}$$

因此, 条件 (1) 和 (11) 等价.

利用 (6.3.7) 和 (6.3.17), 可得

$$AA^{\textcircled{\dagger}}A^2 = U\begin{pmatrix} I_{\mathrm{rank}(A^k)} & O \\ O & O \end{pmatrix}\begin{pmatrix} T & S \\ O & N \end{pmatrix}\begin{pmatrix} T & S \\ O & N \end{pmatrix}U^* = U\begin{pmatrix} T^2 & TS+SN \\ O & O \end{pmatrix}U^*,$$

$$
\begin{aligned}
(AA^{\textcircled{\dagger}}A)^2 &= U\begin{pmatrix} T & S \\ O & N \end{pmatrix}\begin{pmatrix} I_{\mathrm{rank}(A^k)} & T^{-1}S \\ O & O \end{pmatrix}\begin{pmatrix} T & S \\ O & N \end{pmatrix}\begin{pmatrix} I_{\mathrm{rank}(A^k)} & T^{-1}S \\ O & O \end{pmatrix}U^* \\
&= U\begin{pmatrix} T^2 & TS \\ O & O \end{pmatrix}U^*.
\end{aligned} \tag{6.3.18}
$$

通过比较上述方程, 可得

$$
SN = O \Leftrightarrow AA^{\textcircled{\dagger}}A^2 = (AA^{\textcircled{\dagger}}A)^2. \tag{6.3.19}
$$

因此, 条件 (1) 和 (12) 等价.

应用 (2.1.2), 可得

$$
\begin{aligned}
A^{\textcircled{W}}A^k(A^k)^{\dagger}A &= U\begin{pmatrix} T^{-1} & T^{-2}S \\ O & O \end{pmatrix}\begin{pmatrix} I_{\mathrm{rank}(A^k)} & O \\ O & O \end{pmatrix}\begin{pmatrix} T & S \\ O & N \end{pmatrix}U^* \\
&= U\begin{pmatrix} I_{\mathrm{rank}(A^k)} & T^{-1}S \\ O & O \end{pmatrix}U^*.
\end{aligned} \tag{6.3.20}
$$

由上述讨论, 可得下面结论

$$
SN = O \Leftrightarrow A^{\textcircled{W}}A = A^{\textcircled{W}}A^k(A^k)^{\dagger}A. \tag{6.3.21}
$$

因此, 条件 (1) 和 (13) 等价.

利用 (6.1.6) 和 (6.3.7) 得

$$
\begin{aligned}
A^{\textcircled{W}}AA^{\textcircled{\dagger}}A &= U\begin{pmatrix} T^{-1} & T^{-2}S \\ O & O \end{pmatrix}\begin{pmatrix} I_{\mathrm{rank}(A^k)} & O \\ O & O \end{pmatrix}\begin{pmatrix} T & S \\ O & N \end{pmatrix}U^* \\
&= U\begin{pmatrix} I_{\mathrm{rank}(A^k)} & T^{-1}S \\ O & O \end{pmatrix}U^*,
\end{aligned} \tag{6.3.22}
$$

通过比较上述方程和 (6.3.3), 可得

$$
SN = O \Leftrightarrow A^{\textcircled{W}}A = A^{\textcircled{W}}AA^{\textcircled{\dagger}}A. \tag{6.3.23}
$$

因此, 条件 (1) 和 (14) 等价.

由于 (6.3.2) 和 (6.3.3), 可得

$$
\begin{aligned}
A(A^{\textcircled{W}})^2A &= U\begin{pmatrix} I_{\mathrm{rank}(A^k)} & T^{-1}S \\ O & O \end{pmatrix}\begin{pmatrix} I_{\mathrm{rank}(A^k)} & T^{-1}S + T^{-2}SN \\ O & O \end{pmatrix}U^* \\
&= U\begin{pmatrix} I_{\mathrm{rank}(A^k)} & T^{-1}S + T^{-2}SN \\ O & O \end{pmatrix}U^*.
\end{aligned} \tag{6.3.24}
$$

利用上述方程和 (6.3.2), 可得

$$SN = O \Leftrightarrow A(A^{\circledR})^2 A = AA^{\circledR}. \tag{6.3.25}$$

因此, 条件 (1) 和 (15) 等价.

利用 (6.3.2) 和 (6.3.2), 可得

$$A^{\circledR} A^2 A^{\circledR} = U \begin{pmatrix} I_{\mathrm{rank}(A^k)} & T^{-1}S + T^{-2}SN \\ O & O \end{pmatrix} \begin{pmatrix} I_{\mathrm{rank}(A^k)} & T^{-1}S \\ O & O \end{pmatrix} U^* \tag{6.3.26}$$

$$= U \begin{pmatrix} I_{\mathrm{rank}(A^k)} & T^{-1}S \\ O & O \end{pmatrix} U^*. \tag{6.3.27}$$

通过比较上述方程和 (6.3.3), 可得

$$SN = O \Leftrightarrow A^{\circledR} A^2 A^{\circledR} = A^{\circledR} A. \tag{6.3.28}$$

因此, 条件 (1) 和 (16) 等价.

应用引理 6.1.6 和

$$A(A^2)^{\circledR} = U \begin{pmatrix} T & S \\ O & N \end{pmatrix} \begin{pmatrix} T^{-2} & T^{-4}(TS + SN) \\ O & O \end{pmatrix} U^*$$

$$= U \begin{pmatrix} T^{-1} & T^{-2}S + T^{-3}SN \\ O & O \end{pmatrix} U^*, \tag{6.3.29}$$

由上述方程和 (6.1.6), 可得

$$SN = O \Leftrightarrow A(A^2)^{\circledR} = A^{\circledR}. \tag{6.3.30}$$

因此, 条件 (1) 和 (17) 等价.

通过引理 6.3.1, 可得

$$AA^{\dagger} = U \begin{pmatrix} T & S \\ O & N \end{pmatrix}$$

$$\begin{pmatrix} T^*\triangle & -T^*\triangle SN^{\dagger} \\ (I_{n-\mathrm{rank}(A^k)} - N^{\dagger}N)S^*\triangle & N^{\dagger} - (I_{n-\mathrm{rank}(A^k)} - N^{\dagger}N)S^*\triangle SN^{\dagger} \end{pmatrix} U^*$$

$$= U \begin{pmatrix} I_{\mathrm{rank}(A^k)} & O \\ O & NN^{\dagger} \end{pmatrix} U^*. \tag{6.3.31}$$

利用 (6.3.31), 可得

$$AA^{\dagger}A^{Ⓦ} = U\begin{pmatrix} I_{\mathrm{rank}(A^k)} & O \\ O & NN^{\dagger} \end{pmatrix}\begin{pmatrix} T^{-1} & T^{-2}S \\ O & O \end{pmatrix}U^*$$
$$= U\begin{pmatrix} T^{-1} & T^{-2}S \\ O & O \end{pmatrix}U^*, \tag{6.3.32}$$

由上述公式和 (6.3.29), 可得 $SN = O$ 当且仅当 $A(A^2)^{Ⓦ} = AA^{\dagger}A^{Ⓦ}$, 条件 (1) 和 (18) 等价.

应用引理 6.3.1, 可得

$$AA^{D,\dagger} = U\begin{pmatrix} T & S \\ O & N \end{pmatrix}\begin{pmatrix} T^{-1} & T^{-(k+1)}\tilde{T}NN^{\dagger} \\ O & O \end{pmatrix}U^*$$
$$= U\begin{pmatrix} I_{\mathrm{rank}(A^k)} & T^{-k}\tilde{T}NN^{\dagger} \\ O & O \end{pmatrix}U^* \tag{6.3.33}$$

由于 (6.3.33), 可得

$$AA^{D,\dagger}A^{Ⓦ} = U\begin{pmatrix} I_{\mathrm{rank}(A^k)} & T^{-k}\tilde{T}NN^{\dagger} \\ O & O \end{pmatrix}\begin{pmatrix} T^{-1} & T^{-2}S \\ O & O \end{pmatrix}U^*$$
$$= U\begin{pmatrix} T^{-1} & T^{-2}S \\ O & O \end{pmatrix}U^*, \tag{6.3.34}$$

通过比较上述公式和 (6.3.29), 可得 $SN = O$ 当且仅当 $A(A^2)^{Ⓦ} = AA^{D,\dagger}A^{Ⓦ}$. 因此, 条件 (1) 和 (19) 等价.

利用 (6.3.2) 和 (6.3.3), 可得

$$(AA^{Ⓦ})^2 = U\begin{pmatrix} I_{\mathrm{rank}(A^k)} & T^{-1}S \\ O & O \end{pmatrix}^2 U^* = U\begin{pmatrix} I_{\mathrm{rank}(A^k)} & T^{-1}S \\ O & O \end{pmatrix}U^*,$$

$$(A^{Ⓦ})^2AA^{Ⓦ}A^2 = U\begin{pmatrix} T^{-1} & T^{-2}S \\ O & O \end{pmatrix}^2\begin{pmatrix} I_{\mathrm{rank}(A^k)} & T^{-1}S \\ O & O \end{pmatrix}\begin{pmatrix} T & S \\ O & N \end{pmatrix}^2 U^*$$
$$= U\begin{pmatrix} I_{\mathrm{rank}(A^k)} & T^{-1}S + T^{-2}SN + T^{-3}SN^2 \\ O & O \end{pmatrix}U^*. \tag{6.3.35}$$

若 $SN = O$, 则显然 $(AA^{Ⓦ})^2 = (A^{Ⓦ})^2AA^{Ⓦ}A^2$. 反之, 设 $(AA^{Ⓦ})^2 = (A^{Ⓦ})^2AA^{Ⓦ}A^2$, 则 $T^{-1}S + T^{-2}SN + T^{-3}SN^2 = T^{-1}S$, 即 $TSN + SN^2 = O$.

若 A 的指标等于 1, 则 $N=O$, 即 $SN=O$. 若 A 的指标等于 2, 则 $N^2=O$. 由于 $TSN+SN^2=O$, 得 $TSN=O$. 又因为 T 是可逆的, 有 $SN=O$. 下面设 A 的指标 k 是大于等于 3 的正整数, 则 $N^k=O$ 且 $N^{k-1}\neq O$. 在 $TSN+SN^2=O$ 的右侧乘以 N^{k-2}, 得 $TSN^{k-1}+SN^k=O$. 由于 T 是可逆的以及 $N^k=O$, 则有 $SN^{k-1}=O$. 进一步, 在 $TSN+SN^2=O$ 的右侧乘以 N^{k-3}, 得 $TSN^{k-2}+SN^{k-1}=O$. 由于 T 是可逆的以及 $SN^{k-1}=O$, 则有 $SN^{k-2}=O$. 重复上述过程 $k-1$ 次, 可得 $SN=O$.

综上所述, $SN=O$ 当且仅当 $(AA^{Ⓦ})^2=(A^{Ⓦ})^2AA^{Ⓦ}A^2$. 因此, 条件 (1) 和 (20) 等价.

通过 (2.1.2), (6.3.3) 得

$$\begin{aligned}(A^{Ⓦ}A)^2&=U\begin{pmatrix}I_{\mathrm{rank}(A^k)} & T^{-1}S+T^{-2}SN\\ O & O\end{pmatrix}^2U^*\\&=U\begin{pmatrix}I_{\mathrm{rank}(A^k)} & T^{-1}S+T^{-2}SN\\ O & O\end{pmatrix}U^*,\end{aligned}\tag{6.3.36}$$

$$A^2(A^{Ⓦ})^2=U\begin{pmatrix}T & S\\ O & N\end{pmatrix}^2\begin{pmatrix}T^{-1} & T^{-2}S\\ O & O\end{pmatrix}^2U^*=U\begin{pmatrix}I_{\mathrm{rank}(A^k)} & T^{-1}S\\ O & O\end{pmatrix}U^*.$$

通过比较上述方程, 可得

$$SN=O\Leftrightarrow (A^{Ⓦ}A)^2=A^2(A^{Ⓦ})^2.\tag{6.3.37}$$

因此, 条件 (1) 和 (21) 等价.

利用 (6.3.2) 和 (6.3.3), 可得 $SN=O$ 当且仅当 $(AA^{Ⓦ})(A^{Ⓦ}A)=(A^{Ⓦ}A)(AA^{Ⓦ})$, 条件 (1) 和 (22) 等价.

由于 (2.1.2) 和

$$A^k(A^k)^{\dagger}A=U\begin{pmatrix}I_{\mathrm{rank}(A^k)} & O\\ O & O\end{pmatrix}\begin{pmatrix}T & S\\ O & N\end{pmatrix}U^*=U\begin{pmatrix}T & S\\ O & O\end{pmatrix}U^*.\tag{6.3.38}$$

通过比较上述方程和 (6.3.5), 可得. $SN=O$ 等价于 $AA^{Ⓦ}A=A^k(A^k)^{\dagger}A$, 条件 (1) 和 (23) 等价.

利用 (6.1.6) 和 (6.3.13), 可得 $SN=O$ 当且仅当 $(A^{Ⓦ})^2A=A^{Ⓦ}$, 条件 (1) 和 (24) 等价.

通过引理 6.3.1, 可得

$$A^{D,\dagger}A=U\begin{pmatrix}T^{-1} & T^{-(k+1)}\tilde{T}NN^{\dagger}\\ O & O\end{pmatrix}\begin{pmatrix}T & S\\ O & N\end{pmatrix}U^*$$

$$= U \begin{pmatrix} I_{\text{rank}(A^k)} & T^{-1}S + T^{-(k+1)}\tilde{T}N \\ O & O \end{pmatrix} U^*. \tag{6.3.39}$$

利用 (6.3.39), 可得

$$\begin{aligned} A^{D,\dagger}AA^{\circledR{W}} &= U \begin{pmatrix} I_{\text{rank}(A^k)} & T^{-1}S + T^{-(k+1)}\tilde{T}N \\ O & O \end{pmatrix} \begin{pmatrix} T^{-1} & T^{-2}S \\ O & O \end{pmatrix} U^* \\ &= U \begin{pmatrix} T^{-1} & T^{-2}S \\ O & O \end{pmatrix} U^*. \end{aligned} \tag{6.3.40}$$

通过比较上述方程和 (6.3.13), 可得 $SN = O$ 当且仅当 $(A^{Ⓦ})^2A = A^{D,\dagger}AA^{Ⓦ}$, 条件 (1) 和 (25) 等价.

使用引理 6.3.1, 可得

$$\begin{aligned} AA^{\dagger,D} =& U \begin{pmatrix} T & S \\ O & N \end{pmatrix} \\ & \begin{pmatrix} T^*\triangle & T^*\triangle T^{-k}\tilde{T} \\ (I_{n-\text{rank}(A^k)} - N^\dagger N)S^*\triangle & (I_{n-\text{rank}(A^k)} - N^\dagger N)S^*\triangle T^{-k}\tilde{T} \end{pmatrix} U^* \\ =& U \begin{pmatrix} I_{\text{rank}(A^k)} & T^{-k}\tilde{T} \\ O & O \end{pmatrix} U^*. \end{aligned} \tag{6.3.41}$$

利用 (6.3.41), 可得

$$\begin{aligned} AA^{\dagger,D}A^{Ⓦ} &= U \begin{pmatrix} I_{\text{rank}(A^k)} & T^{-k}\tilde{T} \\ O & O \end{pmatrix} \begin{pmatrix} T^{-1} & T^{-2}S \\ O & O \end{pmatrix} U^* \\ &= U \begin{pmatrix} T^{-1} & T^{-2}S \\ O & O \end{pmatrix} U^*. \end{aligned} \tag{6.3.42}$$

应用上述公式和 (6.3.13), 可得 $SN = O$ 当且仅当 $(A^{Ⓦ})^2A = AA^{\dagger,D}A^{Ⓦ}$, 条件 (1) 和 (26) 等价.

通过引理 6.3.1, 可得

$$\begin{aligned} AA^{C,\dagger} =& U \begin{pmatrix} T & S \\ O & N \end{pmatrix} \\ & \begin{pmatrix} T^*\triangle & T^*\triangle T^{-k}\tilde{T}NN^\dagger \\ (I_{n-\text{rank}(A^k)} - N^\dagger N)S^*\triangle & (I_{n-\text{rank}(A^k)} - N^\dagger N)S^*\triangle T^{-k}\tilde{T}NN^\dagger \end{pmatrix} \end{aligned}$$

$$=U\begin{pmatrix} I_{\mathrm{rank}(A^k)} & T^{-k}\tilde{T}NN^{\dagger} \\ O & O \end{pmatrix}U^*. \tag{6.3.43}$$

由 (6.3.43), 可得

$$AA^{C,\dagger}A^{\circledR} = U\begin{pmatrix} I_{\mathrm{rank}(A^k)} & T^{-k}\tilde{T}NN^{\dagger} \\ O & O \end{pmatrix}U^*U\begin{pmatrix} T^{-1} & T^{-2}S \\ O & O \end{pmatrix}$$

$$= U\begin{pmatrix} T^{-1} & T^{-2}S \\ O & O \end{pmatrix}U^*. \tag{6.3.44}$$

应用上述公式和 (6.3.13), 可得 $SN = O$ 当且仅当 $(A^{\circledR})^2A = AA^{C,\dagger}A^{\circledR}$, 条件 (1) 和 (27) 等价.

利用定理 2.1.2 和引理 6.3.1, 可得

$$A^DA = U\begin{pmatrix} T^{-1} & T^{-(k+1)}\tilde{T} \\ O & O \end{pmatrix}\begin{pmatrix} T & S \\ O & N \end{pmatrix}U^*$$

$$= U\begin{pmatrix} I_{\mathrm{rank}(A^k)} & T^{-1}S + T^{-(k+1)}\tilde{T}N \\ O & O \end{pmatrix}U^*. \tag{6.3.45}$$

通过上述公式, 可得

$$A^{\circledR}A^DA = U\begin{pmatrix} T^{-1} & T^{-2}S \\ O & O \end{pmatrix}\begin{pmatrix} I_{\mathrm{rank}(A^k)} & T^{-1}S + T^{-(k+1)}\tilde{T}N \\ O & O \end{pmatrix}U^*$$

$$= U\begin{pmatrix} T^{-1} & T^{-2}S + T^{-(k+2)}\tilde{T}N \\ O & O \end{pmatrix}U^*. \tag{6.3.46}$$

若 $SN=O$, 易证 $A^{\circledR}A^DA=A^{\circledR}$. 反之, 若 A 的指标等于 1 或 2, 显然有 $SN=O$. 下面设 A 的指标 k 是大于等于 3 的正整数得 $T^{-2}S + T^{-(k+2)}\left(\sum\limits_{i=0}^{k-1} T^iSN^{k-1-i}\right)N = T^{-2}S$, 即 $TSN^{k-1} + \cdots + T^{k-1}SN = O$. 在上式右侧乘以 N^{k-2}, 则 $TSN^{k+k-3} + \cdots + T^{k-1}SN^{k-1} = O$, 即 $SN^{k-1} = O$. 因此有 $TSN^{k-1} + \cdots + T^{k-1}SN = O$ 得 $T^2SN^{k-2} + \cdots + T^{k-1}SN = O$. 以此类推可得 $T^{k-1}SN = O$, 即 $SN = O$. 综上所述, $SN = O$ 当且仅当 $A^{\circledR}A^DA = A^{\circledR}$, 条件 (1) 和 (28) 等价.

通过定理 2.1.2 和引理 6.3.1, 可得

$$AA^D = U\begin{pmatrix} T & S \\ O & N \end{pmatrix}\begin{pmatrix} T^{-1} & T^{-(k+1)}\tilde{T} \\ O & O \end{pmatrix}U^* = U\begin{pmatrix} I_{\mathrm{rank}(A^k)} & T^{-k}\tilde{T} \\ O & O \end{pmatrix}U^*. \tag{6.3.47}$$

应用 (6.1.6) 和 (6.3.47), 可得

$$AA^DA^{ⓦ} = U\begin{pmatrix} I_{\mathrm{rank}(A^k)} & T^{-k}\tilde{T} \\ O & O \end{pmatrix}\begin{pmatrix} T^{-1} & T^{-2}S \\ O & O \end{pmatrix}U^*$$

$$= U\begin{pmatrix} T^{-1} & T^{-2}S \\ O & O \end{pmatrix}U^* = A^{ⓦ}. \tag{6.3.48}$$

由于 $A^{ⓦ}AA^D = A^{ⓦ}A^DA$ 和 $A^{ⓦ}AA^D = A^{ⓦ}$ 等价于 $A^{ⓦ}AA^D = AA^DA^{ⓦ}$. 因此, 条件 (1) 和 (29) 等价.

由于 (6.3.7) 和 (6.3.47), 可得

$$I - AA^{\textcircled{\dagger}} = U\begin{pmatrix} I_{\mathrm{rank}(A^k)} & O \\ O & I_{n-r(A^k)} \end{pmatrix}\begin{pmatrix} I_{\mathrm{rank}(A^k)} & O \\ O & O \end{pmatrix}U^*$$

$$= U\begin{pmatrix} O & O \\ O & I_{n-\mathrm{rank}(A^k)} \end{pmatrix}U^*, \tag{6.3.49}$$

$$AA^D(I - AA^{\textcircled{\dagger}})A = U\begin{pmatrix} T^k & T^{-k}\tilde{T} \\ O & O \end{pmatrix}\begin{pmatrix} O & O \\ O & I_{n-\mathrm{rank}(A^k)} \end{pmatrix}\begin{pmatrix} T & S \\ O & N \end{pmatrix}U^*$$

$$= U\begin{pmatrix} O & T^{-k}\tilde{T}N \\ O & O \end{pmatrix}U^*. \tag{6.3.50}$$

若 $SN = 0$, 则 $AA^D(I - AA^{\textcircled{\dagger}})A = O$. 反之, 设 $AA^D(I - AA^{\textcircled{\dagger}})A = O$, 则 $T^{-k}\left(\sum\limits_{i=0}^{k-1} T^iSN^{k-1-i}\right)N = O$, 即 $TSN^{k-1} + \cdots + T^{k-1}SN = O$. 应用条件 (1) 与条件 (28) 等价的方法, 可得 $SN = O$. 综上所述, $SN = O$ 等价于 $AA^D(I - AA^{\textcircled{\dagger}})A = O$. 因此, 条件 (1) 和 (30) 等价.

由于 (6.3.49), 可得

$$A^k(I - AA^{\textcircled{\dagger}})A = U\begin{pmatrix} T^k & \tilde{T} \\ O & O \end{pmatrix}\begin{pmatrix} O & O \\ O & I_{n-\mathrm{rank}(A^k)} \end{pmatrix}\begin{pmatrix} T & S \\ O & N \end{pmatrix}U^*$$

$$= U\begin{pmatrix} O & \tilde{T}N \\ O & O \end{pmatrix}U^*. \tag{6.3.51}$$

若 $SN = O$, 则 $A^k(I - AA^{\textcircled{\dagger}})A = O$. 反之, 设 $A^k(I - AA^{\textcircled{\dagger}})A = O$, 则 $\left(\sum\limits_{i=0}^{k-1} T^iSN^{k-1-i}\right)N = O$, 即 $TSN^{k-1} + \cdots + T^{k-1}SN = O$. 应用条件 (1) 与条件

(28) 等价的方法, 可得 $SN=O$. 综上所述, $SN=O$ 等价于 $A^k(I-AA^{\oplus})A=O$. 因此, 条件 (1) 和 (31) 等价.

通过 (2.1.1), (6.3.33) 和 (6.3.49), 得

$$\begin{aligned}AA^{D,\dagger}(I-AA^{\oplus})A&=U\begin{pmatrix}I_{\mathrm{rank}(A^k)} & T^{-k}\tilde{T}NN^{\dagger}\\ O & O\end{pmatrix}\begin{pmatrix}O & O\\ O & I_{n-\mathrm{rank}(A^k)}\end{pmatrix}\begin{pmatrix}T & S\\ O & N\end{pmatrix}U^*\\&=U\begin{pmatrix}O & T^{-k}\tilde{T}N\\ O & O\end{pmatrix}U^*.\end{aligned}\tag{6.3.52}$$

若 $SN=O$, 则 $AA^{D,\dagger}(I-AA^{\oplus})A=O$. 反之, 设 $AA^{D,\dagger}(I-AA^{\oplus})A=O$, 则 $T^{-k}\left(\sum\limits_{i=0}^{k-1}T^iSN^{k-1-i}\right)N=O$, 即 $TSN^{k-1}+\cdots+T^{k-1}SN=O$. 应用条件 (1) 与条件 (28) 等价的方法, 可得 $SN=O$. 综上所述, $SN=O$ 等价于 $AA^{D,\dagger}(I-AA^{\oplus})A=O$. 因此, 条件 (1) 和 (32) 等价.

利用引理 6.3.1, (2.1.1) 和 (6.3.49), 可得

$$\begin{aligned}A^{\dagger,D}(I-AA^{\oplus})A&=U\begin{pmatrix}T^*\triangle & T^*\triangle T^{-k}\tilde{T}\\ F_NS^*\triangle & F_NS^*\triangle T^{-k}\tilde{T}\end{pmatrix}\begin{pmatrix}O & O\\ O & I_{n-\mathrm{rank}(A^k)}\end{pmatrix}\begin{pmatrix}T & S\\ O & N\end{pmatrix}U^*\\&=U\begin{pmatrix}O & T^*\triangle T^{-k}\tilde{T}N\\ O & F_NS^*\triangle T^{-k}\tilde{T}N\end{pmatrix}U^*.\end{aligned}\tag{6.3.53}$$

若 $SN=O$, 则 $A^{\dagger,D}(I-AA^{\oplus})A=O$. 反之, 设 $A^{\dagger,D}(I-AA^{\oplus})A=O$, 可得

$$T^*(TT^*+SF_NS^*)^{-1}T^{-k}\left(\sum_{i=0}^{k-1}T^iSN^{k-1-i}\right)N=O,$$

$$F_NS^*(TT^*+SF_NS^*)^{-1}T^{-k}\left(\sum_{i=0}^{k-1}T^iSN^{k-1-i}\right)N=O.$$

应用条件 (1) 与条件 (28) 等价的方法, 可得 $SN=O$. 综上所述, $SN=O$ 等价于 $A^{\dagger,D}(I-AA^{\oplus})A=O$. 因此, 条件 (1) 和 (33) 等价.

利用引理引理 6.3.1, (2.1.1) 和 (6.3.49), 可得

$$\begin{aligned}A^{C,\dagger}(I-AA^{\oplus})A=U&\begin{pmatrix}T^*\triangle & T^*\triangle T^{-k}\tilde{T}NN^{\dagger}\\ F_NS^*\triangle & F_NS^*\triangle T^{-k}\tilde{T}NN^{\dagger}\end{pmatrix}\begin{pmatrix}O & O\\ O & I_{n-\mathrm{rank}(A^k)}\end{pmatrix}\\&\begin{pmatrix}T & S\\ O & N\end{pmatrix}U^*=U\begin{pmatrix}O & T^*\triangle T^{-k}\tilde{T}N\\ O & F_NS^*\triangle T^{-k}\tilde{T}N\end{pmatrix}U^*.\end{aligned}$$

若 $SN=O$, 则 $A^{C,\dagger}(I-AA^{\oplus})A=O$. 反之, 设 $A^{C,\dagger}(I-AA^{\oplus})A=O$, 可得 $T^*(TT^*+SF_NS^*)^{-1}T^{-k}\left(\sum\limits_{i=0}^{k-1}T^iSN^{k-1-i}\right)N=O$ 和 $F_NS^*(TT^*+SF_NS^*)^{-1}T^{-k}\left(\sum\limits_{i=0}^{k-1}T^iSN^{k-1-i}\right)N=O$. 应用条件 (1) 与条件 (28) 等价的方法, 可得 $SN=O$. 综上所述, $SN=O$ 等价于 $A^{C,\dagger}(I-AA^{\oplus})A=O$. 因此, 条件 (1) 和 (34) 等价.

利用 (6.3.4) 和 (6.3.10), 可得 $SN=0$ 当且仅当 $A^{\oplus}A^2=A^2A^{Ⓦ}$ 条件 (1) 和 (35) 等价.

通过 (6.1.6), (6.3.47) 和

$$\begin{aligned}AAA^D&=U\begin{pmatrix}T&S\\O&N\end{pmatrix}\begin{pmatrix}I_{\mathrm{rank}(A^k)}&T^{-k}\tilde{T}\\O&O\end{pmatrix}U^*\\&=U\begin{pmatrix}T&T^{-(k-1)}\tilde{T}\\O&O\end{pmatrix}U^*.\end{aligned}\tag{6.3.54}$$

若 $SN=O$, 则 $A^2A^D=AA^{\oplus}A$. 反之, 设 $A^2A^D=AA^{\oplus}A$, 则 $T^{-(k-1)}\left(\sum\limits_{i=0}^{k-1}T^iSN^{k-1-i}\right)N=S$, 即 $T^{-(k-1)}N^{k-1}+\cdots+T^{-1}SN=O$. 应用条件 (1) 与条件 (28) 等价的方法, 可得 $SN=O$. 综上所述, $SN=O$ 等价于 $A^2A^D=AA^{\oplus}A$, 条件 (1) 和 (36) 等价. □

定理 6.3.4 ([82],Cayley-Hamilton 定理) 设 $A\in\mathbb{C}_{n,n}$ 和 A 的特征多项式

$$p(s)=\det(sI_n-A)=s^n+a_{n-1}s^{n-1}+\cdots+a_1s+a_0,\tag{6.3.55}$$

则

$$p(A)=A^n+a_{n-1}A^{n-1}+\cdots+a_1A+a_0I_n=O.\tag{6.3.56}$$

文献 [82] 指出, 若 A 是奇异的, 则 $a_0=0$.

定理 6.3.5 设 $A\in\mathbb{C}_{n,n}$ 是奇异的, 且 $\mathrm{Ind}(A)=k$. 如果

$$\det(sI_n-A)=s^n+a_{n-1}s^{n-1}+\cdots+a_1s,\tag{6.3.57}$$

则

$$A^{Ⓦ}+a_{n-1}(A^{Ⓦ})^2+\cdots+a_1(A^{Ⓦ})^n=O,\tag{6.3.58}$$

其中 $A^{Ⓦ}$ 是 A 的 WG 逆.

证明 由于 $A\in\mathbb{C}_{n,n}$ 是奇异的, 应用 Cayley-Hamilton 定理有

$$A^n + a_{n-1}A^{n-1} + \cdots + a_1 A = O. \tag{6.3.59}$$

在上式右侧乘 $(A^{ⓦ})^{n+1}$ 得

$$A^n(A^{ⓦ})^{n+1} + a_{n-1}A^{n-1}(A^{ⓦ})^{n+1} + \ldots + a_1 A(A^{ⓦ})^{n+1} = O. \tag{6.3.60}$$

应用 WG 矩阵的性质, $A(A^{ⓦ})^2 = A^{ⓦ}$, 得 $A(A^{ⓦ})^{n+1} = A(A^{ⓦ})^2(A^{ⓦ})^{n-1} = A^{ⓦ}(A^{ⓦ})^{n-1}=(A^{ⓦ})^n$. 应用类似的方法可得 $(A^{ⓦ})^2(A^{ⓦ})^{n+1} = (A^{ⓦ})^{n-1}, \cdots, A^{n-1}(A^{ⓦ})^{n+1} = (A^{ⓦ})^2, A^n(A^{ⓦ})^{n+1} = A^{ⓦ}$. 把上述等式代入 (6.3.60) 做相应的替换, 即得 (6.3.58). □

例 6.3.6　设

$$A = \begin{pmatrix} 1 & 0 \\ -1 & 0 \end{pmatrix}, \tag{6.3.61}$$

很容易验证 $A^{ⓦ} \in \mathbb{C}_{n,n}$ 为

$$A^{ⓦ} = \begin{pmatrix} 1 & 0 \\ -1 & 0 \end{pmatrix},$$

则

$$\det(sI_2 - A) = \begin{vmatrix} s-1 & 0 \\ 1 & s \end{vmatrix} = s^2 - s. \tag{6.3.62}$$

由经典的 Cayley-Hamilton 定理, 可得

$$A^2 - A = \begin{pmatrix} 1 & 0 \\ -1 & 0 \end{pmatrix}^2 - \begin{pmatrix} 1 & 0 \\ -1 & 0 \end{pmatrix} = \begin{pmatrix} 0 & 0 \\ 0 & 0 \end{pmatrix}. \tag{6.3.63}$$

应用定理 6.3.5, 可得

$$A^{ⓦ} - (A^{ⓦ})^2 = \begin{pmatrix} 1 & 0 \\ -1 & 0 \end{pmatrix} - \begin{pmatrix} 1 & 0 \\ -1 & 0 \end{pmatrix}^2 = \begin{pmatrix} 0 & 0 \\ 0 & 0 \end{pmatrix}. \tag{6.3.64}$$

接下来, 将经典的 Cayley-Hamilton 定理推广到 WG 逆矩阵. 设 $A \in \mathbb{C}_{n,n}$ 且 $\mathrm{Ind}(A) = k$, 由引理 6.1.6 可得

$$\det\left(sI_n - U\begin{pmatrix} T^{-1} & T^{-2}S \\ O & O \end{pmatrix}U^*\right) = s^{n-\mathrm{rank}(A^k)}\mathrm{rank}(sI_{\mathrm{rank}(A^k)} - T^{-1}). \tag{6.3.65}$$

T^{-1} 的特征多项式为

$$\begin{aligned}p_{T^{-1}}(s) =&\det\left(sI_{\mathrm{rank}(A^k)} - T^{-1}\right)\\ =&s^{\mathrm{rank}(A^k)} + b_{n-1}s^{\mathrm{rank}(A^k)-1} + \cdots\\ &+ b_{n-\mathrm{rank}(A^k)+1}s + b_{n-\mathrm{rank}(A^k)}.\end{aligned} \tag{6.3.66}$$

由经典的 Cayley-Hamilton 定理得

$$p_{T^{-1}}(T^{-1}) = (T^{-1})^{\mathrm{rank}(A^k)} + b_{n-1}(T^{-1})^{\mathrm{rank}(A^k)-1} + \cdots \tag{6.3.67}$$

$$+ b_{n-\mathrm{rank}(A^k)+1}T^{-1} + b_{n-\mathrm{rank}(A^k)}I_{\mathrm{rank}(A^k)} = 0. \tag{6.3.68}$$

上述方程右侧乘以 $T^{\mathrm{rank}(A^k)}$:

$$\begin{aligned}&I_{\mathrm{rank}(A^k)} + b_{n-1}T + \cdots + b_{n-\mathrm{rank}(A^k)+1}T^{\mathrm{rank}(A^k)-1}\\ &+ b_{n-\mathrm{rank}(A^k)}T^{\mathrm{rank}(A^k)} = 0.\end{aligned} \tag{6.3.69}$$

通过 (6.3.65) 和 (6.3.66), 得到下面的定理.

定理 6.3.7 设 $A \in \mathbb{C}_{n,n}$ 且 $\mathrm{Ind}(A) = k$, 则 $A^{Ⓦ}$ 的特征多项式

$$\begin{aligned}p_{A^{Ⓦ}}(s) = \det(sI_n - A^{Ⓦ}) = s^n + b_{n-1}s^{n-1} + \cdots\\ + b_{n-\mathrm{rank}(A^k)}s^{n-\mathrm{rank}(A^k)}\end{aligned} \tag{6.3.70}$$

以及

$$(A^{Ⓦ})^n + b_{n-1}(A^{Ⓦ})^{n-1} + \cdots + b_{n-\mathrm{rank}(A^k)}(A^{Ⓦ})^{n-\mathrm{rank}(A^k)} = O, \tag{6.3.71}$$

其中 $b_{n-1}, \cdots, b_{n-\mathrm{rank}(A^k)}$ 如 (6.3.66) 给出.

例 6.3.8 设

$$A = \begin{pmatrix}1 & 0 & 1 & 0\\ 0 & 1 & 0 & 1\\ 0 & 0 & 0 & 1\\ 0 & 0 & 0 & 0\end{pmatrix}, \tag{6.3.72}$$

则 $\mathrm{Ind}(A) = 2, \mathrm{rank}\,(A^2) = 2$ 和

$$T = \begin{pmatrix}1 & 0\\ 0 & 1\end{pmatrix}, \quad T^{-1} = \begin{pmatrix}1 & 0\\ 0 & 1\end{pmatrix},$$

$$A^{Ⓦ} = \begin{pmatrix}1 & 0 & 1 & 0\\ 0 & 1 & 0 & 1\\ 0 & 0 & 0 & 0\\ 0 & 0 & 0 & 0\end{pmatrix}. \tag{6.3.73}$$

进一步：

$$p_{T^{-1}}(s) = s^2 - 2s + 1, \quad p_{A^{ⓦ}}(s) = s^2(s^2 - 2s + 1) = s^4 - 2s^3 + s^2$$

和

$$\begin{pmatrix} 1 & 0 & 1 & 0 \\ 0 & 1 & 0 & 1 \\ 0 & 0 & 0 & 0 \\ 0 & 0 & 0 & 0 \end{pmatrix}^4 - 2\begin{pmatrix} 1 & 0 & 1 & 0 \\ 0 & 1 & 0 & 1 \\ 0 & 0 & 0 & 0 \\ 0 & 0 & 0 & 0 \end{pmatrix}^3 + \begin{pmatrix} 1 & 0 & 1 & 0 \\ 0 & 1 & 0 & 1 \\ 0 & 0 & 0 & 0 \\ 0 & 0 & 0 & 0 \end{pmatrix}^2 = O.$$

6.4 WG 逆的 Gauss-Jordan 消元法

Gauss-Jordan 消元法是计算一个非奇异矩阵 $A \in \mathbb{C}_{n,n}$ 的一种有效的方法，这个变换过程就是将 $[A \mid I]$ 变换成 $[I \mid A^{-1}]$. 此外, Gauss-Jordan 消元法还可以用于求矩阵的秩和奇异性. 1987 年, Anstreicher 和 Rothblum 在 [4] 中首次使用 Gauss-Jordan 消元法来计算指标, 广义零空间和 Drazin 逆. 此后 Sheng 等在 [165]– [216] 中提出了三种不同的 Gauss-Jordan 消元方法来计算 $A^\dagger$, $A^\dagger_{M,N}$, A^D 逆和 $A^{(2)}_{T,S}$. 此后不久, Ji 等在 [87–90], Stanimirović 和 Petković 在 [173] 中进一步改进了这些方法. 最近, Sheng 和 Xin 在 [171] 中使用了两种高斯-若尔当算法计算了 core 逆 $X = A^{\#}$ 和双 core 逆 $X = A_{\#}$. Ji 和 Wei 在 [91] 中运用了 Gauss-Jordan 算法计算了 core-EP 逆. 本节中我们将用 Gauss-Jordan 算法来计算 WG 逆.

引理 6.4.1 ([18]) 设 $A \in \mathbb{C}_{m,n}$, $\mathrm{rank}(A) = r$, 子空间 $T \subset C^n$, $S \subset C^m$, $\dim T = \dim S^\perp = t \le r$, 则 A 有满足 $\mathcal{R}(X) = T$, $\mathcal{N}(X) = S$ 的 $\{2\}$-逆 X 当且仅当

$$AT \oplus S = \mathbb{C}^m, \tag{6.4.1}$$

此时 X 是唯一的, 记作 $A^{(2)}_{T,S}$.

引理 6.4.2 ([121]) 给定一个方阵 $A \in \mathbb{C}_{m,m}$, $\mathrm{Ind}(A) = k$. A 的 core-EP 逆存在当且仅当 $\mathrm{rank}((A^*)^k A^{k+1}) = \mathrm{rank}(A^k)$. 且 A 的 core-EP 逆是唯一的, 可以表示为

$$A^{\dagger\!\!\!\bigcirc} = A^k((A^*)^k A^{k+1})^-(A^*)^k. \tag{6.4.2}$$

引理 6.4.3 ([189]) 给定一个方阵 $A \in \mathbb{C}_{m,m}$, $\mathrm{Ind}(A) = k$. A 若满足 (6.1.1). 则 A 的 WG 逆是唯一的, 可以表示为

$$A^{ⓦ} = (A^{\dagger\!\!\!\bigcirc})^2 A. \tag{6.4.3}$$

Gauss-Jordan 消元法是一种利用初等行变换得到 Hermite 标准型矩阵的算法. 即存在一个初等行变换序列, 将 A 简化为以下形式的矩阵 B:

(i) B 的前 r 行是非零的, 其余的行全为零;

(ii) B 的第 i 行的第一个非零元素是第 i 行中的 $1(i=1,\cdots,r)$ 且出现在第 n_i 列中 $(n_1<n_2<\cdots<n_r)$;

(iii) B 的 n_i 列中唯一的非零元素是第 i 行中的 1.

其中 $r(A)=r$ 是 B 中的非零行数. 对 B 的列进行适当的变换, 矩阵 B 可以写成以下的分块形式:

$$B = \begin{pmatrix} I_r & K \\ O & O \end{pmatrix}.$$

利用增广矩阵 $(A \mid I)$, 我们可以得到将 A 变换成 Hermite 标准型矩阵的那些初等矩阵的乘积. 也就是说, 当 A 化简为 B 时, I 就变换成 F, 其中 F 是这些初等行变换的乘积. 即 $F(A \mid I)=(B \mid F)$.

为了方便起见, 我们给出了下面的算法, 更为方便使用.

算法 1 Reduce$(G \mid A)$

1. 输入: $G\in\mathbb{C}_{n,m}$, $\operatorname{rank}(G)=r$ 和 $A\in\mathbb{C}_{n,k}$.

2. 对增广矩阵 $(G \mid A)$ 进行初等行运算, 直到 A 变成 Hermite 标准型矩阵, 即

$$F(G \mid A)=\left(\begin{array}{c|c} W & F_1 \\ O & F_2 \end{array}\right), \tag{6.4.4}$$

其中 F 是这些初等行变换的乘积, 其中 $W\in\mathbb{C}_{r,m}$, $\operatorname{rank}(W)=r$, $F_1\in\mathbb{C}_{r,n}$ 和 $F_2\in\mathbb{C}_{n-r,n}$.

3. 输出 W, $F_i, i=1,2$.

令 $G=(g_{ij})$, 在增广矩阵 $(G \mid A)$ 中, 如果 g_{i1} 是 G 第一列的主元素, 将第一列除了 g_{i1} 之外的其余元素全变成零. 那么变换过程涉及 $m+k$ 列, 所以需要 $(m-1+k)n$ 个计算步骤, 由 $m-1+k$ 除法和 $(m-1+k)(n-1)$ 个乘法组成. 因为第二列主元素 g_{i2} 的左边元素为零, 所以第二列的变换过程涉及 $m-1+k$ 列, 它需要 $(m-2+k)n$ 个计算步骤, 由 $m-2+k$ 个除法和 $(m-2+k)(n-1)$ 个乘法组成. 继续这个过程, 由于 $\operatorname{rank}(G)=r$. 最后一次变换过程需要 $(m-r+k)n$ 个计算步骤, 由 $m-r+k$ 个计算和 $(m-r+k)(n-1)$ 个计算组成. 因此, 将 G 转化成一个 Hermite 标准型矩阵需要

$$(m-1+k)n+\cdots+(m-r+k)n=(m+k)nr-\frac{1}{2}n(1+r)r$$

个计算步骤.

因此, 我们可以得到算法 1 的时间复杂度如下.

命题 6.4.4 对于 $G\in\mathbb{C}_{n,m}$, $\mathrm{rank}(G)=r$ 和 $A\in\mathbb{C}_{n,k}$, 计算 $\mathrm{reduce}(G\mid A)$ 所需要的乘法和除法的总数是 $(m+k)nr-\dfrac{1}{2}n(1+r)r$.

特别地, 当 $A=I$, 对 $(G\mid A)$ 进行上述算法 1, 可以得到 $F=\begin{pmatrix}F_1\\F_2\end{pmatrix}$, 其中 $F_i, i=1,2$ 都是满秩矩阵, 则有如下结果.

命题 6.4.5 对于 $G\in\mathbb{C}_{n,m}$, $\mathrm{rank}(C)=t$, 计算 $\mathrm{reduce}(G\mid A)$ 所需要的乘法和除法的总数是 mnt.

证明 在增广矩阵 $(G\mid I)$, 如果元素 g_{ik} 是 G 中第 k 列的主元素, 则 k 列中除 g_{ik} 外的零元素被引入, 使得 e_i 变成了一列, 其中非零项的数量与 G 中第 k 列引入的零的数量相同. 因为每一个变换步骤总是包含 $m+1$ 个非零列, 所以它需要 m 个除法和 $m(m-1)$ 个乘法组成 mn 个运算.

因为对于秩为 r 的矩阵需要 r 个变换过程, 所以执行 $\mathrm{reduce}(G\mid A)$ 需要 mnr 个运算. □

为给出计算 WG 逆的 Gauss-Jordan 算法, 首先利用 Hermite 标准型矩阵证明 WG 逆存在的充分必要性, 并给出它的显式表达式.

定理 6.4.6 令 $A\in\mathbb{C}_{m,m}$, $\mathrm{rank}(A)=r$. 如果 $\begin{pmatrix}W\\O\end{pmatrix}$ 是 $(A^*)^kA^{k+1}$ 的 Hermite 标准型矩阵, 且 F 是用 Gauss-Jordan 消元法对 $(A^*)^kA^{k+1}$ 进行 r 个运算步骤后所对应的所有初等矩阵的乘积, 即

$$F((A^*)^kA^{k+1}\mid I)=\left(\begin{array}{c|c}W & F_1\\ O & F_2\end{array}\right),\tag{6.4.5}$$

其中 $W\in\mathbb{C}_{r_1}^{r_1\times m}$, $F_1\in\mathbb{C}_{r_1}^{r_1\times m}$ 和 $F_2\in\mathbb{C}_{m-r_1}^{(m-r_1)\times m}$, 这里 $r_1=r(A^k)$, $k=\mathrm{Ind}(A)$, 则有

$$\begin{pmatrix}W(A^*)^kA^{k+1}\\ F_2\end{pmatrix}\tag{6.4.6}$$

是非奇异的, 所以有

$$A^{\circledS}=\left(A^k\begin{pmatrix}W(A^*)^kA^{k+1}\\ F_2\end{pmatrix}^{-1}\begin{pmatrix}W\\O\end{pmatrix}(A^*)^k\right)^2A.\tag{6.4.7}$$

证明 一方面, 由 (6.4.5) 知, $F_1(A^*)^kA^{k+1}=W$ 且 $F_2(A^*)^kA^{k+1}=O$, 则 $\mathcal{R}((A^*)^kA^{k+1})\subset\mathcal{N}(F_2)$. 因为

$$\dim\mathcal{N}(F_2)=m-(m-r_1)=r_1=\mathrm{rank}((A^*)^kA^{k+1})=\dim\mathcal{R}((A^*)^kA^{k+1}),$$

其中 $r_1 = \text{rank}(A^k)$, $k = \text{Ind}(A)$, 所以有 $\mathcal{R}((A^*)^k A^{k+1}) = \mathcal{N}(F_2)$.

另一方面,

$$\mathcal{N}((A^*)^k A^{k+1}) = \mathcal{N}(F(A^*)^k A^{k+1}) = \mathcal{N}\left(\begin{pmatrix} W \\ O \end{pmatrix}\right) = \mathcal{N}(W).$$

假设 $\begin{pmatrix} W(A^*)^k A^{k+1} \\ F_2 \end{pmatrix}$ 是非奇异的. 令 $X = \begin{pmatrix} W(A^*)^k A^{k+1} \\ F_2 \end{pmatrix}^{-1} \begin{pmatrix} W \\ O \end{pmatrix}$,
则 $\mathcal{N}(X) = \mathcal{N}\left(\begin{pmatrix} W \\ O \end{pmatrix}\right) = \mathcal{N}((A^*)^k A^{k+1})$, 且

$$\begin{aligned}
\mathcal{R}((A^*)^k A^{k+1}) &= \mathcal{R}\left(\begin{pmatrix} W(A^*)^k A^{k+1} \\ F_2 \end{pmatrix}^{-1} \begin{pmatrix} W(A^*)^k A^{k+1} \\ F_2 \end{pmatrix} (A^*)^k A^{k+1}\right) \\
&= \mathcal{R}\left(\begin{pmatrix} W(A^*)^k A^{k+1} \\ F_2 \end{pmatrix}^{-1} \begin{pmatrix} W(A^*)^k A^{k+1}(A^*)^k A^{k+1} \\ O \end{pmatrix}\right) \\
&= \mathcal{R}(X(A^*)^k A^{k+1}(A^*)^k A^{k+1}) \subset \mathcal{R}(X).
\end{aligned}$$

故有

$$\dim\mathcal{R}(\mathrm{X}) = \text{rank}(X) = \text{rank}\left(\begin{pmatrix} W \\ O \end{pmatrix}\right) = \text{rank}(F(A^*)^k A^{k+1}) = \dim\mathcal{R}((A^*)^k A^{k+1}),$$

所以 $\mathcal{R}(X) = \mathcal{R}((A^*)^k A^{k+1})$.

为了证明 $X \in A\{1\}$, 令 $\begin{pmatrix} W(A^*)^k A^{k+1} \\ F_2 \end{pmatrix}^{-1} = (P, Q)$, 则有

$$\begin{pmatrix} W(A^*)^k A^{k+1} \\ F_2 \end{pmatrix} (P, Q) = I,$$

所以有 $W(A^*)^k A^{k+1} P = I_{r_1}$ 和 $W(A^*)^k A^{k+1} Q = O$. 进一步有

$$\begin{aligned}
(A^*)^k A^{k+1} X (A^*)^k A^{k+1} &= (A^*)^k A^{k+1} \begin{pmatrix} W(A^*)^k A^{k+1} \\ F_2 \end{pmatrix}^{-1} \begin{pmatrix} W \\ O \end{pmatrix} (A^*)^k A^{k+1} \\
&= (A^*)^k A^{k+1} (P, Q) \begin{pmatrix} W \\ O \end{pmatrix} (A^*)^k A^{k+1} \\
&= (A^*)^k A^{k+1} P W (A^*)^k A^{k+1} \\
&= (A^*)^k A^{k+1} P P^{-1}
\end{aligned}$$

$$= (A^*)^k A^{k+1}.$$

那么 $X = ((A^*)^k A^{k+1})^-$, 这意味着 A 的 WG 逆存在.

反之, 假设 A 的 WG 逆存在, 则 $(A^*)^k A^{k+1}$ 的 $\{1\}$-逆存在. 令 $\begin{pmatrix} W(A^*)^k A^{k+1} \\ F_2 \end{pmatrix}$. $x = O$, 则有 $W(A^*)^k A^{k+1}x = O$ 和 $F_2 x = O$, 所以有 $x \in \mathcal{N}(F_2) = \mathcal{R}((A^*)^k A^{k+1})$ 和 $(A^*)^k A^{k+1}x \in \mathcal{N}(W) = \mathcal{N}((A^*)^k A^{k+1})$, $(A^*)^k A^{k+1}x \in (A^*)^k A^{k+1}\mathcal{R}((A^*)^k \cdot A^{k+1}) \cap \mathcal{N}((A^*)^k A^{k+1}) = \{0\}$. 通过引理 6.4.1, 有 $(A^*)^k A^{k+1}x = O$. 由 [211], 有 $x \in \mathcal{N}((A^*)^k A^{k+1}) \cap \mathcal{R}((A^*)^k A^{k+1}) = \{0\}$, 即 $x = O$. 故 $\begin{pmatrix} W(A^*)^k A^{k+1} \\ F_2 \end{pmatrix}$ 是非奇异的. □

式 (6.4.7) 给出了 WG 逆 $A^{Ⓦ}$ 的 Gauss-Jordan 分解形式. 因此, 通过定理 6.4.6 我们可以建立以下算法.

算法 2 GI$(G \mid A)$

1. 输入: $A \in \mathbb{C}_{m,m}$, $\operatorname{rank}(A) = r$.

2. 计算 $(A^*)^k A^{k+1}$.

3. 对增广矩阵 $((A^*)^k A^{k+1} \mid I)$ 执行算法 1, 得到 (6.4.5) 里的 Hermite 标准型矩阵.

4. 计算 $W(A^*)^k A^{k+1}$ 和

$$\left(\begin{array}{c|c} W(A^*)^k A^{k+1} & W \\ F_2 & 0 \end{array}\right), \tag{6.4.8}$$

直到得到 $(I \mid X)$, 输出 X, 这里 $X = ((A^*)^k A^{k+1})^-$.

5. 计算 $(A^k((A^*)^k A^{k+1})^-(A^*)^k)^2 A$, 得到 $A^{Ⓦ}$.

接下来我们将讨论算法 2 的计算复杂度.

定理 6.4.7 对于 $A \in \mathbb{C}_{m,m}$, $\operatorname{rank}(A) = r$, $(A^*)^k A^{k+1} \in \mathbb{C}_{m,m}$, $\operatorname{rank}((A^*)^k \cdot A^{k+1}) = r_1$, 算法 2 计算的 A 的 WG 逆所需的乘法和除法的总数为

$$N_1(m, r_1, k) = (2k+4)m^3 + 4r_1 m^2 - r_1^3.$$

证明 **步骤 2** 计算 $(A^*)^k A^{k+1}$ 需要 $2km^3$ 次运算.

通过命题 6.4.5, 步骤 3 对增广矩阵 $((A^*)^k A^{k+1} \mid I)$ 执行算法 1 需要 $m^2 r_1$ $(r_1 \le r)$ 次运算.

步骤 4 计算 $W(A^*)^k A^{k+1}$ 需要 $r_1 m^2$ 次运算. 不失一般性, 假设 $W = (I_{r_1} \mid W_2)$, $F_1 = (F_{11} \mid O_{n-r_1})$, $F_2 = (F_{21} \mid I_{m-r_1})$, 其中 $W_2 \in \mathbb{C}_{r,m-r}$, $F_{11} \in \mathbb{C}_{r_1,r_1}$, $F_{21} \in \mathbb{C}_{m-r_1,r_1}$, 则有

$$F(G \mid I) = \left(\begin{array}{cc|cc} I_{r_1} & W_2 & F_{11} & O_{m-r_1} \\ O & O & F_{21} & I_{m-r_1} \end{array} \right), \tag{6.4.9}$$

故计算 $W(A^*)^k A^{k+1} \overset{\text{def}}{=} (C_1\ C_2)$ 需要 $r_1(m-r_1)m$ 次乘法运算. 则 (6.4.8) 可以写成

$$\left(\begin{array}{cc|cc} C_1 & C_2 & I_{r_1} & W_2 \\ F_{21} & I_{m-r_1} & O & O \end{array} \right). \tag{6.4.10}$$

把 C_2 变换成 O 需要 $r_1^2(m-r_1)$ 次乘法运算且 C_1 同时转化为 C_1'. 则 (6.4.10) 可以写成

$$\left(\begin{array}{cc|cc} C_1' & O & I_{r_1} & W_2 \\ F_{21} & I_{m-r_1} & O & O \end{array} \right). \tag{6.4.11}$$

因为 $\begin{pmatrix} W(A^*)^k A^{k+1} \\ F_2 \end{pmatrix}$ 是非奇异的, $\text{rank}(C_1') = r_1$, 从而将 (6.4.11) 中的 C_1' 变换成 I_r, 相当于执行 $\text{reduce}((C_1', W_2) \mid I_{r_1})$, 通过命题 6.4.5 可知需要 mr_1^2 次运算. 则 (6.4.11) 可以写成

$$\left(\begin{array}{cc|cc} I_{r_1} & O & * & W_2' \\ F_{21} & I_{m-r_1} & O & O \end{array} \right). \tag{6.4.12}$$

将 (6.4.12) 中的 F_{21} 转化为 O 需要 $m(m-r_1)r_1$ 次乘法运算, 进而得到 $(I \mid X)$.

步骤 5 计算 $(A^k((A^*)^k A^{k+1})^-(A^*)^k)^2 A$ 需要 $4m^3$ 次运算.

因此算法 2 总共需要的运算次数为

$$\begin{aligned} N_1(m, r_1, k) &= 2km^3 + m^2 r_1 + r_1 m^2 + r_1(m-r_1)m + r_1^2(m-r_1) \\ &\quad + mr_1^2 + m(m-r_1)r_1 + 4m^3 \\ &= (2k+4)m^3 + 4r_1 m^2 - r_1^3. \end{aligned}$$

下面给出数值例子.

例 6.4.8 令

$$A = \begin{pmatrix} 1 & 0 & 1 & 0 \\ 0 & 1 & 0 & 1 \\ 0 & 0 & 0 & 1 \\ 0 & 0 & 0 & 0 \end{pmatrix}, \quad \text{Ind}(A) = 2.$$

计算 $A^{\textcircled{W}}$.

下面将使用算法 2 来计算上述 $A^{\textcircled{W}}$. 对增广矩阵 $((A^*)^2A^3\ |I)$ 执行算法 2, 得到

$$((A^*)^2A^3 \mid I) = \left(\begin{array}{cccc|cccc} 1 & 0 & 1 & 1 & 1 & 0 & 0 & 0 \\ 0 & 1 & 0 & 1 & 0 & 1 & 0 & 0 \\ 1 & 0 & 1 & 1 & 0 & 0 & 1 & 0 \\ 1 & 1 & 1 & 2 & 0 & 0 & 0 & 1 \end{array}\right)$$

$$\longrightarrow \left(\begin{array}{cccc|cccc} 1 & 0 & 1 & 1 & 1 & 0 & 0 & 0 \\ 0 & 1 & 0 & 1 & 0 & 1 & 0 & 0 \\ 0 & 0 & 0 & 0 & -1 & 0 & 1 & 0 \\ 0 & 0 & 0 & 0 & -1 & -1 & 0 & 1 \end{array}\right).$$

因此, 定理 6.4.6 中定义的 W, F_1 和 F_2 可以表示为

$$W = \begin{pmatrix} 1 & 0 & 1 & 1 \\ 0 & 1 & 0 & 1 \end{pmatrix}, \quad F_1 = \begin{pmatrix} 1 & 0 & 0 & 0 \\ 0 & 1 & 0 & 0 \end{pmatrix}, \quad F_2 = \begin{pmatrix} -1 & 0 & 1 & 0 \\ -1 & -1 & 0 & 1 \end{pmatrix}.$$

所以 $\begin{pmatrix} W(A^*)^2A^3 \\ F_2 \end{pmatrix} = \begin{pmatrix} 3 & 1 & 3 & 4 \\ 1 & 2 & 1 & 3 \\ -1 & 0 & 1 & 0 \\ -1 & -1 & 0 & 1 \end{pmatrix}$ 是非奇异的. 通过定理 6.4.6 知, $((A^*)^2\cdot A^3)^-$ 存在, 因此

$$\left(\begin{array}{c|c} W(A^*)^2A^3 & W \\ F_2 & O \end{array}\right) = \left(\begin{array}{cccc|cccc} 3 & 1 & 3 & 4 & 1 & 0 & 1 & 1 \\ 1 & 2 & 1 & 3 & 0 & 1 & 0 & 1 \\ -1 & 0 & 1 & 0 & 0 & 0 & 0 & 0 \\ -1 & -1 & 0 & 1 & 0 & 0 & 0 & 0 \end{array}\right)$$

$$\longrightarrow \left(\begin{array}{cccc|cccc} 1 & 0 & 0 & 0 & \frac{1}{5} & -\frac{1}{5} & \frac{1}{5} & 0 \\ 0 & 1 & 0 & 0 & -\frac{1}{5} & \frac{2}{5} & -\frac{1}{5} & \frac{1}{5} \\ 0 & 0 & 1 & 0 & \frac{1}{5} & -\frac{1}{5} & \frac{1}{5} & 0 \\ 0 & 0 & 0 & 1 & 0 & \frac{1}{5} & 0 & \frac{1}{5} \end{array}\right),$$

所以有

$$A^{\circledW}=\left(A^2\begin{pmatrix}\frac{1}{5}&-\frac{1}{5}&\frac{1}{5}&0\\-\frac{1}{5}&\frac{2}{5}&-\frac{1}{5}&\frac{1}{5}\\\frac{1}{5}&-\frac{1}{5}&\frac{1}{5}&0\\0&\frac{1}{5}&0&\frac{1}{5}\end{pmatrix}(A^*)^2\right)^2A=\begin{pmatrix}1&0&1&0\\0&1&0&1\\0&0&0&0\\0&0&0&0\end{pmatrix}.$$

因为 $\mathrm{rank}((A^*)^2A^3)=2$, $\mathrm{Ind}(A)=2$. 由定理 6.4.7 可知, 算法 2 计算 $A^{\textcircled{\dagger}}$ 的算法复杂度为

$$N_1(4,2,2)=(2\times2+4)\times4^3+4\times2\times4^2-2^3=632.$$

6.5 WG 逆在约束矩阵逼近问题中的应用

令 $M\in\mathbb{C}_{n,n}$, $\mathrm{rank}\left(M^k\right)=r$ 和 $\mathrm{Ind}(M)=k$. M 的 core-EP 分解是

$$M=M_1+M_2, \tag{6.5.1}$$

其中 $M_1\in\mathbb{C}_n^{\mathrm{CM}}$, $M_2^k=O$ 且 $M_1^*M_2=M_2M_1=O$. 这里, M_1 和 M_2 中的一个或两个可以为空 (见 [191]). 很容易验证存在 n 阶酉矩阵 U, 使得

$$M_1=U\begin{pmatrix}T&S\\O&O\end{pmatrix}U^*\quad 和\quad M_2=U\begin{pmatrix}O&O\\O&N\end{pmatrix}U^*, \tag{6.5.2}$$

其中 $S\in\mathbb{C}_{r,n-r}$, $T\in\mathbb{C}_{r,r}$ 是一个非奇异矩阵, $N\in\mathbb{C}_{n-r,n-r}$, 和 $N^k=0$. 众所周知, 矩阵 M 的核心-幂零分解为

$$M=\widehat{M_1}+\widehat{M_2},$$

其中 $\widehat{M_1}\in\mathbb{C}_n^{\mathrm{CM}}$, $\widehat{M_2}^k=O$, $\widehat{M_1}\widehat{M_2}=\widehat{M_2}\widehat{M_1}=O$. 这里 $\widehat{M_1}$ 和 $\widehat{M_2}$ 中的一个或两个可以为空 (见 [187]). 很容易验证存在非奇异矩阵 P 使得

$$\widehat{M_1}=P\begin{pmatrix}\widehat{T}&O\\O&O\end{pmatrix}P^{-1}\quad 和\quad \widehat{M_2}=P\begin{pmatrix}O&O\\O&\widehat{N}\end{pmatrix}P^{-1},$$

其中 $\widehat{T}\in\mathbb{C}_{r,r}$ 是非奇异的, $\widehat{N}\in\mathbb{C}_{n-r,n-r}$ 是幂零的, 且 $\widehat{N}^k=O$.

在 [59, 定理 2.3] 中, 我们看到

$$M^{\textcircled{\dagger}}=M^dM^k\left(M^k\right)^{\dagger}. \tag{6.5.3}$$

此外, 通过应用 (6.5.3), 我们得到

$$M^{\textcircled{\dagger}} = M_1^{\textcircled{\#}} = \widehat{M_1}^{\textcircled{\#}}.$$

值得注意的是, 当群逆分别应用于 M_1 和 $\widehat{M_1}$ 时, 两个结果是不同的. 众所周知, Drazin 逆 M^d 是 $\widehat{M_1}$ 的群逆. M 的弱群逆 (简称 WG 逆) 是 M_1 的群逆. Wang 和 Chen 在 [189] 中引入了 WG 逆, 其是满足

$$(2^l)\ MX^2 = X, \quad (3^c)\ MX = M^{\textcircled{\dagger}}M \tag{6.5.4}$$

的唯一矩阵. WG 逆是一种新的广义群逆, 不同于其他广义群逆. 在 [189] 中, 通过应用 core-EP 分解, 作者证明了 (6.5.4) 是相容的, 并且 WG 逆 $M^{\textcircled{w}}$ 是 (6.5.4) 的唯一解,

$$M^{\textcircled{w}} = U\begin{pmatrix} T^{-1} & T^{-2}S \\ O & O \end{pmatrix}U^*. \tag{6.5.5}$$

并给出了 WG 逆的以下性质

$$\begin{aligned} M^{\textcircled{w}} &= M^k\left(M^{k+2}\right)^{\textcircled{\#}}M = \left(M^2P_{M^k}\right)^{\dagger}M \\ &= (MM^{\textcircled{\dagger}}M)^{\sharp} = (M^{\textcircled{\dagger}})^2 M \\ &= \left(M^2\right)^{\textcircled{\dagger}}M. \end{aligned} \tag{6.5.6}$$

此外, 当 $M \in \mathbb{C}_n^{\mathrm{CM}}$, 我们显然有

$$M^{\textcircled{\dagger}} = M^{\sharp}. \tag{6.5.7}$$

近年来, 许多数学工作者对 WG 逆产生了兴趣. Ferreyra, Orquera 和 Thome[56] 将 WG 逆的概念推广到长方形矩阵 $M \in \mathbb{C}^{m\times n}$, 引入了 W-加权 WG 逆, 并将其表示为 $M^{\textcircled{w},\mathrm{W}}$. 很容易看出, 当 $m=n$ 和 $W=I_n$ 时, W-加权的 WG 逆被简化为 WG 逆. Mosić 和 Stanimirović [144] 给出了 WG 逆的极限表示, 积分表示和扰动公式. Yan, Wang 和 Zuo 等[207] 导出了 WG 逆的一些新的刻画和性质. Xu, Wang 和 Chen 等 [205] 引入了一个广义的 WG 逆. Mosić 和 Zhang[149] 研究了 Hilbert 空间算子的加权 WG 逆. Zhou, Chen, Zhou 等 [221,222] 考虑了 $*$-环中的 WG 逆, 并用方程刻画了该逆的性质. 此外, 通过应用 WG 逆, Wang 和 Liu[198] 引入了 WG 矩阵, 用 $\mathbb{C}_n^{\mathrm{WG}}$: $\mathbb{C}_n^{\mathrm{WG}} = \{M \mid M \in \mathbb{C}_{n,n},\ M^{\textcircled{w}}M = MM^{\textcircled{w}}\}$ 表示所有 WG 矩阵的集合, 并证明了

$$\mathbb{C}_n^{\mathrm{CM}} \subseteq \mathbb{C}_n^{\mathrm{WG}}.$$

Ferreyra, Levis, Priori 和 Thome[48] 引入了 $M \in \mathbb{C}_{n,n}$ 的弱 core 逆, 用 $M^{\textcircled{w},\dagger}$ 表示, $M^{\textcircled{w},\dagger} = M^{\textcircled{w}}P_M$, 其中 $P_M = MM^{\dagger}$, 并定义了弱 core 矩阵的概念, 用

$\mathbb{C}_n^{\mathrm{WC}}$: $\mathbb{C}_n^{\mathrm{WC}} = \left\{M \mid M \in \mathbb{C}_{n,n},\ M^{\textcircled{w},\dagger} = M^{d,\dagger}\right\}$ 表示所有弱 core 矩阵的集合, 其中 $M^{d,\dagger}$ 是 M 的 DMP 逆, 并且 $M^{d,\dagger} = M^dMM^\dagger$. 值得注意的是, $\mathbb{C}_n^{\mathrm{WG}}$ 是 $\mathbb{C}_n^{\mathrm{WC}}$ 的适当子集:

$$\mathbb{C}_n^{\mathrm{WG}} \subseteq \mathbb{C}_n^{\mathrm{WC}} \quad (\text{见 [48]}).$$

随着研究的深入, 我们看到了越来越多的 WG 逆的性质, 刻画和应用. 众所周知, 广义逆是许多类不相容 (或相容) 矩阵方程中最常用和最有效的工具之一. 例如, Penrose[157] 证明了方程

$$Mx = b$$

的极小范数最小二乘解是唯一的并且 $x = M^\dagger b$. Campbell 和 Meyer[27] 证明了 $x = M^d b$ 是相容约束矩阵方程

$$Mx = b \quad \text{服从} \quad x \in \mathcal{R}\left(M^k\right),$$

利用 core 逆, Wang 和 Zhang[200] 研究了约束矩阵逼近问题: $\|Mx - b\|_F = \min$ 关于 $x \in \mathcal{R}(M)$, 并给出了唯一解 $x = M^{\#}b$, 其中 $M \in \mathbb{C}_n^{\mathrm{CM}}$. Ji, Mosić 等[91, 147] 研究了约束矩阵逼近问题:

$$\min \|Mx - b\|_F^2 \quad \text{服从} \quad x \in \mathcal{R}\left(M^k\right), \tag{6.5.8}$$

并给出了独特的解决方案

$$x = M^{\textcircled{\dagger}}b, \tag{6.5.9}$$

其中 k 是 M 的指标. 本节考虑了 WG 逆在约束优化逼近问题中的应用, 给出了应用 WG 逆的唯一解, 并得到了该逆的几个刻画.

设 $M \in \mathbb{C}_{n,n}$, $\operatorname{rank}\left(M^k\right) = r$ 且 $\operatorname{Ind}(M) = k$. 令 M 的 core-EP 分解形式如 (6.5.1) 所示, M_1 和 M_2 如 (6.5.2) 所示, 则

$$M^k = U\begin{pmatrix} T^k & \widehat{T} \\ O & O \end{pmatrix}U^* \tag{6.5.10}$$

和

$$M^{k+2} = U\begin{pmatrix} T^{k+2} & \widetilde{T} \\ O & O \end{pmatrix}U^*, \tag{6.5.11}$$

其中 $\widehat{T} = T^{k-1}S + T^{k-2}SN + \cdots + TSN^{k-2} + SN^{k-1}$ 且 $\widetilde{T} = T^2\widehat{T}$.

考虑约束矩阵方程

$$M^2X = MD \quad \text{相对于} \quad \mathcal{R}(X) \subseteq \mathcal{R}\left(M^k\right), \tag{6.5.12}$$

其中 X 和 D 都是 $n \times m$ 矩阵, $\operatorname{Ind}(M) = k$. 由于 M^2 的秩小于或等于 M 的秩, 我们知道约束矩阵方程 (6.5.12) 并不总是相容的. 因此, 我们研究了它在 Frobenius 范数中的最小二乘解.

定理 6.5.1 令 $M \in \mathbb{C}_{n,n}$, $\mathrm{Ind}(M)=k$ 且 $\mathrm{rank}\left(M^k\right)=r$. 则方程 (6.5.12) 的最小二乘解唯一存在, 且

$$X = M^{\textcircled{W}} D. \tag{6.5.13}$$

证明 因为 $\mathcal{R}(X) \subseteq \mathcal{R}\left(M^k\right)$, 所以存在一个 $n \times m$ 阶矩阵 Y 满足 $X = M^k Y$. 则 X 是 (6.5.12) 的最小二乘解当且仅当 Y 是方程

$$\|M^{k+2}Y - MD\|_F^2 = \min \tag{6.5.14}$$

的解.

记

$$U^*Y = \begin{pmatrix} Y_1 \\ Y_2 \end{pmatrix} \quad 和 \quad U^*D = \begin{pmatrix} D_1 \\ D_2 \end{pmatrix}, \tag{6.5.15}$$

其中 $Y_1 \in \mathbb{C}_{r,m}$ 且 $D_1 \in \mathbb{C}_{r,m}$.

通过 M 的 core-EP 分解, (6.5.2) 以及 (6.5.11), 我们得到

$$\begin{aligned}
\left\|M^{k+2}Y - MD\right\|_F^2 &= \left\|U\begin{pmatrix} T^{k+2} & \widetilde{T} \\ O & O \end{pmatrix}\begin{pmatrix} Y_1 \\ Y_2 \end{pmatrix} - U\begin{pmatrix} T & S \\ O & N \end{pmatrix}\begin{pmatrix} D_1 \\ D_2 \end{pmatrix}\right\|_F^2 \\
&= \left\|\begin{pmatrix} T^{k+2}Y_1 + \widetilde{T}Y_2 - TD_1 - SD_2 \\ -ND_2 \end{pmatrix}\right\|_F^2 \\
&= \left\|T^{k+2}Y_1 + \widetilde{T}Y_2 - TD_1 - SD_2\right\|_F^2 + \|ND_2\|_F^2.
\end{aligned} \tag{6.5.16}$$

因为 T 是可逆的, 因此

$$\min_Y \|M^{k+2}Y - MD\|_F^2 = \|ND_2\|_F^2 \tag{6.5.17}$$

且

$$Y_1 = -T^{-(k+2)}\left(\widetilde{T}Y_2 - TD_1 - SD_2\right), \tag{6.5.18}$$

其中 $Y_2 \in \mathcal{C}_{n-r,m}$ 是任意的. 从而, 我们看到方程 (6.5.12) 的最小二乘解存在. 通过 (6.5.5), (6.5.15), (6.5.18) 和 $X = M^kY$, 我们得到

$$\begin{aligned}
X = M^kY &= U\begin{pmatrix} T^k & \widehat{T} \\ O & O \end{pmatrix}\begin{pmatrix} -T^{-(k+2)}\left(T^2\widehat{T}Y_2 - TD_1 - SD_2\right) \\ Y_2 \end{pmatrix} \\
&= U\begin{pmatrix} -T^kT^{-(k+2)}\left(T^2\widehat{T}Y_2 - TD_1 - SD_2\right) + \widehat{T}Y_2 \\ O \end{pmatrix}
\end{aligned}$$

$$
\begin{aligned}
&= U \begin{pmatrix} T^{-1}D_1 + T^{-2}SD_2 \\ O \end{pmatrix} = U \begin{pmatrix} T^{-1} & T^{-2}S \\ O & O \end{pmatrix} U^*U \begin{pmatrix} D_1 \\ D_2 \end{pmatrix} \\
&= M^{ⓦ} D,
\end{aligned} \tag{6.5.19}
$$

即 (6.5.13) 是 (6.5.12) 的唯一解.

注记 6.5.2 当 $m=1$ 时, 根据 (6.5.8) 和 (6.5.9), 我们得到方程 (6.5.12) 的唯一解是

$$X = \left(\left(M^2\right)^{ⓣ}\right)(MD) = \left(\left(M^2\right)^{ⓣ} M\right) D.$$

将 (6.5.6) 代入上述方程, 我们得到 $X = M^{ⓦ} D$.

注记 6.5.3 当 $k=1$ 时, 我们有方程 (6.5.12) 是相容的:

$$M^2X = MD \quad 相对于 \quad \mathcal{R}(X) \subseteq \mathcal{R}(M).$$

很容易得到唯一的解: $X = (M^2)^\sharp MD$. 因为 M 的指标为 1, 我们知道 M^2 是群可逆的并且 $(M^2)^\sharp = \left(M^\sharp\right)^2$. 因此 $X = M^\sharp D$. 另一方面, 因为 M 的指标为 1, 通过定理 6.5.1, 我们得到 $X = M^{ⓦ} D = M^\sharp D$.

在定理 6.5.1 中, 我们发现 $X = M^{ⓦ} D$ 是 $M^2X = MD$ 关于 $\mathcal{R}(X) \subseteq \mathcal{R}\left(M^k\right)$ 的最小二乘解. 那么, 很显然, 当 $D = I_n$ 时, M 的 WG 逆 $M^{ⓦ}$ 是 $M^2X = M$ 相对于 $\mathcal{R}(X) \subseteq \mathcal{R}\left(M^k\right)$ 的唯一最小二乘解.

推论 6.5.4 令 $M \in \mathbb{C}_{n,n}$, $\mathrm{Ind}(M) = k$ 和 $\mathrm{rank}\left(M^k\right) = r$. 则 WG 逆 $M^{ⓦ}$ 是

$$M^2X = M \quad 相对于 \quad \mathcal{R}(X) \subseteq \mathcal{R}\left(M^k\right) \tag{6.5.20}$$

的唯一最小二乘解.

接下来, 对于 $\mathcal{R}(X) \in \mathcal{R}\left(M^k\right)$, 我们有 X 是 $M^2X = M$ 相对于 $\mathcal{R}(X) \subseteq \mathcal{R}\left(M^k\right)$ 的最小二乘解当且仅当 Y 是 $M^{k+2}Y = M$ 的最小二乘解. 很容易得到 $Y = \left(M^{k+2}\right)^\dagger M + \left(I_n - \left(M^{k+2}\right)^\dagger M^{k+2}\right) Z$, 其中 $Z \in \mathbb{C}_{n,n}$ 是任意的. 因此, 我们有定理 6.5.5, 通过 $M^k\left(I_n - \left(M^{k+2}\right)^\dagger M^{k+2}\right) = O$ 和 $X = M^kY$.

定理 6.5.5 设 $M \in \mathbb{C}_{n,n}$ 且 $\mathrm{Ind}(M) = k$. 则

$$M^{ⓦ} = M^k\left(M^{k+2}\right)^\dagger M. \tag{6.5.21}$$

特别地, 当 M 的指标为 1 时, 通过定理 6.5.5, 我们得到这个显著的结果: $M^\sharp = M\left(M^3\right)^\dagger M$. 与之对应的是

$$M^\sharp = M\left(M^3\right)^{(1)} M, \tag{6.5.22}$$

其中 $M^{(1)}$ 是集合 $S = \{X \mid MXM = M\}$ 中的任意元素. 很显然 M 的 Moore-Penrose 逆在集合 S 中. 因此, 当 M 的指标为 1 时, (6.5.21) 是 (6.5.22) 的特例.

在定理 6.5.5 中, 因为 M 的指标为 k, 我们有 $\left(M^d\right)^2 M^{k+2} = M^k$ 和 $P_{M^k} = P_{M^{l+2}}$, 其中 l 是一个正整数并且大于或等于 k. 因此, 我们得到定理 6.5.6.

定理 6.5.6 令 $M \in \mathbb{C}_{n,n}$, $\mathrm{Ind}(M) = k$ 和 $\mathrm{rank}\left(M^k\right) = r$. 则

$$M^{\circledW} = \left(M^d\right)^2 P_{\mathcal{R}(M^k)} M \tag{6.5.23}$$

$$= M^l \left(M^{l+2}\right)^{\dagger} M, \tag{6.5.24}$$

其中 l 大于或等于 k.

例 6.5.7 令

$$M = \begin{pmatrix} 0 & 4 & -1 \\ -1 & 3 & -1 \\ -2 & -2 & 0 \end{pmatrix}.$$

则 $\mathrm{Ind}(M) = 2$, $\mathrm{rank}\left(M^2\right) = 1$, 且

$$M^2 = \begin{pmatrix} -2 & 14 & -4 \\ -1 & 7 & -2 \\ 2 & -14 & 4 \end{pmatrix}, \quad M^4 = \begin{pmatrix} -18 & 126 & -36 \\ -9 & 63 & -18 \\ 18 & -126 & 36 \end{pmatrix},$$

$$\left(M^4\right)^{\dagger} = \begin{pmatrix} -1/2187 & -1/4374 & 1/2187 \\ 7/2187 & 7/4374 & -7/2187 \\ -2/2187 & -1/2187 & 2/2187 \end{pmatrix}, \quad M^d = \begin{pmatrix} -2/27 & 14/27 & -4/27 \\ -1/27 & 7/27 & -2/27 \\ 2/27 & -14/27 & 4/27 \end{pmatrix}$$

和

$$P_{\mathcal{R}(M^2)} = \begin{pmatrix} 4/9 & 2/9 & -4/9 \\ 2/9 & 1/9 & -2/9 \\ -4/9 & -2/9 & 4/9 \end{pmatrix}.$$

通过应用 (6.5.21) 和 (6.5.23), 我们得到

$$M^{\circledW} = \begin{pmatrix} 2/27 & 10/27 & -2/27 \\ 1/27 & 5/27 & -1/27 \\ -2/27 & -10/27 & 2/27 \end{pmatrix} = M^2 \left(M^4\right)^{\dagger} M = \left(M^d\right)^2 P_{\mathcal{R}(M^2)} M.$$

此外, 令

$$D = \begin{pmatrix} 1 & 2 \\ -1 & 3 \\ 0 & -1 \end{pmatrix}.$$

则

$$MD = \begin{pmatrix} -4 & 13 \\ -4 & 8 \\ 0 & -10 \end{pmatrix}.$$

通过应用定理 6.5.1, 我们得到

$$M^2X = MD \quad \text{相对于} \quad \mathcal{R}(X) \subseteq \mathcal{R}\left(M^2\right)$$

的最小二乘解是

$$X = \begin{pmatrix} -8/27 & 4/3 \\ -4/27 & 2/3 \\ 8/27 & -4/3 \end{pmatrix}.$$

接下来, 我们利用矩阵分解、矩阵方程和秩等式推导了 WG 逆的几个特征.

矩阵方程是刻画广义逆的一个重要工具. 在定理 6.5.8 中, 我们将利用矩阵方程导出 WG 逆的一个特征.

定理 6.5.8 设 $M \in \mathbb{C}_{n,n}$ 其中 $\operatorname{Ind}(M) = k$, $\operatorname{rank}\left(M^k\right) = r$. 则 M 的 WG 逆是满足以下方程

$$(1)\ \left(M^k\right)^* M^2 X = \left(M^k\right)^* M, \quad (2)\ \mathcal{R}(X) \subseteq \mathcal{R}\left(M^k\right) \tag{6.5.25}$$

的唯一矩阵 $X \in \mathbb{C}_{n,n}$.

证明 设 $M \in \mathbb{C}_{n,n}$ 如 (6.5.1) 和 (6.5.2) 所示. 假设 X 满足上述方程, 并表示为

$$X = U \begin{pmatrix} X_{11} & X_{12} \\ X_{21} & X_{22} \end{pmatrix} U^*,$$

其中 $X_{11} \in \mathbb{C}_{r,r}$. 由于 $\mathcal{R}(X) \subseteq \mathcal{R}(M^k)$, 我们得到 $X = M^kY$. 记

$$Y = U \begin{pmatrix} Y_{11} & Y_{12} \\ Y_{21} & Y_{22} \end{pmatrix} U^*,$$

其中 $Y_{11} \in \mathbb{C}_{r,r}$. 则通过应用 (6.5.10), 我们得到

$$\begin{aligned} U \begin{pmatrix} X_{11} & X_{12} \\ X_{21} & X_{22} \end{pmatrix} U^* &= U \begin{pmatrix} T^k & \widehat{T} \\ O & O \end{pmatrix} U^* U \begin{pmatrix} Y_{11} & Y_{12} \\ Y_{21} & Y_{22} \end{pmatrix} U^* \\ &= U \begin{pmatrix} T^kY_{11} + \widehat{T}Y_{21} & T^kY_{12} + \widehat{T}Y_{22} \\ O & O \end{pmatrix} U^*. \end{aligned}$$

因此, 我们得到

$$X_{21} = O \quad 和 \quad X_{22} = O. \tag{6.5.26}$$

通过应用 (6.5.10) 和 (6.5.26) 我们有

$$\begin{aligned}(M^k)^* M^2 X &= U \begin{pmatrix} (T^k)^* & O \\ \widehat{T}^* & O \end{pmatrix} \begin{pmatrix} T & S \\ O & N \end{pmatrix}^2 \begin{pmatrix} X_{11} & X_{12} \\ O & O \end{pmatrix} U^* \\ &= U \begin{pmatrix} (T^k)^* T^2 X_{11} & (T^k)^* T^2 X_{12} \\ \widehat{T}^* T^2 X_{11} & \widehat{T}^* T^2 X_{12} \end{pmatrix} U^*, \\ (M^k)^* M &= U \begin{pmatrix} (T^k)^* & O \\ \widehat{T}^* & O \end{pmatrix} \begin{pmatrix} T & S \\ O & N \end{pmatrix} U^* \\ &= U \begin{pmatrix} (T^k)^* T & (T^k)^* S \\ \widehat{T}^* T & \widehat{T}^* S \end{pmatrix} U^*. \end{aligned} \tag{6.5.27}$$

因为 $(M^k)^* M^2 X = (M^k)^* M$ 和 T 是可逆的, 我们得到 X_{11} 和 X_{12} 是唯一的, 并且 $X_{11} = T^{-1}$ 和 $X_{12} = T^{-2}S$. 因此, 从 (6.5.26) 我们可以看出

$$X = U \begin{pmatrix} T^{-1} & T^{-2}S \\ O & O \end{pmatrix} U^*.$$

从而, 通过应用 (6.5.5), M 的 WG 逆是方程 (6.5.25) 的唯一解. □

在 [189] 中, 应用满秩分解和初等矩阵运算, Sheng 和 Xin 提出了一种 core 逆的 Gauss-Jordan 消元法. 在 [91] 中, Ji 和 Wei 推广了该算法, 并给出了 core-EP 逆的一个算法. 在下面的讨论中, 通过应用满秩分解, 我们给出了 WG 逆的一个刻画, 并考虑了一种 WG 逆的 Gauss-Jordan 消去法. 广义逆的 Gauss-Jordan 消元法的更多细节可以在 [88, 89, 91, 168, 189] 中看到.

定理 6.5.9　设 $M \in \mathbb{C}_{n,n}$, $\mathrm{Ind}(M) = k$ 和 $\mathrm{rank}\left(M^k\right) = r$, 且令 M^k 的满秩分解为 $M^k = PQ$. 则

$$M^{\text{Ⓦ}} = P \left(P^* M^2 P\right)^{-1} P^* M. \tag{6.5.28}$$

证明　设 M^k 的满秩分解为 $M^k = PQ$, 其中 P 是列满秩矩阵, 且 Q 行满秩矩阵. 因为 M 的指标为 k, 我们有 $\mathrm{rank}\left(M^k\right) = \mathrm{rank}\left(\left(M^k\right)^2\right)$, 即 M^k 是群可逆的. 因此, QP 是一个 $r \times r$ 阶可逆矩阵.

设 M 的 core-EP 分解形式与 (6.5.1) 相同. 则 M_1 和 M_2 形式与 (6.5.2) 相同. 通过应用 (6.5.10), 我们得到 M^k 的一个分解:

$$M^k = \left(U \begin{pmatrix} T^k \\ O \end{pmatrix}\right) \left(\begin{pmatrix} I_r & T^{-k}\widehat{T} \end{pmatrix} U^*\right). \tag{6.5.29}$$

很显然, 上述分解也是 M^k 的满秩分解. 记 $L=\left(\begin{pmatrix}I_r & T^{-k}\widehat{T}\end{pmatrix}U^*\right)P\in\mathbb{C}^{r\times r}$. 由于 M^k 是群可逆的, 我们有

$$r=\operatorname{rank}\left(M^k\right)=\operatorname{rank}\left(\left(M^k\right)^2\right)=\operatorname{rank}\left(\left(U\begin{pmatrix}T^k\\ O\end{pmatrix}\right)LQ\right)\le\operatorname{rank}(L)\le r.$$

因此 L 是可逆的. 从而, 存在 Y 满足

$$P=U\begin{pmatrix}T^k\\ O\end{pmatrix}Y=U\begin{pmatrix}T^kY\\ O\end{pmatrix},\tag{6.5.30}$$

其中 $Y=L(QP)^{-1}=\left(\begin{pmatrix}I_r & T^{-k}\widehat{T}\end{pmatrix}U^*\right)P(QP)^{-1}\in\mathbb{C}_{r,r}$. 因为 L 和 QP 是可逆的, 所以 Y 是可逆的.

通过应用 (6.5.30), 我们有

$$\begin{aligned}P^*M^2P&=(Y^*(T^k)^*\quad 0)U^*U\begin{pmatrix}T^2 & TS+SN\\ O & N^2\end{pmatrix}U^*U\begin{pmatrix}T^kY\\ 0\end{pmatrix}\\&=Y^*(T^k)^*T^2T^kY\end{aligned}\tag{6.5.31}$$

和

$$P^*M=\begin{pmatrix}Y^*(T^k)^* & O\end{pmatrix}\begin{pmatrix}T & S\\ O & N\end{pmatrix}U^*=\begin{pmatrix}Y^*(T^k)^*T & Y^*(T^k)^*S\end{pmatrix}U^*.$$

因为 Y 和 T 是可逆的, 通过 (6.5.31), 我们得到

$$P^*M^2P\text{ 是可逆的.}\tag{6.5.32}$$

因此, 我们有

$$\begin{aligned}P\left(P^*M^2P\right)^{-1}P^*M&=U\begin{pmatrix}T^kY\\ O\end{pmatrix}\left(Y^*\left(T^k\right)^*T^2T^kY\right)^{-1}\\&\quad\cdot\begin{pmatrix}Y^*(T^k)^*T & Y^*(T^k)^*S\end{pmatrix}U^*\\&=U\begin{pmatrix}I_r\\ O\end{pmatrix}(T^2)^{-1}\begin{pmatrix}T & S\end{pmatrix}U^*=U\begin{pmatrix}T^{-1} & T^{-2}S\\ O & O\end{pmatrix}U^*.\end{aligned}$$

因此, 我们有 (6.5.28).

例 6.5.10 令 M 如例 6.5.7 所示. 我们令

$$P = \begin{pmatrix} -2 \\ -1 \\ 2 \end{pmatrix}.$$

通过定理 6.5.9, 我们得到

$$P^*M^2P = 81, \quad P^*M = \begin{pmatrix} 3 & -15 & 3 \end{pmatrix}$$

和

$$M^{\textcircled{w}} = P\left(P^*M^2P\right)^{-1}P^*M = \begin{pmatrix} 2/27 & 10/27 & -2/27 \\ 1/27 & 5/27 & -1/27 \\ -2/27 & -10/27 & 2/27 \end{pmatrix}.$$

基于定理 6.5.9, 通过初等变换, 我们给出了 WG 逆的一个算法. 通过对 M^k 进行初等列变换, 我们得到 $\begin{pmatrix} P & O \end{pmatrix}$. 则令

$$\mathcal{M} = \begin{pmatrix} P^*M^2P & P^*M \\ P & O \end{pmatrix}.$$

通过对 $\mathcal{M}$ 进行初等行变换, 我们得到 $\mathcal{M}_1$:

$$\mathcal{M} = \begin{pmatrix} P^*M^2P & P^*M \\ P & O \end{pmatrix} \to \mathcal{M}_1 = \begin{pmatrix} I_r & (P^*M^2P)^{-1}P^*M \\ P & O \end{pmatrix}.$$

此外, 通过对 $\mathcal{M}_1$ 进行初等行变换, 我们得到 $\mathcal{M}_2$:

$$\mathcal{M}_1 = \begin{pmatrix} I_r & (P^*M^2P)^{-1}P^*M \\ P & O \end{pmatrix} \to \mathcal{M}_2 = \begin{pmatrix} I_r & (P^*M^2P)^{-1}P^*M \\ O & -P(P^*M^2P)^{-1}P^*M \end{pmatrix}.$$

因此, 我们有 $M^{\textcircled{w}} = P(P^*M^2P)^{-1}P^*M$.

综上所述, 我们有 WG 逆的 Gauss-Jordan 消元法:

算法 I

---

(1) 输入 M, $k = \mathrm{Ind}(M)$ 和 $r = \mathrm{rank}(M^k)$;

(2) 对 M^k 进行初等列运算, 得到 $(P \mid O)$, 其中 $P \in \mathbb{C}_{n,r}$ 且 $\mathrm{rank}(P) = r$;

(3) 计算 P^*M 和 P^*M^2P, 构成块矩阵 $\mathcal{M}$, 对前 s 行进行初等行运算, 并将其转换为 $\mathcal{M}_1$;

(4) 对 $\mathcal{M}_1$ 中的块矩阵进行初等行运算, 以去除单位矩阵 I_r : $\mathcal{M}_2$ 下面的所有元素;

(5) 输出: WG 逆 $M^{\textcircled{w}} = P\left(P^*M^2P\right)^{-1}P^*M$.

例 6.5.11 ([91,158]) 计算 WG 逆 $M^{ⓦ}$ for M, 其中

$$M=\begin{pmatrix}1&1&-1\\1&0&2\\2&1&1\end{pmatrix}.$$

则 $\mathrm{Ind}(M)=2$ 且 $\mathrm{rank}\,(M^2)=1$.

进行初等列运算于

$$M^2=\begin{pmatrix}0&0&0\\5&3&1\\5&3&1\end{pmatrix},$$

则有

$$P=\begin{pmatrix}0\\5\\5\end{pmatrix}.$$

计算 $P^*M^2P=200$ 和 $P^*M=\begin{pmatrix}15&5&15\end{pmatrix}$, 则

$$\mathcal{M}=\begin{pmatrix}P^*M^2P&P^*M\\P&0\end{pmatrix}=\left(\begin{array}{c|ccc}200&15&5&15\\\hline 0&0&0&0\\5&0&0&0\\5&0&0&0\end{array}\right).$$

在块矩阵 $\mathcal{M}$ 中, 将第一行乘以 1/200 :

$$\mathcal{M}=\begin{pmatrix}1&3/40&1/40&3/40\\0&0&0&0\\5&0&0&0\\5&0&0&0\end{pmatrix}.$$

将第一行乘以 -5 分别加到第三行和第四行:

$$\mathcal{M}=\begin{pmatrix}1&3/40&1/40&3/40\\0&0&0&0\\0&-3/8&-1/8&-3/8\\0&-3/8&-1/8&-3/8\end{pmatrix}.$$

因此, 得到

$$M^{ⓦ}=\begin{pmatrix}0&0&0\\3/8&1/8&3/8\\3/8&1/8&3/8\end{pmatrix}.$$

在下面的例子 6.5.14 中, 基于定理 6.5.9 和上述算法, 我们给出一个例子来解释如何通过应用 Gauss-Jordan 方法利用 WG 逆来计算约束矩阵方程 (6.5.12) 的最小二乘解.

例 6.5.12 令

$$M=\begin{pmatrix}0&-1&2&-2\\-1&2&0&1\\1&-3&3&-4\\1&-3&2&-3\end{pmatrix}\quad 和\quad D=\begin{pmatrix}1&2\\0&2\\1&0\\2&1\end{pmatrix}.$$

则 $\operatorname{Ind}(M)=2$, $\operatorname{rank}(M)=3$, $\operatorname{rank}(M^2)=2$,

$$M^2=\begin{pmatrix}1&-2&2&-3\\-1&2&0&1\\2&-4&3&-5\\2&-4&2&-4\end{pmatrix}\quad 和\quad MD=\begin{pmatrix}-2&-4\\1&3\\-4&-8\\-3&-7\end{pmatrix}.$$

对 M^2 进行初等列运算, 我们得到

$$P=\begin{pmatrix}1&2\\-1&0\\2&3\\2&2\end{pmatrix}.$$

计算 $P^*M^2P=\begin{pmatrix}10&12\\12&17\end{pmatrix}$ 和 $P^*MD=\begin{pmatrix}-17&-37\\-22&-46\end{pmatrix}$, 则

$$\mathcal{M}=\begin{pmatrix}P^*M^2P&P^*Mb\\P&0\end{pmatrix}=\left(\begin{array}{cc|cc}10&12&-17&-37\\12&17&-22&-46\\\hline 1&2&0&0\\-1&0&0&0\\2&3&0&0\\2&2&0&0\end{array}\right).$$

在块矩阵 $\mathcal{M}$ 中, 将第一块行乘以 P^*M^2P,

$$\left(P^*M^2P\right)^{-1}=\begin{pmatrix}17/26&-6/13\\-6/13&5/13\end{pmatrix},$$

我们得到

$$\mathcal{M}_1=\left(\begin{array}{cc|cc}1&0&-25/26&-77/26\\0&1&-8/13&-8/13\\\hline 1&2&0&0\\-1&0&0&0\\2&3&0&0\\2&2&0&0\end{array}\right).$$

将第一块行乘以 $-P$ 加到第二块行:

$$\mathcal{M}_2=\left(\begin{array}{cc|cc}1&0&-25/26&-77/26\\0&1&-8/13&-8/13\\\hline 0&0&57/26&109/26\\0&0&-25/26&-77/26\\0&0&49/13&101/13\\0&0&41/13&93/13\end{array}\right).$$

因此, 我们得到

$$X=\begin{pmatrix}-57/26&-109/26\\25/26&77/26\\-49/13&-101/13\\-41/13&-93/13\end{pmatrix}.$$

另一方面, 通过应用定理 6.5.1 和定理 6.5.5, 我们也得到

$$M^{\textcircled{w}}=M^k\left(M^{k+2}\right)^{\dagger}M=\begin{pmatrix}5/26&-31/26&2&-57/26\\-25/26&51/26&0&25/26\\10/13&-36/13&3&-49/13\\15/13&-41/13&2&-41/13\end{pmatrix}$$

和

$$X=M^{\textcircled{w}}D=\begin{pmatrix}-57/26&-109/26\\25/26&77/26\\-49/13&-101/13\\-41/13&-93/13\end{pmatrix}.$$

在定理 6.5.9 中, 我们看到 WG 逆的刻画 (6.5.28) 是基于满秩分解的. 但有趣的是, 在刻画 (6.5.28) 中, 只使用了列部分. 基于这些结果, 我们在下面的定理中, 给出了一个新的刻画.

定理 6.5.13　令 $M \in \mathbb{C}_{n,n}$, $\mathrm{Ind}(M) = k$ 和 $\mathrm{rank}\left(M^k\right) = r$. 则

$$M^{ⓦ} = T\left(T^* M^2 T\right)^{\dagger} T^* M, \tag{6.5.33}$$

其中 T 是一个 $n \times n$ 阶矩阵且 $\mathcal{R}(M^k) = \mathcal{R}(T)$.

证明　令 $M^k = PQ$ 和 $T = T_1 T_2$ 分别是 M^k 和 T 的满秩分解. 因为 $\mathcal{R}(M^k) = \mathcal{R}(T)$, 则存在 Y 满足 $T_1 = PY$, 其中 Y 是可逆的. 因此, 我们得到 T 的满秩分解:

$$T = P\left(YT_2\right). \tag{6.5.34}$$

从而

$$T^* M^2 T = \left(P\left(YT_2\right)\right)^* M^2 \left(P\left(YT_2\right)\right) = \left(T_2^* Y^* P^* M^2 P\right) YT_2. \tag{6.5.35}$$

因为 Y 是可逆的, 通过应用 (6.5.32), 我们得到 (6.5.35) 是 $T^* M^2 T$ 的满秩分解. 通过 (6.5.32), (6.5.34) 和 (6.5.35), 我们有

$$\begin{aligned}
&T\left(T^* M^2 T\right)^{\dagger} T^* M \\
=&P\left(YT_2\right)\left(\left(T_2^* Y^* P^* M^2 P\right) YT_2\right)^{\dagger} T_2^* Y^* P^* M \\
=&P\left(YT_2\right)\left(YT_2\right)^*\left(\left(YT_2\right)\left(YT_2\right)^*\right)^{-1}\left(\left(T_2^* Y^* P^* M^2 P\right)^*\left(T_2^* Y^* P^* M^2 P\right)\right)^{-1} \\
&\times \left(T_2^* Y^* P^* M^2 P\right)^* T_2^* Y^* \left(P^* M^2 P\right)\left(P^* M^2 P\right)^{-1} P^* M \\
=&P\left(P^* M^2 P\right)^{-1} P^* M.
\end{aligned}$$

应用定理 6.5.9, 由此我们推断 (6.5.33). □

例 6.5.14　设 M 和 D 如例 6.5.14 所示, $\mathrm{Ind}(M) = 2$, 且

$$T = \begin{pmatrix} -5 & 0 & -10 & 2 \\ 1 & 2 & 14 & 2 \\ -8 & -1 & -22 & 2 \\ -6 & -2 & -24 & 0 \end{pmatrix}.$$

显然有 $\mathcal{R}(M^2) = \mathcal{R}(T)$. 通过应用定理 6.5.5, 我们得到

$$M^{ⓦ} = M^2\left(M^4\right)^{\dagger} M = \begin{pmatrix} 5/26 & -31/26 & 2 & -57/26 \\ -25/26 & 51/26 & 0 & 25/26 \\ 10/13 & -36/13 & 3 & -49/13 \\ 15/13 & -41/13 & 2 & -41/13 \end{pmatrix}. \tag{6.5.36}$$

另一方面, 通过应用定理 6.5.13, 我们有

$$\left(T^*M^2T\right)^\dagger=\begin{pmatrix}152/8599 & -27/4031 & -236/48805 & -143/9465\\ -27/4031 & 62/24235 & 19/9726 & 129/22438\\ -236/48805 & 19/9726 & 5/2439 & 59/13790\\ -143/9465 & 129/22438 & 59/13790 & 79/6104\end{pmatrix}$$

和

$$T\left(T^*M^2T\right)^\dagger T^*M=\begin{pmatrix}5/26 & -31/26 & 2 & -57/26\\ -25/26 & 51/26 & 0 & 25/26\\ 10/13 & -36/13 & 3 & -49/13\\ 15/13 & -41/13 & 2 & -41/13\end{pmatrix}.$$

通过应用 (6.5.36), 可见 $M^{\circledW}=T\left(T^*M^2T\right)^\dagger T^*M$.

第 7 章　C-S 逆理论及其应用

值得注意的是: 当 $\text{Ind}(A)=1$ 时, 这些广义的 core 逆与 A^k 有相同的秩, 那么引入与 A 更密切相关的广义 core 逆显得更有趣. 在本章, 利用 G-S 逆的构造方法来介绍这样一种新的广义 core 逆. 我们指出 core 逆不是 S 逆, 本章引入的广义 core 逆也不是 S 逆, 但新的广义逆依然有很多有趣的性质和应用. 基于 G-S 逆和矩阵 core-EP 分解提出 C-S 逆, 给出 C-S 逆的定义和性质. 进一步, 应用 C-S 逆的定义引入一个新的偏序：C-S 偏序, 并给出 C-S 偏序的刻画和性质以及证明与其他经典偏序之间的关系等. 最后, 给出 C-S 逆的应用.

7.1　C-S　逆

在本节, 给出 C-S 逆的定义, 研究其性质和其他广义逆之间的区别和联系.

定理 7.1.1　设 $A\in\mathbb{C}_{n,n}$ 且 $\text{Ind}(A)=k$, 则满足下列方程

$$XA^{k+1}=A^k,\ \ (A^kX^k)^*=A^kX^k,\ \ A-X=A^kX^k(A-X) \tag{7.1.1}$$

的解是唯一的. 进一步, 存在酉矩阵 U 使得

$$X=U\begin{pmatrix}T^{-1} & O\\ O & N\end{pmatrix}U^*=A^{\textcircled{\dagger}}+A_2, \tag{7.1.2}$$

其中 $T\in\mathbb{C}_{\text{rank}(A^k),\text{rank}(A^k)}$ 是非奇异矩阵, N 是幂零矩阵以及 $A_2=A-AA^{\textcircled{\dagger}}A$.

证明　设 A 的 core-EP 分解如 (2.1.1), 把 (7.1.2) 代入 (7.1.1), 可得

$$XA^{k+1}-A^k=U\begin{pmatrix}T^{-1}T^{k+1} & T^{-1}T\widetilde{T}\\ O & O\end{pmatrix}U^*-U\begin{pmatrix}T^k & \widetilde{T}\\ O & O\end{pmatrix}U^*=O, \tag{7.1.3}$$

$$\begin{aligned}A^kX^k&=U\begin{pmatrix}T^k & \widetilde{T}\\ O & O\end{pmatrix}U^*U\begin{pmatrix}T^{-k} & O\\ O & O\end{pmatrix}U^*=U\begin{pmatrix}I_{\text{rank}(A^k)} & O\\ O & O\end{pmatrix}U^*\\&=\left(A^kX^k\right)^*,\end{aligned}$$

$$A^kX^k(A-X)=U\begin{pmatrix}I_{\text{rank}(A^k)} & O\\ O & O\end{pmatrix}\begin{pmatrix}T-T^{-1} & S\\ O & N-N\end{pmatrix}U^*$$

$$= U \begin{pmatrix} T - T^{-1} & S \\ O & O \end{pmatrix} U^*$$

$$= A - X. \tag{7.1.4}$$

因此, 可得 (7.1.1) 是相容的, (7.1.2) 是唯一解. 接下来, 利用 EP-幂零分解研究 (7.1.1) 解的唯一性. 设 A 的 EP-幂零分解如 (1.0.21) 的形式, 记

$$X = F_{\widehat{A}_1} X F_{\widehat{A}_1} + P_{\widehat{A}_1} X F_{\widehat{A}_1} + P_{\widehat{A}_1} X P_{\widehat{A}_1} + F_{\widehat{A}_1} X P_{\widehat{A}_1}. \tag{7.1.5}$$

由 $\widehat{A}_2\widehat{A}_1 = O$ 和 $\widehat{A}_2^{k+1} = O$, 利用 (1.0.21), 很容易验证

$$A^k = \left(\widehat{A}_1 + \widehat{A}_2\right)^k = \widehat{A}_1^k + \sum_{i=0}^{k-1} \widehat{A}_1^i \widehat{A}_2^{k-i}, \tag{7.1.6}$$

$$A^{k+1} = \left(\widehat{A}_1 + \widehat{A}_2\right)^{k+1} = \widehat{A}_1^{k+1} + \sum_{i=1}^{k} \widehat{A}_1^i \widehat{A}_2^{k+1-i}, \tag{7.1.7}$$

$$\widehat{A}_1 = A^{k+1} \left(\widehat{A}_1^k\right)^\dagger, \tag{7.1.8}$$

$$F_{\widehat{A}_1} A^k = O. \tag{7.1.9}$$

由于 $XA^{k+1} = A^k$, 利用 (7.1.8), 可得

$$P_{\widehat{A}_1}^\dagger X P_{\widehat{A}_1} = P_{\widehat{A}_1} X A^{k+1} \left(\widehat{A}_1^k\right)^\dagger \widehat{A}_1^\dagger = P_{\widehat{A}_1} A^k \left(\widehat{A}_1^k\right)^\dagger \widehat{A}_1^\dagger = \widehat{A}_1^\dagger. \tag{7.1.10}$$

应用 (7.1.8) 和 (7.1.9), 可得

$$F_{\widehat{A}_1} X P_{\widehat{A}_1} = F_{\widehat{A}_1} A^k \left(\widehat{A}_1^k\right)^\dagger \widehat{A}_1^\dagger = O. \tag{7.1.11}$$

因为 $A - X = A^k X^k (A - X)$, 利用 (7.1.9), 可得

$$F_{\widehat{A}_1} (A - X) F_{\widehat{A}_1} = F_{\widehat{A}_1} A^k X^k (A - X) F_{\widehat{A}_1} = O.$$

即

$$F_{\widehat{A}_1} X F_{\widehat{A}_1} = F_{\widehat{A}_1} A F_{\widehat{A}_1}. \tag{7.1.12}$$

因此, 利用 (7.1.10), (7.1.11) 和 (7.1.12) 以及 (7.1.5), 可得

$$X = \widehat{A}_1^\dagger + P_{\widehat{A}_1} X F_{\widehat{A}_1} + F_{\widehat{A}_1} A F_{\widehat{A}_1}. \tag{7.1.13}$$

进一步, 记

$$X = X_1 + X_2 \text{ 和 } X_2 = X_{21} + X_{22}, \tag{7.1.14}$$

其中 $X_1 = \widehat{A}_1^{\dagger}$, $X_{21} = P_{\widehat{A}_1} X F_{\widehat{A}_1}$ 和 $X_{22} = F_{\widehat{A}_1} A F_{\widehat{A}_1}$.

因为 A_1 是 EP 矩阵, 则 $F_{\widehat{A}_1} A_1^{\dagger} = O$, $X_2 X_1 = O$ 和

$$X^k = X_1^k + \sum_{i=0}^{k-1} X_1^i X_2^{k-i}. \tag{7.1.15}$$

利用 $X_{22}^k = X_{22} X_{21} = O$, 可得

$$A^k X^k = \widehat{A}_1^k \left(\widehat{A}_1^{\dagger}\right)^k + \widehat{A}_1^k \sum_{i=0}^{k-1} X_1^i X_{21} X_{22}^{k-1-i}.$$

因为 $A^k X^k$ 和 $\widehat{A}_1^k (\widehat{A}_1^{\dagger})^k$ 是 Hermite 矩阵, 可得 $\widehat{A}_1^k \sum\limits_{i=0}^{k-1} X_1^i X_{21} X_{22}^{k-1-i}$ 是 Hermite 矩阵. 由 $\widehat{A}_1^k \sum\limits_{i=0}^{k-1} X_1^i X_{21} X_{22}^{k-1-i} \subseteq \mathcal{R}\left(\widehat{A}_1\right)$, $\left(\widehat{A}_1^k \sum\limits_{i=0}^{k-1} X_1^i X_{21} X_{22}^{k-1-i}\right)^* \subseteq \mathcal{R}\left(F_{\widehat{A}_1}\right)$ 和 $\mathcal{R}\left(\widehat{A}_1\right) \cap \mathcal{R}\left(F_{\widehat{A}_1}\right) = 0$, 可得

$$\begin{aligned} &\widehat{A}_1^k \sum_{i=0}^{k-1} X_1^i X_{21} X_{22}^{k-1-i} \\ =&\widehat{A}_1 X_{21} + \widehat{A}_1^2 X_{21} X_{22} + \cdots + \widehat{A}_1^{k-1} X_{21} X_{22}^{k-2} + \widehat{A}_1^k X_{21} X_{22}^{k-1} = O. \end{aligned}$$

因为 $\widehat{A}_1$ 是群可逆的, 利用 $X_{22}^k = O$ 和 $\mathcal{R}(X_{21}) \subseteq \mathcal{R}\left(\widehat{A}_1\right)$, 可得 $X_{21} = O$. 即

$$P_{\widehat{A}_1} X F_{\widehat{A}_1} = O. \tag{7.1.16}$$

由于 $\widehat{A}_1$ 和 $\widehat{A}_2$ 是唯一的, 应用 (7.1.10), (7.1.11), (7.1.12) 和 (7.1.16) 以及 (7.1.5), 可得 (7.1.1) 的解是唯一的.

定义 7.1.1 设 $A \in \mathbb{C}_{n,n}$ 且 $\mathrm{Ind}(A) = k$, A 的 C-S 逆为 (7.1.1) 的解, 记作 $A^{Ⓢ}$.

注记 7.1.2 由 (7.1.2) 可以看出, 当 $k = 1$ 时, $A^{Ⓢ} = A^{\#}$. 因此, C-S 逆是更广义的 core 逆.

设 $A \in \mathbb{C}_{n,n}$ 且 $\mathrm{Ind}(A) = k$, A 的 core-EP 分解如引理 1.0.16, A 的 C-S 逆有 (7.1.2) 的形式. 显然 $\mathrm{rank}\left(A^{Ⓢ}\right) = \mathrm{rank}(T) + \mathrm{rank}(N)$ 和 $\mathrm{rank}\left(A^{Ⓢ}\right) = \mathrm{rank}(T^{-1}) + \mathrm{rank}(N)$. 因此, 有下面的定理.

定理 7.1.3 设 $A \in \mathbb{C}_{n,n}$ 且 $\mathrm{Ind}(A) = k$, 则 $\mathrm{rank}\left(A^{Ⓢ}\right) = \mathrm{rank}(A)$.

下面的例子可以看出 $A^{Ⓢ}$ 与 $A^{\dagger}$, A^{D}, $A^{\textcircled{\dagger}}$, $A^{\diamond}$, $A^{D,\dagger}$, $A^{C,\dagger}$, $A^{\dagger,D}$, $A^{Ⓦ}$, $A^{(S)}$ 不同.

例 7.1.4 设 $A=\begin{pmatrix}1&0&1&0\\0&1&0&1\\0&0&0&1\\0&0&0&0\end{pmatrix}$, 则

$$A^{ⓢ}=\begin{pmatrix}1&0&0&0\\0&1&0&0\\0&0&0&1\\0&0&0&0\end{pmatrix}$$

和

$$A^{(S)}=\begin{pmatrix}1&0&1&0\\0&1&0&1\\0&0&0&1\\0&0&0&0\end{pmatrix},\quad A^{\dagger}=\begin{pmatrix}0.5&0&0&0\\0&1&-1&0\\0.5&0&0&0\\0&0&1&0\end{pmatrix},\quad A^{D}=\begin{pmatrix}1&0&1&1\\0&1&0&1\\0&0&0&0\\0&0&0&0\end{pmatrix},$$

$$A^{\textcircled{\dagger}}=\begin{pmatrix}1&0&0&0\\0&1&0&0\\0&0&0&0\\0&0&0&0\end{pmatrix},\quad A^{D,\dagger}=\begin{pmatrix}1&0&1&0\\0&1&0&0\\0&0&0&0\\0&0&0&0\end{pmatrix},\quad A^{\dagger,D}=\begin{pmatrix}0.5&0&0.5&0.5\\0&1&0&1\\0.5&0&0.5&0.5\\0&0&0&0\end{pmatrix},$$

$$A^{C,\dagger}=\begin{pmatrix}0.5&0&0.5&0\\0&1&0&0\\0.5&0&0.5&0\\0&0&0&0\end{pmatrix},\quad A^{\diamond}=\begin{pmatrix}0.5&0&0&0\\0&1&0&0\\0.5&0&0&0\\0&0&0&0\end{pmatrix},\quad A^{ⓦ}=\begin{pmatrix}1&0&1&0\\0&1&0&1\\0&0&0&0\\0&0&0&0\end{pmatrix}.$$

定理 7.1.5 设 $A\in\mathbb{C}_{n,n}$ 且 $\mathrm{Ind}(A)=k$, 则下面条件等价:

(1) $X=A^{ⓢ}$;

(2) $A^kX^k=AA^{\textcircled{\dagger}}$, $A^kX^{k+1}=A^{\textcircled{\dagger}}$, $A-X=A^kX^k(A-X)$;

(3) $A^kX^k=P_{A^k}$, $A^kX^{k+1}=A^DP_{A^k}$, $A-X=A^kX^k(A-X)$;

(4) $P_{A^k}X=A^{\textcircled{\dagger}}$, $F_{A^k}(A-X)=O$;

(5) $F_{A^k}A+2P_{A^k}X=A^{\textcircled{\dagger}}+X$.

证明 设 A 的 core-EP 分解如 (2.1.1), A 的 C-S 逆有 (7.1.2) 的形式.

(1) $\Rightarrow$ (2) 应用 (2.1.3) 和 (7.1.3), 可得 $A^kX^k=AA^{\textcircled{\dagger}}$. 利用 (7.1.2) 和 (7.1.3), 可得 $A^kX^{k+1}=U\begin{pmatrix}T^{-1}&O\\O&O\end{pmatrix}U^*$. 由 (2.1.3), 可得 $A^kX^{k+1}=A^{\textcircled{\dagger}}$. 进一

步, 由 (7.1.2), 可得 $A - A^{\circledS} = U\begin{pmatrix} T - T^{-1} & O \\ O & O \end{pmatrix}U^*$. 由 (7.1.3), 可得 $A - X = A^kX^k(A - X)$.

(2) ⇒ (1)　记

$$X = U\begin{pmatrix} X_1 & X_2 \\ X_3 & X_4 \end{pmatrix}U^*, \tag{7.1.17}$$

其中 $X_1 \in \mathbb{C}_{t,t}$. 应用 $A^kX^k = AA^{\textcircled{\dagger}}$, $A^kX^{k+1} = A^{\textcircled{\dagger}}$ 和 $A - X = A^kX^k(A - X)$, 可得

$$O = (I - AA^{\textcircled{\dagger}})(A - X) = U\begin{pmatrix} O & O \\ -X_3 & N - X_4 \end{pmatrix}U^*,$$

$$O = AA^{\textcircled{\dagger}}X - A^{\textcircled{\dagger}} = U\begin{pmatrix} X_1 - T^{-1} & X_2 \\ O & O \end{pmatrix}U^*,$$

即 $X_1 = T^{-1}$, $X_2 = O$, $X_3 = O$ 和 $X_4 = N$. 因此, $X = A^{\circledS}$.

(2) ⇔ (3)　利用 (2.1.4), 可得 (2) 和 (3) 等价.

(1) ⇒ (4)　通过 (1.0.22) 和 (7.1.2), 可得

$$P_{A^k}X = U\begin{pmatrix} I_{\mathrm{rank}(A^k)} & O \\ O & O \end{pmatrix}\begin{pmatrix} T^{-1} & O \\ O & N \end{pmatrix}U^* = U\begin{pmatrix} T^{-1} & O \\ O & O \end{pmatrix}U^* = A^{\textcircled{\dagger}},$$

$$F_{A^k}(A - X) = U\begin{pmatrix} O & O \\ O & I_{n-\mathrm{rank}(A^k)} \end{pmatrix}\begin{pmatrix} T - T^{-1} & S \\ O & O \end{pmatrix}U^* = O.$$

(4) ⇒ (5)　由 $P_{A^k}X = A^{\textcircled{\dagger}}$ 和 $F_{A^k}(A-X) = O$, 可得 $P_{A^k}X + F_{A^k}(A-X) = A^{\textcircled{\dagger}}$, 即 $F_{A^k}A + 2P_{A^k}X = A^{\textcircled{\dagger}} + X$.

(5) ⇒ (1)　设 X 有 (7.1.17) 的形式, 则

$$\begin{aligned} & F_{A^k}A + 2P_{A^k}X - A^{\textcircled{\dagger}} - X \\ =& U\begin{pmatrix} O & O \\ O & N \end{pmatrix}U^* + U\begin{pmatrix} 2X_1 & 2X_2 \\ O & O \end{pmatrix}U^* - U\begin{pmatrix} T^{-1} & O \\ O & O \end{pmatrix}U^* - U\begin{pmatrix} X_1 & X_2 \\ X_3 & X_4 \end{pmatrix}U^* \\ =& U\begin{pmatrix} X_1 - T^{-1} & X_2 \\ X_3 & N - X_4 \end{pmatrix}U^*. \end{aligned}$$

由 $F_{A^k}A + 2P_{A^k}X = A^{\textcircled{\dagger}} + X$, 可得 $X_1 = T^{-1}$, $X_2 = O$, $X_3 = O$ 和 $X_4 = N$. 因此, 可得 $X = A^{\circledS}$. □

定理 7.1.6 设 $A \in \mathbb{C}_{n,n}$ 且 $\operatorname{Ind}(A) = k$, 则

(1) $A^{\circledS} = O \Leftrightarrow A = O$;

(2) $A^{\circledS} = A \Leftrightarrow T^{-1} = T$, $S = O$;

(3) $A^{\circledS} = A^* \Leftrightarrow T$ 是酉矩阵, $S = O$, $N = O$;

(4) $A^{\circledS} = P_A \Leftrightarrow T = I_{\operatorname{rank}(A^k)}$, $N = O$.

证明 设 A 的 core-EP 分解如 (2.1.1) 的形式, 则

(1) 由于 $A^{\circledS} = O$, 则 $N = O$ 和 T 是不存在的. 因此, $A = O$.

(2) 由于 $A^{\circledS} = A$, 则 $U\begin{pmatrix} T^{-1} & O \\ O & N \end{pmatrix}U^* = U\begin{pmatrix} T & S \\ O & N \end{pmatrix}U^*$. 因此, $T^{-1} = T$ 和 $S = O$.

(3) 由于 $A^{\circledS} = A^*$, 则 $U\begin{pmatrix} T^{-1} & O \\ O & N \end{pmatrix}U^* = U\begin{pmatrix} T^* & O \\ S^* & N^* \end{pmatrix}U^*$, 即 $T^{-1} = T^*$, $S = O$ 和 $N = N^*$. 因此, T 是酉矩阵, $S = 0$ 和 N 是 Hermite 矩阵.

因为 N 是 Hermite 矩阵, 若 k 大于 1, 则由 $N^k = O$ 可得 $N^{k-1}N^* = O$, $N^{k-1}N^\dagger = O$, $N^{k-1}N^\dagger N = O$ 和 $N^{k-1} = O$. 因此, N 的指标不超过 $k-1$. 这与条件 $\operatorname{Ind}(A) = k$ 相矛盾. 因此, $N = O$.

(4) 因为 $A^{\circledS} = P_A$, 则 $A^{\circledS} = AA^\dagger$. 进一步, 可得 $U\begin{pmatrix} T^{-1} & O \\ O & N \end{pmatrix}U^* = U\begin{pmatrix} I_{\operatorname{rank}(A^k)} & O \\ O & NN^\dagger \end{pmatrix}U^*$, 即 $T = I_{\operatorname{rank}(A^k)}$ 和 $N = O$. □

7.2 C-S 逆的应用

在本节, 讨论 C-S 逆的一些应用.

基于 C-S 逆介绍了一个二元关系:

$$A \overset{\circledS}{\leq} B : A, B \in \mathbb{C}_{n,n}, A\left(A^{\circledS}\right)^* = B\left(A^{\circledS}\right)^* \text{ 和 } \left(A^{\circledS}\right)^* A = \left(A^{\circledS}\right)^* B. \tag{7.2.1}$$

定理 7.2.1 设 $A, B \in \mathbb{C}_{n,n}$, 则 $A \overset{\circledS}{\leq} B$ 当且仅当存在酉矩阵 U 使得

$$A = U\begin{pmatrix} T & S \\ O & N \end{pmatrix}U^*, \quad B = U\begin{pmatrix} T & S \\ O & B_4 \end{pmatrix}U^*, \tag{7.2.2}$$

其中 T 是可逆的, N 是幂零矩阵和 $N \overset{*}{\leq} B_4$.

证明　“⇒” 设 A 的 core-EP 分解如 (2.1.1), $A^{Ⓢ}$ 有形如 (7.2.2) 的形式, 记

$$B = U^* \begin{pmatrix} B_1 & B_2 \\ B_3 & B_4 \end{pmatrix} U. \tag{7.2.3}$$

应用 $A\,(A^{Ⓢ})^* = B\,(A^{Ⓢ})^*$,

$$A(A^{Ⓢ})^* = U\begin{pmatrix} T\,(T^{-1})^* & SN^* \\ O & NN^* \end{pmatrix}U^* \quad 和 \quad B\,(A^{Ⓢ})^* = U\begin{pmatrix} B_1\,(T^{-1})^* & B_2N^* \\ B_3\,(T^{-1})^* & B_4N^* \end{pmatrix}U^*,$$

可得

$$\begin{cases} NN^* = B_4N^*, & (7.2.4) \\ T\left(T^{-1}\right)^* = B_1\left(T^{-1}\right)^*, & \\ B_3\left(T^{-1}\right)^* = O. & (7.2.5) \end{cases}$$

由 (7.2.5), 可得

$$B_1 = T \quad 和 \quad B_3 = O. \tag{7.2.6}$$

因为 $(A^{Ⓢ})^*A = (A^{Ⓢ})^*B$, 应用 (7.2.6) 可得

$$(A^{Ⓢ})^*\,A = U\begin{pmatrix} \left(T^{-1}\right)^*T & \left(T^{-1}\right)^*S \\ O & N^*N \end{pmatrix}U^*$$

和

$$(A^{Ⓢ})^*B = U\begin{pmatrix} \left(T^{-1}\right)^*T & \left(T^{-1}\right)^*B_2 \\ O & N^*B_4 \end{pmatrix}U^*,$$

即

$$\begin{cases} N^*N = N^*B_4, & (7.2.7) \\ \left(T^{-1}\right)^*S = \left(T^{-1}\right)^*B_2. & (7.2.8) \end{cases}$$

因为 T 是非奇异的, 利用 (7.2.8), 可得

$$B_2 = S. \tag{7.2.9}$$

应用 (7.2.6), (7.2.9) 和 (7.2.3), 可得

$$B = U\begin{pmatrix} T & S \\ O & B_4 \end{pmatrix}U^*. \tag{7.2.10}$$

因此, 利用 (2.1.1) 和 (7.2.10) 可得 (7.2.2). 进一步, 应用 (7.2.4) 和 (7.2.7), 可得 $N \overset{*}{\leq} B_4$.

"⇐" 设 A 和 B 有 (7.2.2) 的形式, 则

$$\begin{cases} A(A^{Ⓢ})^* = U\begin{pmatrix} T(T^{-1})^* & SN^* \\ O & NN^* \end{pmatrix}U^*, \ B(A^{Ⓢ})^* = U\begin{pmatrix} T(T^{-1})^* & SN^* \\ O & B_4N^* \end{pmatrix}U^*, \\ (A^{Ⓢ})^*A = U\begin{pmatrix} (T^{-1})^*T & (T^{-1})^*S \\ O & N^*N \end{pmatrix}U^*, \ (A^{Ⓢ})^*B = U\begin{pmatrix} (T^{-1})^*B_1 & (T^{-1})^*S \\ O & N^*B_4 \end{pmatrix}U^*. \end{cases}$$

由于 $N \overset{*}{\leq} B_4$, 则

$$A(A^{Ⓢ})^* = B(A^{Ⓢ})^* \quad 和 \quad (A^{Ⓢ})^*A = (A^{Ⓢ})^*B.$$

因此, $A \overset{Ⓢ}{\leq} B$. □

定理 7.2.2 二元关系 "$\overset{Ⓢ}{\leq}$" 是反对称的.

证明 设 A 和 B 有 (7.2.2) 的形式和 $A \overset{Ⓢ}{\leq} B$, 则

$$\begin{cases} B(B^{Ⓢ})^* = U\begin{pmatrix} T(T^{-1})^* & SB_4^* \\ O & B_4B_4^* \end{pmatrix}U^*, \ A(B^{Ⓢ})^* = U\begin{pmatrix} T(T^{-1})^* & SB_4^* \\ O & NB_4^* \end{pmatrix}U^*, \\ (B^{Ⓢ})^*B = U\begin{pmatrix} (T^{-1})^*T & (T^{-1})^*S \\ O & B_4^*B_4 \end{pmatrix}U^*, \ (B^{Ⓢ})^*A = U\begin{pmatrix} (T^{-1})^*B_1 & (T^{-1})^*S \\ O & B_4^*N \end{pmatrix}U^*. \end{cases}$$

由于 $B \overset{Ⓢ}{\leq} A$, 可得

$$B_4B_4^* = NB_4^* \quad 和 \quad B_4^*B_4 = B_4^*N. \tag{7.2.11}$$

利用 (7.2.11), 可得 $B_4 \overset{*}{\leq} N$. 由于 $N \overset{*}{\leq} B_4$, 可得 $N = B_4$. 因此, 通过 $A \overset{Ⓢ}{\leq} B$ 和 $B \overset{Ⓢ}{\leq} A$, 可得 $A = B$, 即二元关系 "$\overset{Ⓢ}{\leq}$" 是反对称的. □

注记 7.2.3 二元关系 "$\overset{Ⓢ}{\leq}$" 不满足传递性.

例 7.2.4 设

$$A = \begin{pmatrix} 1 & 0 & 1 \\ 0 & 0 & 1 \\ 0 & 0 & 0 \end{pmatrix}, \quad B = \begin{pmatrix} 1 & 0 & 1 \\ 0 & 0 & 1 \\ 0 & -1 & 0 \end{pmatrix} \quad 和 \quad C = \begin{pmatrix} 1 & 0 & 1 \\ 0 & 0 & 0 \\ 0 & 1 & 1 \end{pmatrix},$$

很容易验证

$$A^{\circledS} = \begin{pmatrix} 1 & 0 & 0 \\ 0 & 0 & 1 \\ 0 & 0 & 0 \end{pmatrix}$$

和

$$\begin{cases} A(A^{\circledS})^* = B(A^{\circledS})^* = \begin{pmatrix} 1 & 1 & 0 \\ 0 & 1 & 0 \\ 0 & 0 & 0 \end{pmatrix}, \ (A^{\circledS})^*A = (A^{\circledS})^*B = \begin{pmatrix} 1 & 0 & 1 \\ 0 & 0 & 0 \\ 0 & 0 & 1 \end{pmatrix}, \\ B(B^{\circledS})^* = C(B^{\circledS})^* = \begin{pmatrix} 1 & 0 & 0 \\ 0 & 0 & 0 \\ 0 & 0 & 0 \end{pmatrix}, \ (B^{\circledS})^*C = (B^{\circledS})^*C = \begin{pmatrix} 1 & 0 & 1 \\ 0 & 0 & 0 \\ 0 & 0 & 0 \end{pmatrix}. \end{cases}$$

因此, 可得 $A \overset{\circledS}{\leq} B$ 和 $B \overset{\circledS}{\leq} C$. 进一步,

$$C(A^{\circledS})^* = \begin{pmatrix} 1 & 1 & 0 \\ 0 & 0 & 0 \\ 0 & 1 & 0 \end{pmatrix} \quad 和 \quad (A^{\circledS})^*C = \begin{pmatrix} 1 & 0 & 1 \\ 0 & 0 & 0 \\ 0 & 0 & 0 \end{pmatrix},$$

故 $A \overset{\circledS}{\leq} C$ 不成立.

推论 7.2.5 设 $A \overset{\circledS}{\leq} B$. 则 $AA^{\dagger}A = AA^{\dagger}B$.

证明 设 A 和 B 有 (7.2.2) 的形式, 则

$$\begin{cases} AA^{\dagger}A = U\begin{pmatrix} T & S \\ O & N \end{pmatrix}\begin{pmatrix} T^{-1} & O \\ O & O \end{pmatrix}\begin{pmatrix} T & S \\ O & N \end{pmatrix}U^* = U\begin{pmatrix} T & S \\ O & O \end{pmatrix}U^*, \\ AA^{\dagger}B = U\begin{pmatrix} T & S \\ O & N \end{pmatrix}\begin{pmatrix} T^{-1} & O \\ O & O \end{pmatrix}\begin{pmatrix} T & S \\ O & B_4 \end{pmatrix}U^* = U\begin{pmatrix} T & S \\ O & O \end{pmatrix}U^*. \end{cases}$$

因此, $AA^{\dagger}A = AA^{\dagger}B$. □

推论 7.2.6 设 $A \overset{\circledS}{\leq} B$, 则 $\operatorname{rank}(A) \leq \operatorname{rank}(B)$.

证明 设 A 和 B 有 (7.2.2) 的形式, 则

$$\begin{cases} \operatorname{rank}(A) = \operatorname{rank}(T) + \operatorname{rank}(N), \\ \operatorname{rank}(B) = \operatorname{rank}(T) + \operatorname{rank}(B_4). \end{cases} \tag{7.2.12}$$

由 $A \overset{\circledS}{\leq} B$, 利用定理 7.2.1, 可得 $N \overset{*}{\leq} B_4$. 因此, $\operatorname{rank}(N) \leq \operatorname{rank}(B_4)$. 应用 (7.2.12), 可得 $\operatorname{rank}(A) \leq \operatorname{rank}(B)$. □

定理 7.2.7 设 $A\overset{*}{\leq}B$, A 的 core-EP 分解如引理 1.0.16, 则

$$B=U\begin{pmatrix}T & S\\ B_3 & B_4\end{pmatrix}U^*, \tag{7.2.13}$$

其中 $N^*B_3=O$, $N\overset{*}{\leq}B_4$ 和 $NS^*=B_3T^*+B_4S^*$.

证明 设 A 的 core-EP 分解如引理 1.0.16, B 有 (7.2.3) 的形式, 则

$$\begin{cases}AA^*=U\begin{pmatrix}TT^*+SS^* & SN^*\\ NS^* & NN^*\end{pmatrix}U^*,\ BA^*=U\begin{pmatrix}B_1T^*+B_2S^* & B_2N^*\\ B_3T^*+B_4S^* & B_4N^*\end{pmatrix}U^*,\\ A^*A=U\begin{pmatrix}T^*T & T^*S\\ S^*T & S^*S+N^*N\end{pmatrix}U^*,\ A^*B=U\begin{pmatrix}T^*B_1 & T^*B_2\\ S^*B_1+N^*B_3 & S^*B_2+N^*B_4\end{pmatrix}U^*.\end{cases}$$

由 $A\overset{*}{\leq}B$, 可得 $AA^*=BA^*$ 和 $A^*A=A^*B$. 应用 $A^*A=A^*B$, 可得

$$B_1=T,\quad B_2=S,\quad N^*B_3=0\quad 和\quad N^*N=N^*B_4. \tag{7.2.14}$$

通过 (7.2.14) 和 $AA^*=BA^*$, 可得

$$AA^*=U\begin{pmatrix}TT^*+SS^* & SN^*\\ NS^* & NN^*\end{pmatrix}U^*\quad 和\quad BA^*=U\begin{pmatrix}TT^*+SS^* & SN^*\\ B_3T^*+B_4S^* & B_4N^*\end{pmatrix}U^*.$$

因此,

$$B_4N^*=NN^*\quad 和\quad NS^*=B_3T^*+B_4S^*. \tag{7.2.15}$$

利用 (7.2.14) 和 (7.2.15), 可得

$$B_1=T,\ B_2=S,\ N^*B_3=O,\ N\overset{*}{\leq}B_4\quad 和\quad NS^*=B_3T^*+B_4S^*. \qquad \square$$

注记 7.2.8 比较定理 7.2.1 和定理 7.2.7, 可得

(1) 利用 $A\overset{Ⓢ}{\leq}B$ 可得 $B_3=O$, 但不能够得到 $NS^*=B_4S^*$. 因此, $A\overset{Ⓢ}{\leq}B$ 不能推导出 $A\overset{*}{\leq}B$.

(2) 当 $N^*B_3=O$ 满足 $A\overset{*}{\leq}B$, B_3 不需要为 O. 因此, $A\overset{*}{\leq}B$ 不能推导出 $A\overset{Ⓢ}{\leq}B$.

例 7.2.9 设

$$A=\begin{pmatrix}1&1&1\\0&0&0\\0&0&0\end{pmatrix}=U\begin{pmatrix}T & S\\ O & N\end{pmatrix}U^*\quad 和\quad B=\begin{pmatrix}1&1&1\\1&0&-1\\0&0&0\end{pmatrix}=U\begin{pmatrix}T & S\\ B_3 & B_4\end{pmatrix}U^*,$$

其中 $U=I_3, T=1, S=\begin{pmatrix}1 & 1\end{pmatrix}, N=\begin{pmatrix}0 & 0\\0 & 0\end{pmatrix}, B_3=\begin{pmatrix}1\\0\end{pmatrix}$ 和 $B_4=\begin{pmatrix}0 & -1\\0 & 0\end{pmatrix}$, 则

$$A^{\circledS}=\begin{pmatrix}1 & 0 & 0\\0 & 0 & 0\\0 & 0 & 0\end{pmatrix}.$$

很容易验证 $N\overset{*}{\leq}B_4$, $N^*B_3=O$ 和 $NS^*=B_3T^*+B_4S^*$, 即

$$A\overset{*}{\leq}B.$$

又因为

$$A(A^{\circledS})^*=\begin{pmatrix}1 & 0 & 0\\0 & 0 & 0\\0 & 0 & 0\end{pmatrix} \quad 和 \quad B(A^{\circledS})^*=\begin{pmatrix}1 & 0 & 0\\1 & 0 & 0\\0 & 0 & 0\end{pmatrix}, \tag{7.2.16}$$

可得 $A(A^{\circledS})^*\neq B(A^{\circledS})^*$, 故 $A\overset{\circledS}{\leq}B$ 不成立.

例 7.2.10 设

$$A=\begin{pmatrix}1 & 0 & 1\\0 & 0 & 0\\0 & 0 & 0\end{pmatrix}=U\begin{pmatrix}T & S\\0 & N\end{pmatrix}U^* \quad 和 \quad B=\begin{pmatrix}1 & 0 & 1\\0 & 0 & 1\\0 & 0 & 0\end{pmatrix}=U\begin{pmatrix}T & S\\B_3 & B_4\end{pmatrix}U^*,$$

其中 $U=I_3$, $T=1$, $S=\begin{pmatrix}0 & 1\end{pmatrix}$, $N=\begin{pmatrix}0 & 0\\0 & 0\end{pmatrix}$, $B_3=\begin{pmatrix}0\\0\end{pmatrix}$ 和 $B_4=\begin{pmatrix}0 & 1\\0 & 0\end{pmatrix}$, 则

$$A^{\circledS}=\begin{pmatrix}1 & 0 & 0\\0 & 0 & 0\\0 & 0 & 0\end{pmatrix}.$$

很容易验证 $NS^*\neq B_3T^*+B_4S^*$, 即 A 与 B 不满足 “$\overset{*}{\leq}$” 偏序.

应用

$$A(A^{\circledS})^*=B(A^{\circledS})^*=\begin{pmatrix}1 & 0 & 0\\0 & 0 & 0\\0 & 0 & 0\end{pmatrix} \quad 和 \quad (A^{\circledS})^*A=(A^{\circledS})^*B=\begin{pmatrix}1 & 0 & 1\\0 & 0 & 0\\0 & 0 & 0\end{pmatrix},$$

可得 $A\overset{\circledS}{\leq}B$.

引理 7.2.11 设 N_5 是 q 阶幂零矩阵 $N_5 \overset{*}{\leq} C_4$ 和 $C_4S_3^* = N_5S_3^*$, 则

$$\begin{pmatrix} T_1 & S_3 \\ O & N_5 \end{pmatrix} \overset{*}{\leq} \begin{pmatrix} T_1 & S_3 \\ O & C_4 \end{pmatrix}, \tag{7.2.17}$$

其中 T_1 是一个适当的可逆矩阵.

证明 由于 $N_5 \overset{*}{\leq} C_4$, 可得 $N_5^*N_5 = N_5^*C_4$ 和 $C_4S_3^* = N_5S_3^*$. 应用

$$\begin{cases} \begin{pmatrix} T_1^* & O \\ S_3^* & N_5^* \end{pmatrix} \begin{pmatrix} T_1 & S_3 \\ O & N_5 \end{pmatrix} = \begin{pmatrix} T_1^*T_1 & T_1^*S_3 \\ S_3^*T_1 & S_3^*S_3 + N_5^*N_5 \end{pmatrix}, \\ \begin{pmatrix} T_1^* & O \\ S_3^* & N_5^* \end{pmatrix} \begin{pmatrix} T_1 & S_3 \\ O & C_4 \end{pmatrix} = \begin{pmatrix} T_1^*T_1 & T_1^*S_3 \\ S_3^*T_1 & S_3^*S_3 + N_5^*C_4 \end{pmatrix}, \end{cases}$$

可得

$$\begin{pmatrix} T_1^*T_1 & T_1^*S_3 \\ S_3^*T_1 & S_3^*S_3 + N_5^*N_5 \end{pmatrix} = \begin{pmatrix} T_1^*T_1 & T_1^*S_3 \\ S_3^*T_1 & S_3^*S_3 + N_5^*C_4 \end{pmatrix}.$$

因此

$$\begin{pmatrix} T_1 & S_3 \\ O & N_5 \end{pmatrix}^* \begin{pmatrix} T_1 & S_3 \\ O & N_5 \end{pmatrix} = \begin{pmatrix} T_1 & S_3 \\ O & N_5 \end{pmatrix}^* \begin{pmatrix} T_1 & S_3 \\ O & C_4 \end{pmatrix}. \tag{7.2.18}$$

类似地, 利用 (7.2.17), $C_4S_3^* = N_5S_3^*$ 和

$$\begin{cases} \begin{pmatrix} T_1 & S_3 \\ O & N_5 \end{pmatrix} \begin{pmatrix} T_1^* & O \\ S_3^* & N_5^* \end{pmatrix} = \begin{pmatrix} T_1T_1^* + S_3S_3^* & S_3N_5^* \\ N_5S_3^* & N_5N_5^* \end{pmatrix}, \\ \begin{pmatrix} T_1 & S_3 \\ O & C_4 \end{pmatrix} \begin{pmatrix} T_1^* & O \\ S_3^* & N_5^* \end{pmatrix} = \begin{pmatrix} T_1T_1^* + S_3S_3^* & S_3N_5^* \\ C_4S_3^* & C_4N_5^* \end{pmatrix}, \end{cases}$$

可得

$$\begin{pmatrix} T_1T_1^* + S_3S_3^* & S_3N_5^* \\ N_5S_3^* & N_5N_5^* \end{pmatrix} = \begin{pmatrix} T_1T_1^* + S_3S_3^* & S_3N_5^* \\ C_4S_3^* & C_4N_5^* \end{pmatrix},$$

即

$$\begin{pmatrix} T_1 & S_3 \\ O & N_5 \end{pmatrix} \begin{pmatrix} T_1 & S_3 \\ O & N_5 \end{pmatrix}^* = \begin{pmatrix} T_1 & S_3 \\ O & C_4 \end{pmatrix} \begin{pmatrix} T_1 & S_3 \\ O & N_5 \end{pmatrix}^*. \tag{7.2.19}$$

利用 (7.2.18) 和 (7.2.19), 可得 (7.2.17).

定义 7.2.1　设 $A, B \in \mathbb{C}_{n,n}$, 二元关系 “$\overset{\text{cs}}{\leq}$”:

$$A \overset{\text{cs}}{\leq} B : A \overset{\text{S}}{\leq} B \quad \text{和} \quad BA^*AA^{\textcircled{\dagger}} = AA^*AA^{\textcircled{\dagger}}. \tag{7.2.20}$$

定理 7.2.12　二元关系 “$\overset{\text{cs}}{\leq}$” 满足传递性.

证明　设 A, B 和 $C \in \mathbb{C}_{n,n}$, $A \overset{\text{cs}}{\leq} B$, $\mathrm{Ind}(A) = k$, $\mathrm{rank}\left(A^k\right) = t$, $\mathrm{Ind}(B) = l$, $\mathrm{rank}\left(B^l\right) = t + p$ 和 $B \overset{\text{cs}}{\leq} C$. 接下来, 证明 $A \overset{\text{cs}}{\leq} C$, 即 $A \overset{\text{S}}{\leq} C$ 和 $CA^*AA^{\textcircled{\dagger}} = AA^*AA^{\textcircled{\dagger}}$.

由 $A \overset{\text{S}}{\leq} B$ 和 $B \overset{\text{S}}{\leq} C$, 应用 core-EP 分解和定理 7.2.7, 可得

$$A = U\begin{pmatrix} T & S_1 & S_2 \\ O & N_1 & N_2 \\ O & N_3 & N_4 \end{pmatrix} U^*,$$

$$B = U\begin{pmatrix} T & S_1 & S_2 \\ O & T_1 & S_3 \\ O & 0 & N_5 \end{pmatrix} U^* \quad \text{和} \quad C = U\begin{pmatrix} T & S_1 & S_2 \\ O & T_1 & S_3 \\ O & O & C_4 \end{pmatrix} U^*, \tag{7.2.21}$$

其中 $\begin{pmatrix} N_1 & N_2 \\ N_3 & N_4 \end{pmatrix} \overset{*}{\leq} \begin{pmatrix} T_1 & S_3 \\ O & N_5 \end{pmatrix}$, $T_1 \in \mathbb{C}_{p,p}$, N_5 是幂零的且 $N_5 \overset{*}{\leq} C_4$.

应用 (7.2.21), 可得

$$\begin{cases} BB^*BB^{\textcircled{\dagger}} = U\begin{pmatrix} TT^* + S_1S_1^* + S_2S_2^* & S_1T_1^* + S_2S_3^* & O \\ T_1S_1^* + S_3S_2^* & T_1T_1^* + S_3S_3^* & O \\ N_5S_2^* & N_5S_3^* & O \end{pmatrix} U^*, \\ CB^*BB^{\textcircled{\dagger}} = U\begin{pmatrix} TT^* + S_1S_1^* + S_2S_2^* & S_1T_1^* + S_2S_3^* & O \\ T_1S_1^* + S_3S_2^* & T_1T_1^* + S_3S_3^* & O \\ C_4S_2^* & C_4S_3^* & O \end{pmatrix} U^*. \end{cases}$$

因为 $B \overset{\text{S}}{\leq} C$, $BB^*BB^{\textcircled{\dagger}} = CB^*BB^{\textcircled{\dagger}}$, 则

$$N_5S_2^* = C_4S_2^* \quad \text{和} \quad N_5S_3^* = C_4S_3^*. \tag{7.2.22}$$

通过 $N_5 \overset{*}{\leq} C_4$ 和 $N_5S_3^* = C_4S_3^*$, 利用引理 1.0.16, 可得 $\begin{pmatrix} T_1 & S_3 \\ O & N_5 \end{pmatrix} \overset{*}{\leq} \begin{pmatrix} T_1 & S_3 \\ O & C_4 \end{pmatrix}$.

因为 * 偏序满足传递性, 可得 $\begin{pmatrix} N_1 & N_2 \\ N_3 & N_4 \end{pmatrix} \overset{*}{\leq} \begin{pmatrix} T_1 & S_3 \\ O & N_5 \end{pmatrix}$, 即

$$\begin{pmatrix} N_1 & N_2 \\ N_3 & N_4 \end{pmatrix} \overset{*}{\leq} \begin{pmatrix} T_1 & S_3 \\ 0 & C_4 \end{pmatrix}. \tag{7.2.23}$$

利用 (7.2.21), 很容易验证

$$\begin{cases} AA^*AA^{\textcircled{\dagger}} = U \begin{pmatrix} TT^* + S_1S_1^* + S_2S_2^* & O & O \\ N_1S_1^* + N_2S_2^* & O & O \\ N_3S_1^* + N_4S_2^* & O & O \end{pmatrix} U^*, & (7.2.24) \\ BA^*AA^{\textcircled{\dagger}} = U \begin{pmatrix} TT^* & O & O \\ T_1S_1^* + S_3S_2^* & O & O \\ N_5S_2^* & O & O \end{pmatrix} U^*, \\ CA^*AA^{\textcircled{\dagger}} = U \begin{pmatrix} TT^* + S_1S_1^* + S_2S_2^* & O & O \\ T_1S_1^* + S_3S_2^* & O & O \\ C_4S_2^* & O & O \end{pmatrix} U^*. & (7.2.25) \end{cases}$$

由于 (7.2.22), $AA^*AA^{\textcircled{\dagger}} = BA^*AA^{\textcircled{\dagger}}$ 和 $BB^*BB^{\textcircled{\dagger}} = CB^*BB^{\textcircled{\dagger}}$, 可得 $N_1S_1^* + N_2S_2^* = TS_1^* + S_3S_2^*$, $N_3S_1^* + N_4S_2^* = N_5S_2^*$ 和 $N_5S_2^* = C_4S_2^*$. 利用 (7.2.24) 和 (7.2.25), 可得

$$AA^*AA^{\textcircled{\dagger}} = CA^*AA^{\textcircled{\dagger}}. \tag{7.2.26}$$

通过 (7.2.21), (7.2.23) 和 (7.2.26), 可得 $A \overset{\text{cs}}{\leq} C$. 因此, 二元关系 " $\overset{\text{cs}}{\leq}$ " 满足传递性. □

定理 7.2.13 二元关系 " $\overset{\text{cs}}{\leq}$ " 是一个偏序, 称之为 C-S 偏序.

证明 自反性显然成立, 利用定理 7.2.12, 传递性成立. 对于反对称性, 设 $A, B \in \mathbb{C}_{n,n}$, $A \overset{\text{cs}}{\leq} B$ 和 $B \overset{\text{cs}}{\leq} A$, 则有 $A \overset{\text{Ⓢ}}{\leq} B$ 和 $B \overset{\text{Ⓢ}}{\leq} A$. 利用定理 7.2.2, 可得 $A = B$, 因此二元关系是 " $\overset{\text{cs}}{\leq}$ " 反对称的. □

定理 7.2.14 设 $A \overset{\text{cs}}{\leq} B$, 则 $A \overset{*}{\leq} B$.

证明 设 $A, B \in \mathbb{C}_{n,n}$ 满足 C-S 偏序, 应用 (7.2.20), 可得 $A \overset{\text{Ⓢ}}{\leq} B$ 和 $BA^*AA^{\textcircled{\dagger}} = AA^*AA^{\textcircled{\dagger}}$. 由于 $A \overset{\text{Ⓢ}}{\leq} B$, A 和 B 有 (7.2.2) 的形式, 则

$$\begin{cases} BA^*AA^{\textcircled{\dagger}} = U\begin{pmatrix} TT^*+SS^* & O \\ B_4S^* & O \end{pmatrix}U^*, \\ AA^*AA^{\textcircled{\dagger}} = U\begin{pmatrix} TT^*+SS^* & O \\ NS^* & O \end{pmatrix}U^* \end{cases} \tag{7.2.27}$$

和

$$\begin{cases} AA^* = U\begin{pmatrix} TT^*+SS^* & SN^* \\ NS^* & NN^* \end{pmatrix}U^*, BA^* = U\begin{pmatrix} TT^*+SS^* & SN^* \\ B_4S^* & B_4N^* \end{pmatrix}U^*, \\ A^*A = U\begin{pmatrix} T^*T & T^*S \\ S^*T & S^*S+N^*N \end{pmatrix}U^*, A^*B = U\begin{pmatrix} T^*T & T^*S \\ S^*T & S^*S+N^*B_4 \end{pmatrix}U^*. \end{cases} \tag{7.2.28}$$

通过 (7.2.27), $BA^*AA^{\textcircled{\dagger}} = AA^*AA^{\textcircled{\dagger}}$ 和 $N \overset{*}{\leq} B_4$, 可得

$$NN^* = B_4N^*, \quad N^*N = N^*B_4 \quad 和 \quad B_4S^* = NS^*. \tag{7.2.29}$$

因此, 利用 (7.2.29) 和 (7.2.28) 可得 $AA^* = BA^*$ 和 $A^*A = A^*B$, 即 $A \overset{*}{\leq} B$. □

注记 7.2.15　通过定理 7.2.14, 可以看出如果 $A \overset{\textcircled{cs}}{\leq} B$, 则 $A \overset{*}{\leq} B$, 但反之不成立.

例 7.2.16　设

$$A = \begin{pmatrix} 1 & 1 & 1 \\ 0 & 0 & 1 \\ 0 & 0 & 0 \end{pmatrix} \quad 和 \quad B = \begin{pmatrix} 1 & 1 & 1 \\ 0 & 0 & 1 \\ 1 & -1 & 0 \end{pmatrix},$$

应用

$$AA^* = BA^* = \begin{pmatrix} 3 & 1 & 0 \\ 1 & 1 & 0 \\ 0 & 0 & 0 \end{pmatrix} \quad 和 \quad A^*A = A^*B = \begin{pmatrix} 1 & 1 & 1 \\ 1 & 1 & 1 \\ 1 & 1 & 2 \end{pmatrix},$$

可得 $A \overset{*}{\leq} B$.

由于

$$A^{\textcircled{S}} = \begin{pmatrix} 1 & 0 & 0 \\ 0 & 0 & 1 \\ 0 & 0 & 0 \end{pmatrix},$$

可得

$$A(A^{\circledS})^* = \begin{pmatrix} 1 & 1 & 0 \\ 0 & 1 & 0 \\ 0 & 0 & 0 \end{pmatrix} \neq B(A^{\circledS})^* = \begin{pmatrix} 1 & 1 & 0 \\ 0 & 1 & 0 \\ 1 & 0 & 0 \end{pmatrix}.$$

因此, A 与 B 不满足 C-S 偏序.

广义逆作为一个工具来研究特殊矩阵的刻画. 接下来, 使用 C-S 逆刻画 EP 矩阵, i-EP 矩阵.

定理 7.2.17 设 $A \in \mathbb{C}_{n,n}$, 则下面条件等价:

(1) A 是 i-EP;

(2) $AA^{\circledS} = A^{\circledS}A$.

证明 (1) $\Leftarrow$ (2) 设 $A \in \mathbb{C}_{n,n}$, $\mathrm{Ind}(A) = k$ 和 $\mathrm{rk}(A^k) = t$. 应用 A 的 core-EP 分解可得

$$\begin{cases} AA^{\circledS} = U\begin{pmatrix} T & S \\ O & N \end{pmatrix}\begin{pmatrix} T^{-1} & O \\ O & N \end{pmatrix}U^* = U\begin{pmatrix} I_t & SN \\ O & N^2 \end{pmatrix}U^*, \\ A^{\circledS}A = U\begin{pmatrix} T^{-1} & O \\ O & N \end{pmatrix}\begin{pmatrix} T & S \\ O & N \end{pmatrix}U^* = U\begin{pmatrix} I_t & T^{-1}S \\ O & N^2 \end{pmatrix}U^*. \end{cases} \tag{7.2.30}$$

通过 (7.2.30) 和 $AA^{\circledS} = A^{\circledS}A$ 有

$$S = TSN.$$

在 $S - TSN = O$ 右乘 N^{k-1} 可得 $SN^{k-1} - TSN^k = O$. 由于 $N^k = O$ 可得 $SN^{k-1} = O$. 在 $S - TSN = O$ 右乘 N^{k-2} 可得 $SN^{k-2} - TSN^{k-1} = O$, 即 $SN^{k-2} = O$. 类似地, 可得 $SN = O$. 由于 $S - TSN = O$ 可得 $S = O$. 因此, 可得 A 是 i-EP.

(1) $\Rightarrow$ (2) 显然成立. □

定理 7.2.18 设 $A \in \mathbb{C}_{n,n}$, 则下面条件等价:

(1) A 是 i-EP;

(2) $(A^{\circledS})^{\circledS} = A$.

证明 设 A 的分解有 (2.1.1) 的形式, 则

$$(A^{\circledS})^{\circledS} = U\begin{pmatrix} T & O \\ O & N \end{pmatrix}U^*.$$

若 $(A^{\circledS})^{\circledS} = A$, 可得 $S = O$. 应用引理 1.0.18, A 是 i-EP.

相反地, 设 A 是 i-EP, 利用引理 1.0.18, 很容易验证 $(A^{\circledS})^{\circledS} = A$. □

定理 7.2.19 设 $A \in \mathbb{C}_{n,n}$, 则下面条件等价:

(1) A 是 i-EP;

(2) $A^{\circledS} = A^{(\mathrm{S})}$.

证明 设 A 的分解有 (2.1.1) 的形式, 若 A 是 i-EP, 则 $S = O$. 应用 (1.0.18), 很容易验证

$$A^{\circledS} = A^{(\mathrm{S})} = U \begin{pmatrix} T & O \\ O & N \end{pmatrix} U^*.$$

相反地, 设 $A^{\circledS} = A^{(\mathrm{S})}$, 通过 (1.0.18) 和 (7.1.2), 可得

$$T^{-(k+1)} \left(\sum_{i=0}^{k-1} T^i S N^{k-1-i} \right) + S - T^{-(k-1)} \left(\sum_{i=0}^{k-1} T^i S N^{k-1-i} \right) = O,$$

即 $T^{-k-1}SN^{k-1} + T^{-k}SN^{k-2} + \cdots + T^{-3}SN + T^{-2}S + S - T^{-k+1}SN^{k-1} - T^{-k+2}SN^{k-2} - \cdots - T^{-1}SN - S = O$. 整理上述方程, 可得

$$\begin{aligned} &\left(T^{-k-1} - T^{-k+1}\right) SN^{k-1} + \left(T^{-k} - T^{-k+2}\right) SN^{k-2} + \cdots \\ &\qquad + \left(T^{-3} - T^{-1}\right) SN + T^{-2}S = O. \end{aligned} \tag{7.2.31}$$

在 (7.2.31) 右乘 N^{k-1}, 可得

$$\left(T^{-k-1} - T^{-k+1}\right) SN^{2k-2} + \cdots + \left(T^{-3} - T^{-1}\right) SN^k + T^{-2}SN^{k-1} = O.$$

由于 T 是非奇异的, 利用 $N^k = O$, 可得 $SN^{k-1} = O$. 因此,

$$\left(T^{-k} - T^{-k+2}\right) SN^{k-2} + \cdots + \left(T^{-3} - T^{-1}\right) SN + T^{-2}S = O.$$

类似地, 利用 $SN^{k-1} = O$, 可得 $SN^{k-2} = O$; 利用 $SN^{k-2} = O$, 可得 $SN^{k-3} = O$; $\cdots$; 利用 $SN^2 = O$, 可得 $SN = O$. 因此, 由 (1.0.18), 可得 $T^{-2}S = O$. 由于 T 是非奇异的, $S = O$. 通过引理 1.0.18 可得 A 是 i-EP. □

定理 7.2.20 设 $A \in \mathbb{C}_{n,n}$, 则下面条件等价:

(1) A 是 EP 矩阵;

(2) $A^{\circledS} = A^{\dagger}$.

证明 (1) $\Leftarrow$ (2) 设 A 的分解和 A 的 C-S 逆如定理 7.1.1的形式, 若 $A^{\circledS} = A^{\dagger}$, 则

$$O = A^{\circledS} A A^{\circledS} - A^{\circledS} = U \begin{pmatrix} O & T^{-1}SN \\ O & N^3 - N \end{pmatrix} U^*.$$

因此, $N^3 = N$. 由于 N 是幂零矩阵, 可得 $N = O$. 利用 $N = O$ 和 $(A^{\circledS}A)^* = A^{\circledS}A$, 可得

$$U\begin{pmatrix} I_{\mathrm{rk}(A^k)} & T^{-1}S \\ O & O \end{pmatrix}U^* = U\begin{pmatrix} I_{\mathrm{rk}(A^k)} & O \\ (T^{-1}S)^* & O \end{pmatrix}U^*.$$

由于 T 是可逆的, 可得 $S = O$.

应用 $S = O$, $N = O$, 可得 A 是 EP 矩阵.

(1) ⇒ (2) 若 A 是 EP 矩阵, 通过引理 1.0.3, 很容易验证 $A^{\circledS} = A^{\dagger}$. □

7.3 C-S 正交

首先, 我们给出 C-S 正交的概念.

定义 7.3.1 设 $A, B \in \mathbb{C}_{n,n}$, 并且 $\mathrm{Ind}(A) = k$. 若

$$A^{\circledS}B = O, \quad BA^{\circledS} = O,$$

则 A 广义 core 正交 (简称为 C-S 正交) 于 B, 记为 $A \perp_{\circledS} B$.

众所周知, 若 $A, B \in \mathbb{C}_{n,n}$, 则

$$AB = O \Leftrightarrow R(B) \subseteq N(A). \tag{7.3.1}$$

注记 7.3.1 设 $A, B \in \mathbb{C}_{n,n}$, 并且 $\mathrm{Ind}(A) = k$. 注意到若 $BA = O$ 成立, 则会有 $B(A - A^{\circledS}) = BA^k(A^{\circledS})^k(A - A^{\circledS}) = 0$. 因此可以得到 $BA^{\circledS} = BA = O$. 并且由 $BA^{\circledS} = O$, 可得 $B(A - A^{\circledS}) = BA^k(A^{\circledS})^k(A - A^{\circledS}) = BA^{\circledS}A^{k+1}(A^{\circledS})^k(A - A^{\circledS}) = O$. 所以会有 $BA = O$ 成立. 综上分析, 显然

$$BA = 0 \Leftrightarrow BA^{\circledS} = O.$$

根据定义 7.3.1, 若

$$A^{\circledS}B = O, \quad BA = O,$$

也可以得到 A 是 C-S 正交于 B 的.

接下来研究 C-S 正交矩阵的值域和零空间. 首先, 我们给出 C-S 逆的基本性质如下.

引理 7.3.2 设 $A \in \mathbb{C}_{n,n}$, 并且 $\mathrm{Ind}(A) = k$, 则 $(A^{\circledS})^k = (A^k)^{\circledS}$.

证明 设 (2.1.1) 是 A 的 core-EP 分解形式, 则

$$A^k = U\begin{pmatrix} T^k & \widetilde{S} \\ 0 & 0 \end{pmatrix}U^*,$$

其中 $\widetilde{S}=\sum\limits_{i=1}^{k}T^{k-i}SN^{i-1}$. 并且由 (7.1.2), 可得

$$A^{\circledS}=U\begin{pmatrix}T^{-1} & O\\ O & N\end{pmatrix}U^{*}. \tag{7.3.2}$$

因此有

$$(A^{\circledS})^{k}=U\begin{pmatrix}(T^{-1})^{k} & O\\ O & O\end{pmatrix}U^{*} \tag{7.3.3}$$

和

$$(A^{k})^{\circledS}=U\begin{pmatrix}(T^{k})^{-1} & O\\ O & O\end{pmatrix}U^{*}. \tag{7.3.4}$$

因为 $(T^{-1})^{k}=(T^{k})^{-1}$, 所以有 $(A^{\circledS})^{k}=(A^{k})^{\circledS}$. □

根据 (7.3.3) 和 (7.3.4), 容易得到如下引理.

引理 7.3.3 设 $A\in\mathbb{C}_{n,n}$, 并且 $\mathrm{Ind}(A)=k$, 则 A^{k} 是核可逆的. 并且 $(A^{\circledS})^{k}=(A^{k})^{\#\!\!\!\bigcirc}$.

注记 7.3.4 指标不大于 1 的方阵的 core 逆满足以下条件[54]:

$$R(A^{\#\!\!\!\bigcirc})=R((A^{\#\!\!\!\bigcirc})^{*})=R(A),\quad N(A^{\#\!\!\!\bigcirc})=N((A^{\#\!\!\!\bigcirc})^{*})=N(A^{*}).$$

若 A 是指标为 k 的方阵, 则由引理 7.3.3 可得 A^{k} 是核可逆的. 所以

$$R((A^{k})^{\circledS})=R(((A^{k})^{\circledS})^{*})=R(A^{k}),\quad N((A^{k})^{\circledS})=N(((A^{k})^{\circledS})^{*})=N((A^{k})^{*}).$$

定理 7.3.5 设 $A,B\in\mathbb{C}_{n,n}$, 并且 $\mathrm{Ind}(A)=k$, 则如下条件等价:

(1) $A^{k}\perp_{\circledS}B$;

(2) $(A^{k})^{*}B=0$, $BA^{k}=0$;

(3) $R(B)\subseteq N((A^{k})^{*})$, $R(A^{k})\subseteq N(B)$;

(4) $R(B)\subseteq N((A^{k})^{\circledS})$, $R((A^{k})^{\circledS})\subseteq N(B)$;

(5) $(A^{k})^{*}B^{*}=0$, $B^{*}A^{k}=0$;

(6) $R(B^{*})\subseteq N((A^{k})^{*})$, $R(A^{k})\subseteq N(B^{*})$;

(7) $R(B^{*})\subseteq N((A^{k})^{\circledS})$, $R((A^{k})^{\circledS})\subseteq N(B^{*})$.

证明　(1) ⇔ (2)　由于 $A^{\circledS}B=O$, 则

$$A^{\circledS}B=O\Rightarrow A^{k}(A^{\circledS})^{k}B=O\Rightarrow B^{*}(A^{k}(A^{\circledS})^{k})^{*}=O\Rightarrow B^{*}A^{k}(A^{\circledS})^{k}=O.$$

根据引理 7.3.3, 可知 A^{k} 是核可逆的, 所以有 $A^{k}(A^{\circledS})^{k}A^{k}=A^{k}$. 因此可得 $B^{*}A^{k}=B^{*}A^{k}(A^{\circledS})^{k}A^{k}=0$. 由 $BA^{\circledS}=0$, 可得

$$BA^{\circledS}=O\Rightarrow BA^{\circledS}A^{k+1}=O\Rightarrow BA^{k}=O.$$

(2) $\Leftrightarrow$ (3) 显然.

(3) $\Leftrightarrow$ (4) 运用注记 7.3.1, 容易验证

$$R(B) \subseteq N((A^k)^{\circledS}), \quad R((A^k)^{\circledS}) \subseteq N(B).$$

(4) $\Leftrightarrow$ (1) 显然.

通过转置 (2) 中的 A 和 B, 根据上面的分析可得 (5), (6) 和 (7) 也是等价的. □

根据定理 7.3.5 中的 (1) 和 (2) 等价, 可得 (5) 等价于 $A^k \perp_{\circledS} B^*$. 由文献 [54] 中的引理 4.4, 可知定理 7.3.5 中的 (1)—(7) 和 $A^k \perp_{\#} B$ 是等价的, 即 $A^k \perp_{\circledS} B$ 当且仅当 $A^k \perp_{\#} B$. 又从文献 [139] 中的引理 2.1 中可见 $A^k \perp_{\#} B$ 是等价于 $A \perp_{Ⓓ} B$ 和 $A \perp_{Ⓓ} B^*$ 的. 结合以上分析, 可以推导出如下推论:

推论 7.3.6 设 $A, B \in \mathbb{C}_{n,n}$, 并且 $\mathrm{Ind}(A) = k$, 则如下条件等价:

(1) $A^k \perp_{\circledS} B$;

(2) $A^k \perp_{\circledS} B^*$;

(3) $A^k \perp_{\#} B$;

(4) $A \perp_{Ⓓ} B$;

(5) $A \perp_{Ⓓ} B^*$.

引理 7.3.7 设 $A, B \in \mathbb{C}_{n,n}$, 并且 $\mathrm{Ind}(A)=k$, $\mathrm{Ind}(B)=l$. 若 $A^kB^l=O$, 则

(1) $R(A^k) \cap R(B^l) = \{0\}$;

(2) $R((A^k)^*) \cap R((B^l)^*) = \{0\}$;

(3) $N(A^k + B^l) = N(A^k) \cap N(B^l)$;

(4) $N((A^k)^* + (B^l)^*) = N((A^k)^*) \cap N((B^l)^*)$.

证明 (1) 由 (7.3.1) 可得 $A^kB^l = O \Leftrightarrow R(B^l) \subseteq N(A^k)$. 并且 A^k 的指标不超过 1, 故

$$R(A^k) \cap R(B^l) \subseteq R(A^k) \cap N(A^k) = \{0\}.$$

另外, $\{0\} \subseteq R(A^k) \cap R(B^l)$ 是显然的. 因此, $R(A^k) \cap R(B^l) = \{0\}$.

(2) 设 $A^kB^l = O$, 则有 $(B^l)^*(A^k)^* = O$. 由于 $(B^l)^*$ 的指标不超过 1, 则由 (1) 可证得 (2) 成立.

(3) 设 $X \in N(A^k + B^l)$, 则有 $(A^k + B^l)X = O$, 即 $A^kX = -B^lX$. 因为

$$A^kX = (A^{\circledS})^k A^{2k} X = (A^{\circledS})^k A^k(-B^lX) = -(A^{\circledS})^k A^k B^l X = O$$

和 $B^lX = O$, 所以 $X \in N(A^k) \cap N(B^l)$, 也就可得 $N(A^k + B^l) \subseteq N(A^k) \cap N(B^l)$.

另一方面, 显然 $N(A^k) \cap N(B^l) \subseteq N(A^k + B^l)$. 综上可得, $N(A^k + B^l) = N(A^k) \cap N(B^l)$.

(4) 设 $A^kB^l = 0$, 则有 $(B^l)^*(A^k)^* = O$. 根据 (3), 容易验证 (4) 成立. □

定理 7.3.8 设 $A, B \in \mathbb{C}_{n,n}$, 并且 $\mathrm{Ind}(A) = k$, $\mathrm{Ind}(B) = l$. 若 $A \perp_{\circledS} B$, 则

(1) $R(A^k) \cap R(B^l) = \{0\}$;

(2) $R((A^k)^*) \cap R((B^l)^*) = \{0\}$;

(3) $N(A^k + B^l) = N(A^k) \cap N(B^l)$;

(4) $N((A^k)^* + (B^l)^*) = N((A^k)^*) \cap N((B^l)^*)$;

(5) $R((A^k)^*) \cap R(B^l) = \{0\}$;

(6) $R(A^k) \cap R((B^l)^*) = \{0\}$;

(7) $N((A^k)^* + B^l) = N((A^k)^*) \cap N(B^l)$;

(8) $N(A^k + (B^l)^*) = N(A^k) \cap N((B^l)^*)$.

证明 由于 $A \perp_{\circledS} B$, 即 $A^{\circledS}B = O$ 和 $BA^{\circledS} = O$, 则

$$(A^k)^*B = (B^*A^k)^* = (B^*A^k(A^{\circledS})^kA^k)^* = (A^k)^*A^k(A^{\circledS})^kB = O$$

和

$$BA^k = BA^{\circledS}A^{k+1} = O.$$

显然 $(A^k)^*B^l = O$ 和 $B^lA^k = O$. 因此, 根据引理 7.3.7 容易验证 (1)—(8) 成立. □

通过使用 core-EP 分解, 得到 C-S 正交矩阵的形式.

定理 7.3.9 设 $A, B \in \mathbb{C}_{n,n}$, 并且 $\mathrm{Ind}(A) = k$, 则如下条件等价:

(1) $A \perp_{\circledS} B$;

(2) 存在非奇异矩阵 T_1 和 T_2, 幂零矩阵 $\begin{pmatrix} O & N_2 \\ O & N_4 \end{pmatrix}$ 和 N_5, 以及酉矩阵 U, 使得

$$A = U\begin{pmatrix} T_1 & S_1 & R_1 \\ O & O & N_2 \\ O & O & N_4 \end{pmatrix}U^*, B = U\begin{pmatrix} O & O & O \\ O & T_2 & S_2 \\ O & O & N_5 \end{pmatrix}U^*, \tag{7.3.5}$$

其中 $N_2N_5 = T_2N_2 + S_2N_4 = O$ 和 $N_4 \perp N_5$.

证明 (1) ⇒ (2) 设 A 的 core-EP 分解形式为 (2.1.1), 则 $A^{\circledS}$ 的形式为 (7.1.2). 记

$$B = U\begin{pmatrix} B_1 & B_2 \\ B_3 & B_4 \end{pmatrix}U^*. \tag{7.3.6}$$

因为

$$A^{\circledS}B = U\begin{pmatrix} T^{-1} & O \\ O & N \end{pmatrix}\begin{pmatrix} B_1 & B_2 \\ B_3 & B_4 \end{pmatrix}U^* = U\begin{pmatrix} T^{-1}B_1 & T^{-1}B_2 \\ NB_3 & NB_4 \end{pmatrix}U^* = O,$$

所以 $T^{-1}B_1 = O$ 和 $T^{-1}B_2 = O$, 即 $B_1 = B_2 = O$. 由于

$$BA^{\textcircled{s}} = U\begin{pmatrix} O & O \\ B_3 & B_4 \end{pmatrix}\begin{pmatrix} T^{-1} & O \\ O & N \end{pmatrix}U^* = U\begin{pmatrix} O & O \\ B_3T^{-1} & B_4N \end{pmatrix}U^* = O,$$

故 $B_3T^{-1} = O$, 即 $B_3 = O$. 因此,

$$B = U\begin{pmatrix} O & O \\ O & B_4 \end{pmatrix}U^*,$$

其中 $NB_4 = B_4N = O$, 即 $B_4 \perp N$. 假设

$$B_4 = U_2\begin{pmatrix} T_2 & S_2 \\ 0 & N_5 \end{pmatrix}U_2^*$$

为 B_4 的 core-EP 分解形式, 并且 $U = U_1\begin{pmatrix} I & O \\ O & U_2 \end{pmatrix}$. N 的分块形式和大小与 B_4 一致, 且

$$N = U_2\begin{pmatrix} N_1 & N_2 \\ N_3 & N_4 \end{pmatrix}U_2^*.$$

通过运用 $B_4 \perp N$, 可得

$$NB_4 = U_2\begin{pmatrix} N_1 & N_2 \\ N_3 & N_4 \end{pmatrix}\begin{pmatrix} T_2 & S_2 \\ O & N_5 \end{pmatrix}U_2^* = U\begin{pmatrix} N_1T_2 & N_1S_2 + N_2N_5 \\ N_3T_2 & N_3S_2 + N_4N_5 \end{pmatrix}U_2^* = O,$$

则 $N_1T_2 = N_3T_2 = O$. 由此可得 $N_1 = N_3 = O$ 和 $N_2N_5 = N_4N_5 = O$. 又因为

$$B_4N = U_2\begin{pmatrix} T_2 & S_2 \\ O & N_5 \end{pmatrix}\begin{pmatrix} O & N_2 \\ O & N_4 \end{pmatrix}U_2^* = U\begin{pmatrix} O & T_2N_2 + S_2N_4 \\ O & N_5N_4 \end{pmatrix}U_2^* = O,$$

所以 $T_2N_2 + S_2N_4 = O$ 和 $N_5N_4 = O$. 因此

$$A = U\begin{pmatrix} T_1 & S_1 & R_1 \\ O & O & N_2 \\ O & O & N_4 \end{pmatrix}U^*, \quad B = U\begin{pmatrix} O & O & O \\ O & T_2 & S_2 \\ O & O & N_5 \end{pmatrix}U^*,$$

其中 $N_2N_5 = T_2N_2 + S_2N_4 = O$ 和 $N_4 \perp N_5$.

(2) ⇒ (1) 设

$$A^{\circledS} = U\begin{pmatrix} {T_1}^{-1} & O & O \\ O & O & N_2 \\ O & O & N_4 \end{pmatrix}U^*.$$

由 $N_2N_5 = T_2N_2 + S_2N_4 = O$ 和 $N_4 \perp N_5$ 可得

$$A^{\circledS}B = U\begin{pmatrix} {T_1}^{-1} & O & O \\ O & O & N_2 \\ O & O & N_4 \end{pmatrix}\begin{pmatrix} O & O & O \\ O & T_2 & S_2 \\ O & O & N_5 \end{pmatrix}U^* = U\begin{pmatrix} O & O & O \\ O & O & N_2N_5 \\ O & O & N_4N_5 \end{pmatrix}U^* = O$$

和

$$\begin{aligned} BA^{\circledS} &= U\begin{pmatrix} O & O & O \\ O & T_2 & S_2 \\ O & O & N_5 \end{pmatrix}\begin{pmatrix} {T_1}^{-1} & O & O \\ O & O & N_2 \\ O & O & N_4 \end{pmatrix}U^* \\ &= U\begin{pmatrix} O & O & O \\ O & O & T_2N_2 + S_2N_4 \\ O & O & N_5N_4 \end{pmatrix}U^* = O. \end{aligned}$$

因此, $A \perp_{\circledS} B$. □

例 7.3.10 考虑如下矩阵

$$A = \begin{pmatrix} 1 & 1 & 1 & 1 \\ 0 & 0 & 0 & 1 \\ 0 & 0 & 0 & 1 \\ 0 & 0 & 0 & 0 \end{pmatrix}, \quad B = \begin{pmatrix} 0 & 0 & 0 & 0 \\ 0 & 1 & 1 & 0 \\ 0 & 0 & 0 & -1 \\ 0 & 0 & 0 & 0 \end{pmatrix}.$$

则有

$$A^{\circledS} = \begin{pmatrix} 1 & 0 & 0 & 0 \\ 0 & 0 & 0 & 1 \\ 0 & 0 & 0 & 1 \\ 0 & 0 & 0 & 0 \end{pmatrix}.$$

通过计算, 我们可以得到 $A^{\circledS}B = O$, $BA^{\circledS} = O$. 因此有 $A \perp_{\circledS} B$.

在 C-S 偏序的基础上, 将讨论 C-S 正交与 C-S 偏序的联系.

定理 7.3.11 设 $A, B \in \mathbb{C}_{n,n}$, 并且 $\mathrm{Ind}(A) = k$, 则如下条件等价:

(1) $A \perp_{\circledS} B$, $B^*A^*AA^{\textcircled{D}} = O$;

(2) $A \overset{\text{cs}}{\leq} A + B^*$.

证明 (1) ⇒ (2) 设 $A \perp_{\circledS} B$, 即 $A^{\circledS}B = O$ 和 $BA^{\circledS} = O$. 则有 $B^*(A^{\circledS})^* = O$ 和 $(A^{\circledS})^*B^* = O$. 由于

$$(A^{\circledS})^*(A + B^*) - (A^{\circledS})^*A = (A^{\circledS})^*B^* = O$$

和

$$(A + B^*)(A^{\circledS})^* - A(A^{\circledS})^* = B^*(A^{\circledS})^* = O,$$

则有 $A(A^{\circledS})^* = B(A^{\circledS})^*$ 和 $(A^{\circledS})^*A = (A^{\circledS})^*B$, 进一步可得 $A \overset{\circledS}{\leq} A + B^*$. 运用 $B^*A^*AA^{\textcircled{D}} = O$, 可得 $(A + B^*)A^*AA^{\textcircled{D}} = AA^*AA^{\textcircled{D}} = O$. 故 $A \overset{\text{cs}}{\leq} A + B^*$ 是成立的.

(2) ⇒ (1) 设 $A \overset{\text{cs}}{\leq} A + B^*$, 即 $(A^{\circledS})^*(A+B^*) = (A^{\circledS})^*A$ 和 $(A+B^*)(A^{\circledS})^* = A(A^{\circledS})^*$. 容易验证 $A^{\circledS}B = O$ 和 $BA^{\circledS} = O$ 成立. 故 $A \perp_{\circledS} B$. □

当 A 是 EP 矩阵时, C-S 正交性有一个更精确的结果, 可以归结为众所周知的其他正交类型的特征.

定理 7.3.12 设 $A \in \mathbb{C}_n^{\mathrm{EP}}$, 则如下条件等价:

(1) $A \perp_{\circledS} B$;

(2) $A \perp_{\#} B$;

(3) $A \perp_{*} B$;

(4) $A \perp B$;

(5) 存在非奇异矩阵 T_1 和 T_2, 幂零矩阵 N, 以及酉矩阵 U, 使得

$$A = U\begin{pmatrix} T_1 & O & O \\ O & O & O \\ O & O & O \end{pmatrix}U^*, \quad B = U\begin{pmatrix} O & O & O \\ O & T_2 & S \\ O & O & N \end{pmatrix}U^*.$$

证明 由于 $A \in \mathbb{C}_n^{\mathrm{EP}}$, 则 A 和 $A^{\circledS}$ 的形式分别为

$$A = U\begin{pmatrix} T_1 & O & O \\ O & O & O \\ O & O & O \end{pmatrix}U^*, \quad A^{\circledS} = U\begin{pmatrix} T_1^{-1} & O & O \\ O & O & O \\ O & O & O \end{pmatrix}U^*,$$

其中 T_1 是非奇异的, 并且 U 是酉矩阵. 故 $A^{\circledS} = A^{\#}$. 显然 $A \perp_{\circledS} B$ 等价于 $A \perp_{\#} B$. 根据文献 [54] 中的推论 4.8, 可知 (1)—(5) 是等价的. □

7.4　强 C-S 正交

强 C-S 正交的概念在本节中被认为是一种对称但不同于 C-S 正交的关系.

定义 7.4.1　设 $A, B \in \mathbb{C}_{n,n}$, 且 $\mathrm{Ind}(A) = \mathrm{Ind}(B) = k$. 若

$$A \perp_{Ⓢ} B, \quad B \perp_{Ⓢ} A,$$

则 A 强广义 core 正交 (简称为强 C-S 正交) 于 B, 记为

$$A \perp_{s,Ⓢ} B.$$

注记 7.4.1　运用注记 7.3.1, 可得 $A \perp_{Ⓢ} B$ 等价于 $A^{Ⓢ}B = O, BA = O$. 由于 $A^{Ⓢ}B = O$ 和 $A^{Ⓢ}B^{Ⓢ} = O$ 是等价的, 故有 $A \perp_{Ⓢ} B \Leftrightarrow A^{Ⓢ}B^{Ⓢ} = O, BA = O$. 因此, $A \perp_{s,Ⓢ} B$ 也等价于 $A^{Ⓢ}B^{Ⓢ} = B^{Ⓢ}A^{Ⓢ} = O$, $BA = AB = O$. 综上分析, 强 C-S 正交的概念可以由另一个条件来定义, 即

$$A \perp_{s,Ⓢ} B \Leftrightarrow A^{Ⓢ} \perp B^{Ⓢ}, A \perp B \Leftrightarrow A \perp_{Ⓢ} B^{Ⓢ}, A \perp B \Leftrightarrow B \perp_{Ⓢ} A^{Ⓢ}, A \perp B.$$

定理 7.4.2　设 $A, B \in \mathbb{C}_{n,n}$, 且 $\mathrm{Ind}(A) = \mathrm{Ind}(B) = k$. 则如下条件等价:

(1) $A \perp_{s,Ⓢ} B$;

(2) 存在非奇异矩阵 T_1 和 T_2, 幂零矩阵 N_4 和 N_5, 以及酉矩阵 U, 使得

$$A = U\begin{pmatrix} T_1 & O & R_1 \\ O & O & O \\ O & O & N_4 \end{pmatrix}U^*, \quad B = U\begin{pmatrix} O & O & O \\ O & T_2 & S_2 \\ O & O & N_5 \end{pmatrix}U^*, \tag{7.4.1}$$

其中 $R_1N_5 = S_2N_4 = O$ 和 $N_4 \perp N_5$.

证明　(1) ⇒ (2)　设 $A \perp_{s,Ⓢ} B$, 即 $A \perp_{Ⓢ} B$ 和 $B \perp_{Ⓢ} A$. 根据定理 7.3.9, A 和 B 的 core-EP 分解形式分别为 (7.3.5), 并且

$$B^{Ⓢ} = U\begin{pmatrix} O & O & O \\ O & T_2^{-1} & O \\ O & O & N_5 \end{pmatrix}U^*.$$

由于

$$B^{Ⓢ}A = U\begin{pmatrix} O & O & O \\ O & T_2^{-1} & O \\ O & O & N_5 \end{pmatrix}\begin{pmatrix} T_1 & S_1 & R_1 \\ O & O & N_2 \\ O & O & N_4 \end{pmatrix}U^* = U\begin{pmatrix} O & O & O \\ O & O & T_2^{-1}N_2 \\ O & O & O \end{pmatrix}U^* = O,$$

可得 $T_2{}^{-1}N_2 = O$, 即 $N_2 = O$. 另一方面, 因为

$$AB^{ⓢ} = U\begin{pmatrix} T_1 & S_1 & R_1 \\ O & O & O \\ O & O & N_4 \end{pmatrix}\begin{pmatrix} O & O & O \\ O & T_2^{-1} & O \\ O & O & N_5 \end{pmatrix}U^* = U\begin{pmatrix} O & S_1T_2^{-1} & R_1N_5 \\ O & O & O \\ O & O & O \end{pmatrix}U^* = O,$$

所以 $S_1T_2{}^{-1} = R_1N_5 = O$, 即 $S_1 = R_1N_5 = O$. 根据上面的结果, 则

$$A = U\begin{pmatrix} T_1 & O & R_1 \\ O & O & O \\ O & O & N_4 \end{pmatrix}U^*, \quad B = U\begin{pmatrix} O & O & O \\ O & T_2 & S_2 \\ O & O & N_5 \end{pmatrix}U^*,$$

其中 $R_1N_5 = S_2N_4 = O$ 和 $N_4 \perp N_5$.

(2) $\Rightarrow$ (1) 设

$$A^{ⓢ} = U\begin{pmatrix} T_1{}^{-1} & O & O \\ O & O & O \\ O & O & N_4 \end{pmatrix}U^*, \quad B^{ⓢ} = U\begin{pmatrix} O & O & O \\ O & T_2{}^{-1} & O \\ O & O & N_5 \end{pmatrix}U^*. \tag{7.4.2}$$

由 $R_1N_5 = S_2N_4 = O$ 和 $N_4 \perp N_5$ 可得

$$A^{ⓢ}B = U\begin{pmatrix} T_1{}^{-1} & O & O \\ O & O & O \\ O & O & N_4 \end{pmatrix}\begin{pmatrix} O & O & O \\ O & T_2 & S_2 \\ O & O & N_5 \end{pmatrix}U^* = U\begin{pmatrix} O & O & O \\ O & O & O \\ O & O & N_4N_5 \end{pmatrix}U^* = O,$$

$$BA^{ⓢ} = U\begin{pmatrix} O & O & O \\ O & T_2 & S_2 \\ O & O & N_5 \end{pmatrix}\begin{pmatrix} T_1{}^{-1} & O & O \\ O & O & O \\ O & O & N_4 \end{pmatrix}U^* = U\begin{pmatrix} O & O & O \\ O & O & S_2N_4 \\ O & O & N_5N_4 \end{pmatrix}U^* = O,$$

$$B^{ⓢ}A = U\begin{pmatrix} O & O & O \\ O & T_2{}^{-1} & O \\ O & O & N_5 \end{pmatrix}\begin{pmatrix} T_1 & O & R_1 \\ O & O & O \\ O & O & N_4 \end{pmatrix}U^* = U\begin{pmatrix} O & O & O \\ O & O & O \\ O & O & N_5N_4 \end{pmatrix}U^* = O$$

和

$$AB^{ⓢ} = U\begin{pmatrix} T_1 & O & R_1 \\ O & O & O \\ O & O & N_4 \end{pmatrix}\begin{pmatrix} O & O & O \\ O & T_2{}^{-1} & O \\ O & O & N_5 \end{pmatrix}U^* = U\begin{pmatrix} O & O & R_1N_5 \\ O & O & O \\ O & O & N_4N_5 \end{pmatrix}U^* = O.$$

由此可得 $A \perp_{s,ⓢ} B$. □

例 7.4.3 考虑如下矩阵

$$A=\begin{pmatrix}1&0&0&1\\0&0&0&0\\0&0&0&1\\0&0&0&0\end{pmatrix},\quad B=\begin{pmatrix}0&0&0&0\\0&1&0&1\\0&0&0&1\\0&0&0&0\end{pmatrix}.$$

则

$$A^{\circledS}=\begin{pmatrix}1&0&0&0\\0&0&0&0\\0&0&0&1\\0&0&0&0\end{pmatrix},\quad B^{\circledS}=\begin{pmatrix}0&0&0&0\\0&1&0&0\\0&0&0&1\\0&0&0&0\end{pmatrix},$$

通过计算, 可得 $A^{\circledS}B=O$, $BA^{\circledS}=O$, $B^{\circledS}A=O$ 和 $AB^{\circledS}=O$. 因此有 $A\perp_{s,\circledS}B$.

引理 7.4.4 设 $B\in\mathbb{C}_{n,n}$, $\mathrm{Ind}(B)=k$, 并且 B 和 $B^{\circledS}$ 的形式分别为

$$B=U\begin{pmatrix}O&B_2\\O&B_4\end{pmatrix}U^*,\quad B^{\circledS}=U\begin{pmatrix}O&X_2\\O&X_4\end{pmatrix}U^*.$$

则

$$X_4={B_4}^{\circledS},\quad X_2{B_4}^{k+1}=B_2{B_4}^{k-1},\quad B_2{B_4}^{k-1}{B_4}^{k}=O. \tag{7.4.3}$$

证明 由于

$$\begin{aligned}B^{\circledS}B^{k+1}&=U\begin{pmatrix}O&X_2{B_4}^{k+1}\\O&X_4{B_4}^{k+1}\end{pmatrix}U^*\\&=U\begin{pmatrix}O&B_2{B_4}^{k-1}\\O&{B_4}^{k}\end{pmatrix}U^*\\&=B^k,\end{aligned}$$

$$\begin{aligned}(B^k(B^{\circledS})^k)^*&=U\begin{pmatrix}O&O\\(B_2{B_4}^{k-1}{X_4}^k)^*&({B_4}^k{X_4}^k)^*\end{pmatrix}U^*\\&=U\begin{pmatrix}O&B_2{B_4}^{k-1}{X_4}^k\\O&{B_4}^k{X_4}^k\end{pmatrix}U^*\\&=B^k(B^{\circledS})^k\end{aligned}$$

和

$$B^k(B^{\circledS})^k(B-B^{\circledS})=U\begin{pmatrix}O & O\\ O & {B_4}^k{X_4}^k(B_4-{B_4}^{\circledS})\end{pmatrix}U^*$$
$$=U\begin{pmatrix}O & O\\ O & B_4-{B_4}^{\circledS}\end{pmatrix}U^*$$
$$=B-B^{\circledS},$$

则 $X_4{B_4}^{k+1}={B_4}^k$, $({B_4}^k{X_4}^k)^*={B_4}^k{X_4}^k$ 和 ${B_4}^k{X_4}^k(B_4-{B_4}^{\circledS})=B_4-{B_4}^{\circledS}$, 于是 $X_4={B_4}^{\circledS}$. 并且有 $X_2{B_4}^{k+1}=B_2{B_4}^{k-1}$, $B_2{B_4}^{k-1}{B_4}^k=O$. □

定理 7.4.5 设 $A,B\in\mathbb{C}_{n,n}$, $\mathrm{Ind}(A)=\mathrm{Ind}(B)=k$ 和 $AB=O$, 则 $A\perp_{s,\circledS}B$ 当且仅当 $(A+B)^{\circledS}=A^{\circledS}+B^{\circledS}$ 和 $BA^{\circledS}=O$.

证明 充分性 根据定理 7.4.2, A 和 B 的形式分别为 (2.1.1) 和 (7.4.1). 因为 N_4, N_5 是指标为 $\mathrm{Ind}(A)=\mathrm{Ind}(B)=k$ 的幂零矩阵, 所以有 $(N_4+N_5)^{k+1}=(N_4+N_5)^k=O$. 则

$$A+B=U\begin{pmatrix}T_1 & O & R_1\\ O & T_2 & S_2\\ O & O & N_4+N_5\end{pmatrix}U^*$$

和

$$(A+B)^k=U\begin{pmatrix}{T_1}^k & O & \widetilde{R_1}\\ O & {T_2}^k & \widetilde{S_2}\\ O & O & O\end{pmatrix}U^*,$$

其中 $\widetilde{R_1}=\sum\limits_{i=1}^{k}T_1^{i-1}R_1(N_4+N_5)^{k-i}$ 和 $\widetilde{S_2}=\sum\limits_{i=1}^{k}T_2^{i-1}S_2(N_4+N_5)^{k-i}$. 显然, $\widetilde{R_1}={T_1}^{k-1}R_1+{T_1}^{-1}\widetilde{R_1}(N_4+N_5)$ 和 $\widetilde{S_2}={T_1}^{k-1}S_2+{T_1}^{-1}\widetilde{S_2}(N_4+N_5)$.

根据 (7.4.2), 设

$$X:=A^{\circledS}+B^{\circledS}=U\begin{pmatrix}{T_1}^{-1} & O & O\\ O & {T_2}^{-1} & O\\ O & O & N_4+N_5\end{pmatrix}U^*.$$

由于

$$X(A+B)^{k+1}=U\begin{pmatrix}{T_1}^{-1} & O & O\\ O & {T_2}^{-1} & O\\ O & O & N_4+N_5\end{pmatrix}$$

$$\begin{aligned}
&\begin{pmatrix} {T_1}^{k+1} & O & {T_1}^k R_1 + \widetilde{R_1}(N_4+N_5) \\ O & {T_2}^{k+1} & {T_2}^k S_2 + \widetilde{S_2}(N_4+N_5) \\ O & O & O \end{pmatrix} U^* \\
&= U \begin{pmatrix} {T_1}^k & O & {T_1}^{k-1} R_1 + {T_1}^{-1}\widetilde{R_1}(N_4+N_5) \\ O & {T_2}^k & {T_2}^{k-1} S_2 + {T_2}^{-1}\widetilde{S_2}(N_4+N_5) \\ O & O & O \end{pmatrix} U^* \\
&= (A+B)^k,
\end{aligned}$$

$$\begin{aligned}
(A+B)^k X^k &= U \begin{pmatrix} {T_1}^k & O & \widetilde{R_1} \\ O & {T_2}^k & \widetilde{S_2} \\ O & O & O \end{pmatrix} \begin{pmatrix} {T_1}^{-k} & O & O \\ O & {T_2}^{-k} & O \\ O & O & O \end{pmatrix} U^* \\
&= U \begin{pmatrix} I_{\mathrm{rank(A^k)}} & O & O \\ O & I_{\mathrm{rank(B^k)}} & O \\ O & O & O \end{pmatrix} U^* \\
&= ((A+B)^k X^k)^*
\end{aligned}$$

和

$$\begin{aligned}
(A+B)^k X^k (A+B-X) =& U \begin{pmatrix} I_{\mathrm{rank(A^k)}} & O & O \\ O & I_{\mathrm{rank(B^k)}} & O \\ O & O & O \end{pmatrix} \\
& \begin{pmatrix} T_1 - T_1^{-1} & O & R_1 \\ O & T_2 - T_2^{-1} & S_2 \\ O & O & O \end{pmatrix} U^* \\
=& U \begin{pmatrix} T_1 - T_1^{-1} & O & R_1 \\ O & T_2 - T_2^{-1} & S_2 \\ O & O & O \end{pmatrix} U^* \\
=& A - X,
\end{aligned}$$

可得 $X := A^{Ⓢ} + B^{Ⓢ} = (A+B)^{Ⓢ}$.

必要性　设 A 的 core-EP 分解形式为 (2.1.1), 则 $A^{Ⓢ}$ 的形式为 (7.1.2). B 的分块形式和大小与 A 一致, 则 B 的形式为 (7.3.6). 记

$$B^{Ⓢ} = U \begin{pmatrix} X_1 & X_2 \\ X_3 & X_4 \end{pmatrix} U^*.$$

由 $AB=O$ 和 $BA^{ⓢ}=O$ 可得

$$AB=U\begin{pmatrix}TB_1+SB_3 & TB_2+SB_4\\ NB_3 & NB_4\end{pmatrix}U^*=O$$

和

$$BA^{ⓢ}=U\begin{pmatrix}B_1T^{-1} & B_2N\\ B_3T^{-1} & B_4N\end{pmatrix}U^*=O,$$

故 B 的形式为

$$B=U\begin{pmatrix}O & B_2\\ O & B_4\end{pmatrix}U^*,$$

其中 $TB_2+SB_4=O$, $B_2N=O$ 和 $N\perp B_4$.

设 $X:=A^{ⓢ}+B^{ⓢ}=(A+B)^{ⓢ}$, 则

$$A+B=U\begin{pmatrix}T_1 & S+B_2\\ O & N+B_4\end{pmatrix}U^*,\quad (A+B)^{ⓢ}=U\begin{pmatrix}{T_1}^{-1}+X_1 & X_2\\ X_3 & N+X_4\end{pmatrix}U^*.$$

由于 $N\perp B_4$, 容易验证 $(B_4+N)^k={B_4}^k+N^k={B_4}^k$. 因此

$$(A+B)^k=U\begin{pmatrix}{T_1}^k & \widetilde{S+B_2}\\ O & {B_4}^k\end{pmatrix}U^*,$$

其中 $\widetilde{S+B_2}=\sum\limits_{i=1}^{k}T_1^{i-1}(S+B_2)(B_4+N)^{k-i}$.

进一步可得

$$\begin{aligned}X(A+B)^{k+1}&=U\begin{pmatrix}T_1^{-1}+X_1 & X_2\\ X_3 & N+X_4\end{pmatrix}\begin{pmatrix}{T_1}^{k+1} & Y\\ O & {B_4}^{k+1}\end{pmatrix}U^*\\&=U\begin{pmatrix}{T_1}^k+X_1T_1^{k+1} & ({T_1}^{-1}+X_1)Y+X_2B_4^{k+1}\\ X_3T_1^{k+1} & {B_4}^k\end{pmatrix}U^*\\&=(A+B)^k,\end{aligned}$$

其中 $Y=T_1^k(S+B_2)+\widetilde{S+B_2}(B_4+N)$ 和 $({T_1}^{-1}+X_1)Y+X_2{B_4}^{k+1}=\widetilde{S+B_2}$. 则 ${T_1}^k+X_1{T_1}^{k+1}={T_1}^k$ 和 $X_3{T_1}^{k+1}=O$, 于是 $X_1=X_3=O$. 运用引理 7.4.4, 可得

$$B^{ⓢ}=U\begin{pmatrix}O & X_2\\ O & B_4^{ⓢ}\end{pmatrix}U^*$$

和

$$B_2{B_4}^{2k-1}=O. \tag{7.4.4}$$

由此可得

$$X^k=U\begin{pmatrix}T_1^{-k} & \widetilde{X_2}\\ O & (B_4^{\circledS}+N)^k\end{pmatrix}U^*,$$

其中 $\widetilde{X_2}=\sum\limits_{i=1}^{k}T_1^{1-i}X_2(B_4^{\circledS}+N)^{k-i}$ 和 $T_1^{k-1}(S+B_2)+{T_1}^{-1}\widetilde{S+B_2}(B_4+N)+X_2{B_4}^{k+1}=\widetilde{S+B_2}$. 根据 ${T_1}^{k-1}(S+B_2)+{T_1}^{-1}\widetilde{S+B_2}(B_4+N)=T_1^{-1}(S+B_2){B_4}^k+\widetilde{S+B_2}$, 可得

$${T_1}^{-1}(S+B_2)B_4^k=X_2B_4^{k+1}. \tag{7.4.5}$$

另外, 由于

$$\begin{aligned}(A+B)^kX^k&=U\begin{pmatrix}{T_1}^k & \widetilde{S+B_2}\\ O & {B_4}^k\end{pmatrix}\begin{pmatrix}{T_1}^{-k} & \widetilde{X_2}\\ O & (B_4^{\circledS}+N)^k\end{pmatrix}U^*\\ &=U\begin{pmatrix}I_{\mathrm{rank}(A^k)} & {T_1}^k\widetilde{X_2}+\widetilde{S+B_2}(B_4^{\circledS}+N)^k\\ O & {B_4}^k(B_4^{\circledS}+N)^k\end{pmatrix}U^*\\ &=((A+B)^kX^k)^*,\end{aligned}$$

则

$${T_1}^k\widetilde{X_2}+\widetilde{S+B_2}(B_4^{\circledS}+N)^k=O \tag{7.4.6}$$

和 $({B_4}^k(B_4^{\circledS}+N)^k)^*={B_4}^k(B_4^{\circledS}+N)^k$. 因此

$$\begin{aligned}{B_4}^k(B_4^{\circledS}+N)^k&=U_2\begin{pmatrix}{T_2}^k & \widetilde{S_2}\\ O & O\end{pmatrix}\begin{pmatrix}{T_2}^{-k} & \widetilde{N_2}\\ O & (N_4+N_5)^k\end{pmatrix}{U_2}^*\\ &=U_2\begin{pmatrix}I_{\mathrm{rank}(\mathrm{B_4}^k)} & {T_2}^k\widetilde{N_2}+\widetilde{S_2}(N_4+N_5)^k\\ O & O\end{pmatrix}{U_2}^*\\ &=({B_4}^k(B_4^{\circledS}+N)^k)^*,\end{aligned}$$

则 ${T_2}^k\widetilde{N_2}+\widetilde{S_2}(N_4+N_5)^k=O$.

又由 $N_4\perp N_5$ 和 ${N_4}^k={N_5}^k=O$ 可得 $(N_4+N_5)^k=O$. 因此有 ${T_2}^k\widetilde{N_2}=O$, 即 $\widetilde{N_2}=\sum\limits_{i=1}^{k}T_1^{1-i}N_2(N_4+N_5)^{k-i}=O$. 根据 $N\perp B_4$, 则有 $N_2N_5=O$. 由

此可得 $\widetilde{N_2} = \sum_{i=1}^{k} T_1^{1-i} N_2 {N_4}^{k-i} = O$. 因为 $N^k = O$ 和 $\widetilde{N_2}{N_4}^{k-1} = O$, 所以 $T_1^{1-k} N_2 {N_4}^{k-1} = O$, 即 $N_2 {N_4}^{k-1} = O$. 故 $\widetilde{N_2}{N_4}^{k-2} = T_1^{1-k} N_2 {N_4}^{k-2} = O$, 进一步可得 $N_2 {N_4}^{k-2} = O$. 以此类推, 容易验证 $\widetilde{N_2}{N_4}^{k-3} = \widetilde{N_2}{N_4}^{k-4} = \cdots = \widetilde{N_2} N_4 = O$, 进而可得 $N_2 {N_4}^{k-2} = N_2 {N_4}^{k-3} = \cdots = N_2 N_4 = N_2 = O$.

运用 (7.4.5) 和 (7.4.6), 有

$$
\begin{aligned}
&({T_1}^k \widetilde{X}_2 + \widetilde{S + B_2}(B_4^{\circledS})^k){B_4}^{2k} \\
&= {T_1}^k \widetilde{X}_2 {B_4}^{2k} + \sum_{i=1}^{k} T_1^i (T_1^{-1}(S + B_2) B_4^k)(B_4 + N)^{k-i} \\
&= {T_1}^k \widetilde{X}_2 {B_4}^{2k} + \sum_{i=1}^{k} T_1^i (X_2 {B_4}^{k+1})(B_4 + N)^{k-i} \\
&= 2{T_1}^k \widetilde{X}_2 {B_4}^{2k} \\
&= O,
\end{aligned}
$$

因此, $\widetilde{X}_2 {B_4}^{2k} = \sum_{i=1}^{k} T_1^{1-i} X_2 {B_4}^{k+i} = O$.

运用 (7.4.3) 和 (7.4.4), 可得

$$
(\sum_{i=1}^{k} T_1^{1-i} X_2 {B_4}^{k+i}){B_4}^{k-5} = (\sum_{i=1}^{k} T_1^{1-i} B_2 {B_4}^{k+2+i}){B_4}^{k-5} = B_2 {B_4}^{2k-2} = O.
$$

由此可得

$$
\widetilde{X}_2 {B_4}^{2k} {B_4}^{k-5} = \widetilde{X}_2 {B_4}^{2k} {B_4}^{k-4} = \cdots = \widetilde{X}_2 {B_4}^{2k} {B_4}^{3k-7} = O,
$$

进而有 $B_2 {B_4}^{2k-2} = B_2 {B_4}^{2k-3} = \cdots = B_2 B_4 = B_2 = O$.

由 $TB_2 + SB_4 = O$ 可得

$$
\begin{aligned}
SB_4 &= U_2 \begin{pmatrix} S_1 & R_1 \end{pmatrix} \begin{pmatrix} T_2 & S_2 \\ 0 & N_5 \end{pmatrix} {U_2}^* \\
&= U_2 \begin{pmatrix} S_1 T_2 & S_1 S_2 + R_1 N_5 \end{pmatrix} {U_2}^* \\
&= O,
\end{aligned}
$$

其中 $U = U_1 \begin{pmatrix} I & O \\ O & U_2 \end{pmatrix}$. 则有 $S_1 = O$ 和 $R_1 N_5 = O$. 由此可得

$$A = U\begin{pmatrix} T_1 & O & R_1 \\ O & O & O \\ O & O & N_4 \end{pmatrix}U^*, \quad B = U\begin{pmatrix} O & O & O \\ O & T_2 & S_2 \\ O & O & N_5 \end{pmatrix}U^*,$$

其中 $R_1N_5 = S_2N_4 = O$ 和 $N_4 \perp N_5$. 根据定理 7.4.2, 可得 $A \perp_{s,Ⓢ} B$. □

例 7.4.6　考虑矩阵

$$A = \begin{pmatrix} 1 & 0 & 0 & 1 \\ 0 & 1 & 0 & 1 \\ 0 & 0 & 0 & 0 \\ 0 & 0 & 0 & 1 \end{pmatrix}, \quad B = \begin{pmatrix} 0 & 0 & 0 & 0 \\ 0 & 0 & 0 & 0 \\ 0 & 0 & 1 & 0 \\ 0 & 0 & 0 & 0 \end{pmatrix}.$$

显然 $AB = O$.

通过计算, 有

$$A + B = \begin{pmatrix} 1 & 0 & 0 & 1 \\ 0 & 1 & 0 & 1 \\ 0 & 0 & 1 & 0 \\ 0 & 0 & 0 & 1 \end{pmatrix}, \quad A^{Ⓢ} = \begin{pmatrix} 1 & 0 & 0 & 0 \\ 0 & 1 & 0 & 0 \\ 0 & 0 & 0 & 0 \\ 0 & 0 & 0 & 1 \end{pmatrix}, \quad B^{Ⓢ} = \begin{pmatrix} 0 & 0 & 0 & 0 \\ 0 & 0 & 0 & 0 \\ 0 & 0 & 1 & 0 \\ 0 & 0 & 0 & 0 \end{pmatrix}$$

和

$$(A + B)^{Ⓢ} = \begin{pmatrix} 1 & 0 & 0 & 0 \\ 0 & 1 & 0 & 0 \\ 0 & 0 & 1 & 0 \\ 0 & 0 & 0 & 1 \end{pmatrix},$$

可见有 $(A+B)^{Ⓢ} = A^{Ⓢ} + B^{Ⓢ}$ 和 $A^{Ⓢ}B = O$. 并且 $A^{Ⓢ}B = BA^{Ⓢ} = AB^{Ⓢ} = B^{Ⓢ}A = O$, 即 $A \perp_{s,Ⓢ} B$.

但是若 $AB \neq O$, 我们考虑如下矩阵

$$C = \begin{pmatrix} 1 & 0 & 0 & 1 \\ 0 & 1 & 0 & 1 \\ 0 & 0 & 0 & 0 \\ 0 & 0 & 0 & 0 \end{pmatrix}, \quad D = \begin{pmatrix} 0 & 0 & 0 & 0 \\ 0 & 0 & 0 & 0 \\ 0 & 0 & 1 & 0 \\ 0 & 0 & 0 & 1 \end{pmatrix}.$$

显然有 $C^{Ⓢ}D = O$ 和 $(C+D)^{Ⓢ} = C^{Ⓢ} + D^{Ⓢ}$. 但是,

$$CD^{\circledS}=\begin{pmatrix}1&0&0&1\\0&1&0&1\\0&0&0&0\\0&0&0&0\end{pmatrix}\begin{pmatrix}0&0&0&0\\0&0&0&0\\0&0&1&0\\0&0&0&1\end{pmatrix}=\begin{pmatrix}0&0&0&1\\0&0&0&1\\0&0&0&0\\0&0&0&0\end{pmatrix}\neq O.$$

因此, 在 $AB\neq O$ 条件下, $A\perp_{s,\circledS}B$ 不成立.

推论 7.4.7 设 $A,B\in\mathbb{C}_{n,n}$, 且 $\mathrm{Ind}(A)=\mathrm{Ind}(B)=k$. 则如下条件等价:

(1) $A\perp_{s,\circledS}B$;

(2) $(A+B)^{\circledS}=A^{\circledS}+B^{\circledS}$, $BA^{\circledS}=O$ 和 $AB=O$;

(3) $(A+B)^{\circledS}=A^{\circledS}+B^{\circledS}$, $A\perp B$.

证明 (1) $\Leftrightarrow$ (2) 由定理 7.4.5 可得.

(2) $\Leftrightarrow$ (3) 根据注记 7.3.1, 可得 $BA^{\circledS}=O\Leftrightarrow BA=O$. 结合 $AB=O$, 有 $A\perp B$. □

定理 7.4.8 设 $A,B\in\mathbb{C}_{n,n}$, 且 $\mathrm{Ind}(A)=\mathrm{Ind}(B)=k$. 则如下条件等价:

(1) $A\perp_{s,\circledS}B$;

(2) $A\overset{\text{cs}}{\leq}A+B^*$, $B\overset{\text{cs}}{\leq}B+A^*$.

证明 (1) $\Rightarrow$ (2) 设 $A\perp_{s,\circledS}B$, 即 $A\perp_{\circledS}B$ 和 $B\perp_{\circledS}A$. 根据定理 7.1.1 和 $AB^{\circledS}=O$, 可得

$$AB^{\circledS}B^{k+1}=O\ \Leftrightarrow\ AB^k=O\ \Leftrightarrow\ AB^k(B^{\circledS})^k(B-B^{\circledS})=O\ \Leftrightarrow\ A(B-B^{\circledS})=O,$$

进而可得 $AB=AB^{\circledS}=O$. 由此可得 $B^*A^*AA^{\circledD}=(AB)^*AA^{\circledD}=O$. 结合定理 7.3.11, 则有 $A\overset{\text{cs}}{\leq}A+B^*$. 同理可得, $B\overset{\text{cs}}{\leq}B+A^*$.

(2) $\Rightarrow$ (1) 由定理 7.3.11 可得. □

第 8 章　P-core 逆与偏序

本章引入指标为 1 的 P-core 逆, 讨论一类非减序类矩阵偏序——D-core 偏序. 本章分为两部分.

第一部分, 介绍本章的主要研究内容, 矩阵偏序理论的发展应用及研究现状. 第二部分, 在复数域中, 定义指标为 1 的 P-core 逆, 讨论其性质. 通过 P-core 逆, 引入 P-core 偏序, 研究其与 sharp 偏序、core 偏序及星偏序的关系. 在 P-core 偏序的基础上, 主要讨论一类非减型偏序——D-core 偏序, 分析其与减偏序及 Diamond 偏序的关系.

8.1　P-core 逆的定义

在本节中, 令 $A \in \mathbb{C}_n^{\mathrm{CM}}$. 我们考虑方程组

$$(1)\ XA = A^{\#}A, \quad (2)\ X(A - I_n) = (A - I_n)A^{\#}. \tag{8.1.1}$$

在下面的定理中, 我们应用 (1.0.27) 给出 (8.1.1) 唯一解的一个刻画.

定理 8.1.1　令 $A \in \mathbb{C}_n^{\mathrm{CM}}$ 和 $\mathrm{rank}(A) = r$, A 的形式为 (1.0.27). 则 (8.1.1) 相容并有唯一的解

$$X = U\begin{pmatrix} T^{-1} & T^{-1}S \\ O & O \end{pmatrix}U^*. \tag{8.1.2}$$

证明　令 $A \in \mathbb{C}_n^{\mathrm{CM}}$, $\mathrm{rank}(A) = r$ 且 A 的形式为 (1.0.27), 其中 $T \in \mathbb{C}_{r,r}$ 为非奇异的. 则 $A^{\#}$ 形式为 (1.0.29). 记

$$X = U\begin{pmatrix} X_1 & X_2 \\ X_3 & X_4 \end{pmatrix}U^*, \tag{8.1.3}$$

其中 $X_1 \in \mathbb{C}_{r,r}$. 通过 $XA = A^{\#}A$ 给出

$$U\begin{pmatrix} X_1T & X_1S \\ X_3T & X_3S \end{pmatrix}U^* = U\begin{pmatrix} I_r & T^{-1}S \\ O & O \end{pmatrix}U^*.$$

进而得到

$$X_1 = T^{-1}, \quad X_3 = O. \tag{8.1.4}$$

此外, 由 $X(A-I)=(A-I)A^{\textcircled{\#}}$ 给出

$$U\begin{pmatrix} X_1T - X_1 & X_1S - X_2 \\ X_3T - X_3 & X_3S - X_4 \end{pmatrix} U^* = U\begin{pmatrix} I_r - T^{-1} & O \\ O & O \end{pmatrix} U^*. \tag{8.1.5}$$

将 (8.1.4) 代入 (8.1.5) 得到

$$X_2 = T^{-1}S, \quad X_4 = 0. \tag{8.1.6}$$

于是将 (8.1.4) 和 (8.1.6) 代入 (8.1.3), 我们得到 (8.1.1) 相容, 并且有 X 的形式为 (8.1.2).

接下来, 我们证明它的唯一性. 假设 X 是 (8.1.1) 的一个解且 (8.1.1) 的另一个解为 $\widehat{X}$. 记 $R = X - \widehat{X}$. 因此, 我们只需要证明 $R = O$.

应用 (8.1.1) 的 (1), 我们得到

$$\begin{cases} XA = A^{\textcircled{\#}}A, \\ \widehat{X}A = A^{\textcircled{\#}}A. \end{cases} \tag{8.1.7}$$

将 (8.1.7) 中的第一个式子减去第二个式子, 我们得到

$$RA = O. \tag{8.1.8}$$

于是由 (8.1.1) 的 (2), 我们有

$$\begin{cases} X(A-I) = (A-I)A^{\textcircled{\#}}, \\ \widehat{X}(A-I) = (A-I)A^{\textcircled{\#}}. \end{cases} \tag{8.1.9}$$

将 (8.1.9) 的第一个式子减去第二个式子, 我们得到

$$RA - R = O. \tag{8.1.10}$$

由 (8.1.8) 和 (8.1.10), 可知 $R = O$, 即 $X = \widehat{X}$. 因此, (8.1.1) 的解是唯一的. □

注记 8.1.2 因为 $AA^{\textcircled{\#}} = AA^{\dagger}$ 和 $A^{\textcircled{\#}}A = A^{\sharp}A$, 我们很容易知道 (8.1.1) 等价于

$$(1')\ XA = A^{\sharp}A, \quad (2')\ X(A - I_n) = AA^{\dagger} - A^{\sharp}AA^{\dagger}. \tag{8.1.11}$$

通过比较 (1.0.28), (1.0.29) 和 (8.1.2), 我们可以看到三个式子在结构上是相似的.

由于 $A^\sharp$ 也可以用 $A^{\#}$ 来表示,

$$A^\sharp = A^{\#} + \left(A^{\#}\right)^2 A - A\left(A^{\#}\right)^2, \tag{8.1.12}$$

类似地, 在下面定理 8.1.3中, 我们用 $A^{\#}$ 表示 (8.1.1) 的唯一解.

定理 8.1.3 令 $A \in \mathbb{C}_n^{\mathrm{CM}}$, $\mathrm{rank}(A) = r$ 且 A 的形式为 (1.0.27). 则

$$X = A^{\#} + A^{\#}A - AA^{\#} \tag{8.1.13}$$

$$= A^\sharp AA^\dagger + A^\sharp A - AA^\dagger \tag{8.1.14}$$

是 (8.1.1) 的唯一解.

证明 将 (8.1.1) 的第一个式子减去第二个式子, 我们得到 (8.1.13). 于是由 $AA^{\#} = AA^\dagger$, $A^{\#}A = A^\sharp A$ 和 $A^{\#} = A^\sharp AA^\dagger$ 很容易得到 (8.1.14). □

由 (8.1.14), 我们可以看到 (8.1.1) 的唯一解是 core 逆 $A^{\#}$、投影算子 $A^\sharp A$ 和正交投影算子 $AA^\dagger$ 的线性组合, 因此我们称它为 A 的 P-core 逆, 并用 A^{P} 表示, 其中 "P" 源于 "投影算子".

定义 8.1.1 令 $A \in \mathbb{C}_n^{\mathrm{CM}}$. 则 (8.1.1) 的唯一解被定义为 A 的 P-core 逆, 表示为 A^{P}.

8.2 P-core 逆的性质

接下来, 我们考虑 P-core 逆的性质.

定理 8.2.1 令 $A \in \mathbb{C}_n^{\mathrm{CM}}$ 和 $\mathrm{rank}(A) = r$. 则

(1) $\left(A^{\mathrm{P}}\right)^{\mathrm{P}} = A$;

(2) $A^{\#}A = A^{\mathrm{P}}A$;

(3) $\left(A^{\mathrm{P}}\right)^2 A = A^\sharp$;

(4) $A^{\#} = A^{\mathrm{P}}AA^\dagger$;

(5) $\left(A^{\#}\right)^{\mathrm{P}} = \left(A^{\mathrm{P}}\right)^{\#} = A^2A^{\#} = A^2A^\dagger$.

证明 根据 (8.1.2) 可知 $\mathrm{rank}\left(A^{\mathrm{P}}\right) = \mathrm{rank}\left(\left(A^{\mathrm{P}}\right)^2\right)$, 所以 A^{P} 的指标为 1. 因此, A^{P} 是 core 可逆的也是 P-core 可逆的. 令 A 的形式为 (1.0.27). 很容易得到

$$\left(A^{\mathrm{P}}\right)^{\#} = U\begin{pmatrix} T & O \\ O & O \end{pmatrix}U^*. \tag{8.2.1}$$

(1) 根据 (8.1.2), 我们有

$$(A^{\mathrm{P}})^{\mathrm{P}} = \left(U\begin{pmatrix} T^{-1} & T^{-1}S \\ O & O \end{pmatrix}U^*\right)^{\mathrm{P}} = U\begin{pmatrix} T & S \\ O & O \end{pmatrix}U^* = A.$$

(2) 将 (1.0.27), (1.0.29) 和 (8.1.2) 代入 $A^{\#}A$ 和 $A^{\mathrm{P}}A$, 我们有

$$A^{\#}A = A^{\mathrm{P}}A = U\begin{pmatrix} I_r & T^{-1}S \\ O & O \end{pmatrix}U^*.$$

(3) 将 (1.0.27), (8.1.2) 代入 $(A^{\mathrm{P}})^2A$, 我们得到

$$(A^{\mathrm{P}})^2 A = U\begin{pmatrix} T^{-2} & T^{-2}S \\ O & O \end{pmatrix}\begin{pmatrix} T & S \\ O & O \end{pmatrix}U^* = U\begin{pmatrix} T^{-1} & T^{-2}S \\ O & O \end{pmatrix}U^*.$$

因此, 通过 (1.0.28), 我们有 $(A^{\mathrm{P}})^2 A = A^{\sharp}$.

(4) 因为 $AA^{\dagger} = U\begin{pmatrix} I_r & O \\ O & O \end{pmatrix}U^*$, 将 (8.1.2) 代入 $A^{\mathrm{P}}AA^{\dagger}$, 我们有

$$A^{\mathrm{P}}AA^{\dagger} = U\begin{pmatrix} T^{-1} & T^{-1}S \\ O & O \end{pmatrix}\begin{pmatrix} I_r & O \\ O & O \end{pmatrix}U^* = U\begin{pmatrix} T^{-1} & O \\ O & O \end{pmatrix}U^*.$$

因此, 根据 (1.0.29), $A^{\#} = A^{\mathrm{P}}AA^{\dagger}$.

(5) 通过 (8.1.13), 我们有

$$(A^{\#})^{\mathrm{P}} = (A^{\#})^{\#} + (A^{\#})^{\#}A^{\#} - A^{\#}(A^{\#})^{\#}. \tag{8.2.2}$$

将 (1.0.27) 和 (1.0.29) 代入 (8.2.2), 我们得到

$$\begin{aligned}(A^{\#})^{\mathrm{P}} &= U\begin{pmatrix} T & O \\ O & O \end{pmatrix}U^* + U\begin{pmatrix} T & O \\ O & O \end{pmatrix}\begin{pmatrix} T^{-1} & O \\ O & O \end{pmatrix}U^* - U\begin{pmatrix} T^{-1} & O \\ O & O \end{pmatrix}\begin{pmatrix} T & O \\ O & O \end{pmatrix}U^* \\ &= U\begin{pmatrix} T & O \\ O & O \end{pmatrix}U^*.\end{aligned}$$

从 (8.2.1), 可以得出 $(A^{\mathrm{P}})^{\#} = (A^{\#})^{\mathrm{P}}$.

又因为根据 (1.0.27) 和 (1.0.29), 我们有 $A^2A^{\dagger} = A^2A^{\#} = U\begin{pmatrix} T & O \\ O & O \end{pmatrix}U^*$, 所以 $(A^{\#})^{\mathrm{P}} = (A^{\mathrm{P}})^{\#} = A^2A^{\#} = A^2A^{\dagger}$. □

定理 8.2.2 令 $A \in \mathbb{C}_n^{\text{CM}}$, 则 $A^{\text{P}} \in A\{1,2\}$.

证明 将 (8.1.1) 的第一个式子两边同时左乘 A, 我们得到

$$AA^{\text{P}}A = AA^{\#}A = A.$$

因此, $A^{\text{P}} \in A\{1\}$.

因为 $A^{\text{P}}A = A^{\#}A$, 通过应用 (8.1.13), 我们得到

$$A^{\text{P}}AA^{\text{P}} = A^{\#}A\left(A^{\#} + A^{\#}A - AA^{\#}\right) = A^{\#} + A^{\#}A - AA^{\#} = A^{\text{P}},$$

所以, $A^{\text{P}} \in A\{2\}$. 综上, $A^{\text{P}} \in A\{1,2\}$. □

接下来, 我们讨论 P-core 逆和其他广义逆之间的关系, 并考虑一些特殊矩阵.

定理 8.2.3 令 $A \in \mathbb{C}_n^{\text{CM}}$ 和 $\text{rank}(A) = r$, 则下列条件等价:

(1) $(AA^{\text{P}})^* = AA^{\text{P}}$;

(2) $(A^{\text{P}}A)^* = A^{\text{P}}A$;

(3) $A \in \mathbb{C}_n^{\text{EP}}$;

(4) $A^{\text{P}} = A^{\#}$;

(5) $A^{\text{P}} = A^{\dagger}$.

证明 (1) ⇔ (3) 将 (1.0.27) 和 (8.1.2) 代入 $(AA^{\text{P}})^* = AA^{\text{P}}$ 得到

$$U\begin{pmatrix} I_r & O \\ S^* & O \end{pmatrix}U^* = U\begin{pmatrix} I_r & S \\ O & O \end{pmatrix}U^*.$$

因此, $S = O$. 将 $S = O$ 代入 (1.0.27) 得到

$$A = U\begin{pmatrix} T & O \\ O & O \end{pmatrix}U^*. \tag{8.2.3}$$

则有 $A \in \mathbb{C}_n^{\text{EP}}$.

反之, 令 $A \in \mathbb{C}_n^{\text{EP}}$. 应用定理 8.1.1 给出

$$A^{\text{P}} = U\begin{pmatrix} T^{-1} & O \\ O & O \end{pmatrix}U^*. \tag{8.2.4}$$

将 (8.2.3) 和 (8.2.4) 代入 $(AA^{\text{P}})^*$ 和 AA^{P}, 我们得到 $(AA^{\text{P}})^* = AA^{\text{P}} = U\begin{pmatrix} I_r & O \\ O & O \end{pmatrix}U^*$.

(2) ⇔ (3) 与上述证明过程类似, 令 $(A^{\mathrm{P}}A)^* = A^{\mathrm{P}}A$, 并将 (1.0.27) 和 (8.1.2) 代入前一个方程. 我们有

$$U\begin{pmatrix} I_r & O \\ (T^{-1}S)^* & O \end{pmatrix}U^* = U\begin{pmatrix} I_r & T^{-1}S \\ O & O \end{pmatrix}U^*.$$

则 $T^{-1}S = O$, 即 $S = O$. 因此, $A \in \mathbb{C}_n^{\mathrm{EP}}$.

反之, 令 $A \in \mathbb{C}_n^{\mathrm{EP}}$. 我们将 (8.2.3) 和 (8.2.4) 代入 $(A^{\mathrm{P}}A)^*$ 和 $A^{\mathrm{P}}A$, 从而得 $(A^{\mathrm{P}}A)^* = A^{\mathrm{P}}A = U\begin{pmatrix} I_r & O \\ O & O \end{pmatrix}U^*$.

(4) ⇔ (1) 令 $A^{\mathrm{P}} = A^{\textcircled{\#}}$. 考虑到 $(AA^{\textcircled{\#}})^* = AA^{\textcircled{\#}}$, 我们有 $(AA^{\mathrm{P}})^* = AA^{\mathrm{P}}$.

反之, 令 $(AA^{\mathrm{P}})^* = AA^{\mathrm{P}}$, 则 $A \in \mathbb{C}_n^{\mathrm{EP}}$. 因此, $A^{\textcircled{\#}} = U\begin{pmatrix} T^{-1} & O \\ O & O \end{pmatrix}U^*$. 根据 (8.2.4), 我们有 $A^{\mathrm{P}} = A^{\textcircled{\#}}$.

(5) ⇔ (1) 令 $A^{\mathrm{P}} = A^{\dagger}$. 根据 $(AA^{\dagger})^* = AA^{\dagger}$, 我们有 $(AA^{\mathrm{P}})^* = AA^{\mathrm{P}}$.

反之, 令 $(AA^{\mathrm{P}})^* = AA^{\mathrm{P}}$, 则 $(A^{\mathrm{P}}A)^* = A^{\mathrm{P}}A$. 又因为 $A^{\mathrm{P}} \in A\{1,2\}$, 我们得到 $AA^{\mathrm{P}}A = A$ 和 $A^{\mathrm{P}}AA^{\mathrm{P}} = A^{\mathrm{P}}$. 进而有 $A^{\mathrm{P}} = A^{\dagger}$.

综上, (1), (2), (3), (4) 和 (5) 等价. □

在文献 [153] 中, Pearl 给出结论: A 是 EP 当且仅当 $AA^{\dagger} = A^{\dagger}A$. 在文献 [198] 中, Wang 等证明了 A 是 i-EP 当且仅当 $AA^{\textcircled{\dagger}} = A^{\textcircled{\dagger}}A$, 其中 $A^{\textcircled{\dagger}}$ 是 A 的 core-EP 逆.

类似地, 我们在下面的定义 8.2.1中引 P-core 矩阵的概念.

定义 8.2.1 令 $A \in \mathbb{C}_n^{\mathrm{CM}}$. 我们称 A 是一个 P-core 矩阵, 如果 $A \in \mathbb{C}_n^{\mathrm{TS}}$, 其中

$$\mathbb{C}_n^{\mathrm{TS}} = \left\{A \mid A^{\mathrm{P}}A = AA^{\mathrm{P}}, A \in \mathbb{C}_n^{\mathrm{CM}}\right\}. \tag{8.2.5}$$

定理 8.2.4 令 $A \in \mathbb{C}_n^{\mathrm{CM}}$. 则下列条件等价:

(1) $A^{\mathrm{P}} = A^{\#}$;

(2) $AA^{\mathrm{P}} = A^{\mathrm{P}}A$;

(3) $TS = S$, 其中 T 和 S 在 (1.0.27) 中给出;

(4) $(A^2 - A)\left(I_n - AA^{\dagger}\right) = 0$;

(5) $(A^2)^{\mathrm{P}} = (A^{\mathrm{P}})^2$.

证明 (1) ⇔ (2) 令 $A^{\mathrm{P}} = A^{\#}$. 考虑 $AA^{\#} = A^{\#}A$, 则 $AA^{\mathrm{P}} = A^{\mathrm{P}}A$.

反之, 令 $AA^{\mathrm{P}} = A^{\mathrm{P}}A$. 根据 $A^{\mathrm{P}} \in A\{1,2\}$, 我们有 $A^{\mathrm{P}} = A^{\#}$.

(2) ⇔ (3) 令 $AA^{\mathrm{P}} = A^{\mathrm{P}}A$. 记 $\mathrm{rank}(A) = r$. 通过将 (1.0.27) 和 (8.1.2) 代入 $AA^{\mathrm{P}} = A^{\mathrm{P}}A$, 我们得到

$$U\begin{pmatrix} I_r & S \\ O & O \end{pmatrix}U^* = U\begin{pmatrix} I_r & T^{-1}S \\ O & O \end{pmatrix}U^*.$$

因为 T 是非奇异的, 因此我们有 $TS = S$. 反之, 如果 $TS = S$, 则 $AA^{\mathrm{P}} = A^{\mathrm{P}}A$.

(3) ⇔ (4) 令 $(A^2 - A)\left(I - AA^\dagger\right) = O$. 将 (1.0.27) 代入 $(A^2 - A)\left(I - AA^\dagger\right) = O$, 则我们有

$$\left(U\begin{pmatrix} T^2 & TS \\ O & O \end{pmatrix}U^* - U\begin{pmatrix} T & S \\ O & O \end{pmatrix}U^*\right)U\begin{pmatrix} O & O \\ O & I_{n-r} \end{pmatrix}U^* = O.$$

因此, $TS = S$.

反之, 如果 $TS = S$, 则 $(A^2 - A)\left(I - AA^\dagger\right) = O$.

(5) ⇔ (3) 通过应用 (1.0.27) 和 (8.1.2), 可得

$$\left(A^2\right)^{\mathrm{P}} = U\begin{pmatrix} T^{-2} & T^{-1}S \\ O & O \end{pmatrix}U^*, \quad \left(A^{\mathrm{P}}\right)^2 = U\begin{pmatrix} T^{-2} & T^{-2}S \\ O & O \end{pmatrix}U^*.$$

因此, $(A^2)^{\mathrm{P}} = (A^{\mathrm{P}})^2$ 当且仅当 $T^{-2}S = T^{-1}S$, 即 $TS = S$. □

定理 8.2.5 令 $\mathbb{C}_n^{\mathrm{EP}}$ 和 $\mathbb{C}_n^{\mathrm{TS}}$ 的形式分别为 (1.0.25) 和 (8.2.5). 则 $\mathbb{C}_n^{\mathrm{EP}} \subseteq \mathbb{C}_n^{\mathrm{TS}}$.

证明 令 $A \in \mathbb{C}_n^{\mathrm{EP}}$, 且 A 的形式为 (8.2.3). 于是由定理 8.2.4, 得到 A 是 P-core 矩阵. 因此, $\mathbb{C}_n^{\mathrm{EP}} \subseteq \mathbb{C}_n^{\mathrm{TS}}$. □

在定理 8.2.3 中, 我们发现 $A \in \mathbb{C}_n^{\mathrm{EP}}$ 等价于 $A^{\mathrm{P}} = A^\dagger$. 在定理 8.2.4, 我们知道当 A 的指标为 1 时, $A^{\mathrm{P}} = A^\#$ 等价于 $A \in \mathbb{C}_n^{\mathrm{TS}}$. 接下来, 我们将讨论 A^{P} 和 $A^\#$ 在 $\mathbb{C}_n^{\mathrm{EP}}$ 中的关系.

定理 8.2.6 令 $A \in \mathbb{C}_n^{\mathrm{EP}}$, 则 $A^{\mathrm{P}} = A^\#$.

证明 令 $A \in \mathbb{C}_n^{\mathrm{EP}}$ 且 $\mathrm{rank}(A) = r$, 则 A^{P} 存在且 A 的分解式为 (8.2.3), 其中 T 是一个 r 阶非奇异矩阵. 所以 A^{P} 为 (8.2.4). 将 (8.2.3), (8.2.4) 代入 AA^{P} 和 $A^{\mathrm{P}}A$, 我们得到 $AA^{\mathrm{P}} = A^{\mathrm{P}}A = U\begin{pmatrix} I_r & O \\ O & O \end{pmatrix}U^*$. 根据 $A^{\mathrm{P}} \in A\{1,2\}$ 我们有 $A^{\mathrm{P}} = A^\#$. □

我们注意到在上述定理 8.2.6中的 $A^{\mathrm{P}} = A^\#$ 仅是 $A \in \mathbb{C}_n^{\mathrm{EP}}$ 的必要条件.

例 8.2.7 令 $A = U\begin{pmatrix}1 & 2\\0 & 0\end{pmatrix}U^*$, 则通过 (8.1.2), 我们有 $A^{\mathrm{P}} = U\begin{pmatrix}1 & 2\\0 & 0\end{pmatrix}U^*$, 其中 U 是一个 2 阶酉矩阵. 因为 $AA^{\mathrm{P}} = A^{\mathrm{P}}A = U\begin{pmatrix}1 & 2\\0 & 0\end{pmatrix}U^*$, 再根据定理 8.2.4, 我们有 $A^{\mathrm{P}} = A^{\sharp}$. 但是, $A \notin \mathbb{C}_n^{\mathrm{EP}}$.

8.3 P-core 偏序的定义及刻画

类似于星偏序、sharp 偏序、core 偏序等矩阵偏序, 我们定义了 P-core 逆的二元关系, 并判断其是否构成矩阵偏序. 发现它满足自反性、反对称性、可传递性, 因此它形成偏序. 下面是一个详细的说明.

定义 8.3.1 令 $A, B \in \mathbb{C}_n^{\mathrm{CM}}$. 被定义为

$$A \overset{\text{P-core}}{\leq} B \Leftrightarrow A^{\mathrm{P}}A = A^{\mathrm{P}}B,\ AA^{\mathrm{P}} = BA^{\mathrm{P}} \tag{8.3.1}$$

的二元关系 $A \overset{\text{P-core}}{\leq} B$ 称之为 P-core 序.

定理 8.3.1 令 $A, B \in \mathbb{C}_n^{\mathrm{CM}}$, 且 A 的形式为 (1.0.27), 其中 $\mathrm{rank}(A) = r$. 则二元关系 $A \overset{\text{P-core}}{\leq} B$ 当且仅当

$$B = U\begin{pmatrix}T & S - SB_4\\O & B_4\end{pmatrix}U^*, \tag{8.3.2}$$

其中 $T \in \mathbb{C}_{r,r}$ 和 $S \in \mathbb{C}_{r,n-r}$ 均已给出, 并且 $B_4 \in \mathbb{C}_{n-r,n-r}$ 的指标为 1.

证明 令 $A, B \in \mathbb{C}_n^{\mathrm{CM}}$, 且 A 的形式为 (1.0.27). 对下列矩阵分块:

$$U^*BU = \begin{pmatrix}B_1 & B_2\\B_3 & B_4\end{pmatrix}. \tag{8.3.3}$$

将 (1.0.27), (8.1.2) 和 (8.3.3) 代入 $A^{\mathrm{P}}A = A^{\mathrm{P}}B$, 我们得到

$$U\begin{pmatrix}I_r & T^{-1}S\\O & O\end{pmatrix}U^* = U\begin{pmatrix}T^{-1}B_1 + T^{-1}SB_3 & T^{-1}B_2 + T^{-1}SB_4\\O & O\end{pmatrix}U^*.$$

由此可知

$$B_1 + SB_3 = T,\ \ B_2 + SB_4 = S. \tag{8.3.4}$$

此外, 将 (1.0.27), (8.1.2) 和 (8.3.3) 代入 $AA^{\mathrm{P}} = BA^{\mathrm{P}}$, 我们有

$$U\begin{pmatrix} I_r & S \\ O & O \end{pmatrix}U^* = U\begin{pmatrix} B_1T^{-1} & B_1T^{-1}S \\ B_3T^{-1} & B_3T^{-1}S \end{pmatrix}U^*.$$

由此可知

$$B_1 = T, \;\; B_3 = O. \tag{8.3.5}$$

因为 B 的指标为 1, 通过 (8.3.4) 和 (8.3.5), 我们有 (8.3.2) 和 $B_4 \in \mathbb{C}_{n-r}^{\mathrm{CM}}$. □

定理 8.3.2　P-core 序是矩阵偏序.

证明　1. 反身性显然成立.

2. 反对称性: 令 $A, B \in \mathbb{C}_n^{\mathrm{CM}}$, 则 A 的形式为 (1.0.27). 如果 $A \overset{\text{P-core}}{\leq} B$, 则 B 能被表示为 (8.3.2), 其中 B_4 的指标为 1, 并且我们有

$$B^{\#} = U\begin{pmatrix} T^{-1} & T^{-1}S(B_4B_4^{\#} - B_4^{\#}) \\ O & B_4^{\#} \end{pmatrix}U^*.$$

因此, 通过 (8.1.13) 给出

$$B^{\mathrm{P}} = U\begin{pmatrix} T^{-1} & T^{-1}S - T^{-1}SB_4^{\mathrm{P}} \\ O & B_4^{\mathrm{P}} \end{pmatrix}U^*. \tag{8.3.6}$$

当 $B \overset{\text{P-core}}{\leq} A$, 在 $BB^{\mathrm{P}} = AB^{\mathrm{P}}$ 的两边右乘 B, 我们得到 $BB^{\mathrm{P}}B = AB^{\mathrm{P}}B$, 即

$$B = AB^{\mathrm{P}}B. \tag{8.3.7}$$

将 (1.0.27), (8.3.2) 和 (8.3.6) 代入 (8.3.7), 我们得到

$$\begin{aligned} B = AB^{\mathrm{P}}B &= U\begin{pmatrix} T & S \\ O & O \end{pmatrix}\begin{pmatrix} T^{-1} & T^{-1}S - T^{-1}SB_4^{\mathrm{P}} \\ O & B_4^{\mathrm{P}} \end{pmatrix}\begin{pmatrix} T & S - SB_4 \\ O & B_4 \end{pmatrix}U^* \\ &= U\begin{pmatrix} T & S \\ O & O \end{pmatrix}U^* = A, \end{aligned}$$

这意味着 P-core 序的阶是反对称的.

3. 传递性: 令 $A \overset{\text{P-core}}{\leq} B$ 和 $B \overset{\text{P-core}}{\leq} C$. 接下来, 我们证明 $A \overset{\text{P-core}}{\leq} C$.

因为 $A \overset{\text{P-core}}{\leq} B$, 则有 A 和 B 能分别表示为 (1.0.27) 和 (8.3.2). 将下列矩阵分块为

$$U^*CU = \begin{pmatrix} C_1 & C_2 \\ C_3 & C_4 \end{pmatrix}, \tag{8.3.8}$$

其中 $C_1 \in \mathbb{C}_{r,r}$.

因为 $B \overset{\text{P-core}}{\leq} C$, 则有 $B^{\text{P}}B = B^{\text{P}}C$ 和 $BB^{\text{P}} = CB^{\text{P}}$. 将 (8.3.2), (8.3.6) 和 (8.3.8) 代入 $BB^{\text{P}} = CB^{\text{P}}$, 我们得到

$$CB^{\text{P}} = U\begin{pmatrix} C_1T^{-1} & C_1T^{-1}S(I_{n-r} - B_4^{\text{P}}) + C_2B_4^{\text{P}} \\ C_3T^{-1} & C_3T^{-1}S(I_{n-r} - B_4^{\text{P}}) + C_4B_4^{\text{P}} \end{pmatrix}U^*,$$

$$BB^{\text{P}} = U\begin{pmatrix} I_r & S(I_{n-r} - B_4B_4^{\text{P}}) \\ 0 & B_4B_4^{\text{P}} \end{pmatrix}U^*.$$

进而有

$$C_1 = T, \quad C_3 = O. \tag{8.3.9}$$

在 $B^{\text{P}}B = B^{\text{P}}C$ 左右两边同时左乘 B, 得 $B = BB^{\text{P}}B = BB^{\text{P}}C$. 将 (8.3.2), (8.3.6) 和 (8.3.9) 代入前一个方程, 我们得到

$$B = BB^{\text{P}}C = U\begin{pmatrix} T & C_2 + SC_4 - SB_4B_4^{\text{P}}C_4 \\ O & B_4B_4^{\text{P}}C_4 \end{pmatrix}U^*.$$

根据 (8.3.2), 我们有

$$B_4 = B_4B_4^{\text{P}}C_4, \quad S - SB_4 = C_2 + SC_4 - SB_4B_4^{\text{P}}C_4.$$

从而

$$C_2 = S - SC_4. \tag{8.3.10}$$

将 (8.3.9) 和 (8.3.10) 代入 (8.3.8), 可以得到

$$C = U\begin{pmatrix} T & S - SC_4 \\ O & C_4 \end{pmatrix}U^*,$$

对于某一 C_4. 因为 C 的指标为 1, 则 C_4 的指标也为 1. 此外, 通过应用定理 8.3.1, 我们有 $A \overset{\text{P-core}}{\leq} C$. □

8.4 P-core 偏序的性质

定理 8.4.1　令 $A, B \in \mathbb{C}_n^{\mathrm{CM}}$ 和 $A \overset{\text{P-core}}{\leq} B$, 则有 $A \leq B$.

证明　因为 $A \overset{\text{P-core}}{\leq} B$, 通过定理 8.3.1, 我们有 A 的形式 (1.0.27) 和 B 的形式 (8.3.2). 因此, $\mathrm{rank}(A) = \mathrm{rank}(T)$, $\mathrm{rank}(B) = \mathrm{rank}(T) + \mathrm{rank}(B_4)$ 和 $\mathrm{rank}(B - A) = \mathrm{rank}\left(\begin{pmatrix} O & -SB_4 \\ O & B_4 \end{pmatrix}\right) = \mathrm{rank}(B_4)$. 由此可见 $\mathrm{rank}(B) - \mathrm{rank}(A) = \mathrm{rank}(B - A)$, 即 $A \leq B$. □

接下来, 我们将举例说明 P-core 偏序不同于 Löwner 偏序、星偏序、sharp 偏序和 core 偏序.

例 8.4.2　令 $A, B \in \mathbb{C}_n^{\mathrm{CM}}$, $A = \begin{pmatrix} 2 & 1 & 1 \\ 0 & 0 & 0 \\ 0 & 0 & 0 \end{pmatrix}$ 和 $B = \begin{pmatrix} 2 & -1 & 1 \\ 0 & 2 & 0 \\ 0 & 0 & 0 \end{pmatrix}$, 则

$$A^{\mathrm{P}} = \begin{pmatrix} \frac{1}{2} & \frac{1}{2} & \frac{1}{2} \\ 0 & 0 & 0 \\ 0 & 0 & 0 \end{pmatrix}, A^{\sharp} = \begin{pmatrix} \frac{1}{2} & \frac{1}{4} & \frac{1}{4} \\ 0 & 0 & 0 \\ 0 & 0 & 0 \end{pmatrix}, A^{\#\!\!\!\!\bigcirc} = \begin{pmatrix} \frac{1}{2} & 0 & 0 \\ 0 & 0 & 0 \\ 0 & 0 & 0 \end{pmatrix}.$$

因为 $A^{\mathrm{P}}A = A^{\mathrm{P}}B = \begin{pmatrix} \frac{1}{2} & \frac{1}{2} & \frac{1}{2} \\ 0 & 0 & 0 \\ 0 & 0 & 0 \end{pmatrix}$ 和 $AA^{\mathrm{P}} = BA^{\mathrm{P}} = \begin{pmatrix} 1 & 1 & 1 \\ 0 & 0 & 0 \\ 0 & 0 & 0 \end{pmatrix}$, 所以我们有 $A \overset{\text{P-core}}{\leq} B$.

(1) 因为 $B - A = \begin{pmatrix} 0 & -2 & 0 \\ 0 & 2 & 0 \\ 0 & 0 & 0 \end{pmatrix}$, 我们知道 $B - A$ 不是 Hermite 正定矩阵. 所以 A 和 B 不构成 Löwner 偏序;

(2) 因为 $A^*A = \begin{pmatrix} 4 & 2 & 2 \\ 2 & 1 & 1 \\ 2 & 1 & 1 \end{pmatrix}$ 和 $A^*B = \begin{pmatrix} 4 & -2 & 2 \\ 2 & -1 & 1 \\ 2 & -1 & 1 \end{pmatrix}$, 我们得到 $A^*A \neq A^*B$. 因此, A 和 B 不够成星偏序;

(3) 因为 $A^{\sharp}A = \begin{pmatrix} 1 & \frac{1}{2} & \frac{1}{2} \\ 0 & 0 & 0 \\ 0 & 0 & 0 \end{pmatrix}$ 和 $A^{\sharp}B = \begin{pmatrix} 1 & -\frac{1}{2} & \frac{1}{2} \\ 0 & 0 & 0 \\ 0 & 0 & 0 \end{pmatrix}$, 我们有 $A^{\sharp}A \neq A^{\sharp}B$.

因此, A 和 B 不构成 sharp 偏序;

(4) 因为 $A^{\#}A = \begin{pmatrix} 1 & \frac{1}{2} & \frac{1}{2} \\ 0 & 0 & 0 \\ 0 & 0 & 0 \end{pmatrix}$ 和 $A^{\#}B = \begin{pmatrix} 1 & -\frac{1}{2} & \frac{1}{2} \\ 0 & 0 & 0 \\ 0 & 0 & 0 \end{pmatrix}$, 我们得到 $A^{\#}A \neq A^{\#}B$. 因此, A 和 B 不构成 core 偏序.

令 $A, B \in \mathbb{C}_n^{\mathrm{EP}}$. 则 $A^{\#} = A^{\dagger} = A^{\mathrm{P}} = A^{\sharp}$. 因此, 这四种偏序相等, 即 $A \overset{\text{P-core}}{\leq} B$, $A \overset{\sharp}{\leq} B$, $A \overset{\#}{\leq} B$ 和 $A \overset{*}{\leq} B$. 类似地, 我们考虑 $\mathbb{C}_n^{\mathrm{TS}}$ 中的这四种偏序.

定理 8.4.3 令 $A, B \in \mathbb{C}_n^{\mathrm{TS}}$, 则下列条件等价:

(1) $A \overset{\sharp}{\leq} B$;

(2) $A \overset{\text{P-core}}{\leq} B$.

根据定理 8.3.1, 我们有下列注 8.4.4.

注记 8.4.4 令 $A, B \in \mathbb{C}_n^{\mathrm{TS}}$, 则 $A \overset{\text{P-core}}{\leq} B$ 不等价于 $A \overset{*}{\leq} B$ 或者 $A \overset{\#}{\leq} B$.

例 8.4.5 令 $A, B \in \mathbb{C}_n^{\mathrm{CM}}$, $A = \begin{pmatrix} 1 & 1 & 2 \\ 0 & 0 & 0 \\ 0 & 0 & 0 \end{pmatrix}$ 和 $B = \begin{pmatrix} 1 & 0 & 1 \\ 0 & 1 & 1 \\ 0 & 0 & 0 \end{pmatrix}$, 则 $A^{\mathrm{P}} = A^{\sharp} = \begin{pmatrix} 1 & 1 & 2 \\ 0 & 0 & 0 \\ 0 & 0 & 0 \end{pmatrix}$, $A^{\#} = \begin{pmatrix} 1 & 0 & 0 \\ 0 & 0 & 0 \\ 0 & 0 & 0 \end{pmatrix}$.

因为 $A^{\mathrm{P}}A = A^{\mathrm{P}}B = A^{\sharp}A = A^{\sharp}B = \begin{pmatrix} 1 & 1 & 2 \\ 0 & 0 & 0 \\ 0 & 0 & 0 \end{pmatrix}$ 和 $AA^{\mathrm{P}} = BA^{\mathrm{P}} = AA^{\sharp} = BA^{\sharp} = \begin{pmatrix} 1 & 1 & 2 \\ 0 & 0 & 0 \\ 0 & 0 & 0 \end{pmatrix}$, 我们有 $A \overset{\text{P-core}}{\leq} B$ 和 $A \overset{\sharp}{\leq} B$.

但是, 因为 $A^{\#}A = \begin{pmatrix} 1 & 1 & 2 \\ 0 & 0 & 0 \\ 0 & 0 & 0 \end{pmatrix}$, $A^{\#}B = \begin{pmatrix} 1 & 0 & 1 \\ 0 & 0 & 0 \\ 0 & 0 & 0 \end{pmatrix}$, 我们有 $A^{\#}A \neq A^{\#}B$. 因此, A 和 B 不构成 core 偏序. 因为 $A^{*}A = \begin{pmatrix} 1 & 1 & 2 \\ 1 & 1 & 2 \\ 2 & 2 & 4 \end{pmatrix}$ 和 $A^{*}B = \begin{pmatrix} 1 & 0 & 1 \\ 1 & 0 & 1 \\ 2 & 0 & 2 \end{pmatrix}$, 我们有 $A^{*}A \neq A^{*}B$. 因此, A 和 B 不构成星偏序.

根据定理 8.3.1, $A \overset{\text{P-core}}{\leq} B$ 当且仅当 A 的形式为 (1.0.27) 和 B 的形式为 (8.3.2).

因为 B_4 的指标为 1, 故令 B_4 的 core 分解为 $B_4 = U_1 \begin{pmatrix} T_1 & S_3 \\ O & O \end{pmatrix} U_1^*$, 其中 T_1 是非奇异矩阵. 记 $U_B = U \begin{pmatrix} I & O \\ O & U_1 \end{pmatrix}$ 和令 SU_1 的分块为 $SU_1 = \begin{pmatrix} S_{11} & S_{12} \end{pmatrix}$. 则 $A \overset{\text{P-core}}{\leq} B$ 当且仅当存在酉矩阵 U_B 使得

$$\begin{cases} A = U_B \begin{pmatrix} T & S_{11} & S_{12} \\ O & O & O \\ O & O & O \end{pmatrix} U_B^*, & (8.4.1\text{a}) \\ B = U_B \begin{pmatrix} T & S_{11} - S_{11}T_1 & S_{12} - S_{11}S_3 \\ O & T_1 & S_3 \\ O & O & O \end{pmatrix} U_B^*, & (8.4.1\text{b}) \end{cases}$$

其中 T 和 T_1 均为非奇异矩阵.

在定理 8.4.3中, 我们看到令 $A, B \in \mathbb{C}_n^{\text{TS}}$, 则有 $A \overset{\sharp}{\leq} B$ 当且仅当 $A \overset{\text{P-core}}{\leq} B$. 相反, 当 $A \overset{\sharp}{\leq} B$ 和 $A \overset{\text{P-core}}{\leq} B$, $A, B \in \mathbb{C}_n^{\text{TS}}$ 是否为真? 答案是否定的. 现在我们给出了 $A \overset{\sharp}{\leq} B$ 和 $A \overset{\text{P-core}}{\leq} B$ 同时成立的充要条件.

定理 8.4.6　令 $A, B \in \mathbb{C}_n^{\text{CM}}$ 且 $\operatorname{rank}(A) = r$. 则 $A \overset{\text{P-core}}{\leq} B$ 和 $A \overset{\sharp}{\leq} B$ 当且仅当存在 U_B 使得

$$\begin{cases} A = U_B \begin{pmatrix} T & S_{11} & S_{12} \\ O & O & O \\ O & O & O \end{pmatrix} U_B^*, & (8.4.2\text{a}) \\ B = U_B \begin{pmatrix} T & S_{11} - S_{11}T_1 & S_{12} - S_{11}S_3 \\ O & T_1 & S_3 \\ O & O & O \end{pmatrix} U_B^*, & (8.4.2\text{b}) \end{cases}$$

其中 T 和 T_1 是非奇异的, $TS_{11} = S_{11}$.

证明　令 $A, B \in \mathbb{C}_n^{\text{CM}}$ 和 $A \overset{\text{P-core}}{\leq} B$, 我们有 A 和 B 的形式分别为 (8.4.1a) 和 (8.4.1b). 因为 $A \overset{\sharp}{\leq} B$, 我们将 (8.4.1a) 和 (8.4.1b) 代入 $A^\sharp A = A^\sharp B$ 和

$AA^\sharp = BA^\sharp$, 进而得到

$$U_B\begin{pmatrix} I_r & T^{-1}S_{11} & T^{-1}S_{12} \\ O & O & O \\ O & O & O \end{pmatrix}U_B^*$$

$$= U_B\begin{pmatrix} I_r & T^{-1}S_{11}-T^{-1}S_{11}T_1+T^{-2}S_{11}T_1 & T^{-1}S_{12}-T^{-1}S_{11}S_3+T^{-2}S_{11}S_3 \\ O & O & O \\ O & O & O \end{pmatrix}U_B^*$$

和

$$AA^\sharp = BA^\sharp = U_B\begin{pmatrix} I_r & T^{-1}S_{11} & T^{-1}S_{12} \\ O & O & O \\ O & O & O \end{pmatrix}U_B^*,$$

其中 $A^\sharp = U_B\begin{pmatrix} T^{-1} & T^{-2}S_{11} & T^{-2}S_{12} \\ O & O & O \\ O & O & O \end{pmatrix}U_B^*$. 因此, $TS_{11} = S_{11}$.

进而我们有 (8.4.2a) 和 (8.4.2b), 其中 $TS_{11} = S_{11}$.

相反, 令 A 和 B 的形式分别为 (8.4.2a) 和 (8.4.2b), 其中 $TS_{11} = S_{11}$, 则我们有

$$A^{\mathrm{P}}A = A^{\mathrm{P}}B = U_B\begin{pmatrix} I_r & S_{11} & T^{-1}S_{12} \\ O & O & O \\ O & O & O \end{pmatrix}U_B^*,$$

$$AA^{\mathrm{P}} = BA^{\mathrm{P}} = U_B\begin{pmatrix} I_r & S_{11} & S_{12} \\ O & O & O \\ O & O & O \end{pmatrix}U_B^*$$

和

$$A^\sharp A = A^\sharp B = U_B\begin{pmatrix} I_r & S_{11} & T^{-1}S_{12} \\ 0 & 0 & 0 \\ 0 & 0 & 0 \end{pmatrix}U_B^* = AA^\sharp = BA^\sharp.$$

因此, $A \overset{\sharp}{\leq} B$ 和 $A \overset{\text{P-core}}{\leq} B$. □

定理 8.4.7 令 $A,B\in\mathbb{C}_n^{\mathrm{CM}}$, 则 $A\overset{\text{P-core}}{\leq}B$ 和 $A\overset{\#}{\leq}B$ 当且仅当存在 U_B 使得

$$\begin{cases} A=U_B\begin{pmatrix}T & O & S_{12}\\ O & O & O\\ O & O & O\end{pmatrix}U_B^*, & (8.4.3\text{a})\\ B=U_B\begin{pmatrix}T & O & S_{12}\\ O & T_1 & S_3\\ O & O & O\end{pmatrix}U_B^*, & (8.4.3\text{b})\end{cases}$$

其中 T 和 T_1 是非奇异的.

证明 令 $A,B\in\mathbb{C}_n^{\mathrm{CM}}$ 和 $A\overset{\text{P-core}}{\leq}B$, 则我们有 A 和 B 的形式分别为 (8.4.1a) 和 (8.4.1b). 因为 $A\overset{\#}{\leq}B$, 我们将 (8.4.1a) 和 (8.4.1b) 代入 $A^{\#}A=A^{\#}B$ 和 $AA^{\#}=BA^{\#}$, 从而得到

$$U_B\begin{pmatrix}I_r & T^{-1}S_{11} & T^{-1}S_{12}\\ O & O & O\\ O & O & O\end{pmatrix}U_B^*$$

$$=U_B\begin{pmatrix}I_r & T^{-1}S_{11}-T^{-1}S_{11}T_1 & T^{-1}S_{12}-T^{-1}S_{11}S_3\\ O & O & O\\ O & O & O\end{pmatrix}U_B^*$$

和

$$AA^{\#}=BA^{\#}=U_B\begin{pmatrix}I_r & O & O\\ O & O & O\\ O & O & O\end{pmatrix}U_B^*.$$

因此, $S_{11}=O$, 进而我们有 (8.4.3a) 和 (8.4.3b).

相反, 令 A 和 B 的形式分别为 (8.4.3a) 和 (8.4.3b), 则有

$$A^{\mathrm{P}}A=A^{\mathrm{P}}B=U_B\begin{pmatrix}I_r & O & T^{-1}S_{12}\\ O & O & O\\ O & O & O\end{pmatrix}U_B^*,$$

$$AA^{\mathrm{P}}=BA^{\mathrm{P}}=U_B\begin{pmatrix}I_r & O & S_{12}\\ O & O & O\\ O & O & O\end{pmatrix}U_B^*$$

和

$$A^{\circledast}A = A^{\circledast}B = U_B \begin{pmatrix} I_r & O & T^{-1}S_{12} \\ O & O & O \\ O & O & O \end{pmatrix} U_B^*,$$

$$AA^{\circledast} = BA^{\circledast} = U_B \begin{pmatrix} I_r & O & O \\ O & O & O \\ O & O & O \end{pmatrix} U_B^*.$$

因此, $A \overset{\circledast}{\leq} B$ 和 $A \overset{\text{P-core}}{\leq} B$. □

定理 8.4.8 令 $A, B \in \mathbb{C}_n^{\text{CM}}$, 则 $A \overset{*}{\leq} B$ 和 $A \overset{\text{P-core}}{\leq} B$ 当且仅当存在 U_B 使得

$$\begin{cases} A = U_B \begin{pmatrix} T & O & S_{12} \\ O & O & O \\ O & O & O \end{pmatrix} U_B^*, & \text{(8.4.4a)} \\ B = U_B \begin{pmatrix} T & O & S_{12} \\ O & T_1 & S_3 \\ O & O & O \end{pmatrix} U_B^*, & \text{(8.4.4b)} \end{cases}$$

其中 T 和 T_1 是非奇异的, 并且 $S_3S_{12}^* = O$.

证明 令 $A, B \in \mathbb{C}_n^{\text{CM}}$ 和 $A \overset{\text{P-core}}{\leq} B$, 则我们有 A 和 B 的形式分别为 (8.4.1a) 和 (8.4.1b). 因为 $A \overset{*}{\leq} B$, 我们将 (8.4.1a) 和 (8.4.1b) 代入 $A^*A = A^*B$ 和 $AA^* = BA^*$, 从而得到

$$U_B \begin{pmatrix} T^*T & T^*S_{11} & T^*S_{12} \\ S_{11}^*T & S_{11}^*S_{11} & S_{11}^*S_{12} \\ S_{12}^*T & S_{12}^*S_{11} & S_{12}^*S_{12} \end{pmatrix} U_B^*$$

$$= U_B \begin{pmatrix} T^*T & T^*(S_{11} - S_{11}T_1) & T^*(S_{12} - S_{11}S_3) \\ S_{11}^*T & S_{11}^*(S_{11} - S_{11}T_1) & S_{11}^*(S_{12} - S_{11}S_3) \\ S_{12}^*T & S_{12}^*(S_{11} - S_{11}T_1) & S_{12}^*(S_{12} - S_{11}S_3) \end{pmatrix} U_B^*$$

和

$$U_B\begin{pmatrix}TT^*+S_{11}S_{11}^*+S_{12}S_{12}^* & O & O\\ O & O & O\\ O & O & O\end{pmatrix}U_B^*$$

$$=U_B\begin{pmatrix}TT^*+S_{11}S_{11}^*-S_{11}T_1S_{11}^*+S_{12}S_{12}^*-S_{11}S_3S_{12}^* & O & O\\ T_1S_{11}^*+S_3S_{12}^* & O & O\\ O & O & O\end{pmatrix}U_B^*.$$

因此, $S_{11}=O$ 和 $S_3S_{12}^*=O$, 进而我们有 (8.4.4a) 和 (8.4.4b), 其中 $S_3S_{12}^*=O$.

相反, 令 A 和 B 的分解式分别为 (8.4.4a) 和 (8.4.4b), 其中 $S_3S_{12}^*=0$, 则有

$$A^{\mathrm{P}}A=A^{\mathrm{P}}B=U_B\begin{pmatrix}I_r & O & T^{-1}S_{12}\\ O & O & O\\ O & O & O\end{pmatrix}U_B^*,\quad AA^{\mathrm{P}}=BA^{\mathrm{P}}=U_B\begin{pmatrix}I_r & O & S_{12}\\ O & O & O\\ O & O & O\end{pmatrix}U_B^*$$

和

$$A^*A=A^*B=U_B\begin{pmatrix}T^*T & O & T^*S_{12}\\ O & O & O\\ S_{12}^*T & O & S_{12}^*S_{12}\end{pmatrix}U_B^*,$$

$$AA^*=BA^*=U_B\begin{pmatrix}TT^*+S_{12}S_{12}^* & O & O\\ O & O & O\\ O & O & O\end{pmatrix}U_B^*.$$

因此, $A\overset{*}{\leq}B$ 和 $A\overset{\text{P-core}}{\leq}B$. □

8.5 D-core 偏序的定义及刻画

在本节中, 通过使用类似于 Diamond 偏序的方法, 我们引入一种基于 core 偏序的非减序非 Löwner 类偏序. 我们称之为 Diamond-core 偏序 (简称 D-core 偏序).

定义 8.5.1 令 $A,B\in\mathbb{C}_n^{\mathrm{CM}}$. 二元关系 $A\overset{\text{D-core}}{\leq}B$ 被定义为

$$A\overset{\text{D-core}}{\leq}B\Leftrightarrow A^{\mathrm{P}}\overset{\#}{\leq}B^{\mathrm{P}}.\tag{8.5.1}$$

我们称之为 D-core 序.

接下来, 我们给出 D-core 序的等价刻画.

定理 8.5.1 令 $A, B \in \mathbb{C}_n^{\mathrm{CM}}$, 且 A 的形式为 (1.0.27). 则 $A \overset{\text{D-core}}{\leq} B$ 当且仅当

$$B^{\mathrm{P}} = U \begin{pmatrix} T^{-1} & T^{-1}S \\ O & B_4 \end{pmatrix} U^*, \tag{8.5.2}$$

其中 $B_4 \in \mathbb{C}_{n-r,n-r}$ 的指标为 1.

证明 令 A 的形式为 (1.0.27), 则 A^{P} 的形式为 (8.1.2). 我们有 $(A^{\mathrm{P}})^{\#}$ 的形式为 (8.2.1).

令

$$B^{\mathrm{P}} = U \begin{pmatrix} B_1 & B_2 \\ B_3 & B_4 \end{pmatrix} U^*. \tag{8.5.3}$$

将 (8.1.2), (8.2.1) 和 (8.5.3) 代入 $(A^{\mathrm{P}})^{\#} A^{\mathrm{P}} = (A^{\mathrm{P}})^{\#} B^{\mathrm{P}}$, 得到

$$U \begin{pmatrix} I_r & S \\ O & O \end{pmatrix} U^* = U \begin{pmatrix} TB_1 & TB_2 \\ O & O \end{pmatrix} U^*. \tag{8.5.4}$$

进而我们有

$$B_1 = T^{-1}, \quad B_2 = T^{-1}S. \tag{8.5.5}$$

类似地, 将 (8.1.2), (8.2.1) 和 (8.5.3) 代入 $A^{\mathrm{P}} (A^{\mathrm{P}})^{\#} = B^{\mathrm{P}} (A^{\mathrm{P}})^{\#}$, 我们得到

$$U \begin{pmatrix} I_r & O \\ O & O \end{pmatrix} U^* = U \begin{pmatrix} B_1T & O \\ B_3T & O \end{pmatrix} U^*. \tag{8.5.6}$$

进而有

$$B_3 = O. \tag{8.5.7}$$

根据 (8.5.5) 和 (8.5.7), B^{P} 的形式为 (8.5.2). 因为 B 的指标为 1, 所以 B^{P} 的指标为 1. 因此 B_4 的指标为 1.

综上, $A \overset{\text{D-core}}{\leq} B$ 当且仅当 (8.5.2) 成立, 其中 B_4 的指标为 1. □

接下来, 我们继续分析定理 8.5.1, 它可以表示为定理 8.5.2.

定理 8.5.2　令 $A, B \in \mathbb{C}_n^{\mathrm{CM}}$ 且 A 的形式为 (1.0.27), 则 $A \overset{\text{D-core}}{\leq} B$ 当且仅当

$$B = U \begin{pmatrix} T & S - SB_4^{\mathrm{P}} - SB_4^{\mathrm{P}}(B_4^{\mathrm{P}})^{\dagger} \\ O & B_4^{\mathrm{P}} \end{pmatrix} U^*, \tag{8.5.8}$$

其中 T 是非奇异的且 $B_4 \in \mathbb{C}_{n-r,n-r}$ 的指标为 1.

证明　通过 core 逆的性质, 很容易得到

$$(B^{\mathrm{P}})^{\#\!\!\!\bigcirc} = U \begin{pmatrix} T & -SB_4^{\#\!\!\!\bigcirc} \\ O & B_4^{\#\!\!\!\bigcirc} \end{pmatrix} U^*. \tag{8.5.9}$$

根据 $(B^{\mathrm{P}})^{\mathrm{P}} = B$ 和 (8.1.13), 我们有

$$B = (B^{\mathrm{P}})^{\mathrm{P}} = (B^{\mathrm{P}})^{\#\!\!\!\bigcirc} + (B^{\mathrm{P}})^{\#\!\!\!\bigcirc} B^{\mathrm{P}} - B^{\mathrm{P}} (B^{\mathrm{P}})^{\#\!\!\!\bigcirc} = U \begin{pmatrix} T & S - SB_4^{\mathrm{P}} - SB_4B_4^{\#\!\!\!\bigcirc} \\ O & B_4^{\mathrm{P}} \end{pmatrix} U^*. \tag{8.5.10}$$

因为 $B_4^{\#\!\!\!\bigcirc} = B_4^{\mathrm{P}} B_4 B_4^{\dagger}$ 和 $B_4 B_4^{\dagger} = B_4^{\mathrm{P}} (B_4^{\mathrm{P}})^{\dagger}$, 则有

$$B = U \begin{pmatrix} T & S - SB_4^{\mathrm{P}} - SB_4B_4^{\mathrm{P}}B_4B_4^{\dagger} \\ O & B_4^{\mathrm{P}} \end{pmatrix} U^* = U \begin{pmatrix} T & S - SB_4^{\mathrm{P}} - SB_4^{\mathrm{P}} (B_4^{\mathrm{P}})^{\dagger} \\ O & B_4^{\mathrm{P}} \end{pmatrix} U^*,$$

其中 T 是非奇异的且 $B_4 \in \mathbb{C}_{n-r,n-r}$ 的指标为 1. □

定理 8.5.3　D-core 序是矩阵偏序.

证明　1. 反身性是显然的.

2. 反对称性: 令 $A, B \in \mathbb{C}_n^{\mathrm{CM}}$, $A \overset{\text{D-core}}{\leq} B$ 和 $B \overset{\text{D-core}}{\leq} A$. 则 $A^{\mathrm{P}} \overset{\#\!\!\!\bigcirc}{\leq} B^{\mathrm{P}}$ 和 $B^{\mathrm{P}} \overset{\#\!\!\!\bigcirc}{\leq} A^{\mathrm{P}}$. 因此, $A^{\mathrm{P}} = B^{\mathrm{P}}$. 从 $(A^{\mathrm{P}})^{\mathrm{P}} = A$ 和 $(B^{\mathrm{P}})^{\mathrm{P}} = B$ 可以看出 $A = B$.

3. 传递性: 假设 $A \overset{\text{D-core}}{\leq} B$ 和 $B \overset{\text{D-core}}{\leq} C$, 则 $A^{\mathrm{P}} \overset{\#\!\!\!\bigcirc}{\leq} B^{\mathrm{P}}$ 和 $B^{\mathrm{P}} \overset{\#\!\!\!\bigcirc}{\leq} C^{\mathrm{P}}$. 因此, 根据 core 偏序的可传递性, 我们有 $A \overset{\text{D-core}}{\leq} C$.

根据定理 8.5.2, $A \overset{\text{D-core}}{\leq} B$ 当且仅当 A 和 B 的分解式为 (1.0.27) 和 (8.5.8). 因为 B_4^{P} 的指标为 1, 因此通过 (8.1.2), 我们可令 $B_4^{\mathrm{P}} = U_1 \begin{pmatrix} T_1^{-1} & T_1^{-1}S_3 \\ O & O \end{pmatrix} U_1^*$, 其中 $\mathrm{rank}(T_1) = t_1$, 且 SU_1 可以分块为 $SU_1 = \begin{pmatrix} S_{11} & S_{12} \end{pmatrix}$, 则 $A \overset{\text{D-core}}{\leq} B$ 当且仅当

存在酉矩阵 $U_B = U\begin{pmatrix} I & O \\ O & U_1 \end{pmatrix}$ 使得

$$\begin{cases} A = U_B \begin{pmatrix} T & S_{11} & S_{12} \\ O & O & O \\ O & O & O \end{pmatrix} U_B^*, & \text{(8.5.11a)} \\ B = U_B \begin{pmatrix} T & -S_{11}T_1^{-1} & S_{12} - S_{11}T_1^{-1}S_3 \\ O & T_1^{-1} & T_1^{-1}S_3 \\ O & O & O \end{pmatrix} U_B^*, & \text{(8.5.11b)} \end{cases}$$

其中 T 是 r 阶非奇异矩阵. □

8.6 D-core 偏序的性质

在下面的定理 8.6.1和定理 8.6.3, 我们讨论 D-core 偏序和减偏序之间的关系.

定理 8.6.1 D-core 偏序是非减序类偏序.

证明 如果 $AA \overset{\text{D-core}}{\leq} B$, 则 A 和 B 的分解形式分别为 (8.5.11a) 和 (8.5.11b). 所以我们有

$$\begin{aligned} \operatorname{rank}(B-A) &= \operatorname{rank}\left(\begin{pmatrix} O & -S_{11}T_1^{-1} - S_{11} & -S_{11}T^{-1}S_3 \\ O & T_1^{-1} & T_1^{-1}S_3 \\ O & O & O \end{pmatrix}\right) \\ &= \operatorname{rank}\left(\begin{pmatrix} O & O & S_{11}S_3 \\ O & I_{t_1} & O \\ O & O & O \end{pmatrix}\right) = t_1 + \operatorname{rank}(S_{11}S_3) \end{aligned} \tag{8.6.1}$$

和

$$\operatorname{rank}(B) - \operatorname{rank}(A) = \operatorname{rank}(T) + \operatorname{rank}(T_1) - \operatorname{rank}(T) = \operatorname{rank}(T_1) = t_1, \tag{8.6.2}$$

根据上述的 (8.6.1) 和 (8.6.2), 我们知道 $\operatorname{rank}(B) - \operatorname{rank}(A) \neq \operatorname{rank}(B-A)$. 因此 D-core 偏序是一种非减序类偏序. □

下面, 我们通过一个例子说明 D-core 偏序是非减序类偏序.

例 8.6.2 令 $A^{\mathrm{P}}=\begin{pmatrix}1&1&1\\0&0&0\\0&0&0\end{pmatrix}$ 和 $B^{\mathrm{P}}=\begin{pmatrix}1&1&1\\0&1&1\\0&0&0\end{pmatrix}$, 则 $(A^{\mathrm{P}})^{\#}=\begin{pmatrix}1&0&0\\0&0&0\\0&0&0\end{pmatrix}$.

进而

$$(A^{\mathrm{P}})^{\#}A^{\mathrm{P}}=(A^{\mathrm{P}})^{\#}B^{\mathrm{P}}=\begin{pmatrix}1&1&1\\0&0&0\\0&0&0\end{pmatrix}, A^{\mathrm{P}}(A^{\mathrm{P}})^{\#}=B^{\mathrm{P}}(A^{\mathrm{P}})^{\#}=\begin{pmatrix}1&0&0\\0&0&0\\0&0&0\end{pmatrix}.$$

因此, 我们有 $A^{\mathrm{P}}\overset{\#}{\leq}B^{\mathrm{P}}$.

接下来, 根据定理 8.2.1 中的 (1), 我们得到 $A=\begin{pmatrix}1&1&1\\0&0&0\\0&0&0\end{pmatrix}$ 和 $B=\begin{pmatrix}1&-1&0\\0&1&1\\0&0&0\end{pmatrix}$.

因此, $B-A=\begin{pmatrix}0&-2&-1\\0&1&1\\0&0&0\end{pmatrix}$ 且 $\operatorname{rank}(B-A)=2$. 由 $\operatorname{rank}(B)=2, \operatorname{rank}(A)=1$ 可知 $\operatorname{rank}(B)-\operatorname{rank}(A)=1$, 故有 $\operatorname{rank}(B)-\operatorname{rank}(A)\neq\operatorname{rank}(B-A)$.

许多著名的矩阵偏序是减序类偏序, 如 sharp 偏序、core 偏序和 star 偏序. 接下来, 我们将进一步研究 D-core 偏序与减偏阶之间的关系.

定理 8.6.3 令 $A,B\in\mathbb{C}_n^{\mathrm{CM}}$, $\operatorname{rank}(A)=r$ 和 $AA\overset{\text{D-core}}{\leq}B$, 则下列条件等价:

(1) $A\leq B$;

(2) $S_{11}S_3=0$, 其中 S_{11} 和 S_3 见 (8.5.11a) 和 (8.5.11b);

(3) $\operatorname{rank}\left(\begin{pmatrix}B\\A\end{pmatrix}\right)=\operatorname{rank}(B)$.

证明 (1) $\Leftrightarrow$ (2) 令 $A\overset{\text{D-core}}{\leq}B$, 通过定理 8.6.1, 我们有 (8.6.1) 和 (8.6.2). 因此, $\operatorname{rank}(B)-\operatorname{rank}(A)=\operatorname{rank}(B-A)$ 当且仅当 $\operatorname{rank}(S_{11}S_3)=O$, 即 $S_{11}S_3=O$.

(2) $\Leftrightarrow$ (3) 将 (8.5.11a) 和 (8.5.11b) 代入 $\operatorname{rank}\left(\begin{pmatrix}B\\A\end{pmatrix}\right)$, 我们得到

$$\begin{aligned}\operatorname{rank}\left(\begin{pmatrix}B\\A\end{pmatrix}\right)&=\operatorname{rank}\left(\begin{pmatrix}T&-S_{11}T_1^{-1}&S_{12}-S_{11}T_1^{-1}S_3\\O&T_1^{-1}&T_1^{-1}S_3\\T&S_{11}&S_{12}\end{pmatrix}\right)\\&=\operatorname{rank}\left(\begin{pmatrix}T&O&O\\O&T_1^{-1}&O\\O&O&-S_{11}S_3\end{pmatrix}\right)=\operatorname{rank}(B)+\operatorname{rank}(S_{11}S_3).\end{aligned}$$

显然, $\operatorname{rank}(S_{11}S_3)=0$ 当且仅当 $\operatorname{rank}\left(\begin{pmatrix}B\\A\end{pmatrix}\right)=\operatorname{rank}(B)$, 即 $S_{11}S_3=O$ 等价于 $\operatorname{rank}\left(\begin{pmatrix}B\\A\end{pmatrix}\right)=\operatorname{rank}(B)$. 因此, (2) 和 (3) 等价. □

接下来, 我们考虑了 D-core 偏序与 Diamond 偏序之间的关系.

例 8.6.4 令 $A=\begin{pmatrix}1&1&1\\0&0&0\\0&0&0\end{pmatrix}$, $B=\begin{pmatrix}1&-1&0\\0&1&1\\0&0&0\end{pmatrix}$, 则 $A^{\mathrm{P}}=\begin{pmatrix}1&1&1\\0&0&0\\0&0&0\end{pmatrix}$, $B^{\mathrm{P}}=\begin{pmatrix}1&1&1\\0&1&1\\0&0&0\end{pmatrix}$ 且有 $(A^{\mathrm{P}})^{\#\!\!\!\!\bigcirc}=\begin{pmatrix}1&0&0\\0&0&0\\0&0&0\end{pmatrix}$.

因此, $(A^{\mathrm{P}})^{\#\!\!\!\!\bigcirc}A^{\mathrm{P}}=(A^{\mathrm{P}})^{\#\!\!\!\!\bigcirc}B^{\mathrm{P}}=\begin{pmatrix}1&1&1\\0&0&0\\0&0&0\end{pmatrix}$, $A^{\mathrm{P}}(A^{\mathrm{P}})^{\#\!\!\!\!\bigcirc}=B^{\mathrm{P}}(A^{\mathrm{P}})^{\#\!\!\!\!\bigcirc}=\begin{pmatrix}1&0&0\\0&0&0\\0&0&0\end{pmatrix}$, 即 A 和 B 构成 D-core 偏序: $A^{\mathrm{P}}\overset{\#\!\!\!\!\bigcirc}{\leq}B^{\mathrm{P}}$.

但是因为

$$A^{\dagger}=\frac{1}{3}\begin{pmatrix}1&0&0\\1&0&0\\1&0&0\end{pmatrix},\quad B^{\dagger}=\frac{1}{3}\begin{pmatrix}2&1&0\\-1&1&0\\1&2&0\end{pmatrix},\tag{8.6.3}$$

则

$$B^{\dagger}-A^{\dagger}=\frac{1}{3}\begin{pmatrix}1&1&0\\-2&1&0\\0&2&0\end{pmatrix}.\tag{8.6.4}$$

考虑到 $\operatorname{rank}(A^{\dagger})=1$, $\operatorname{rank}(B^{\dagger})=2$ 和 $\operatorname{rank}(B^{\dagger}-A^{\dagger})=2$, 我们有 $\operatorname{rank}(B^{\dagger})-\operatorname{rank}(A^{\dagger})=1$, 所以, 这里的 A 和 B 不构成 Diamond 偏序.

例 8.6.5 令

$$A=\begin{pmatrix}1&1&1\\0&0&0\\0&0&0\end{pmatrix},\quad B=\begin{pmatrix}3&0&0\\-3&1.5&1.5\\0&0&0\end{pmatrix}.\tag{8.6.5}$$

则

$$A^{\dagger}=\frac{1}{3}\begin{pmatrix}1&0&0\\1&0&0\\1&0&0\end{pmatrix},\quad B^{\dagger}=\frac{1}{3}\begin{pmatrix}1&0&0\\1&1&0\\1&1&0\end{pmatrix},\tag{8.6.6}$$

进而 $\operatorname{rank}\left(B^{\dagger}-A^{\dagger}\right)=\operatorname{rank}\left(B^{\dagger}\right)-\operatorname{rank}\left(A^{\dagger}\right)=1$, 即 $A\overset{\diamond}{\leq}B$. 然而,

$$A^{\mathrm{P}}=\begin{pmatrix}1&1&1\\0&0&0\\0&0&0\end{pmatrix},\quad B^{\mathrm{P}}=\frac{1}{3}\begin{pmatrix}1&0&0\\2&2&3\\0&0&0\end{pmatrix}.\tag{8.6.7}$$

则 $(A^{\mathrm{P}})^{\#}=\begin{pmatrix}1&0&0\\0&0&0\\0&0&0\end{pmatrix}$. 因此,

$$(A^{\mathrm{P}})^{\#}A^{\mathrm{P}}=\begin{pmatrix}1&1&1\\0&0&0\\0&0&0\end{pmatrix},\quad (A^{\mathrm{P}})^{\#}B^{\mathrm{P}}=\frac{1}{3}\begin{pmatrix}1&0&0\\0&0&0\\0&0&0\end{pmatrix},$$

$(A^{\mathrm{P}})^{\#}A^{\mathrm{P}}\neq(A^{\mathrm{P}})^{\#}B^{\mathrm{P}}$, 即 A 和 B 不构成 D-core 偏序.

定理 8.6.6　令 $A,B\in\mathbb{C}_n^{\mathrm{CM}}$, $\operatorname{rank}(A)=r$ 且 $A\overset{\text{D-core}}{\leq}B$. 则下列条件等价:

(1) $A\overset{\diamond}{\leq}B$;

(2) $\operatorname{rank}\left(\begin{pmatrix}B\\A\end{pmatrix}\right)=\operatorname{rank}(B)$ 和 $AA^*A=AB^*A$;

(3) $S_{11}S_3=0$ 和 $S_{11}T^{-1}S_{11}^*+S_{11}T^{-1}S_3S_{12}^*=-S_{11}S_{11}^*$.

证明　令 $A\overset{\text{D-core}}{\leq}B$, 则 A 和 B 的分解式分别为 (8.5.11a) 和 (8.5.11b).

(1) ⇔ (2)　将 (8.5.11a) 和 (8.5.11b) 代入 $\operatorname{rank}((B\quad A))$, 我们有

$$\begin{aligned}\operatorname{rank}\left(\begin{pmatrix}B & A\end{pmatrix}\right)&=\operatorname{rank}\left(\begin{pmatrix}T & -S_{11}T_1^{-1} & S_{12}-S_{11}T_1^{-1}S_3 & T & S_{11} & S_{12}\\ O & T_1^{-1} & T_1^{-1}S_3 & O & O & O\\ O & O & O & O & O & O\end{pmatrix}\right)\\&=\operatorname{rank}\left(\begin{pmatrix}T & -S_{11}T_1^{-1} & S_{12}-S_{11}T_1^{-1}S_3 & O & O & O\\ O & T_1^{-1} & T_1^{-1}S_3 & O & O & O\\ O & O & O & O & O & O\end{pmatrix}\right)\end{aligned}$$

$$= \text{rank}(B).$$

因此, 根据引理 1.0.21 可知: (1.0.26) 等价于定理 8.6.6 的 (2), 即条件 (1) 和 (2) 是等价的.

(2) ⇔ (3) 将 (8.5.11a) 和 (8.5.11b) 代入 $AA^*A = AB^*A$, 我们得到

$$U_B \begin{pmatrix} MT & MS_{11} & MS_{12} \\ O & O & O \\ O & O & O \end{pmatrix} U_B^* = U_B \begin{pmatrix} NT & NS_{11} & NS_{12} \\ O & O & O \\ O & O & O \end{pmatrix} U_B^*,$$

其中 $M = TT^* + S_{11}S_{11}^* + S_{12}S_{12}^*$ 和 $N = TT^* - S_{11}\left(S_{11}T_1^{-1}\right)^* + S_{12}\left(S_{12} - S_{11}T^{-1}S_3\right)^*$. 则有 $S_{11}\left(T^{-1}\right)^* S_{11}^* + S_{12}S_3^*\left(T^{-1}\right)^* S_{11}^* = -S_{11}S_{11}^*$.

通过应用定理 8.6.3, 我们发现 $S_{11}S_3 = O$ 等价于 $\text{rank}\left(\begin{pmatrix} B \\ A \end{pmatrix}\right) = \text{rank}(B)$. 因此, (2) 和 (3) 等价. □

推论 8.6.7 令 $A, B \in \mathbb{C}_n^{\text{CM}}$, $\text{rank}(A) = r$ 且 $A \overset{\text{D-core}}{\leq} B$. 如果 $A \overset{\diamond}{\leq} B$, 则 $A \leq B$.

证明 令 $AA \overset{\text{D-core}}{\leq} B$. 如果 $A \overset{\diamond}{\leq} B$, 通过定理 8.6.6, 则有 $\text{rank}\left(\begin{pmatrix} B \\ A \end{pmatrix}\right) = \text{rank}(B)$. 根据定理 8.6.3, 我们有 $A \leq B$. □

推论 8.6.8 令 $A, B \in \mathbb{C}_n^{\text{CM}}$, $\text{rank}(A) = r$ 和 $A \overset{\text{D-core}}{\leq} B$. 如果 $A \leq B$, 则 $A \overset{\diamond}{\leq} B$ 当且仅当 $AA^*A = AB^*A$.

证明 令 $A \overset{\text{D-core}}{\leq} B$, 则 $\text{rank}\left(\begin{pmatrix} B & A \end{pmatrix}\right) = \text{rank}(B)$. 根据定理 8.6.3, $A \leq B$ 当且仅当 $\text{rank}\left(\begin{pmatrix} B \\ A \end{pmatrix}\right) = \text{rank}(B)$. 因此, 通过引理 1.0.21 可知, $A \overset{\diamond}{\leq} B$ 当且仅当 $AA^*A = AB^*A$. □

定理 8.6.9 令 $AA \overset{\text{D-core}}{\leq} B$, 则 $A^{\#} \overset{\diamond}{\leq} B^{\#}$.

证明 令 $A, B \in \mathbb{C}_n^{\text{CM}}$ 且 $A^{\text{P}} \overset{\#}{\leq} B^{\text{P}}$, 则 A 和 B 的分解式分别为 (8.5.11a) 和 (8.5.11b).

此外, 令

$$A^{\#} \overset{\diamond}{\leq} B^{\#} : (A^{\#})^{\dagger} \leq (B^{\#})^{\dagger} \Leftrightarrow \text{rank}(B) - \text{rank}(A) = \text{rank}\left(B^2B^{\dagger} - A^2A^{\dagger}\right). \tag{8.6.8}$$

将 (8.5.11a) 和 (8.5.11b) 代入 (8.6.8). 通过引理 1.0.23, 我们有

$$AAA^{\dagger} = U_B \begin{pmatrix} T & S_{11} & S_{12} \\ O & O & O \\ O & O & O \end{pmatrix} \begin{pmatrix} I_r & O & O \\ O & O & O \\ O & O & O \end{pmatrix} U_B^* = U_B \begin{pmatrix} T & O & O \\ O & O & O \\ O & O & O \end{pmatrix} U_B^*,$$

$$BBB^{\dagger} = U_B \begin{pmatrix} T & -S_{11}T_1^{-1} & S_{12} - S_{11}T^{-1}S_3 \\ O & T_1^{-1} & T_1^{-1}S_3 \\ O & O & O \end{pmatrix} \begin{pmatrix} I_r & O & O \\ O & I_{t_1} & O \\ O & O & O \end{pmatrix} U_B^*$$

$$= U_B \begin{pmatrix} T & -S_{11}T_1^{-1} & O \\ O & T_1^{-1} & O \\ O & O & O \end{pmatrix} U_B^*.$$

因此, $\operatorname{rank}\left(BBB^{\dagger}\right) = \operatorname{rank}(T) + \operatorname{rank}\left(T_1^{-1}\right)$, $\operatorname{rank}\left(AAA^{\dagger}\right) = \operatorname{rank}(T)$. 即 $\operatorname{rank}\left(BBB^{\dagger} - AAA^{\dagger}\right) = \operatorname{rank}\left(T_1^{-1}\right)$. 进而有

$$\operatorname{rank}(B) - \operatorname{rank}(A) = \operatorname{rank}\left(B^2B^{\dagger} - A^2A^{\dagger}\right)$$

是成立的. 结论得证. □

第 9 章 合成广义逆与偏序

广义逆最早是由 Fredholm 在研究积分算子时提出的, 并称之为伪逆. 任意矩阵的广义逆这一概念被 Moore 提出, 其研究结果发表在美国数学会会刊上. 20 世纪中期, 广义逆的最小二乘性质引起人们研究的兴趣. Penrose 利用矩阵方程给出 Moore-Penrose 逆的定义. 随后, 很多学者对其相关性质进行了深入研究. 广义逆矩阵不仅在数理统计和系统理论方面有广泛的应用, 同时在优化计算和控制论等领域也扮演着重要的角色. 广义逆在密码系统、编码理论、化学方程、机器人技术、优化理论、计算机图像、电网理论等领域有广泛的应用.

随着不同问题的出现, 许多新型广义逆也应运而生, 其中合成广义逆是典型代表之一. 通过将经典广义逆之间相结合, 讨论该逆是否为一个新的广义逆, 并研究它的相关性质及刻画, 以及讨论在偏序领域上的新情况. 本章节结合矩阵分解主要介绍了 MP 弱群逆、弱群星矩阵、G-MPCEP 逆、MP 弱 core 逆及 1WG 逆. 给出这几个新的广义逆或矩阵的定义及相关性质和应用.

9.1 节, 通过结合 Moore-Penrose 逆和弱群逆, 我们提出了 MP 弱群逆并给出相关刻画. 随后, 讨论了 MP 弱群逆与一些其他已知广义逆的关系, 并给出了计算 MPWG 逆的连续矩阵平方算法和求解奇异值方程 $(A^{\dagger})^{*}x=b$ 的克拉默法则. 最后我们给出求解线性方程组的应用, 并且指出对于定义的 MPWG 二元关系不是一个新的偏序.

9.2 节主要讨论弱群星矩阵, 我们指出这并不是给定矩阵 A 的广义逆, 但是它是 $(A^{\dagger})^{*}$ 的一个外逆. 同样, 我们研究了其相关性质, 逐次矩阵平方算法, 克拉默法则及求解线性方程组中的应用. 此外, 还研究了弱群星矩阵的扰动.

9.3 节, 作为 G-core-EP 逆的推广, 我们介绍了 G-MPCEP 逆并研究其相关性质. 也给出了求解奇异值方程 $Ax=b$ 的克拉默法则和应用. 特别地, 我们研究了 G-MPCEP 逆的行列式表示.

9.4 节, 基于 Moore-Penrose 逆和弱 core 逆. 提出了 Moore-Penrose 弱 core 逆, 分别从代数和几何角度对它进行刻画, 给出 MPWC 逆与非奇异加边矩阵之间的关系. 应用 Hartwig-Spindelböck 分解和 core-EP 分解给出 MPWC 逆的性质、刻画及其扰动分析, 最后给出 A 的 MPWC 逆是 EP 矩阵的等价条件.

9.5 节, 主要对 1WG 逆进行了研究, 这是将矩阵的 1-逆和弱群逆结合产生的一个新的广义逆. 我们讨论了它的存在与唯一性, 给出其若干特征、表示以及性质. 利用矩阵的 core-EP 分解, 讨论了 1WG 逆与其他广义逆之间的关系. 最后, 探究了计算 1WG 逆的连续矩阵平方算法并给出了 1WG 逆的一个二元关系.

9.1 MP 弱群逆

将 Moore-Penrose 逆和弱群逆结合, 得到两个新的广义逆, 分别是弱 core 逆 (WCI)$A^{Ⓦ,\dagger}$ 以及对偶弱 core 逆 (d-WCI)$A^{\dagger,Ⓦ}$ [48]. $A\in\mathbb{C}_{n,n}$ 的弱 core 逆是指满足下述方程的解:

$$X=XAX,\quad AX=CA^{\dagger},\quad XA=A^{D}C,$$

其中 C 是 A 的弱 core 部分, $C=AA^{Ⓦ}A$. 并且 $A^{Ⓦ,\dagger}=A^{Ⓦ}AA^{\dagger}$, $A^{\dagger,Ⓦ}=A^{\dagger}AA^{Ⓦ}$.

引理 9.1.1 ([39,49,189,220]) 设 $A\in\mathbb{C}_{n,n}$, $\mathrm{Ind}(A)=k$ 如 (2.1.1) 所示. 那么

(1) $A^{\dagger}=U\begin{pmatrix}T^{*}\triangle & -T^{*}\triangle SN^{\dagger}\\ (I_{n-p}-N^{\dagger}N)S^{*}\triangle & N^{\dagger}-(I_{n-p}-N^{\dagger}N)S^{*}\triangle SN^{\dagger}\end{pmatrix}U^{*}$;

(2) $A^{D}=U\begin{pmatrix}T^{-1} & (T^{k+1})^{-1}\widetilde{T}\\ O & O\end{pmatrix}U^{*}$;

(3) $A^{\textcircled{\dagger}}=U\begin{pmatrix}T^{-1} & O\\ O & O\end{pmatrix}U^{*}$;

(4) $A^{\diamond}=U\begin{pmatrix}T^{*}\triangle_{1} & -T^{*}\triangle_{1}SN^{\diamond}\\ (P_{N}-P_{N^{\diamond}})S^{*}\triangle_{1} & N-(P_{N}-P_{N^{\diamond}})S^{*}\triangle_{1}SN^{\diamond}\end{pmatrix}U^{*}$;

(5) $A^{D,\dagger}=U\begin{pmatrix}T^{-1} & (T^{k+1})^{-1}\widetilde{T}NN^{\dagger}\\ O & O\end{pmatrix}U^{*}$;

(6) $A^{\dagger,D}=U\begin{pmatrix}T^{*}\triangle & T^{*}\triangle T^{-k}\widetilde{T}\\ (I_{n-p}-N^{\dagger}N)S^{*}\triangle & (I_{n-p}-N^{\dagger}N)S^{*}\triangle T^{-k}\widetilde{T}\end{pmatrix}U^{*}$;

(7) $A^{C,\dagger}=U\begin{pmatrix}T^{*}\triangle & T^{*}\triangle T^{-k}\widetilde{T}NN^{\dagger}\\ (I_{n-p}-N^{\dagger}N)S^{*}\triangle & (I_{n-p}-N^{\dagger}N)S^{*}\triangle T^{-k}\widetilde{T}NN^{\dagger}\end{pmatrix}U^{*}$.

其中 $\widetilde{T}=\sum\limits_{j=0}^{k-1}T^{j}SN^{k-1-j}$, $\triangle=[TT^{*}+S(I_{n-p}-N^{\dagger}N)S^{*}]^{-1}$, $\triangle_{1}=[TT^{*}+S(P_{N}-P_{N^{\diamond}})S^{*}]^{-1}$.

引理 9.1.2 ([48,49,189,191]) 设 $A\in\mathbb{C}_{n,n}$, $\mathrm{Ind}(A)=k$ 如 (2.1.1) 所示. 则

(1) $AA^{\dagger}=U\begin{pmatrix}I_p & O\\ O & NN^{\dagger}\end{pmatrix}U^*$;

(2) $A^{\dagger}A=U\begin{pmatrix}T^*\triangle T & T^*\triangle S(I-N^{\dagger}N)\\ (I_{n-p}-N^{\dagger}N)S^*\triangle T & (I_{n-p}-N^{\dagger}N)S^*\triangle S(I-N^{\dagger}N)+N^{\dagger}N\end{pmatrix}$ U^*;

(3) $A^{Ⓦ}=(A^{\textcircled{\dagger}})^2A=U\begin{pmatrix}T^{-1} & T^{-2}S\\ O & O\end{pmatrix}U^*$;

(4) $A^{Ⓦ,\dagger}=A^{Ⓦ}AA^{\dagger}=U\begin{pmatrix}T^{-1} & T^{-2}SNN^{\dagger}\\ O & O\end{pmatrix}U^*$;

(5) $A^{\dagger,Ⓦ}=A^{\dagger}AA^{Ⓦ}=U\begin{pmatrix}T^*\triangle & T^*\triangle T^{-1}S\\ (I_{n-p}-N^{\dagger}N)S^*\triangle & (I_{n-p}-N^{\dagger}N)S^*\triangle T^{-1}S\end{pmatrix}U^*$,

其中 $\triangle=[TT^*+S(I_{n-p}-N^{\dagger}N)S^*]^{-1}$.

引理 9.1.3 ([48,189]) 对于 A 的弱群逆 $A^{Ⓦ}$ 有下述结论成立:

(1) $A^{Ⓦ}$ 是 A 的一个外逆;

(2) $\mathcal{R}(A^{Ⓦ})=\mathcal{R}(A^k)$;

(3) $A^{Ⓦ}A^{k+1}=A^k$;

(4) 存在矩阵 B 使得 $AA^{Ⓦ}=A^kB$;

(5) 存在矩阵 Z 使得 $A^{Ⓦ}=A^kZ$.

引理 9.1.4 ([72]) 设 $A\in\mathbb{C}_{n,n}$ 且它的秩为 $r>0$. 那么存在酉矩阵 $U\in\mathbb{C}_{n,n}$ 使得

$$A=U\begin{pmatrix}\Sigma K & \Sigma L\\ O & O\end{pmatrix}U^*,$$

其中 $\Sigma=\mathrm{diag}(\sigma_1I_{r1},\sigma_2I_{r2},\cdots,\sigma_tI_{rt})$ 是一个对角阵, 其对角元为 A 的奇异值, $\sigma_1>\sigma_2>\cdots>\sigma_t>0$, $r_1+r_2+\cdots+r_t=r$, $K\in\mathbb{C}_{r,r}$, $L\in\mathbb{C}_{r,(n-r)}$ 满足

$$KK^*+LL^*=I_r.$$

引理 9.1.5 ([13,51]) 设 $A\in\mathbb{C}_{n,n}$ 如引理 9.1.4 所示. 那么,

(1) A 的 Moore-Penrose 逆

$$A^{\dagger}=U\begin{pmatrix}K^*\Sigma^{-1} & O\\ L^*\Sigma^{-1} & O\end{pmatrix}U^*;$$

(2) A 的 core-EP 逆

$$A^{\textcircled{\dagger}} = U\begin{pmatrix}(\Sigma K)^{\textcircled{\dagger}} & O\\ O & O\end{pmatrix}U^*.$$

根据 A 的 Moore-Penrose 逆和弱群逆, 我们建立了一个新的逆, 叫做 MP 弱群逆. 现在我们给出它的定义.

设 $A\in\mathbb{C}_{n,n}$, C 是 A 的弱 core 部分. 我们考虑下述方程组:

$$XAX = X,\quad AX = A^DC,\quad XA = A^\dagger A^{\textcircled{w}}A^2. \tag{9.1.1}$$

定理 9.1.6　设 $A\in\mathbb{C}_{n,n}$ 且 $\mathrm{Ind}(A)=k$, C 是 A 的弱 core 部分. 那么方程组 (9.1.1) 是相容的, 其唯一解为 $X = A^\dagger A^DC$.

证明　首先, 我们验证矩阵 $X = A^\dagger A^DC$ 满足 (9.1.1) 中的三个方程.

根据 $AA^D = A^DA$ 和 $CA^DC = C$, 可以得到

$$\begin{aligned}XAX &= (A^\dagger A^DC)A(A^\dagger A^DC) = A^\dagger A^DCAA^\dagger A^D(AA^{\textcircled{w}}A)\\ &= A^\dagger A^DCA^DC = A^\dagger A^DC = X.\end{aligned}$$

另一方面,

$$\begin{aligned}AX &= AA^\dagger A^DC = AA^\dagger A^DAA^{\textcircled{w}}A\\ &= AA^\dagger AA^DA^{\textcircled{w}}A = AA^DA^{\textcircled{w}}A = A^DAA^{\textcircled{w}}A = A^DC.\end{aligned}$$

根据引理 9.1.3 中的 (6), 存在矩阵 Z 使得 $A^{\textcircled{w}} = A^kZ$, 又 $A^DA^{k+1} = A^k$, 所以有 $XA = A^\dagger A^DCA = A^\dagger A^DAA^{\textcircled{w}}A^2 = A^\dagger A^DAA^kZA^2 = A^\dagger A^kZA^2 = A^\dagger A^{\textcircled{w}}A^2$.

下面证明唯一性. 假设 X_1 和 X_2 是 (9.1.1) 的两个不同解. 根据 $AX_1 = A^DC = AX_2$, $X_1A = A^\dagger A^{\textcircled{w}}A^2 = X_2A$, 我们有 $X_1 = (X_1A)X_1 = (X_2A)X_1 = X_2(AX_1) = X_2AX_2 = X_2$. 唯一性得证. □

定义 9.1.1　设 $A\in\mathbb{C}_{n,n}$ 指标为 k, C 是 A 的弱 core 部分. A 的 MP 弱群逆 (简记为 MPWG 逆), 记作 $A^{\dagger,\mathrm{WG}}$, 定义为方程组 (9.1.1) 的解.

定理 9.1.7　设 $A\in\mathbb{C}_{n,n}$ 且 $\mathrm{Ind}(A)=k$. 那么

$$A^{\dagger,\mathrm{WG}} = A^\dagger A^{\textcircled{w}}A. \tag{9.1.2}$$

证明　根据引理 9.1.3 的 (6), 有

$$A^{\dagger,\mathrm{WG}} = A^\dagger A^DC = A^\dagger A^DAA^{\textcircled{w}}A = A^\dagger A^DAA^kZA = A^\dagger A^kZA = A^\dagger A^{\textcircled{w}}A.$$ □

例 9.1.8 设 $A=\begin{pmatrix}1&0&1&0\\0&1&0&1\\0&0&0&1\\0&0&0&0\end{pmatrix}$, $\mathrm{Ind}(A)=2$. 计算可得 A 的 Moore-Penrose 逆、Drazin 逆、弱群逆分别为

$$A^{\dagger}=\begin{pmatrix}\frac{1}{2}&0&0&0\\0&1&-1&0\\\frac{1}{2}&0&0&0\\0&0&1&0\end{pmatrix},\quad A^{D}=\begin{pmatrix}1&0&1&1\\0&1&0&1\\0&0&0&0\\0&0&0&0\end{pmatrix},\quad A^{\textcircled{w}}=\begin{pmatrix}1&0&1&0\\0&1&0&1\\0&0&0&0\\0&0&0&0\end{pmatrix}.$$

A 的 BT 逆、core-EP 逆、DMP 逆以及 CMP 逆分别为

$$A^{\diamond}=\begin{pmatrix}\frac{1}{2}&0&0&0\\0&1&0&0\\\frac{1}{2}&0&0&0\\0&0&0&0\end{pmatrix},\quad A^{\textcircled{\dagger}}=\begin{pmatrix}1&0&0&0\\0&1&0&0\\0&0&0&0\\0&0&0&0\end{pmatrix},$$

$$A^{D,\dagger}=\begin{pmatrix}1&0&1&0\\0&1&0&0\\0&0&0&0\\0&0&0&0\end{pmatrix},\quad A^{C,\dagger}=\begin{pmatrix}\frac{1}{2}&0&\frac{1}{2}&0\\0&1&0&0\\\frac{1}{2}&0&\frac{1}{2}&0\\0&0&0&0\end{pmatrix}.$$

进一步计算得

$$A^{\textcircled{w},\dagger}=\begin{pmatrix}1&0&1&0\\0&1&0&0\\0&0&0&0\\0&0&0&0\end{pmatrix},\quad A^{\dagger,\textcircled{w}}=\begin{pmatrix}\frac{1}{2}&0&\frac{1}{2}&0\\0&1&0&1\\\frac{1}{2}&0&\frac{1}{2}&0\\0&0&0&0\end{pmatrix},\quad A^{\dagger,\mathrm{WG}}=\begin{pmatrix}\frac{1}{2}&0&\frac{1}{2}&\frac{1}{2}\\0&1&0&1\\\frac{1}{2}&0&\frac{1}{2}&\frac{1}{2}\\0&0&0&0\end{pmatrix}.$$

通过这个例子, 我们可以看到 $A^{\dagger,\mathrm{WG}}$ 不同于其他的常见的广义逆.

定理 9.1.9 设 $A\in\mathbb{C}_{n,n}$, $\mathrm{Ind}(A)=k$. 那么下述结论等价:

(1) $X=A^{\dagger,\mathrm{WG}}=A^{\dagger}A^{\textcircled{w}}A$;

(2) $X=XA^{D}C,\ XA^{k}=A^{\dagger}A^{k}$;

(3) $A^\dagger AX = X$, $AX = A^{ⓦ}A$;

(4) $XA^k = A^\dagger A^k$, $XA^{ⓦ}A = X$;

(5) $X = XA^D C$, $\mathcal{R}(X) = \mathcal{R}(A^\dagger A^k)$, 其中 AX 是幂等的;

(6) $AX = A^D C$, $\mathcal{R}(X) \subseteq \mathcal{R}(A^*)$.

证明　显然, 由 (1) 可推得 (2)—(6).

(2)⇒(1)　因为 $A^{ⓦ} = A^k Z$, 所以

$$X = XA^D C = XA^D AA^{ⓦ}A = XA^D AA^{ⓦ}A$$
$$= XA^k ZA = A^\dagger A^k ZA = A^\dagger A^{ⓦ}A.$$

(3)⇒(1)　显然 $X = A^\dagger AX = A^\dagger A^{ⓦ}A$.

(4)⇒(1)　根据引理 9.1.3 的 (6) 以及 $XA^k = A^\dagger A^k$, 我们有

$$X = XA^{ⓦ}A = XA^k ZA = A^\dagger A^k ZA = A^\dagger A^{ⓦ}A.$$

(5)⇒(2)　由 AX 幂等可得 $AX - (AX)^2 = (A - AXA)X = O$, 所以 $\mathcal{R}(A^\dagger A^k) = \mathcal{R}(X) \subseteq N(A - AXA)$. 这等价于 $(A - AXA)A^\dagger A^k = O$, 即 $A^k = AXA^k$. 在等式两边左乘 $A^\dagger$, 可得 $A^\dagger A^k = A^\dagger AXA^k$.

根据 $(I - A^\dagger A)A^\dagger A^k = O$, 我们有 $\mathcal{R}(X) = \mathcal{R}(A^\dagger A^k) \subseteq N(I - A^\dagger A)$. 那么, $(I - A^\dagger A)X = O$, 即 $X = A^\dagger AX$. 因此, $XA^k = A^\dagger AXA^k = A^\dagger A^k$.

又因为 $\mathcal{R}(I - A^\dagger A) \subseteq \mathcal{N}((A^k)^* A^2) = \mathcal{N}(X)$, 我们有 $X = A^\dagger AX$. 因此 $XA^k = A^\dagger A^k$.

(6)⇒(1)　设 $X = A^{\dagger,\mathrm{WG}}$, 根据 (9.1.1) 我们得到 $AX = A^D C$. 另一方面, 根据 $A^\dagger AA^{\dagger,\mathrm{WG}} = A^\dagger AA^\dagger A^{ⓦ}A = A^{\dagger,\mathrm{WG}}$, 可知 $\mathcal{R}(X) \subseteq \mathcal{R}(A^\dagger A) = \mathcal{R}(A^*)$.

下面证明 (6) 解的唯一性, 假设 X_1 和 X_2 都满足 (6), 即 $AX_1 = A^D C = AX_2$, $\mathcal{R}(X_1) \subseteq \mathcal{R}(A^*)$, $\mathcal{R}(X_2) \subseteq \mathcal{R}(A^*)$, 所以 $\mathcal{R}(X_1 - X_2) \subseteq \mathcal{R}(A^*)$. 因为 $A(X_1 - X_2) = O$, 我们得到 $\mathcal{R}(X_1 - X_2) \subseteq \mathcal{N}(A) = \mathcal{R}(A^*)^\perp$. 因此, $\mathcal{R}(X_1 - X_2) \subseteq (\mathcal{R}(A^*)^\perp) \cap \mathcal{R}(A^*) = 0$. 因此, $X_1 = X_2$.　　　□

根据 $A^\dagger$ 和 $A^{ⓦ}$ 的分解形式, 我们可以得到下面两个推论.

推论 9.1.10　设 $A \in \mathbb{C}_{n,n}$ 如 (2.1.1) 所示. 那么

$$A^{\dagger,\mathrm{WG}} = A^\dagger A^{ⓦ}A$$

$$= U \begin{pmatrix} T^*\triangle & T^*\triangle(T^{-1}S + T^{-2}SN) \\ (I_{n-p} - Q_N)S^*\triangle & (I_{n-p} - Q_N)S^*\triangle(T^{-1}S + T^{-2}SN) \end{pmatrix} U^*,$$

其中 $\triangle = [TT^* + S(I_{n-p} - N^\dagger N)S^*]^{-1}$.

注记 9.1.11 应用 core-EP 分解, 有

$$AA^{\textcircled{W}}A^{\dagger}=U\begin{pmatrix}T^{-1} & O\\ O & O\end{pmatrix}U^{*}=A^{\textcircled{\dagger}}.$$

显然, $AA^{\textcircled{W}}A^{\dagger}$ 不是一个新的逆.

推论 9.1.12 设 $A\in\mathbb{C}_{n,n}$ 如引理 9.1.4所示. 那么

$$A^{\dagger,\mathrm{WG}}=A^{\dagger}A^{\textcircled{W}}A=A^{\dagger}(A^{\textcircled{\dagger}})^{2}A^{2}=U\begin{pmatrix}K^{*}\Sigma^{-1}(\Sigma K)^{\textcircled{W}}\Sigma K & K^{*}\Sigma^{-1}(\Sigma K)^{\textcircled{W}}\Sigma L\\ L*\Sigma^{-1}(\Sigma K)^{\textcircled{W}}\Sigma K & L*\Sigma^{-1}(\Sigma K)^{\textcircled{W}}\Sigma L\end{pmatrix}U^{*}.$$

定理 9.1.13 设 $A\in\mathbb{C}_{n,n}$, $\mathrm{Ind}(A)=k$. 那么

(1) $A^{\dagger,\mathrm{WG}}=A^{\dagger}(AA^{\textcircled{\dagger}}A)^{\sharp}A$;

(2) $A^{\dagger,\mathrm{WG}}=A^{\dagger}(A^{\textcircled{\dagger}})^{2}A^{2}=A^{\dagger}(A^{2})^{\textcircled{\dagger}}A^{2}$;

(3) $A^{\dagger,\mathrm{WG}}=A^{\dagger}A^{k}(A^{k+2})^{\textcircled{\#}}A^{2}$;

(4) $A^{\dagger,\mathrm{WG}}=A^{\dagger}(A^{2}P_{A^{k}})^{\dagger}A^{2}$.

证明 根据参考文献 [189] 中的定理 3.8 和定理 3.9, 我们有 $A^{\textcircled{W}}=(AA^{\textcircled{\dagger}}A)^{\sharp}$ $=(A^{\textcircled{\dagger}})^{2}A=(A^{2})^{\textcircled{\dagger}}A=A^{k}(A^{k+2})^{\textcircled{\#}}A=(A^{2}P_{A^{k}})^{\dagger}A$, 所以 (1)—(4) 成立. □

在下面的结果中, 我们给出了 MPWG 逆作为一个外逆, 具有指定的值域和零空间的表示形式.

定理 9.1.14 设 $A\in\mathbb{C}_{n,n}$, $\mathrm{Ind}(A)=k$. 那么

$$A^{\dagger,\mathrm{WG}}=A^{(2)}_{\mathcal{R}(A^{\dagger}A^{k}),\mathcal{N}((A^{k})^{*}A^{2})}.$$

证明 根据定义, 因为 $A^{\dagger,\mathrm{WG}}$ 满足方程 $XAX=X$, $A^{\dagger,\mathrm{WG}}$ 是 A 的一个外逆. 根据 $A^{\dagger,\mathrm{WG}}=A^{\dagger}A^{\textcircled{W}}A$ 以及 $AA^{\dagger,\mathrm{WG}}=A^{\textcircled{W}}A$, 我们有

$$\mathcal{N}(A^{\textcircled{W}}A)\subseteq\mathcal{N}(A^{\dagger}A^{\textcircled{W}}A)=\mathcal{N}(A^{\dagger,\mathrm{WG}})\subseteq\mathcal{N}(AA^{\dagger,\mathrm{WG}})=\mathcal{N}(A^{\textcircled{W}}A).$$

另一方面,

$$\mathcal{N}(A^{\textcircled{W}}A)\subseteq\mathcal{N}(AA^{\textcircled{W}}A)=\mathcal{N}(A^{\textcircled{\dagger}}A^{2})\subseteq\mathcal{N}((A^{\textcircled{\dagger}})^{2}A^{2})=\mathcal{N}(A^{\textcircled{W}}A).$$

因此,

$$\mathcal{N}(A^{\dagger,\mathrm{WG}})=\mathcal{N}(A^{\textcircled{W}}A)=\mathcal{N}(A^{\textcircled{\dagger}}A^{2}).$$

那么, $x\in\mathcal{N}(A^{\dagger,\mathrm{WG}})$ 等价于 $A^{2}x\in\mathcal{N}(A^{\textcircled{\dagger}})=\mathcal{N}((A^{k})^{*})$. 因此, $x\in\mathcal{N}(A^{\dagger,\mathrm{WG}})$ 等价于 $x\in\mathcal{N}((A^{k})^{*}A^{2})$. 所以可得

$$\mathcal{R}(A^{\dagger}A^{k})=\mathcal{R}(A^{\dagger,\mathrm{WG}}A^{k})\subseteq\mathcal{R}(A^{\dagger,\mathrm{WG}})=\mathcal{R}(A^{\dagger}A^{\textcircled{W}}A)=\mathcal{R}(A^{\dagger}A^{k}ZA)\subseteq\mathcal{R}(A^{\dagger}A^{k}).$$

因此, $A^{\dagger,\mathrm{WG}}=A^{(2)}_{\mathcal{R}(A^{\dagger}A^{k}),\mathcal{N}((A^{k})^{*}A^{2})}$. □

定理 9.1.15 设 $A \in \mathbb{C}_{n,n}$, $\mathrm{Ind}(A) = k$. 那么

(1) $AA^{\dagger,\mathrm{WG}}$ 是一个沿着 $(A^k)^*A^2$ 的零空间到 A^k 的列空间的投影.

(2) $A^{\dagger,\mathrm{WG}}A$ 是一个沿着 $(A^k)^*A^3$ 的零空间到 $A^\dagger A^k$ 的列空间的投影.

证明 根据定义, $A^{\dagger,\mathrm{WG}}$ 是 A 的一个外逆, 我们得到 $AA^{\dagger,\mathrm{WG}}$ 和 $A^{\dagger,\mathrm{WG}}A$ 是幂等的, 且 $\mathcal{N}(AA^{\dagger,\mathrm{WG}}) = \mathcal{N}(A^{\dagger,\mathrm{WG}})$, $\mathcal{R}(A^{\dagger,\mathrm{WG}}A) = \mathcal{R}(A^{\dagger,\mathrm{WG}})$.

(1) 显然, $\mathcal{R}(A^{Ⓦ}) = \mathcal{R}(A^{Ⓦ}AA^{Ⓦ})\subseteq\mathcal{R}(A^{Ⓦ}A)\subseteq\mathcal{R}(A^{Ⓦ})$. 因此, $\mathcal{R}(AA^{\dagger,\mathrm{WG}}) = \mathcal{R}(A^{Ⓦ}A) = \mathcal{R}(A^{Ⓦ}) = \mathcal{R}(A^k)$. 另一方面, $\mathcal{N}(AA^{\dagger,\mathrm{WG}}) = \mathcal{N}(A^{\dagger,\mathrm{WG}}) = \mathcal{N}((A^k)^*A^2)$.

(2) 首先我们证明 $\mathcal{N}(A^{\dagger,\mathrm{WG}}A) = \mathcal{N}((A^k)^*A^3)$. 实际上, $x\in\mathcal{N}(A^{\dagger,\mathrm{WG}}A)$ 等价于 $A^3x\in\mathcal{N}(A^{\textcircled{\dagger}}) = \mathcal{N}((A^k)^*)$. 因此, $x\in\mathcal{N}(A^{\dagger,\mathrm{WG}}A)$ 等价于 $x\in\mathcal{N}((A^k)^*A^3)$. 此外, $\mathcal{R}(A^{\dagger,\mathrm{WG}}A) = \mathcal{R}(A^{\dagger,\mathrm{WG}}) = \mathcal{R}(A^\dagger A^k)$. □

定理 9.1.16 设 $A \in \mathbb{C}_{n,n}$, $\mathrm{Ind}(A) = k$. 那么 $A^{\dagger,\mathrm{WG}}$ 是的 A 一个 (B,C)-逆, 其中 $B = A^\dagger A^k, C = A^{Ⓦ}A$.

证明 根据引理 9.1.3 以及定理 9.1.9, 可得

$$A^{\dagger,\mathrm{WG}}AA^\dagger A^k = A^\dagger A^{Ⓦ}A^2A^\dagger A^k = A^\dagger A^{Ⓦ}A^{k+1} = A^\dagger A^k,$$

而且

$$A^{Ⓦ}AAA^{\dagger,\mathrm{WG}} = A^{Ⓦ}A^2A^\dagger A^{Ⓦ}A = A^{Ⓦ}AA^{Ⓦ}A = A^{Ⓦ}A.$$

另一方面, 根据定理 9.1.14 我们有

$$\mathcal{R}(A^{\dagger,\mathrm{WG}}) = \mathcal{R}(A^\dagger A^k), \quad \mathcal{N}(A^{\dagger,\mathrm{WG}}) = \mathcal{N}(A^{Ⓦ}A). \qquad \square$$

推论 9.1.17 设 $A \in \mathbb{C}_{n,n}$, $\mathrm{Ind}(A) = k$. 对于 $l\geq k$,

$$A^{\dagger,\mathrm{WG}} = A^\dagger A^l(A^{l+2})^\dagger A^2. \tag{9.1.3}$$

证明 根据 [146, 定理 2.1], 可得 $A^{Ⓦ} = A^l(A^{l+2})^\dagger A$. 结合定理 9.1.7, 便得等式 (9.1.3). □

引理 9.1.18 (Urquhart 公式 ([48,184])) 设 $A \in \mathbb{C}_{m,n}$, $\mathrm{rank}(A) = r$, $U \in \mathbb{C}_{n\times p}$,$V \in \mathbb{C}_{q\times m}$, 且

$$X = U(VAU)^{(1)}V,$$

其中 $(VAU)^{(1)}$ 是固定的, $(VAU)\{1\}$ 中的元素是任意的.

推论 9.1.19 设 $A \in \mathbb{C}_{n,n}$, $\mathrm{Ind}(A) = k$. 那么

$$A^{\dagger,\mathrm{WG}} = A^\dagger A^k((A^k)^*A^{k+2})^\dagger(A^k)^*A^2.$$

证明 应用 $A^{\dagger,\mathrm{WG}} = A^{(2)}_{\mathcal{R}(A^\dagger A^k),\mathcal{N}((A^k)^* A^2)}$, 在 Urquhart 公式的基础上我们可得

$$A^{\dagger,\mathrm{WG}} = A^\dagger A^k((A^k)^* A^2 A A^\dagger A^k)^\dagger (A^k)^* A^2 = A^\dagger A^k((A^k)^* A^{k+2})^\dagger (A^k)^* A^2. \quad \square$$

定理 9.1.20 设 $A \in \mathbb{C}_{n,n}$. 对于 $P = I - AA^{\dagger,\mathrm{WG}}$ 和 $Q = I - A^{\dagger,\mathrm{WG}}A$, $A+P$ 及 $A-P$ 是非奇异的. 进一步,

$$A^{\dagger,\mathrm{WG}} = (I-Q)(A\pm P)^{-1}(I-P).$$

证明 设 A 如 (2.1.1) 所示, 那么

$$I_n - P = AA^{\dagger,\mathrm{WG}} = U\begin{pmatrix} I_p & T^{-1}S + T^{-2}SN \\ O & O \end{pmatrix}U^*,$$

$$\begin{aligned} & I_n - Q \\ =& A^{\dagger,\mathrm{WG}}A \\ =& U\begin{pmatrix} T^*\triangle T & T^*\triangle(S + T^{-1}SN + T^{-2}SN^2) \\ (I_{n-p} - N^\dagger N)S^*\triangle T & (I_{n-p} - N^\dagger N)S^*\triangle(S + T^{-1}SN + T^{-2}SN^2) \end{pmatrix}U^*. \end{aligned}$$

因为

$$P = U\begin{pmatrix} O & -(T^{-1}S + T^{-2}SN) \\ O & I_{n-p} \end{pmatrix}U^*,$$

我们有

$$A\pm P = U\begin{pmatrix} T & S\mp(T^{-1}S + T^{-2}SN) \\ O & N\pm I_{n-p} \end{pmatrix}U^*.$$

T 和 $N\pm I$ 是可逆的, 可以推断 $A+P$ 和 $A-P$ 是可逆的且

$$(A\pm P)^{-1} = U\begin{pmatrix} T^{-1} & -T^{-1}(S\mp(T^{-1}S + T^{-2}SN))(N\pm I_{n-p})^{-1} \\ O & (N\pm I_{n-p})^{-1}I_{n-p} \end{pmatrix}U^*.$$

因此,

$$\begin{aligned} & (I-Q)(A\pm P)^{-1}(I-P) \\ =& U\begin{pmatrix} T^*\triangle & T^*\triangle(T^{-1}S + T^{-2}SN) \\ (I_{n-p} - Q_N)S^*\triangle & (I_{n-p} - Q_N)S^*\triangle(T^{-1}S + T^{-2}SN) \end{pmatrix}U^* \\ =& A^{\dagger,\mathrm{WG}}. \end{aligned}$$

$\square$

例 9.1.21　考虑例 9.1.8 中的矩阵 $A=\begin{pmatrix}1&0&1&0\\0&1&0&1\\0&0&0&1\\0&0&0&0\end{pmatrix}$. 因为 $\mathrm{Ind}(A)=2$, 可以得到

$$A^{\dagger,\mathrm{WG}}=A^{\dagger}A^{\textcircled{w}}A=A^{\dagger}A^2(A^4)^{\dagger}A^2=A^{\dagger}A^2((A^2)^*A^4)^{\dagger}(A^2)^*A^2=\begin{pmatrix}\frac{1}{2}&0&\frac{1}{2}&\frac{1}{2}\\0&1&0&1\\\frac{1}{2}&0&\frac{1}{2}&\frac{1}{2}\\0&0&0&0\end{pmatrix}.$$

进一步计算得出

$$P=I-AA^{\dagger,\mathrm{WG}}=I-\begin{pmatrix}1&0&1&1\\0&1&0&1\\0&0&0&0\\0&0&0&0\end{pmatrix}=\begin{pmatrix}0&0&-1&-1\\0&0&0&-1\\0&0&1&0\\0&0&0&1\end{pmatrix},$$

$$Q=I-A^{\dagger,\mathrm{WG}}A=I-\begin{pmatrix}\frac{1}{2}&0&\frac{1}{2}&\frac{1}{2}\\0&1&0&1\\\frac{1}{2}&0&\frac{1}{2}&\frac{1}{2}\\0&0&0&0\end{pmatrix}=\begin{pmatrix}\frac{1}{2}&0&-\frac{1}{2}&-\frac{1}{2}\\0&0&0&-1\\-\frac{1}{2}&0&\frac{1}{2}&-\frac{1}{2}\\0&0&0&1\end{pmatrix}.$$

因为

$$A+P=\begin{pmatrix}1&0&0&-1\\0&1&0&0\\0&0&1&1\\0&0&0&1\end{pmatrix},$$

所以可得

$$(A+P)^{-1}=\begin{pmatrix}1&0&0&1\\0&1&0&0\\0&0&1&-1\\0&0&0&1\end{pmatrix}.$$

因此,

$$(I-Q)(A+P)^{-1}(I-P)=\begin{pmatrix}\frac{1}{2}&0&\frac{1}{2}&\frac{1}{2}\\0&1&0&1\\\frac{1}{2}&0&\frac{1}{2}&\frac{1}{2}\\0&0&0&0\end{pmatrix}\begin{pmatrix}1&0&0&1\\0&1&0&0\\0&0&1&-1\\0&0&0&1\end{pmatrix}\begin{pmatrix}1&0&1&1\\0&1&0&1\\0&0&0&0\\0&0&0&0\end{pmatrix}$$

$$=\begin{pmatrix}\frac{1}{2}&0&\frac{1}{2}&\frac{1}{2}\\0&1&0&1\\\frac{1}{2}&0&\frac{1}{2}&\frac{1}{2}\\0&0&0&0\end{pmatrix}=A^{\dagger,\mathrm{WG}}.$$

类似地, 可证 $A^{\dagger,\mathrm{WG}}=(I-Q)(A-P)^{-1}(I-P)$.

下面, 结合 core-EP 分解, 我们讨论了 MPWG 逆和其他已知的广义逆之间的等价性. 为了简单书写, 记

$$A^{\dagger,\mathrm{WG}}=U\begin{pmatrix}G_1&G_2\\G_3&G_4\end{pmatrix}U^*,$$

其中 $G_1=T^*\triangle$, $G_2=T^*\triangle(T^{-1}S+T^{-2}SN)$, $G_3=(I_{n-p}-N^\dagger N)S^*\triangle$, $G_4=(I_{n-p}-N^\dagger N)S^*\triangle(T^{-1}S+T^{-2}SN)$, $\triangle=[TT^*+S(I_{n-p}-N^\dagger N)S^*]^{-1}$.

定理 9.1.22 设 $A\in\mathbb{C}_{n,n}$, $\mathrm{Ind}(A)=k$ 如 (2.1.1) 所示. 那么有

(1) $A^{\dagger,\mathrm{WG}}=A\Leftrightarrow T^2=I_p$, $S=O$, $N=O$;

(2) $A^{\dagger,\mathrm{WG}}=A^*\Leftrightarrow TT^*=I_p$, $S=O$, $N=O$;

(3) $A^{\dagger,\mathrm{WG}}=P_A\Leftrightarrow A\in\mathbb{C}_n^{\mathrm{OP}}$;

(4) $A^{\dagger,\mathrm{WG}}=Q_A\Leftrightarrow T=I_p$, $N=O$.

证明 (1) $A^{\dagger,\mathrm{WG}}=A\Leftrightarrow\begin{pmatrix}G_1&G_2\\G_3&G_4\end{pmatrix}=\begin{pmatrix}T&S\\O&N\end{pmatrix}$

$$\Leftrightarrow T^*\triangle=T,\ S=SN^\dagger N,$$

$$T(T^{-1}S+T^{-2}SN)=S,\ O=N$$

$$\Leftrightarrow T^2=I_p,\ S=O,\ N=O.$$

(2) $A^{\dagger,\mathrm{WG}}=A^*\Leftrightarrow\begin{pmatrix}G_1 & G_2\\ G_3 & G_4\end{pmatrix}=\begin{pmatrix}T^* & O\\ S^* & N^*\end{pmatrix}$

$$\Leftrightarrow T^*\triangle=T^*,\ T^*(T^{-1}S+T^{-2}SN)=0,$$

$$(I_{n-p}-N^\dagger N)S^*\triangle=S^*,\ S^*(T^{-1}S+T^{-2}SN)=N^*$$

$$\Leftrightarrow\triangle=I,\ T^{-1}S+T^{-2}SN=O,\ SN^\dagger N=O,\ N^*=O$$

$$\Leftrightarrow TT^*=I_p,\ S=O,\ N=O.$$

(3) $A^{\dagger,\mathrm{WG}}=P_A\Leftrightarrow A^{\dagger,\mathrm{WG}}=AA^\dagger$

$$\Leftrightarrow\begin{pmatrix}G_1 & G_2\\ G_3 & G_4\end{pmatrix}=\begin{pmatrix}I_p & O\\ O & NN^\dagger\end{pmatrix}$$

$$\Leftrightarrow T^*\triangle=I_p, T^{-1}S+T^{-2}SN=O,$$

$$(I_{n-p}-N^\dagger N)S^*\triangle=O,\ O=NN^\dagger$$

$$\Leftrightarrow T=I_p,\ S=O,\ N=O.$$

根据 [207], 可知这等价于 $A\in\mathbb{C}_n^{\mathrm{OP}}$.

(4) $A^{\dagger,\mathrm{WG}}=Q_A$

$$\Leftrightarrow A^{\dagger,\mathrm{WG}}=A^\dagger A$$

$$\Leftrightarrow\begin{pmatrix}G_1 & G_2\\ G_3 & G_4\end{pmatrix}$$

$$=\begin{pmatrix}T^*\triangle T & T^*\triangle S-T^*\triangle SN^\dagger N\\ (I_{n-p}-N^\dagger N)S^*\triangle T & N^\dagger N+(I_{n-p}-N^\dagger N)S^*\triangle S(I_{n-p}-N^\dagger N)\end{pmatrix}$$

$$\Leftrightarrow T=I_p, N=O.$$ □

定理 9.1.23 设指标为 k 的矩阵 $A\in\mathbb{C}_{n,n}$ 如 (2.1.1) 所示. 那么

(1) $A^{\dagger,\mathrm{WG}}=A^{D,\dagger}\Leftrightarrow S=SN^\dagger N,\ (TS+SN)(I-NN^\dagger)=O,\ SN^3=O$;

(2) $A^{\dagger,\mathrm{WG}}=A^{\dagger,D}\Leftrightarrow SN^2=O$;

(3) $A^{\dagger,\mathrm{WG}}=A^{C,\dagger}\Leftrightarrow SN^3=O,\ (TS+SN)(I-NN^\dagger)=O$;

(4) $A^{\dagger,\mathrm{WG}}=A^{\textcircled{w},\dagger}\Leftrightarrow S=SN^\dagger N,\ S+T^{-1}SN-SNN^\dagger=O$;

(5) $A^{\dagger,\mathrm{WG}}=A^{\dagger,\textcircled{w}}\Leftrightarrow SN=O$;

(6) $A^{\dagger,\mathrm{WG}}A=A^\dagger A\Leftrightarrow N=O$.

证明 (1) $A^{\dagger,\mathrm{WG}} = A^{D,\dagger}$

$$\Leftrightarrow \begin{pmatrix} G_1 & G_2 \\ G_3 & G_4 \end{pmatrix} = \begin{pmatrix} T^{-1} & (T^{k+1})^{-1}\widetilde{T}NN^{\dagger} \\ O & O \end{pmatrix}$$

$$\Leftrightarrow T^*\triangle = T^{-1},\ S = SN^{\dagger}N, T^{-2}S + T^{-3}SN = (T^{k+1})^{-1}\widetilde{T}NN^{\dagger}$$

$$\Leftrightarrow S = SN^{\dagger}N,\ (TS + SN)(I - NN^{\dagger}) = O, SN^3 = O.$$

(2) $A^{\dagger,\mathrm{WG}} = A^{\dagger,D}$

$$\Leftrightarrow \begin{pmatrix} G_1 & G_2 \\ G_3 & G_4 \end{pmatrix} = \begin{pmatrix} T^*\triangle & T^*\triangle T^{-k}\widetilde{T} \\ (I_{n-p} - N^{\dagger}N)S^*\triangle & (I_{n-p} - N^{\dagger}N)S^*\triangle T^{-k}\widetilde{T} \end{pmatrix}$$

$$\Leftrightarrow T^{-1}S + T^{-2}SN = T^{-k}\widetilde{T}$$

$$\Leftrightarrow SN^2 = O.$$

(3) $A^{\dagger,\mathrm{WG}} = A^{C,\dagger}$

$$\Leftrightarrow \begin{pmatrix} G_1 & G_2 \\ G_3 & G_4 \end{pmatrix} = \begin{pmatrix} T^*\triangle & T^*\triangle T^{-k}\widetilde{T}NN^{\dagger} \\ (I_{n-p} - N^{\dagger}N)S^*\triangle & (I_{n-p} - N^{\dagger}N)S^*\triangle T^{-k}\widetilde{T}NN^{\dagger} \end{pmatrix}$$

$$\Leftrightarrow T^{-1}S + T^{-2}SN = T^{-k}\widetilde{T}NN^{\dagger}$$

$$\Leftrightarrow SN^3 = O, (TS + SN)(I - NN^{\dagger}) = O.$$

(4) $A^{\dagger,\mathrm{WG}} = A^{\textcircled{w},\dagger}$

$$\Leftrightarrow \begin{pmatrix} G_1 & G_2 \\ G_3 & G_4 \end{pmatrix} = \begin{pmatrix} T^{-1} & T^{-2}SNN^{\dagger} \\ O & O \end{pmatrix}$$

$$\Leftrightarrow S = SN^{\dagger}N, T^{-2}S + T^{-3}SN = T^{-2}SNN^{\dagger}$$

$$\Leftrightarrow S = SN^{\dagger}N, S + T^{-1}SN - SNN^{\dagger} = O.$$

(5) $A^{\dagger,\mathrm{WG}} = A^{\dagger,\textcircled{w}}$

$$\Leftrightarrow \begin{pmatrix} G_1 & G_2 \\ G_3 & G_4 \end{pmatrix} = \begin{pmatrix} T^*\triangle & T^*\triangle T^{-1}S \\ (I_{n-p} - N^{\dagger}N)S^*\triangle & (I_{n-p} - N^{\dagger}N)S^*\triangle T^{-1}S \end{pmatrix}$$

$$\Leftrightarrow T^{-1}S + T^{-2}SN = T^{-1}S$$

$$\Leftrightarrow SN = O.$$

(6) $A^{\dagger,\mathrm{WG}}A = A^{\dagger}A$

$$\Leftrightarrow \begin{pmatrix} T^*\triangle T & T^*\triangle(S+T^{-1}SN+T^{-2}SN^2) \\ (I_{n-p}-N^{\dagger}N)S^*\triangle T & (I_{n-p}-N^{\dagger}N)S^*\triangle(S+T^{-1}SN+T^{-2}SN^2) \end{pmatrix}$$

$$= \begin{pmatrix} T^*\triangle T & T^*\triangle S(I-N^{\dagger}N) \\ (I_{n-p}-N^{\dagger}N)S^*\triangle T & (I_{n-p}-N^{\dagger}N)S^*\triangle S(I-N^{\dagger}N)+N^{\dagger}N \end{pmatrix}$$

$$\Leftrightarrow S+T^{-1}SN+T^{-2}SN^2 = S(I-N^{\dagger}N),$$

$$(I_{n-p}-N^{\dagger}N)S^*\triangle(S+T^{-1}SN+T^{-2}SN^2)$$

$$= (I_{n-p}-N^{\dagger}N)S^*\triangle(I-N^{\dagger}N)+N^{\dagger}N$$

$$\Leftrightarrow T^{-1}SN+T^{-2}SN^2 = -SN^{\dagger}N, N^{\dagger}N = O$$

$$\Leftrightarrow N = O.$$

□

注记 9.1.24 当 A 是一个 EP 矩阵, 我们有

$$A^{\dagger,\mathrm{WG}} = A^{\dagger} = A^{\sharp} = A^{\#\!\!\!\!\bigcirc} = A^{\textcircled{w}} = A^{\textcircled{\dagger}} = A^{\diamond}.$$

定理 9.1.25 设 $A \in \mathbb{C}_{n,n}$, $\mathrm{Ind}(A)=k$. 那么下述结论等价:

(1) $A^{\dagger,\mathrm{WG}} = A^D$;

(2) $AA^{\dagger,\mathrm{WG}} = A^{\dagger,\mathrm{WG}}A$.

证明 简单计算可得

$$A^{\dagger,\mathrm{WG}} = A^D \Leftrightarrow \begin{pmatrix} G_1 & G_2 \\ G_3 & G_4 \end{pmatrix} = \begin{pmatrix} T^{-1} & (T^{k+1})^{-1}\widetilde{T} \\ O & O \end{pmatrix}$$

$$\Leftrightarrow T^*\triangle = T^{-1},\ T^*\triangle(T^{-1}S+T^{-2}SN) = (T^{k+1})^{-1}\widetilde{T},\ S = SN^{\dagger}N$$

$$\Leftrightarrow SN^2 = O,\ S = SN^{\dagger}N,$$

且

$$AA^{\dagger,\mathrm{WG}} = A^{\dagger,\mathrm{WG}}A$$

$$\Leftrightarrow \begin{pmatrix} I_p & T^{-1}S+T^{-2}SN \\ O & O \end{pmatrix}$$

$$= \begin{pmatrix} T^*\triangle T & T^*\triangle(S+T^{-1}SN+T^{-2}SN^2) \\ (I_{n-p}-N^{\dagger}N)S^*\triangle T & (I_{n-p}-N^{\dagger}N)S^*\triangle(S+T^{-1}SN+T^{-2}SN^2) \end{pmatrix}$$

$$\Leftrightarrow S = SN^{\dagger}N,\ T^{-1}S+T^{-2}SN = T^{-1}(S+T^{-1}SN+T^{-2}SN^2)$$

$$\Leftrightarrow SN^2 = O,\ S = SN^\dagger N.$$

因此, (1) 和 (2) 等价. □

定理 9.1.26 设 $A \in \mathbb{C}_{n,n}$, $\mathrm{Ind}(A) = k$. 那么下述结论等价:

(1) $A \in \mathbb{C}_n^{\mathrm{EP}}$;

(2) $AA^{\dagger,\mathrm{WG}} = AA^\dagger$;

(3) $AA^{\dagger,\mathrm{WG}} = A^\dagger A$;

(4) $A^{\dagger,\mathrm{WG}}A = AA^\dagger$.

证明 已知 $A \in \mathbb{C}_n^{\mathrm{EP}}$ 等价于 $S = O$ 且 $N = O$.

(2) $AA^{\dagger,\mathrm{WG}} = AA^\dagger$

$$\Leftrightarrow \begin{pmatrix} I_p & T^{-1}S + T^{-2}SN \\ O & O \end{pmatrix} = \begin{pmatrix} I_p & O \\ O & NN^\dagger \end{pmatrix}$$

$$\Leftrightarrow T^{-1}S + T^{-2}SN = O, NN^\dagger = O$$

$$\Leftrightarrow S = O,\ N = O.$$

(3) $AA^{\dagger,\mathrm{WG}} = A^\dagger A$

$$\Leftrightarrow \begin{pmatrix} I_p & T^{-1}S + T^{-2}SN \\ O & O \end{pmatrix}$$

$$= \begin{pmatrix} T^*\triangle T & T^*\triangle S(I_{n-p} - N^\dagger N) \\ (I_{n-p} - N^\dagger N)S^*\triangle T & (I_{n-p} - N^\dagger N)S^*\triangle S(I_{n-p} - N^\dagger N) + N^\dagger N \end{pmatrix}$$

$$\Leftrightarrow S = SN^\dagger N,\ N^\dagger N = O,\ T^{-1}S + T^{-2}SN = T^{-1}S(I - N^\dagger N)$$

$$\Leftrightarrow S = O, N = O.$$

(4) $A^{\dagger,\mathrm{WG}}A = AA^\dagger$

$$\Leftrightarrow \begin{pmatrix} T^*\triangle T & T^*\triangle(S + T^{-1}SN + T^{-2}SN^2) \\ (I_{n-p} - N^\dagger N)S^*\triangle T & (I_{n-p} - N^\dagger N)S^*\triangle(S + T^{-1}SN + T^{-2}SN^2) \end{pmatrix}$$

$$= \begin{pmatrix} I_p & O \\ O & NN^\dagger \end{pmatrix}$$

$$\Leftrightarrow S = SN^\dagger N,\ NN^\dagger = O, T^{-1}(S + T^{-1}SN + T^{-2}SN^2) = O$$

$$\Leftrightarrow S = O, N = O.$$

因此, 上述条件等价. □

下面给出计算 MPWG 逆的连续矩阵平方算法.

因为

$$(A^{k+2})^{\dagger}A^2(AA^{\dagger,\mathrm{WG}}) = (A^{k+2})^{\dagger}A^3A^{\dagger}A^k(A^{k+2})^{\dagger}A^2$$
$$= (A^{k+2})^{\dagger}A^{k+2}(A^{k+2})^{\dagger}A^2 = (A^{k+2})^{\dagger}A^2,$$

我们有

$$A^{\dagger,\mathrm{WG}} = A^{\dagger,\mathrm{WG}} - \beta((A^{k+2})^{\dagger}A^2AA^{\dagger,\mathrm{WG}} - (A^{k+2})^{\dagger}A^2)$$
$$= (I - \beta(A^{k+2})^{\dagger}A^3)A^{\dagger,\mathrm{WG}} + \beta(A^{k+2})^{\dagger}A^2.$$

考虑矩阵

$$P = I - \beta(A^{k+2})^{\dagger}A^3, \quad Q = \beta(A^{k+2})^{\dagger}A^2, \quad \beta > 0.$$

显然 $A^{\dagger,\mathrm{WG}}$ 是 $X = PX + Q$ 的唯一解. 那么计算 MPWG 逆 $A^{\dagger,\mathrm{WG}}$ 的迭代过程定义如下:

$$X_1 = Q, \ \ X_{m+1} = PX_m + Q. \tag{9.1.4}$$

该算法可以根据以下分块矩阵并行实现:

$$T = \begin{pmatrix} P & Q \\ O & I \end{pmatrix}, \quad T^m = \begin{pmatrix} P^m & \sum\limits_{i=0}^{m-1} P^iQ \\ O & I \end{pmatrix}.$$

X_m 的右上角分块 T^m 是 $A^{\dagger,\mathrm{WG}}$ 的第 m 次近似. T^m 可以通过连续平方计算:

$$T_0 = T, \quad T_{i+1} = T_i^{\ 2}, \quad i = 0, 1, \cdots, \jmath,$$

其中对于指数 $\jmath$ 有 $2^{\jmath} \geq m$.

下面的定理给出了迭代 (9.1.4) 收敛的充分条件.

定理 9.1.27 设 $A \in \mathbb{C}_{n,n}$, $\mathrm{Ind}(A) = k$ 且 $\mathrm{rank}(A^k) = r$. 那么根据迭代过程 (9.1.4) 得到的近似

$$X_{2^m} = \sum_{i=0}^{2^m-1} (I - \beta(A^{k+2})^{\dagger}A^3)^i\beta(A^{k+2})^{\dagger}A^2, \tag{9.1.5}$$

收敛到 MPWG 逆 $A^{\dagger,\mathrm{WG}}$. 如果谱半径 $\rho(I - X_1A) \leq 1$. 那么有误差估计:

$$\|A^{\dagger,\mathrm{WG}} - X_{2^m}\| \leq \|(I - X_1A)^{2^m}\|.$$

进一步,

$$\lim_{m\to\infty}\sup \sqrt[2^m]{\|A^{\dagger,\text{WG}}-X_{2^m}\|}\leq\rho(I-X_1A).$$

证明 已知

$$A^{\dagger,\text{WG}}AA^{\dagger,\text{WG}}=A^{\dagger,\text{WG}}, X_{2^m}AA^{\dagger,\text{WG}}=X_{2^m}.$$

根据数学归纳法, 我们得到

$$I-X_{2^m}A=(I-X_1A)^{2^m}.$$

因此,

$$\begin{aligned}\|A^{\dagger,\text{WG}}-X_{2^m}\|&=\|A^{\dagger,\text{WG}}-X_{2^m}AA^{\dagger,\text{WG}}\|\\&=\|(I-X_{2^m}A)A^{\dagger,\text{WG}}\|\\&\leq\|A^{\dagger,\text{WG}}\|\|I-X_{2^m}A\|\\&=\|A^{\dagger,\text{WG}}\|\|(I-X_1A)^{2^m}\|,\end{aligned}$$

$$\begin{aligned}\lim_{m\to\infty}\sup \sqrt[2^m]{\|A^{\dagger,\text{WG}}-X_{2^m}\|}&\leq\lim_{m\to\infty}\sup \sqrt[2^m]{\|A^{\dagger,\text{WG}}\|\|(I-X_1A)^{2^m}\|}\\&=\rho(I-X_1A).\end{aligned}$$

在最后一个等式中, 我们使用了这样一个事实: 对任意方阵 B 有 $\lim\limits_{m\to\infty}\|B^n\|^{\frac{1}{n}}=\rho(B)$.

如果 β 是一个实参数使得 $\max\limits_{1\leq i\leq s}|1-\beta\lambda_i|<1$, $\lambda_i(i=1,2,\cdots,s)$ 是 $(A^{k+2})^\dagger A^2$ 的非零特征值. 那么

$$\rho(I-X_1A)=\rho(I-\beta(A^{k+2})^\dagger A^3)\leq1. \qquad \square$$

例 9.1.28 考虑矩阵[126]:

$$A=\begin{pmatrix}2&0&0\\0&0&0\\0&1&0\end{pmatrix},\quad \text{Ind}(A)=2.$$

设

$$P = I - \beta(A^4)^\dagger A^3, \quad Q = \beta(A^4)^\dagger A^2, \quad \beta = 0.8.$$

QA 的特征值 λ_i 属于集合 $\{0, 0, 0.4\}$. 非零特征值 λ_i 满足

$$\max_i \left|1 - \lambda_i\right| = 1 - 0.4 = 0.6 < 1.$$

那么在逐次矩阵平方算法第 6 次迭代后, 我们得到 $A^{\dagger,\mathrm{WG}}$ 的一个令人满意的近似.

$$(T^2)^6 \approx \begin{pmatrix} 0.0000 & 0 & 0 & 0.5000 & 0 & 0 \\ 0 & 1.0000 & 0 & 0 & 0 & 0 \\ 0 & 0 & 1.0000 & 0 & 0 & 0 \\ 0 & 0 & 0 & 1.0000 & 0 & 0 \\ 0 & 0 & 0 & 0 & 1.0000 & 0 \\ 0 & 0 & 0 & 0 & 0 & 1.0000 \end{pmatrix}.$$

$(T^2)^6$ 的右上角分块是 MPWG 逆的一个近似, 即

$$A^{\dagger,\mathrm{WG}} = \begin{pmatrix} 0.5000 & 0 & 0 \\ 0 & 0 & 0 \\ 0 & 0 & 0 \end{pmatrix}.$$

接下来我们研究 MPWG 逆 $A^{\dagger,\mathrm{WG}}$ 和一个可逆加边矩阵之间的关系.

定理 9.1.29 设 $A \in \mathbb{C}_{n,n}$, $\mathrm{Ind}(A) = k$. 设 $U \in \mathbb{C}_{n,r}$, $V^* \in \mathbb{C}_{n,r}$ 列满秩使得

$$\mathcal{R}(A^\dagger A^k) = \mathcal{N}(V), \quad \mathcal{N}((A^k)^* A^2) = \mathcal{R}(U).$$

那么加边矩阵

$$X = \begin{pmatrix} A & U \\ V & O \end{pmatrix}$$

是非奇异的, 并且

$$X^{-1} = \begin{pmatrix} A^{\dagger,\mathrm{WG}} & (I - A^{\dagger,\mathrm{WG}}A)V^\dagger \\ U^\dagger(I - AA^{\dagger,\mathrm{WG}}) & -U^\dagger(A - AA^{\dagger,\mathrm{WG}}A)V^\dagger \end{pmatrix}. \tag{9.1.6}$$

证明 因为 $\mathcal{R}(A^{\dagger,\mathrm{WG}}) = \mathcal{R}(A^\dagger A^k) = \mathcal{N}(V)$, 我们得到 $VA^{\dagger,\mathrm{WG}} = O$. 根据

$$\mathcal{R}(I - AA^{\dagger,\mathrm{WG}}) = \mathcal{N}(AA^{\dagger,\mathrm{WG}}) = \mathcal{N}(A^{\dagger,\mathrm{WG}}) = \mathcal{N}((A^k)^* A^2) = \mathcal{R}(U) = \mathcal{R}(UU^\dagger),$$

我们可得

$$UU^{\dagger}(I-AA^{\dagger,\mathrm{WG}})=(I-AA^{\dagger,\mathrm{WG}}).$$

设

$$Y=\begin{pmatrix}A^{\dagger,\mathrm{WG}} & (I-A^{\dagger,\mathrm{WG}}A)V^{\dagger}\\ U^{\dagger}(I-AA^{\dagger,\mathrm{WG}}) & -U^{\dagger}(A-AA^{\dagger,\mathrm{WG}}A)V^{\dagger}\end{pmatrix},$$

我们有

$$\begin{aligned}
&XY\\
&=\begin{pmatrix}AA^{\dagger,\mathrm{WG}}+UU^{\dagger}(I-AA^{\dagger,\mathrm{WG}}) & A(I-A^{\dagger,\mathrm{WG}}A)V^{\dagger}-UU^{\dagger}(A-AA^{\dagger,\mathrm{WG}}A)V^{\dagger}\\ VA^{\dagger,\mathrm{WG}} & V(I-A^{\dagger,\mathrm{WG}}A)V^{\dagger}\end{pmatrix}\\
&=\begin{pmatrix}AA^{\dagger,\mathrm{WG}}+(I-AA^{\dagger,\mathrm{WG}}) & A(I-A^{\dagger,\mathrm{WG}}A)V^{\dagger}-UU^{\dagger}(I-AA^{\dagger,\mathrm{WG}})AV^{\dagger}\\ VA^{\dagger,\mathrm{WG}} & VV^{\dagger}-VA^{\dagger,\mathrm{WG}}AV^{\dagger}\end{pmatrix}\\
&=\begin{pmatrix}I_n & A(I-A^{\dagger,\mathrm{WG}}A)V^{\dagger}-(I-AA^{\dagger,\mathrm{WG}})AV^{\dagger}\\ O & VV^{\dagger}-O\end{pmatrix}\\
&=\begin{pmatrix}I_n & O\\ O & I_r\end{pmatrix}\\
&=I_{n+r}.
\end{aligned}$$

□

以类似的方式, 可以验证 $YX=I$. 因此, X 是非奇异的, 并且 $X^{-1}=Y$.

使用 MPWG 之间的关系逆和一个非奇异加边矩阵, 我们给出了求解奇异线性方程 $Ax=B$ 的克拉默法则. $A(i\to b_j)$ 表示获得的矩阵根据将 A 的第 i 列替换为 b_j, 其中 b_j 是的第 j 列.

定理 9.1.30 设 $A,B\in\mathbb{C}_{n,n}$, $\mathrm{Ind}(A)=k$. 如果 $\mathcal{R}(B)\subseteq\mathcal{R}(A^k)$, 那么方程

$$AX=B,\quad \mathcal{R}(X)\subseteq\mathcal{R}(A^{\dagger}A^k) \tag{9.1.7}$$

有唯一解 $X=A^{\dagger,\mathrm{WG}}B$.

证明 如果 $\mathcal{R}(B)\subseteq\mathcal{R}(A^k)$, 那么 $AA^{\dagger,\mathrm{WG}}B=P_{\mathcal{R}(A^k)}B=B$. 可见, $X=A^{\dagger,\mathrm{WG}}B$ 是 (9.1.7) 的一个解. $X=A^{\dagger,\mathrm{WG}}B$ 也满足限制条件, 因为 $\mathcal{R}(X)\subseteq\mathcal{R}(A^{\dagger,\mathrm{WG}})=\mathcal{R}(A^{\dagger}A^k)$. 最后证明解的唯一性. 如果 X_1 也满足 (9.1.7), 那么 $\mathcal{R}(X_1)\subseteq\mathcal{R}(A^{\dagger}A^k)$, 于是

$$X=A^{\dagger,\mathrm{WG}}B=A^{\dagger,\mathrm{WG}}AX_1=P_{\mathcal{R}(A^{\dagger}A^k)}X_1=X_1.$$

□

定理 9.1.31 设 $A, B \in \mathbb{C}_{n,n}$, $\mathrm{Ind}(A) = k$. 设 $U \in \mathbb{C}_{n,r}$, $V^* \in \mathbb{C}_{n,r}$ 是列满秩的且 $\mathcal{R}(A^\dagger A^k) = \mathcal{N}(V)$, $\mathcal{N}((A^k)^* A^2) = \mathcal{R}(U)$. 如果 $\mathcal{R}(B) \subseteq \mathcal{R}(A^k)$, 那么奇异线性方程 (9.1.7) 的唯一解 $X = A^{\dagger,\mathrm{WG}} B$ 由下式给出

$$x_{ij} = \frac{\det \begin{pmatrix} A(i \to b_j) & U \\ V(i \to 0) & O \end{pmatrix}}{\det \begin{pmatrix} A & U \\ V & O \end{pmatrix}}, \quad i = 1, 2, \cdots, n, j = 1, 2, \cdots, n. \tag{9.1.8}$$

证明 因为 $X = A^{\dagger,\mathrm{WG}} B \in \mathcal{R}(A^\dagger A^k) = \mathcal{N}(V)$, $B \in \mathcal{R}(A^k) = A\mathcal{R}(A^\dagger A^k)$, 所以有

$$VX = O, \ (I - AA^{\dagger,\mathrm{WG}})B = O. \tag{9.1.9}$$

根据 (9.1.9) 可知 $AX = B$ 的解满足

$$\begin{pmatrix} A & U \\ V & O \end{pmatrix} \begin{pmatrix} X \\ O \end{pmatrix} = \begin{pmatrix} B \\ O \end{pmatrix}. \tag{9.1.10}$$

根据定理 9.1.29, (9.1.10) 的系数矩阵是非奇异的. 结合 (9.1.6) 和 (9.1.9), 我们得到

$$\begin{pmatrix} X \\ O \end{pmatrix} = \begin{pmatrix} A^{\dagger,\mathrm{WG}} & (I - A^{\dagger,\mathrm{WG}} A)V^\dagger \\ U^\dagger (I - AA^{\dagger,\mathrm{WG}}) & -U^\dagger (A - AA^{\dagger,\mathrm{WG}} A)V^\dagger \end{pmatrix} \begin{pmatrix} B \\ O \end{pmatrix} = \begin{pmatrix} A^{\dagger,\mathrm{WG}} B \\ O \end{pmatrix}.$$

因此, $X = A^{\dagger,\mathrm{WG}} B$ 和 (9.1.8) 遵循经典的克拉默法则. □

我们应用 MPWG 逆以求解适当的线性方程.

定理 9.1.32 设 $A \in \mathbb{C}_{n,n}$, $\mathrm{Ind}(A) = k$, 那么方程

$$(A^{k+2})^* A^3 x = (A^{k+2})^* A^2 b, \quad b \in \mathbb{C}^n \tag{9.1.11}$$

是相容的, 并且它的解为

$$x = A^{\dagger,\mathrm{WG}} b + (I - A^{\dagger,\mathrm{WG}} A) y, \tag{9.1.12}$$

对任意的 $y \in \mathbb{C}^n$.

证明 假设 x 具有形式 (9.1.12). 应用 $A^{\dagger,\mathrm{WG}}=A^{\dagger}A^{k}(A^{k+2})^{\dagger}A^{2}$, 我们有

$$\begin{aligned}(A^{k+2})^{*}A^{3}A^{\dagger,\mathrm{WG}}&=(A^{k+2})^{*}A^{3}A^{\dagger}A^{k}(A^{k+2})^{\dagger}A^{2}\\&=(A^{k+2})^{*}A^{k+2}(A^{k+2})^{\dagger}A^{2}\\&=(A^{k+2})^{*}A^{2}.\end{aligned}$$

因此 $(A^{k+2})^{*}A^{3}A^{\dagger,\mathrm{WG}}b=(A^{k+2})^{*}A^{2}b$, 这意味着 (9.1.11) 对于 x 成立.

对于 (9.1.11) 的一个解 x, 我们可知

$$A^{\dagger,\mathrm{WG}}b=A^{\dagger}A^{k}(A^{k+2})^{\dagger}A^{2}b=A^{\dagger}A^{k}(A^{k+2})^{\dagger}((A^{k+2})^{\dagger})^{*}(A^{k+2})^{*}A^{2}b=A^{\dagger,\mathrm{WG}}Ax.$$

于是,

$$x=A^{\dagger,\mathrm{WG}}b+x-A^{\dagger,\mathrm{WG}}Ax=A^{\dagger,\mathrm{WG}}b+(I-A^{\dagger,\mathrm{WG}}A)x,$$

即 x 具有 (9.1.12) 的形式. □

我们首先给出 MPWG 关系的定义: $A\overset{\dagger,\mathrm{WG}}{\leq}B$ 等价于 $A^{\dagger,\mathrm{WG}}A=A^{\dagger,\mathrm{WG}}B$ 且 $AA^{\dagger,\mathrm{WG}}=BA^{\dagger,\mathrm{WG}}$, 其中 A,B 是相同规模的方阵.

自然地, 我们会考虑这个二元关系是否可以成为偏序. 这个问题的答案是否定的. 已知一个二元关系如果在非空集上满足自反性、传递性和反对称性, 则称其为偏序. 接下来, 我们给出了一个具体的例子来证明 MPWG 关系不满足反对称性.

例 9.1.33 考虑矩阵

$$A=\begin{pmatrix}1&0&0&1\\0&0&0&0\\0&0&0&0\\0&0&0&0\end{pmatrix},\quad B=\begin{pmatrix}1&0&0&1\\0&0&1&0\\0&0&0&0\\0&0&0&0\end{pmatrix}.$$

计算可知

$$A^{\dagger,\mathrm{WG}}=B^{\dagger,\mathrm{WG}}=\begin{pmatrix}0.5&0&0&0.5\\0&0&0&0\\0&0&0&0\\0.5&0&0&0.5\end{pmatrix},$$

那么 $A^{\dagger,\mathrm{WG}}A=A^{\dagger,\mathrm{WG}}B, AA^{\dagger,\mathrm{WG}}=BA^{\dagger,\mathrm{WG}}$ 及 $B^{\dagger,\mathrm{WG}}B=B^{\dagger,\mathrm{WG}}A, BB^{\dagger,\mathrm{WG}}=AB^{\dagger,\mathrm{WG}}$. 可见, $A\overset{\dagger,\mathrm{WG}}{\leq}B$ 且 $B\overset{\dagger,\mathrm{WG}}{\leq}A$, 但是 $A\neq B$. 所以 MPWG 关系不是一个偏序.

9.2　弱群星矩阵

D. Mosić 在文献 [140] 中介绍了方阵的 Drazin-star 和 star-Drazin 矩阵. 令 $A\in\mathbb{C}_{n,n}$ 且 $\mathrm{Ind}(A)=k$. A 的 Drazin-star 矩阵 (或者称为 $(A^\dagger)^*$ 的 Drazin-star 逆) 记为 $A^{D,*}=A^DAA^*$, 它是以下方程的唯一解:

$$X(A^\dagger)^*X=X,\quad A^kX=A^kA^*,\quad X(A^\dagger)^*=A^DA.$$

A 的 star-Drazin 矩阵 (或者称为 $(A^\dagger)^*$star-Drazin 逆) 同样在文献 [140] 中提及, 记为 $A^{*,D}=A^*AA^D$. 受此类矩阵的启发, 我们给出弱群星矩阵.

引理 9.2.1　设 $A\in\mathbb{C}_{n,n}$ 且 $\mathrm{Ind}(A)=k$. A 的弱 core 部分 C 满足以下等式:

$$CA^k=A^{k+1},\quad C=A^{\circledS}A^2,\quad (I-AA^D)C=O,$$

$$(I-AA^{\circledS})C=(I-AA^{\circledW})C=O,\quad C(I-Q_A)=O.$$

定理 9.2.2　设 $A\in\mathbb{C}_{n,n}$ 且 $\mathrm{Ind}(A)=k$, C 为 A 的弱 core 部分. 那么方程组

$$X(A^\dagger)^*X=X,\ AX=CA^*,\ X(A^\dagger)^*=A^DC \tag{9.2.1}$$

是相容的, 并且它有唯一解 $X=A^DCA^*$.

证明　对于 $X=A^DCA^*$. 实际上, 由引理 9.2.1, 可得 $AX=AA^DCA^*=CA^*$. 另一方面, 由引理 9.2.1, 可得 $X(A^\dagger)^*=A^DCA^*(A^\dagger)^*=A^DCA^\dagger A=A^DC$. 最后,

$$X(A^\dagger)^*X=A^DCX=A^DAA^{\circledW}CA^*=A^DCA^*=X,$$

其中, 最后一个方程可通过引理 9.2.1 得到. 因此, $X=A^DCA^*$ 满足方程组 (9.2.1).

为了证明 (9.2.1) 有唯一解, 假设有两个矩阵 X_1 和 X_2 满足 (9.2.1), 则有

$$AX_1=CA^*=AX_2,\quad X_1(A^\dagger)^*=A^DC=X_2(A^\dagger)^*.$$

因此, 我们可以得到

$$\begin{aligned}X_2&=X_2(A^\dagger)^*X_2=A^DCX_2=A^DAA^{\circledW}AX_2\\&=A^DAA^{\circledW}AX_1=A^DCX_1=X_1(A^\dagger)^*X_1=X_1,\end{aligned}$$

上述证明可说明 (9.2.1) 有唯一解. □

定义 9.2.1 令 $A \in \mathbb{C}_{n,n}$ 且 $\mathrm{Ind}(A) = k$, C 是 A 的弱 core 部分. A 的弱群星矩阵 (或称为 $(A^{\dagger})^*$ 的弱群星逆) 记为 $A^{ⓦ,*}$, 为方程组 (9.2.1) 的解.

定理 9.2.3 令 $A \in \mathbb{C}_{n,n}$ 且 $\mathrm{Ind}(A) = k$. 则

$$A^{ⓦ,*} = A^{ⓦ}AA^*.$$

证明 因为 $\mathcal{R}(A^{ⓦ}) = \mathcal{R}(A^k)$, 我们可得, 存在 $Z \in \mathbb{C}_{n,n}$, 使得 $A^{ⓦ} = A^k Z$. 因此, 有

$$A^{ⓦ,*} = A^D CA^* = A^D AA^{ⓦ}AA^* = A^D AA^k ZAA^* = A^k ZAA^* = A^{ⓦ}AA^*. \quad \square$$

注记 9.2.4 显然地, 弱群性矩阵是根据定义的表达式命名的. 一般来说, 弱群星矩阵不是给定矩阵 A 的广义逆, 但它是 $(A^{\dagger})^*$ 的外逆.

通过以下例子, 我们可以观察到弱群星矩阵是不同于 Moore-Penrose 逆、弱群逆、弱 core 逆和对偶弱 core 逆的新一类方阵.

例 9.2.5 令

$$A = \begin{pmatrix} 1 & 0 & 1 & -1 \\ 0 & 1 & 1 & 0 \\ 0 & 0 & 0 & 1 \\ 0 & 0 & 0 & 0 \end{pmatrix}.$$

则

$$A^{\dagger} = \begin{pmatrix} \frac{2}{3} & -\frac{1}{3} & \frac{2}{3} & 0 \\ -\frac{1}{3} & \frac{2}{3} & -\frac{1}{3} & 0 \\ \frac{1}{3} & \frac{1}{3} & \frac{1}{3} & 0 \\ 0 & 0 & 1 & 0 \end{pmatrix}, \quad A^{ⓦ} = \begin{pmatrix} 1 & 0 & 1 & -1 \\ 0 & 1 & 1 & 0 \\ 0 & 0 & 0 & 0 \\ 0 & 0 & 0 & 0 \end{pmatrix},$$

$$A^{ⓦ,\dagger} = \begin{pmatrix} 1 & 0 & 1 & 0 \\ 0 & 1 & 1 & 0 \\ 0 & 0 & 0 & 0 \\ 0 & 0 & 0 & 0 \end{pmatrix}, \quad A^{\dagger,ⓦ} = \begin{pmatrix} \frac{2}{3} & -\frac{1}{3} & \frac{1}{3} & -\frac{2}{3} \\ -\frac{1}{3} & \frac{2}{3} & \frac{1}{3} & \frac{1}{3} \\ \frac{1}{3} & \frac{1}{3} & \frac{2}{3} & -\frac{1}{3} \\ 0 & 0 & 0 & 0 \end{pmatrix},$$

$$A^{\textcircled{w},*}=\begin{pmatrix}2&2&0&0\\0&2&1&0\\0&0&0&0\\0&0&0&0\end{pmatrix}.$$

在下面的例子中, 我们给出了 $(A^{\dagger})^*$ 的弱群星逆是不同于 $(A^{\dagger})^*$ 的 Moore-Penrose 逆、弱群逆、弱 core 逆和对偶弱 core 逆的. 我们可以注意到, 弱群星逆为一类新的广义逆.

例 9.2.6 令

$$A=\begin{pmatrix}1&0&1&0\\0&1&0&1\\0&0&0&1\\0&0&0&0\end{pmatrix}.$$

很容易验证出 $\mathrm{Ind}(A)=2$. 我们可以得到 A 的 Moore-Penrose 逆、弱群逆和 core-EP 逆分别为如下形式:

$$A^{\dagger}=\begin{pmatrix}\frac{1}{2}&0&0&0\\0&1&-1&0\\\frac{1}{2}&0&0&0\\0&0&1&0\end{pmatrix},\quad A^{\textcircled{w}}=\begin{pmatrix}1&0&1&0\\0&1&1&0\\0&0&0&0\\0&0&0&0\end{pmatrix},\quad A^{\textcircled{\dagger}}=\begin{pmatrix}1&0&0&0\\0&1&0&0\\0&0&0&0\\0&0&0&0\end{pmatrix}.$$

我们还可以得到

$$(A^{\dagger})^*=\begin{pmatrix}\frac{1}{2}&0&\frac{1}{2}&0\\0&1&0&0\\0&-1&0&1\\0&0&0&0\end{pmatrix},\quad ((A^{\dagger})^*)^{\dagger}=A^*=\begin{pmatrix}1&0&0&0\\0&1&0&0\\1&0&0&0\\0&1&1&0\end{pmatrix},$$

$$((A^{\dagger})^*)^{\textcircled{w}}=\begin{pmatrix}2&0&2&0\\0&0&0&0\\0&0&0&0\\0&0&0&0\end{pmatrix},\quad ((A^{\dagger})^*)^{\textcircled{\dagger}}=\begin{pmatrix}2&0&0&0\\0&0&0&0\\0&0&0&0\\0&0&0&0\end{pmatrix},$$

$$((A^{\dagger})^*)^{\textcircled{w},\dagger} = \begin{pmatrix} 2 & 0 & 2 & 0 \\ 0 & 0 & 0 & 0 \\ 0 & 0 & 0 & 0 \\ 0 & 0 & 0 & 0 \end{pmatrix}, \ ((A^{\dagger})^*)^{\dagger,\textcircled{w}} = \begin{pmatrix} 1 & 0 & 1 & 0 \\ 0 & 0 & 0 & 0 \\ 1 & 0 & 1 & 0 \\ 0 & 0 & 0 & 0 \end{pmatrix},$$

$$((A^{\dagger})^*)^{\textcircled{w},*} = \begin{pmatrix} 1 & -2 & 2 & 0 \\ 0 & 0 & 0 & 0 \\ 0 & 0 & 0 & 0 \\ 0 & 0 & 0 & 0 \end{pmatrix}.$$

定理 9.2.7 令 $A \in \mathbb{C}_{n,n}$ 为 (2.1.1) 中的矩阵形式. 则

$$A^{\textcircled{w},*} = U \begin{pmatrix} T^* + (T^{-1}S + T^{-2}SN)S^* & (T^{-1}S + T^{-2}SN)N^* \\ O & O \end{pmatrix} U^*. \tag{9.2.2}$$

证明 由 $A^{\textcircled{w},*} = A^{\textcircled{w}}AA^*$, 我们可以得到

$$\begin{aligned} A^{\textcircled{w},*} &= A^{\textcircled{w}}AA^* \\ &= U \begin{pmatrix} T^{-1} & T^{-2}S \\ O & O \end{pmatrix} \begin{pmatrix} T & S \\ O & N \end{pmatrix} \begin{pmatrix} T^* & O \\ S^* & N^* \end{pmatrix} U^* \\ &= U \begin{pmatrix} T^* + (T^{-1}S + T^{-2}SN)S^* & (T^{-1}S + T^{-2}SN)N^* \\ O & O \end{pmatrix} U^*. \end{aligned}$$ □

推论 9.2.8 令 $A \in \mathbb{C}_{n,n}$ 为 (2.1.1) 中的矩阵形式. 则

$$AA^{\textcircled{w},*} = U \begin{pmatrix} F_1 & F_2 \\ O & O \end{pmatrix} U^*, \tag{9.2.3}$$

其中 $F_1 = TT^* + (S + T^{-1}SN)S^*$, $F_2 = (S + T^{-1}SN)N^*$. 另外,

$$A^{\textcircled{w},*}A = U \begin{pmatrix} F_3 & F_4 \\ O & O \end{pmatrix} U^*,$$

其中 $F_3 = T^*T + (T^{-1}S + T^{-2}SN)S^*T$, $F_4 = T^*S + (T^{-1}S + T^{-2}SN)S^*S + (T^{-1}S + T^{-2}SN)N^*N$.

注记 9.2.9 令 $A \in \mathbb{C}_{n,n}$ 为 (2.1.1) 中的形式, 且 $\mathrm{Ind}(A) = k$. 我们可以得到 $A^{\textcircled{w}} = A^{\#}$ 当且仅当 $A \in \mathbb{C}_n^{\mathrm{CM}}$, 即 $N = O$.

定理 9.2.10 令 $A\in\mathbb{C}_{n,n}$ 为 (9.1.4) 中的矩阵形式. 则

$$A^{ⓦ,*}=U\begin{pmatrix}(\Sigma K)^{ⓦ}\Sigma\Sigma^* & O\\ O & O\end{pmatrix}U^*.$$

证明 由 $A^{ⓦ,*}=A^{ⓦ}AA^*=(A^{\textcircled{\dagger}})^2A^2A^*$, 我们可得

$$\begin{aligned}A^{ⓦ,*}&=A^{ⓦ}AA^*=(A^{\textcircled{\dagger}})^2A^2A^*\\&=U\begin{pmatrix}(\Sigma K)^{ⓦ}\Sigma KK^*\Sigma^*+(\Sigma K)^{ⓦ}\Sigma LL^*\Sigma^* & 0\\ 0 & 0\end{pmatrix}U^*\\&=U\begin{pmatrix}(\Sigma K)^{ⓦ}\Sigma(KK^*+LL^*)\Sigma^* & 0\\ 0 & 0\end{pmatrix}U^*.\end{aligned}$$ □

引理 9.2.11 令 $A\in\mathbb{C}_{n,n}$ 且 $\mathrm{Ind}(A)=k$. 则 $\mathcal{R}(A^{ⓦ,*})=\mathcal{R}(A^k)$.

证明 实际上, 根据定理 9.2.2, 有

$$\mathcal{R}(A^{ⓦ,*})\subseteq\mathcal{R}(A^{ⓦ,*}(A^\dagger)^*)=\mathcal{R}(A^DC)\subseteq\mathcal{R}(A^D)=\mathcal{R}(A^k).$$

另一方面, $\mathcal{R}(A^k)\subseteq\mathcal{R}(A^{ⓦ,*})$. 通过定理 9.2.2, 我们可以得到

$$\mathcal{R}(A^k)\subseteq\mathcal{R}(A^D)\subseteq\mathcal{R}(A^DC)=\mathcal{R}(A^{ⓦ,*}(A^\dagger)^*)\subseteq\mathcal{R}(A^{ⓦ,*}).$$

因此, $\mathcal{R}(A^k)=\mathcal{R}(A^{ⓦ,*})$. □

引理 9.2.12 ([57]) 令 $A\in\mathbb{C}_{n,n}$. 则以下结论成立.

(1) $AA^{ⓦ}=P_{\mathcal{R}(A^k),\mathcal{N}((A^k)^*A)}$;

(2) $A^{ⓦ}A=P_{\mathcal{R}(A^k),\mathcal{N}((A^k)^*A^2)}$.

根据定理 9.2.2 和引理 9.2.11, 我们得到引理 9.2.13.

引理 9.2.13 ([143]) 设 $A\in\mathbb{C}_{n,n}$ 且 $\mathrm{Ind}(A)=k$. 则

(1) $A^{ⓦ,*}=((A^\dagger)^*)^{(2)}_{\mathcal{R}(A^k),\mathcal{N}(A^k)^*}$;

(2) $(A^\dagger)^*A^{ⓦ,*}$ 是沿着 $\mathcal{N}((A^k)^*A^2A^*)$ 在 $\mathcal{R}((A^\dagger)^*A^{ⓦ})$ 上的一个投影算子;

(3) $A^{ⓦ,*}(A^\dagger)^*$ 是沿着 $\mathcal{N}((A^k)^*A^2)$ 在 $\mathcal{R}(A^k)$ 上的一个投影算子.

推论 9.2.14 设 $A\in\mathbb{C}_{n,n}$ 且 $\mathrm{Ind}(A)=k$. 对于 $l\geq k$,

$$A^{ⓦ,*}=A^l(A^{l+2})^\dagger A^2A^*. \tag{9.2.4}$$

证明 根据 [146], 可得 $A^{ⓦ}=A^l(A^{l+2})^\dagger A$. 由相关定理 9.2.3, 我们得到等式 (9.2.4). □

定理 9.2.15 令 $A \in \mathbb{C}_{n,n}$ 且 $\mathrm{Ind}(A) = k$. C 是 A 的弱 core 部分. 则以下结论等价:

(1) $X \in \mathbb{C}_{n,n}$ 是 A 的弱群星矩阵;

(2) X 满足以下等式

$$X(A^{\dagger})^*X = X, \quad AX = CA^*, \quad X(A^{\dagger})^* = A^D C;$$

(3) X 满足以下等式

$$A^{ⓦ}AX = X, \quad AX = CA^*;$$

(4) X 满足以下等式

$$AX(A^{\dagger})^* = C, \quad A^{ⓦ}AXAA^{\dagger} = X, \quad (A^{\dagger})^*X(A^{\dagger})^* = (A^{\dagger})^*A^{ⓦ}A;$$

(5) X 满足以下等式

$$XAA^{\dagger} = X, \quad X(A^{\dagger})^* = A^{ⓦ}A, \quad X(A^{\dagger})^*A^{\dagger} = A^{ⓦ,\dagger}, \ XA = A^{ⓦ}AA^*A;$$

(6) X 满足以下等式

$$X(A^{\dagger})^*A^{ⓦ}AA^* = X, \quad X(A^{\dagger})^*A^{ⓦ}AX = X, \quad (A^{\dagger})^*A^{ⓦ}AX = (A^{\dagger})^*A^{ⓦ}AA^*;$$

(7) X 满足以下等式

$$(A^{\dagger})^*A^{ⓦ}AX(A^{\dagger})^*A^{ⓦ}A = (A^{\dagger})^*A^{ⓦ}A, \ X(A^{\dagger})^*A^{ⓦ}A = A^{ⓦ}A.$$

证明 (1) $\Rightarrow$ (2) 由定理 9.2.2, 证明是显然的.

(2) $\Rightarrow$ (3) 通过应用 $AX = CA^*$, 我们可以得到

$$A^{ⓦ}AX = ACA^* = X.$$

(3) $\Rightarrow$ (1) 假设 $A^{ⓦ}AX = X$, $AX = CA^*$, 可得

$$X = A^{ⓦ}AX = A^{ⓦ}CA^* = A^{ⓦ}AA^{ⓦ}AA^* = A^{ⓦ}AA^* = X.$$

(1) $\Rightarrow$ (4) 由 $X = A^{ⓦ}AA^*$ 和引理 9.2.1, 我们可得

$$AX(A^{\dagger})^* = AA^{ⓦ}AA^*(A^{\dagger})^* = CAA^{\dagger} = C,$$

$$A^{ⓦ}AXAA^{\dagger} = (A^{ⓦ}AA^{ⓦ})A(A^*AA^{\dagger}) = A^{ⓦ}AA^* = X,$$

且

$$
\begin{aligned}
(A^\dagger)^*X(A^\dagger)^* &= (A^\dagger)^*A^{Ⓦ}AA^*(A^\dagger)^* = (A^\dagger)^*A^{Ⓦ}A(A^\dagger A)^* \\
&= (A^\dagger)^*A^{Ⓦ}AA^\dagger A = (A^\dagger)^*A^{Ⓦ}A.
\end{aligned}
$$

(4) ⇒ (1) 由 $A^{Ⓦ}AXAA^\dagger = X, AX = AA^{Ⓦ}AA^*$, 有

$$
X = A^{Ⓦ}AXAA^\dagger = A^{Ⓦ}AA^{Ⓦ}AA^*AA^\dagger = A^{Ⓦ}AA^*AA^\dagger = A^{Ⓦ}AA^* = X.
$$

其余的可以按照上述方法进行类似的证明. □

通过引理 9.2.13 和 $A^{Ⓦ,*} = A^{Ⓦ}AA^*$, 可得

$$
(A^\dagger)^*A^{Ⓦ,*} = P_{\mathcal{R}((A^\dagger)^*A^{Ⓦ}),\mathcal{N}((A^k)^*A^2A^*)}, \quad \mathcal{R}(A^{Ⓦ,*}) \subseteq \mathcal{R}(A^{Ⓦ}) = \mathcal{R}(A^k).
$$

则可以得到定理 9.2.16.

定理 9.2.16 ([143]) 令 $A \in \mathbb{C}_{n,n}$ 且 $\mathrm{Ind}(A) = k$. 则矩阵等式

$$
(A^\dagger)^*X = P_{\mathcal{R}((A^\dagger)^*A^{Ⓦ}),\mathcal{N}((A^k)^*A^2A^*)}, \quad \mathcal{R}(X) \subseteq \mathcal{R}(A^k) \tag{9.2.5}
$$

是相容的且有唯一解 $X = A^{Ⓦ,*}$.

定义 9.2.2 令 $A, B \in \mathbb{C}_{n,n}$ 且 $\mathrm{Ind}(A) = k$. 如果

$$
AA^{Ⓦ,*} = BA^{Ⓦ,*}, \quad A^{Ⓦ,*}A = A^{Ⓦ,*}B,
$$

我们称 A 是 B 下的 $\leqslant^{Ⓦ,*}$ 关系.

自然而然地, 我们将考虑这种二元关系是否可以成为偏序. 这个问题的答案是否定的. 如果二元关系在非空集合上是自反的、传递的和反对称的, 则称为偏序. 接下来, 我们举一个具体的例子来证明这种关系是不满足反对称性的.

例 9.2.17 考虑矩阵

$$
A = \begin{pmatrix} 1 & 0 & 0 & 1 \\ 0 & 0 & 0 & 0 \\ 0 & 0 & 0 & 0 \\ 0 & 0 & 0 & 0 \end{pmatrix}, \quad B = \begin{pmatrix} 1 & 0 & 0 & 1 \\ 0 & 0 & 1 & 0 \\ 0 & 0 & 0 & 0 \\ 0 & 0 & 0 & 0 \end{pmatrix}.
$$

由

$$
A^{Ⓦ} = \begin{pmatrix} 1 & 0 & 0 & 1 \\ 0 & 0 & 0 & 0 \\ 0 & 0 & 0 & 0 \\ 0 & 0 & 0 & 0 \end{pmatrix}, \quad B^{Ⓦ} = \begin{pmatrix} 1 & 0 & 0 & 1 \\ 0 & 0 & 0 & 0 \\ 0 & 0 & 0 & 0 \\ 0 & 0 & 0 & 0 \end{pmatrix},
$$

我们可得

$$A^{\circledW,*}A = \begin{pmatrix} 2 & 0 & 0 & 2 \\ 0 & 0 & 0 & 0 \\ 0 & 0 & 0 & 0 \\ 0 & 0 & 0 & 0 \end{pmatrix}, \quad A^{\circledW,*}B = \begin{pmatrix} 2 & 0 & 0 & 2 \\ 0 & 0 & 0 & 0 \\ 0 & 0 & 0 & 0 \\ 0 & 0 & 0 & 0 \end{pmatrix},$$

$$AA^{\circledW,*} = \begin{pmatrix} 2 & 0 & 0 & 0 \\ 0 & 0 & 0 & 0 \\ 0 & 0 & 0 & 0 \\ 0 & 0 & 0 & 0 \end{pmatrix}, \quad BA^{\circledW,*} = \begin{pmatrix} 2 & 0 & 0 & 0 \\ 0 & 0 & 0 & 0 \\ 0 & 0 & 0 & 0 \\ 0 & 0 & 0 & 0 \end{pmatrix},$$

$$BB^{\circledW,*} = \begin{pmatrix} 2 & 0 & 0 & 0 \\ 0 & 0 & 0 & 0 \\ 0 & 0 & 0 & 0 \\ 0 & 0 & 0 & 0 \end{pmatrix}, \quad AB^{\circledW,*} = \begin{pmatrix} 2 & 0 & 0 & 0 \\ 0 & 0 & 0 & 0 \\ 0 & 0 & 0 & 0 \\ 0 & 0 & 0 & 0 \end{pmatrix},$$

$$B^{\circledW,*}B = \begin{pmatrix} 2 & 0 & 0 & 2 \\ 0 & 0 & 0 & 0 \\ 0 & 0 & 0 & 0 \\ 0 & 0 & 0 & 0 \end{pmatrix}, \quad B^{\circledW,*}A = \begin{pmatrix} 2 & 0 & 0 & 2 \\ 0 & 0 & 0 & 0 \\ 0 & 0 & 0 & 0 \\ 0 & 0 & 0 & 0 \end{pmatrix}.$$

因此,

$$AA^{\circledW,*} = BA^{\circledW,*}, \quad A^{\circledW,*}A = A^{\circledW,*}B,$$

$$AB^{\circledW,*} = BB^{\circledW,*}, \quad B^{\circledW,*}B = B^{\circledW,*}A.$$

显然地, $A \leqslant^{\circledW,*} B$ 与 $B \leqslant^{\circledW,*} A$ 成立, 但是 $A \neq B$. 因此, 弱群星不是偏序关系.

设 $A \in \mathbb{C}_{n,n}$ 且 $\mathrm{Ind}(A) = k$, 则

$$A^{\circledW,*} = A^{\circledW}AA^* = U\begin{pmatrix} G_1 & G_2 \\ O & O \end{pmatrix}U^*,$$

其中 $G_1 = T^* + (T^{-1}S + T^{-2}SN)S^*$, $G_2 = (T^{-1}S + T^{-2}SN)N^*$.

定理 9.2.18 设 $A \in \mathbb{C}_{n,n}$ 是 (2.1.1) 中的矩阵形式, 且 $\mathrm{Ind}(A) = k$. 则

(1) $A^{\circledW,*}A = A^*A \Leftrightarrow A$ 是对称的且是 EP 矩阵;

(2) $AA^{\circledW,*} = AA^{*,\circledW} \Leftrightarrow S + T^{-1}SN = (TT^* + SS^*)T^{-1}S,\ NS^* = O$.

证明 (1) $A^{ⓦ,*}A = A^*A$

$$\Leftrightarrow \begin{pmatrix} G_1T & G_1S+G_2N \\ O & O \end{pmatrix} = \begin{pmatrix} T^*T & T^*S \\ S^*T & S^*S+N^*N \end{pmatrix}$$

$$\Leftrightarrow T^*T+(T^{-1}S+T^{-2}SN)S^*T = T^*T,$$

$$T^*S+(T^{-1}S+T^{-2}SN)S^*S+(T^{-1}S+T^{-2}SN)N^*N = T^*S,$$

$$S^*T=O,\ S^*S+N^*N=O$$

$$\Leftrightarrow S=O,\ N=O.$$

由 $S=O,\ N=O$, 我们可以得到 A 是对称的且是 EP 矩阵.

(2) $AA^{ⓦ,*} = AA^{*,ⓦ}$

$$\Leftrightarrow \begin{pmatrix} TG_1 & TG_2 \\ O & O \end{pmatrix} = \begin{pmatrix} TT^*+SS^* & TT^*T^{-1}S+SS^*T^{-1}S \\ NS^* & NS^*T^{-1}S \end{pmatrix}$$

$$\Leftrightarrow TT^*+(S+T^{-1}SN)S^* = TT^*+SS^*,\ NS^*=O,$$

$$T(T^{-1}S+T^{-2}SN) = TT^*T^{-1}S+SS^*T^{-1}S$$

$$\Leftrightarrow S+T^{-1}SN = (TT^*+SS^*)T^{-1}S,\ NS^*=O.$$ □

定理 9.2.19 设 $A\in\mathbb{C}_{n,n}$ 是 (2.1.1) 中的矩阵形式, 且 $\mathrm{Ind}(A)=k$. 则

(1) $A^{ⓦ,*}=A \Leftrightarrow A$ 是对称的且是 EP 矩阵;

(2) $A^{ⓦ,*}=A^* \Leftrightarrow A$ 是一个 EP 矩阵;

(3) $A^{ⓦ,*}=AA^\dagger \Leftrightarrow TT^*+SS^*=T,\ N=O$;

(4) $A^{ⓦ,*}=A^{*,ⓦ} \Leftrightarrow S=O$.

证明 (1) $A^{ⓦ,*}=A$

$$\Leftrightarrow \begin{pmatrix} G_1 & G_2 \\ O & O \end{pmatrix} = \begin{pmatrix} T & S \\ O & N \end{pmatrix}$$

$$\Leftrightarrow T^*+(T^{-1}S+T^{-2}SN)S^* = T,$$

$$(T^{-1}S+T^{-2}SN)N^* = S,\ N=O$$

$$\Leftrightarrow T=T^*,\ S=O,\ N=O.$$

可得 A 是对称的且是 EP 矩阵.

(2) $A^{ⓦ,*} = A^*$

$$\Leftrightarrow \begin{pmatrix} G_1 & G_2 \\ O & O \end{pmatrix} = \begin{pmatrix} T^* & O \\ S^* & N^* \end{pmatrix}$$

$$\Leftrightarrow T^* + (T^{-1}S + T^{-2}SN)S^* = T^*,\ (T^{-1}S + T^{-2}SN)N^* = O,$$

$$S^* = O,\ N^* = O$$

$$\Leftrightarrow S = O,\ N = O.$$

可得 A 是 EP 矩阵.

(3) $A^{ⓦ,*} = AA^\dagger$

$$\Leftrightarrow \begin{pmatrix} G_1 & G_2 \\ O & O \end{pmatrix} = \begin{pmatrix} I & O \\ O & NN^\dagger \end{pmatrix}$$

$$\Leftrightarrow T^* + (T^{-1}S + T^{-2}SN)S^* = I,$$

$$(T^{-1}S + T^{-2}SN)N^* = O,\ NN^\dagger = O$$

$$\Leftrightarrow TT^* + SS^* = T,\ N = O.$$

(4) $A^{ⓦ,*} = A^{*,ⓦ}$

$$\Leftrightarrow \begin{pmatrix} G_1 & G_2 \\ O & O \end{pmatrix} = \begin{pmatrix} T^* & T^*T^{-1}S \\ S^* & S^*T^{-1}S \end{pmatrix}$$

$$\Leftrightarrow T^* + (T^{-1}S + T^{-2}SN)S^* = T^*,$$

$$(T^{-1}S + T^{-2}SN)N^* = T^*T^{-1}S,$$

$$S^* = O,\ S^*T^{-1}S = O$$

$$\Leftrightarrow S = O.$$

□

定理 9.2.20 设 $A \in \mathbb{C}_{n,n}$ 且 $\mathrm{Ind}(A) = 1$. 则以下条件等价:

(1) A 是部分等距的且 A 是一个 EP 矩阵;

(2) $AA^{ⓦ,*} = AA^\dagger$;

(3) $A^{ⓦ,*}A = AA^\dagger$;

(4) $AA^{ⓦ,*} = A^\dagger A$;

(5) $A^{ⓦ,*}A = A^\dagger A$.

证明 (1) ⇔ (2)

$$
\begin{aligned}
& AA^{ⓦ,*} = AA^{\dagger} \\
\Leftrightarrow & \begin{pmatrix} TG_1 & TG_2 \\ O & O \end{pmatrix} = \begin{pmatrix} I & O \\ O & NN^{\dagger} \end{pmatrix} \\
\Leftrightarrow & TT^* + (S + T^{-1}SN)S^* = I, \\
& (S + T^{-1}SN)N^* = S,\ NN^{\dagger} = O \\
\Leftrightarrow & TT^* = I,\ N = O,\ (S + T^{-1}SN)N^* = S = O \\
\Leftrightarrow & TT^* = I,\ S = O,\ N = O.
\end{aligned}
$$

(1) ⇔ (3)

$$
\begin{aligned}
& A^{ⓦ,*}A = AA^{\dagger} \\
\Leftrightarrow & \begin{pmatrix} G_1T & G_1S + G_2N \\ O & O \end{pmatrix} = \begin{pmatrix} I & O \\ O & NN^{\dagger} \end{pmatrix} \\
\Leftrightarrow & T^*T + (T^{-1}S + T^{-2}SN)S^*T = I, \\
& T^*S + (T^{-1}S + T^{-2}SN)S^*S + (T^{-1}S + T^{-2}SN)N^*N = O, \\
& NN^{\dagger} = O \\
\Leftrightarrow & N = O,\ (TT^* + SS^*)S = O, (TT^* + SS^*)T = T \\
\Leftrightarrow & TT^* = I,\ S = O,\ N = O.
\end{aligned}
$$

(1) ⇔ (4)

$$
\begin{aligned}
& AA^{ⓦ,*} = A^{\dagger}A \\
\Leftrightarrow & \begin{pmatrix} TG_1 & TG_2 \\ O & O \end{pmatrix} \\
= & \begin{pmatrix} T^* \triangle T & T^* \triangle S(I - NN^{\dagger}) \\ (I - NN^{\dagger})S^* \triangle T & (I - NN^{\dagger})S^* \triangle S(I - NN^{\dagger}) + N^{\dagger}N \end{pmatrix} \\
\Leftrightarrow & T^* \triangle T = TT^* + (S + T^{-1}SN)S^*, \\
& T^* \triangle S(I - NN^{\dagger}) = (S + T^{-1}SN)N^*,\ S = SNN^{\dagger},\ N^{\dagger}N = O \\
\Leftrightarrow & T^* \triangle T = TT^*,\ S = O,\ N = O \\
\Leftrightarrow & TT^* = I,\ S = O,\ N = O.
\end{aligned}
$$

$$
\begin{aligned}
(1) \Leftrightarrow (5) \quad & A^{ⓦ,*}A = A^{\dagger}A \\
& \Leftrightarrow \begin{pmatrix} G_1T & G_1S + G_2N \\ O & O \end{pmatrix} \\
& = \begin{pmatrix} T^* \triangle T & T^* \triangle S(I - NN^{\dagger}) \\ (I - NN^{\dagger})S^* \triangle T & (I - NN^{\dagger})S^* \triangle S(I - NN^{\dagger}) + N^{\dagger}N \end{pmatrix} \\
& \Leftrightarrow T^* \triangle T = T^*T + (T^{-1}S + T^{-2}SN)S^*T,\ S = SNN^{\dagger},\ N^{\dagger}N = O, \\
& \quad T^* \triangle S(I - NN^{\dagger}) = T^*S + (T^{-1}S + T^{-2}SN)S^*S \\
& \quad + (T^{-1}S + T^{-2}SN)N^*N \\
& \Leftrightarrow T^* \triangle T = T^*T,\ N = O,\ S = SNN^{\dagger} = O \\
& \Leftrightarrow T^*T = I,\ S = O,\ N = O.
\end{aligned}
$$

因此, 上述条件是等价的. □

引理 9.2.21可以通过文献 [143] 中的类似方法证明. 因此, 我们在此省略证明.

引理 9.2.21 ([143]) 设 $A \in \mathbb{C}_{n,n}$ 且 $\mathrm{Ind}(A) = k$. 则

(1) $(A^{\dagger})^*A^{ⓦ,*}(A^{\dagger})^* = (A^{\dagger})^* \Leftrightarrow A^{\dagger}AA^{ⓦ}A = A^{\dagger}A \Leftrightarrow AA^{ⓦ}A = A \Leftrightarrow AA^{ⓦ}AA^{\dagger} = AA^{\dagger}$;

(2) $A^kA^{ⓦ,*}A^k = A^k \Leftrightarrow A^kA^*A^k = A^k$;

(3) $AA^{ⓦ,*} = AA^{ⓦ} \Leftrightarrow A^{ⓦ,*} = A^{ⓦ}$;

(4) $A^{ⓦ,*}A = AA^{ⓦ} \Leftrightarrow A^{ⓦ,*} = A^{ⓦ,\dagger}$;

(5) $A^{ⓦ,*}A = A^{\dagger}A \Leftrightarrow A^{ⓦ,*} = A^{\dagger}$;

(6) $AA^{ⓦ,*} = AA^{\dagger} \Leftrightarrow AA^{ⓦ,*}A = A$;

(7) $A^{ⓦ,*} = A^* \Leftrightarrow A^{ⓦ,\dagger} = A^{\dagger}$.

因为

$$
\begin{aligned}
(A^{k+2})^{\dagger}A(AA^{ⓦ,*}) &= (A^{k+2})^{\dagger}A^2A^k(A^{k+2})^{\dagger}A^2A^* \\
&= (A^{k+2})^{\dagger}A^{k+2}(A^{k+2})^{\dagger}A^2A^* = (A^{k+2})^{\dagger}A^2A^*,
\end{aligned}
$$

我们可得

$$
\begin{aligned}
A^{ⓦ,*} &= A^{ⓦ,*} - \beta((A^{k+2})^{\dagger}A(AA^{ⓦ,*}) - (A^{k+2})^{\dagger}A^2A^*) \\
&= (I - \beta(A^{k+2})^{\dagger}A^2)A^{ⓦ,*} + \beta(A^{k+2})^{\dagger}A^2A^*.
\end{aligned}
$$

观察以下矩阵

$$
P = I - \beta(A^{k+2})^{\dagger}A^2, \quad Q = \beta(A^{k+2})^{\dagger}A^2A^*, \quad \beta > 0.
$$

显然地, $A^{Ⓦ,*}$ 是 $X = PX + Q$ 的唯一解. 则可给出计算 $A^{Ⓦ,*}$ 的迭代序列如下

$$X_1 = Q, \quad X_{m+1} = PX_m + Q. \tag{9.2.6}$$

令

$$T = \begin{pmatrix} P & Q \\ O & I \end{pmatrix}, \quad T^m = \begin{pmatrix} P^m & \Sigma_{i=0}^{m-1} P^i Q \\ O & I \end{pmatrix}.$$

X^m 是 T^m 右上角的分块, 为 $A^{Ⓦ,*}$ 的第 m 个近似值. 矩阵 T^m 的幂可以通过逐次矩阵平方算法计算, 即

$$T_0 = T, \quad T_{i+1} = T_i^2, \quad i = 0, 1, \cdots, j,$$

其中整数 j 使得 $2^j \geq m$.

以下定理为迭代过程 (9.2.6) 的收敛提供了充分条件.

定理 9.2.22 设 $A \in \mathbb{C}_{n,n}$ 且 $\mathrm{Ind}(A) = k$, $\mathrm{rank}(A^k) = r$. 如果谱半径满足 $\rho(I - X_1(A^\dagger)^*) \leq 1$, 则由迭代过程 (9.2.6) 所定义的近似序列

$$X_{2^m} = \sum_{i=0}^{2^m-1} (I - \beta(A^{k+2})^\dagger A^2)^i \beta(A^{k+2})^\dagger A^2 A^*$$

收敛, 收敛值为弱群星矩阵 $A^{Ⓦ,*}$, 另外, 以下误差估计成立:

$$\|A^{Ⓦ,*} - X_{2^m}\| \leq \left\|(I - X_1(A^\dagger)^*)^{2^m}\right\|.$$

因此,

$$\lim_{m\to\infty} \sup \sqrt[2^m]{\|A^{Ⓦ,*} - X_{2^m}\|} \leq (I - X_1(A^\dagger)^*).$$

证明 我们知道

$$A^{Ⓦ,*}(A^\dagger)^* A^{Ⓦ,*} = A^{Ⓦ,*}, \quad X_{2^m}(A^\dagger)^* A^{Ⓦ,*} = X_{2^m}.$$

应用数学归纳法, 有

$$I - X_{2^m}(A^\dagger)^* = (I - X_1(A^\dagger)^*)^{2^m}.$$

因此,

$$\|A^{Ⓦ,*} - X_{2^m}\| = \left\|A^{Ⓦ,*} - X_{2^m}(A^\dagger)^* A^{Ⓦ,*}\right\|$$

$$
\begin{aligned}
&= \left\|(I - X_{2^m}(A^\dagger)^*)A^{\textcircled{w},*}\right\| \\
&\leq \|A^{\textcircled{w},*}\| \left\|I - X_{2^m}(A^\dagger)^*\right\| \\
&= \|A^{\textcircled{w},*}\| \left\|(I - X_1(A^\dagger)^*)^{2^m}\right\|
\end{aligned}
$$

和

$$
\begin{aligned}
\lim_{m\to\infty}\sup \sqrt[2^m]{\|A^{\textcircled{w},*} - X_{2^m}\|} &\leq \lim_{m\to\infty}\sup \sqrt[2^m]{\|A^{\textcircled{w},*}\| \left\|(I - X_1(A^\dagger)^*)^{2^m}\right\|} \\
&= \rho(I - X_1(A^\dagger)^*).
\end{aligned}
$$

在最后一个等式中, 对于任意方阵 B, 我们有

$$
\lim_{m\to\infty} \|B^n\|^{1/n} = \rho(B). \qquad \square
$$

如果 β 是一个实参数, 使得 $\max\limits_{1\leq i\leq t}|1-\beta\lambda_i| < 1$, 其中 λ_i $(i = 1, 2, \cdots, s)$ 是 $(A^{k+2})^\dagger A^2 A^*$ 的非零特征值, 则

$$
\rho(I - X_1(A^\dagger)^*) = \rho(I - \beta(A^{k+2})^\dagger A^2) \leq 1.
$$

例 9.2.23 考虑以下矩阵:

$$
A = \begin{pmatrix} 0 & \frac{4}{3} & -\frac{1}{3} \\ -\frac{1}{3} & 1 & -\frac{1}{3} \\ -\frac{2}{3} & -\frac{2}{3} & 0 \end{pmatrix}, \quad \mathrm{Ind}(A) = 2.
$$

令

$$
P = I - \beta(A^4)^\dagger A^2, \quad Q = \beta(A^4)^\dagger A^2 A^*, \quad \beta = 0.6.
$$

QA 的特征值 λ_i 为 $\{0, 0, 0.5\}$, 则非零特征值 λ_i 满足

$$
\max_i |1 - \lambda_i| = |1 - 0.5| = 0.5 < 1.
$$

通过计算, 会发现迭代算法第 6 次时收敛, $A^{\textcircled{w},*}$ 的近似值为 $(T^2)^6$ 的右上角, 有

$$
(T^2)^6 \approx \begin{pmatrix}
0.982 & 0.130 & -0.037 & -0.185 & -0.148 & 0.074 \\
0.130 & 0.093 & 0.026 & 1.300 & 1.037 & -0.519 \\
-0.031 & 0.218 & 0.938 & -0.311 & -0.249 & 0.125 \\
0 & 0 & 0 & 1 & 0 & 0 \\
0 & 0 & 0 & 0 & 1 & 0 \\
0 & 0 & 0 & 0 & 0 & 1
\end{pmatrix}.
$$

即

$$A^{\textcircled{w},*}=\begin{pmatrix}-0.185 & -0.148 & 0.074\\ 1.300 & 1.037 & -0.519\\ -0.311 & -0.249 & 0.125\end{pmatrix}.$$

由 $\mathcal{R}(A^{\textcircled{w},*})=\mathcal{R}(A^k)\subseteq\mathcal{N}(V)$, 可得 $VA^{\textcircled{w},*}=o$. 通过 $\mathcal{R}(I-AA^{\textcircled{w},*})\subseteq\mathcal{R}(U)=\mathcal{R}(UU^{\dagger})=\mathcal{N}(I-UU^{\dagger})$, 我们可以得到 $I-AA^{\textcircled{w},*}=UU^{\dagger}(I-AA^{\textcircled{w},*})$. 则我们可以得到定理 9.2.24.

定理 9.2.24 设 $A\in\mathbb{C}_{n,n}$ 且 $\mathrm{Ind}(A)=k$. 假设 $U\in\mathbb{C}_{n,r}$, $V^*\in\mathbb{C}_{n,r}$ 是列满秩矩阵并且使得

$$\mathcal{R}(I-AA^{\textcircled{w},*})\subseteq\mathcal{R}(U)\subseteq\mathcal{N}(A^{\textcircled{w},*}),\quad \mathcal{R}(A^k)\subseteq\mathcal{N}(V).$$

则加边矩阵

$$X=\begin{pmatrix}A & U\\ V & O\end{pmatrix}$$

是非奇异的, 且

$$X^{-1}=\begin{pmatrix}A^{\textcircled{w},*} & (I-A^{\textcircled{w},*}A)V^{\dagger}\\ U^{\dagger}(I-AA^{\textcircled{w},*}) & -U^{\dagger}(A-AA^{\textcircled{w},*}A)V^{\dagger}\end{pmatrix}. \tag{9.2.7}$$

证明 由 $\mathcal{R}(A^{\textcircled{w},*})=\mathcal{R}(A^k)\subseteq\mathcal{N}(V)$, 可得 $VA^{\textcircled{w},*}=O$. 通过

$$\mathcal{R}(I-AA^{\textcircled{w},*})\subseteq\mathcal{R}(U)=\mathcal{R}(UU^{\dagger})=\mathcal{N}(I-UU^{\dagger}),$$

我们可得

$$I-AA^{\textcircled{w},*}=UU^{\dagger}(I-AA^{\textcircled{w},*}).$$

设

$$\mathfrak{Y}=\begin{pmatrix}A^{\textcircled{w},*} & (I-A^{\textcircled{w},*}A)V^{\dagger}\\ U^{\dagger}(I-AA^{\textcircled{w},*}) & -U^{\dagger}(A-AA^{\textcircled{w},*}A)V^{\dagger}\end{pmatrix},$$

有

$$\begin{aligned}X\mathfrak{Y}&=\begin{pmatrix}AA^{\textcircled{w},*}+UU^{\dagger}(I-AA^{\textcircled{w},*}) & A(I-A^{\textcircled{w},*}A)V^{\dagger}-UU^{\dagger}(A-AA^{\textcircled{w},*}A)V^{\dagger}\\ VA^{\textcircled{w},*} & V(I-A^{\textcircled{w},*}A)V^{\dagger}\end{pmatrix}\\ &=\begin{pmatrix}AA^{\textcircled{w},*}+(I-AA^{\textcircled{w},*}) & (I-AA^{\textcircled{w},*})AV^{\dagger}-(I-AA^{\textcircled{w},*})AV^{\dagger}\\ O & VV^{\dagger}\end{pmatrix}\end{aligned}$$

$$= \begin{pmatrix} I & O \\ O & I \end{pmatrix}$$

$$= I.$$

通过类似的方式, 可以验证 $\mathfrak{Y}X = I$. 因此, X 是非奇异的且 $X^{-1} = \mathfrak{Y}$. □

同样, 我们可以得到以下结果.

定理 9.2.25 设 $A \in \mathbb{C}_{n,n}$ 且 $\mathrm{Ind}(A) = k$. 假设 $U \in \mathbb{C}_{n,r}$, $V^* \in \mathbb{C}_{n,r}$ 是列满秩的并且使得

$$\mathcal{R}(A^k) = \mathcal{N}(V), \quad \mathcal{R}(U) = \mathcal{N}(A^k)^*.$$

则加边矩阵

$$X = \begin{pmatrix} (A^\dagger)^* & U \\ V & O \end{pmatrix}$$

是非奇异的且

$$X^{-1} = \begin{pmatrix} A^{ⓦ,*} & (I - A^{ⓦ}A)V^\dagger \\ U^\dagger(I - (A^\dagger)^* A^{ⓦ,*}) & -U^\dagger((A^\dagger)^* - (A^\dagger)^* A^{ⓦ}A)V^\dagger \end{pmatrix}. \tag{9.2.8}$$

因为 $B \in \mathcal{R}((A^\dagger)^* A^{ⓦ})$, 所以存在 $Z \in \mathbb{C}_{n,n}$, 使得 $B = (A^\dagger)^* A^{ⓦ} Z$. 如果 $X = A^{ⓦ,*}B$, 则可得

$$(A^\dagger)^* X = (A^\dagger)^* A^{ⓦ,*} B = (A^\dagger)^* A^{ⓦ} A A^* (A^\dagger)^* A^{ⓦ} Z = (A^\dagger)^* A^{ⓦ} Z = B.$$

因此可以得到如下定理.

定理 9.2.26 设 $A \in \mathbb{C}_{n,n}$ 且 $\mathrm{Ind}(A) = k$, $B \in \mathcal{R}((A^\dagger)^* A^{ⓦ})$. 则

$$(A^\dagger)^* X = B, \quad \mathcal{R}(X) \subseteq \mathcal{R}(A^k) \tag{9.2.9}$$

有唯一解 $X = A^{ⓦ,*}B$.

证明 因为 $B \in \mathcal{R}((A^\dagger)^* A^{ⓦ})$, 则存在 $Z \in \mathbb{C}_{n,n}$ 使得 $B = (A^\dagger)^* A^{ⓦ} Z$. 如果 $X = A^{ⓦ,*}B$, 则我们可以得到

$$(A^\dagger)^* X = (A^\dagger)^* A^{ⓦ,*} B = (A^\dagger)^* A^{ⓦ} A A^* (A^\dagger)^* A^{ⓦ} Z = (A^\dagger)^* A^{ⓦ} Z = B.$$

因此, $X = A^{ⓦ,*}B$ 是 (9.2.9) 的一个解. 最后, 我们证明 X 的唯一性. 令 $X_1 \in \mathcal{R}(A^k)$ 也满足 (9.2.9). 则

$$X - X_1 \in \mathcal{R}(A^{ⓦ}) \cap \mathcal{N}((A^\dagger)^*) \subseteq \mathcal{R}(A^{ⓦ}) \cap \mathcal{N}(A^{ⓦ}(A^\dagger)^*) = \mathcal{R}(A^{ⓦ}A) \cap \mathcal{N}(A^{ⓦ}A) = 0.$$

因此, $X = X_1$. □

与定理 9.2.26 类似, 我们可以证明如下定理.

定理 9.2.27 设 $A \in \mathbb{C}_{n,n}$ 且 $\mathrm{Ind}(A) = k$, $B \in \mathcal{R}(AA^{Ⓦ})$. 则 A^*B 是 $(A^\dagger)^*X = B$, $\mathcal{R}(X) \subseteq \mathcal{R}(A^*(A^k)^*A^2)$ 的唯一解.

应用 $(A^\dagger)^*$ 的弱群星逆和非奇异加边矩阵之间的关系, 我们给出了线性方程 $(A^\dagger)^*x = B$ 解的克拉默法则.$(A^\dagger)^*(i \to b_j)$ 表示用 b_j 替换 $(A^\dagger)^*$ 的第 i 列, 其中 b_j 是 B 的第 j 列.

定理 9.2.28 设 $A, B \in \mathbb{C}_{n,n}$ 且 $\mathrm{Ind}(A) = k$. 假设 $U \in \mathbb{C}_{n,r}$, $V^* \in \mathbb{C}_{n,r}$ 是列满秩的并且使得

$$\mathcal{R}(A^{Ⓦ,*}) = \mathcal{R}(A^k) = \mathcal{N}(V), \quad \mathcal{R}(U) = \mathcal{N}(A^{Ⓦ,*}).$$

如果 $\mathcal{R}(B) \subseteq \mathcal{R}((A^\dagger)^*A^{Ⓦ})$, 则约束矩阵方程 (9.2.9) 的唯一解 $X = A^{Ⓦ,*}B$ 的元素由

$$x_{ij} = \frac{\det\begin{pmatrix} (A^\dagger)^*(i \to b_j) & U \\ V(i \to 0) & O \end{pmatrix}}{\det\begin{pmatrix} (A^\dagger)^* & U \\ V & O \end{pmatrix}}, \quad i = 1, 2, \cdots, n, \ j = 1, 2, \cdots, n \tag{9.2.10}$$

给出.

证明 由于 $X = A^{Ⓦ,*}B \in \mathcal{R}(A^k) = \mathcal{N}(V)$ 且 $B \in \mathcal{R}((A^\dagger)^*A^{Ⓦ}) = A\mathcal{R}(A^k)$, 我们有

$$VX = O, \quad (I - AA^{Ⓦ,*})B = O. \tag{9.2.11}$$

由 (9.2.11) 可知, 约束方程 $(A^\dagger)^*X = B$ 的解满足

$$\begin{pmatrix} (A^\dagger)^* & U \\ V & O \end{pmatrix}\begin{pmatrix} X \\ O \end{pmatrix} = \begin{pmatrix} B \\ O \end{pmatrix}. \tag{9.2.12}$$

通过定理 9.2.25, (9.2.12) 的系数矩阵是非奇异的. 应用 (9.2.8) 和 (9.2.11), 我们可得

$$\begin{pmatrix} X \\ O \end{pmatrix} = \begin{pmatrix} A^{Ⓦ,*} & (I - A^{Ⓦ}A)V^\dagger \\ U^\dagger(I - (A^\dagger)^*A^{Ⓦ}) & -U^\dagger((A^\dagger)^* - (A^\dagger)^*A^{Ⓦ}A)V^\dagger \end{pmatrix}\begin{pmatrix} B \\ O \end{pmatrix} = \begin{pmatrix} A^{Ⓦ,*}B \\ O \end{pmatrix}.$$

因此, $x = A^{Ⓦ,*}B$ 和 (9.2.10) 遵循经典的克拉默法则. □

定理 9.2.29 设 $A\in\mathbb{C}_{n,n}$ 且 $\mathrm{Ind}(A)=k$, $B=A+E\ \in\mathbb{C}_{n,n}$. 如果

$$EAA^{Ⓦ}=E, AA^{Ⓦ}E=E,\ \| A^{Ⓦ}E \|<1,$$

则

$$B^{Ⓦ,*}=(I_n+A^{Ⓦ}E)^{-1}A^{Ⓦ}(A+E)(A+E)^*=A^{Ⓦ}(I_n+EA^{Ⓦ})^{-1}(A+E)(A+E)^*.$$

证明 设 A 有 (2.1.1) 的形式, 且 $E=U\begin{pmatrix}E_1 & E_2\\ E_3 & E_4\end{pmatrix}U^*$, 其中 $E_1\in\mathbb{C}^{r\times r}$. 因为 $AA^{Ⓦ}E=E$, 有

$$\begin{aligned}AA^{Ⓦ}E&=U\begin{pmatrix}T & S\\ O & N\end{pmatrix}\begin{pmatrix}T^{-1} & T^{-2}S\\ O & O\end{pmatrix}\begin{pmatrix}E_1 & E_2\\ E_3 & E_4\end{pmatrix}U^*\\&=U\begin{pmatrix}E_1+T^{-1}SE_3 & E_2+T^{-1}SE_4\\ O & O\end{pmatrix}U^*\\&=U\begin{pmatrix}E_1 & E_2\\ E_3 & E_4\end{pmatrix}U^*.\end{aligned}\tag{9.2.13}$$

因此, 我们可得 $E_3=O, E_4=O$. 接下来, 应用 $EAA^{Ⓦ}=E$, 我们有

$$\begin{aligned}EAA^{Ⓦ}&=U\begin{pmatrix}E_1 & E_2\\ O & O\end{pmatrix}\begin{pmatrix}T & S\\ O & N\end{pmatrix}\begin{pmatrix}T^{-1} & T^{-2}S\\ O & O\end{pmatrix}U^*\\&=U\begin{pmatrix}E_1 & E_1T^{-1}S\\ O & O\end{pmatrix}U^*=U\begin{pmatrix}E_1 & E_2\\ O & O\end{pmatrix}U^*.\end{aligned}$$

因此, $E_2=E_1T^{-1}S$.

由于 $\rho(EA^{Ⓦ})=\rho(A^{Ⓦ}E)\leq\| A^{Ⓦ}E \|<1$, 我们可得 $I+A^{Ⓦ}E$ 是可逆的, 且 $T+E_1$ 是非奇异的. 另外, 我们注意到

$$E=U\begin{pmatrix}E_1 & E_2\\ O & O\end{pmatrix}U^*,\quad B=A+E=U\begin{pmatrix}T+E_1 & S+E_2\\ O & N\end{pmatrix}U^*,$$

可得

$$B^{Ⓦ}=U\begin{pmatrix}(T+E_1)^{-1} & (T+E_1)^{-2}(S+E_2)\\ O & O\end{pmatrix}U^*.$$

因此,

$$B^{\textcircled{w},*} = U\begin{pmatrix}(T+E_1)^*+\triangle_1(S+E_2)^* & \triangle_1 N^*\\ O & O\end{pmatrix}U^*,$$

其中 $\triangle_1 = [(T+E_1)^{-1}(S+E_2)+(T+E_1)^{-2}(S+E_2)N]$. 因此,

$$\begin{aligned}B^{\textcircled{w},*} &= (I_n + A^{\textcircled{w}}E)^{-1}A^{\textcircled{w}}(A+E)(A+E)^*\\ &= A^{\textcircled{w}}(I_n+EA^{\textcircled{w}})^{-1}(A+E)(A+E)^*.\end{aligned}$$

□

此外, 我们可以得到如下的结果.

定理 9.2.30 设 $A \in \mathbb{C}_{n,n}$ 且 $\operatorname{Ind}(A)=k$, $B=A+E\in\mathbb{C}_{n,n}$. 如果

$$AA^{\textcircled{w},*}E=E,\quad \| A^{\textcircled{w}}E \| < 1,$$

则有

$$\begin{aligned}B^{\textcircled{w},*} &= ((I_n + A^{\textcircled{w}}E)^{-1}A^{\textcircled{w}})^2AA^{\textcircled{\dagger}}(A+E)^2(A+E)^*\\ &= (I_n+A^{\textcircled{w}}E)^{-1}A^{\textcircled{w}}(I_n+A^{\textcircled{w}}E)^{-1}A^{\textcircled{\dagger}}(A+E)^2(A+E)^*.\end{aligned}$$

定理 9.2.31 设 $A \in \mathbb{C}_{n,n}$ 且 $\operatorname{Ind}(A)=k$, 则等式

$$(A^{k+2})^*A^2x=(A^{k+2})^*A^2A^*b,\quad b\in\mathbb{C}^n \tag{9.2.14}$$

是相容的, 且它的通解为

$$x = A^{\textcircled{w},*}b+(I_n-A^{\textcircled{w}}A)y, \tag{9.2.15}$$

对于任意的 $y\in\mathbb{C}^m$.

证明 假设 x 有 (9.2.15) 的形式. 通过应用 $A^{\textcircled{w},*}=A^k(A^{k+2})^\dagger A^2A^*$, 可得

$$\begin{aligned}(A^{k+2})^*A^2A^{\textcircled{w},*} &= (A^{k+2})^*A^2A^k(A^{k+2})^\dagger A^2A^*\\ &= (A^{k+2})^*A^{k+2}(A^{k+2})^\dagger A^2A^*\\ &= (A^{k+2})^*A^2A^*.\end{aligned}$$

因此, 由 $(A^{k+2})^*A^2A^{\textcircled{w},*}b=(A^{k+2})^*A^2A^*b$, 可知 (9.2.14) 对于 x 成立.

对于 (9.2.14) 的解 x, 可得

$$\begin{aligned}A^{\textcircled{w},*}b &= A^k(A^{k+2})^\dagger A^2A^*b\\ &= A^k(A^{k+2})^\dagger((A^{k+2})^\dagger)^*(A^{k+2})^*A^2A^*b\end{aligned}$$

$$
\begin{aligned}
&= A^k(A^{k+2})^\dagger((A^{k+2})^\dagger)^*(A^{k+2})^*A^2x \\
&= A^{ⓦ}Ax.
\end{aligned}
$$

接下来, 我们有

$$
x = A^{ⓦ,*}b + x - A^{ⓦ,*}Ax = A^{ⓦ,*}b + (I_n - A^{ⓦ}A)x.
$$

即 x 有 (9.2.15) 的形式. □

由 $A^{ⓦ}AX = A^{ⓦ}AA^{ⓦ,*}b = A^{ⓦ,*}b$, 可得 $A^{ⓦ}AX = A^{ⓦ}AA^{ⓦ,*}b = A^{ⓦ,*}b$. 则我们可以得到定理 9.2.32.

定理 9.2.32 设 $A \in \mathbb{C}_{n,n}$ 且 $\mathrm{Ind}(A) = k$, 则等式

$$
A^{ⓦ}AX = A^{ⓦ,*}b \tag{9.2.16}
$$

是相容的, 且它的通解为

$$
x = A^{ⓦ,*}b + (I - A^{ⓦ}A)y, \tag{9.2.17}
$$

对于任意的 $y \in \mathbb{C}_{n,n}$.

证明 假设 x 有 (9.2.17) 的形式, 我们可得

$$
A^{ⓦ}AX = A^{ⓦ}AA^{ⓦ,*}b = A^{ⓦ,*}b,
$$

则 x 满足 (9.2.16). 对于 (9.2.16) 的解 x, 有

$$
x = A^{ⓦ,*}b + x - A^{ⓦ}Ax = A^{ⓦ,*}b + (I - A^{ⓦ}A)x.
$$

因此, x 有 (9.2.17) 的形式. □

类似地, 以下定理可被证明.

定理 9.2.33 设 $A \in \mathbb{C}_{n,n}$ 且 $\mathrm{Ind}(A) = k$. 则等式

$$
(A^\dagger)^*x = AA^{ⓦ}b
$$

是相容的, 且它的通解为

$$
x = A^{*,ⓦ}b + (I - A^\dagger A)y,
$$

对于任意的 $y \in \mathbb{C}_{n,n}$.

接下来, 在 $b \in \mathcal{R}(A^k)$ 的情况下, 我们可以通过定理 9.2.33 的结果得到以下结果.

推论 9.2.34 设 $A \in \mathbb{C}_{n,n}$ 且 $\mathrm{Ind}(A) = k$. 则等式

$$(A^{\dagger})^{*}x = b, \quad b \in \mathcal{R}(A^{k})$$

是相容的, 且它的通解为

$$x = A^{*}b + (I - A^{\dagger}A)y,$$

对于任意的 $y \in \mathbb{C}_{n,n}$.

9.3 广义 MPCEP 逆

在文献 [31] 中, Moore-Penrose 逆与 core-EP 逆结合形成了两个新的广义逆, 其分别为 MPCEP 逆 (MP-core-EP) $A^{\dagger,\textcircled{\dagger}}$ 和对偶 MPCEP 逆 (*CEPMP) $A_{\textcircled{\dagger},\dagger}$. 准确地说, $A \in \mathbb{C}_{n,n}$ 的 MPCEP 逆是矩阵方程组:

$$XAX = X, \quad XA = A^{\dagger}AA^{\textcircled{\dagger}}A, \quad AX = AA^{\textcircled{\dagger}}$$

的唯一解. 值得注意的是, $A^{\dagger,\textcircled{\dagger}} = A^{\dagger}AA^{\textcircled{\dagger}}$.

$A \in \mathbb{C}_{n,n}$ 的对偶逆是矩阵方程组:

$$XA = X_{\textcircled{\dagger}}A, \quad A_{\textcircled{\dagger},\dagger} = A^{\dagger}AA_{\textcircled{\dagger}}AA^{\dagger}$$

的唯一解. 且 $A_{\textcircled{\dagger},\dagger} = A_{\textcircled{\dagger}}AA^{\dagger}$.

在文献 [141] 中, 介绍了 MPCEP 逆的表示及其性质.

定义 9.3.1 ([18]) 设 $A \in \mathbb{C}_{m,n}, \mathrm{rank}(A) = r$, T 是维数为 $t \le r$ 的 $\mathbb{C}^{n}$ 的子空间, 且 S 是维数为 $m-t$ 的 $\mathbb{C}^{m}$ 的子空间. 则 A 有一个 $\{2\}$ 逆 X 使得 $\mathcal{R}(X) = T, \mathcal{N}(X) = S$ 当且仅当

$$AT \oplus S = \mathbb{C}^{m},$$

在这种情况下 X 是唯一的且记为 $A^{(2)}_{T,S}$.

记 $\mathbb{C}^{T,S}_{m,n}$ 是 $A \in \mathbb{C}_{m,n}$ 的一个子集, 其中的矩阵 A 具有如上所述的逆 $A^{(2)}_{T,S}$.

引理 9.3.1 ([18]) 设 $A \in \mathbb{C}^{T,S}_{m,n}$. 则

(1) $AA^{(2)}_{T,S} = P_{AT,S}$;

(2) $A^{(2)}_{T,S}A = P_{T,(A^{*}S^{\perp})^{\perp}}$.

引理 9.3.2 ([145]) 设 $A \in \mathbb{C}^{T,S}_{m,n}$. 矩阵方程组

$$XAX = X, \quad XA = A^{(2)}_{T,S}(AA^{(2)}_{T,S})^{\dagger}A, \quad AX = AA^{(2)}_{T,S}(AA^{(2)}_{T,S})^{\dagger}$$

有唯一解 $X := A^{(2)}_{T,S}(AA^{(2)}_{T,S})^{\dagger}$.

定义 9.3.2 ([145]) 设 $A \in \mathbb{C}_{m,n}^{T,S}$. A 的广义 core-EP (或称为 g-core-EP) 逆定义为

$$A_{T,S}^{\textcircled{2}} := A_{T,S}^{(2)}(AA_{T,S}^{(2)})^{\dagger}.$$

引理 9.3.3 ([145]) 设 $A \in \mathbb{C}_{m,n}^{T,S}$. 则

(1) $A_{T,S}^{\textcircled{2}}A$ 是沿着 $\mathcal{N}((AA_{T,S}^{(2)})^{*}A)$ 在 T 上的一个投影算子;

(2) $AA_{T,S}^{\textcircled{2}}$ 是在 $\mathcal{R}(AA_{T,S}^{(2)})$ 上的正交投影;

(3) $A_{T,S}^{\textcircled{2}} = A_{T,\mathcal{N}((AA_{T,S}^{(2)})^{*})}^{(2)}$.

定理 9.3.4 设 $A \in \mathbb{C}_{m,n}, \operatorname{rank}(A) = r$, T 是维数为 $t \leq r$ 的 $\mathbb{C}^n$ 的子空间, 且 S 是维数为 $m-t$ 的 $\mathbb{C}^m$ 的子空间. 假设存在 $A_{T,S}^{(2)}$. 则矩阵方程组

$$XAX = X, \quad XA = A^{\dagger}AA_{T,S}^{(2)}(AA_{T,S}^{(2)})^{\dagger}A, \quad AX = P_{AA_{T,S}^{(2)}} \tag{9.3.1}$$

有唯一解 $X = A^{\dagger}AA_{T,S}^{(2)}(AA_{T,S}^{(2)})^{\dagger}$.

证明 我们很容易看到 (9.3.1) 对于 $X = A^{\dagger}AA_{T,S}^{(2)}(AA_{T,S}^{(2)})^{\dagger}$ 成立. 如果不同的矩阵 X 与 X_1 满足矩阵方程组 (9.3.1) , 则

$$AX_1 = P_{AA_{T,S}^{(2)}} = AX, \quad X_1A = A^{\dagger}AA_{T,S}^{(2)}(AA_{T,S}^{(2)})^{\dagger}A = XA,$$

这表明

$$X = (XA)X = X_1(AX) = X_1AX_1 = X_1.$$

因此, 这个解 X, 对于方程组 (9.3.1) 是唯一的. □

定义 9.3.3 设 $A \in \mathbb{C}_{m,n}, \operatorname{rank}(A) = r$, T 是维数为 $t \leq r$ 的 $\mathbb{C}^n$ 的子空间, 且 S 是维数为 $m-t$ 的 $\mathbb{C}^m$ 的子空间. 假设存在 $A_{T,S}^{(2)}$. 我们把 A 的广义 MP-core-EP (或称为 G-MPCEP) 逆定义为

$$A_{T,S}^{\dagger,\textcircled{2}} = A^{\dagger}AA_{T,S}^{\textcircled{2}} = A^{\dagger}AA_{T,S}^{(2)}(AA_{T,S}^{(2)})^{\dagger}.$$

推论 9.3.5 下面给出我们所定义的 G-MPCEP 逆的各种重要特例, 这些特例恢复了一些先前研究过的外逆如下.

(1) 对于 $m=n$, $k = \operatorname{Ind}(A)$ 且 $A_{T,S}^{(2)} = A^D$, G-MPCEP 逆与 MPCEP 逆等价. 事实上,

$$\begin{aligned} A_{T,S}^{\dagger,\textcircled{2}} &= A_{\mathcal{R}(A^k),\mathcal{N}(A^k)}^{\dagger,\textcircled{2}} = A^{\dagger}AA^D(AA^D)^{\dagger} \\ &= A^{\dagger}AA^DAA^D(AA^D)^{\dagger} = A^{\dagger}AA^DP_{\mathcal{R}(AA^D)} \end{aligned}$$

$$= A^\dagger AA^D P_{A^k} = A^\dagger AA^D A^k(A^k)^\dagger = A^\dagger AA^{\textcircled{\dagger}}.$$

(2) 如果 $A^{(2)}_{T,S} = A^\dagger$, 则有 $A^{\dagger,\textcircled{2}}_{T,S} = A^{\dagger,\textcircled{2}}_{\mathcal{R}(A^*),\mathcal{N}(A^*)} = A^\dagger$.

令以下结论中的 A, T, S 均满足定理 9.3.4 的假设.

定理 9.3.6　设 $A \in \mathbb{C}_{m,n}, \operatorname{rank}(A) = r$. 则

$$A^{\dagger,\textcircled{2}}_{T,S} = A^\dagger P_{\mathcal{R}(AA^{(2)}_{T,S})} = A^\dagger AA^{(2)}_{T,S} P_{\mathcal{R}(AA^{(2)}_{T,S})}.$$

证明　因为 $P_{\mathcal{R}(AA^{(2)}_{T,S})} = AA^{(2)}_{T,S}(AA^{(2)}_{T,S})^\dagger$, 我们有

$$A^\dagger P_{\mathcal{R}(AA^{(2)}_{T,S})} = A^\dagger AA^{(2)}_{T,S}(AA^{(2)}_{T,S})^\dagger = A^{\dagger,\textcircled{2}}_{T,S}$$

和

$$A^\dagger AA^{(2)}_{T,S} P_{\mathcal{R}(AA^{(2)}_{T,S})} = A^\dagger AA^{(2)}_{T,S} AA^{(2)}_{T,S}(AA^{(2)}_{T,S})^\dagger = A^{\dagger,\textcircled{2}}_{T,S}.$$ □

定理 9.3.7　设 $A \in \mathbb{C}_{m,n}$. 则

$$A^{\dagger,\textcircled{2}}_{T,S} = P_{\mathcal{R}(A^*)} A^{\textcircled{2}}_{T,S}.$$

证明　因为 $A^\dagger A = P_{\mathcal{R}(A^*)}, A^{\textcircled{2}}_{T,S} = A^{(2)}_{T,S}(AA^{(2)}_{T,S})^\dagger$, 则 G-MPCEP 逆 $A^{\dagger,\textcircled{2}}_{T,S}$ 可以被表示为

$$A^{\dagger,\textcircled{2}}_{T,S} = A^\dagger AA^{\textcircled{2}}_{T,S} = P_{\mathcal{R}(A^*)} A^{\textcircled{2}}_{T,S}.$$ □

定理 9.3.8　设 $A \in \mathbb{C}_{m,n}$. 则

(1) $A^{\dagger,\textcircled{2}}_{T,S} A$ 是沿着 $\mathcal{N}((AA^{(2)}_{T,S})^* A)$ 在 $\mathcal{R}(A^\dagger AA^{(2)}_{T,S})$ 上的投影算子;

(2) $AA^{\dagger,\textcircled{2}}_{T,S}$ 是沿着 $\mathcal{N}((AA^{(2)}_{T,S})^*)$ 在 AT 上的投影算子;

(3) $AA^{\dagger,\textcircled{2}}_{T,S}$ 是在 $\mathcal{R}(AA^{(2)}_{T,S})$ 上的正交投影算子;

(4) $A^{\dagger,\textcircled{2}}_{T,S} = A^{(2)}_{\mathcal{R}(A^\dagger AA^{(2)}_{T,S}),\mathcal{N}((AA^{(2)}_{T,S})^*)}$.

证明　(1) 因为 $A^{\dagger,\textcircled{2}}_{T,S}$ 是 A 的一个外逆, 我们可得 $A^{\dagger,\textcircled{2}}_{T,S} A$ 是一个投影算子. 注意到

$$\begin{aligned}\mathcal{R}(A^{\dagger,\textcircled{2}}_{T,S} A) &\subseteq \mathcal{R}(A^\dagger AA^{(2)}_{T,S}) = \mathcal{R}(A^\dagger AA^{(2)}_{T,S} AA^{(2)}_{T,S}) \\ &= \mathcal{R}(A^\dagger AA^{(2)}_{T,S} AA^{(2)}_{T,S}(AA^{(2)}_{T,S})^\dagger AA^{(2)}_{T,S}) \subseteq \mathcal{R}(A^{\dagger,\textcircled{2}}_{T,S} A).\end{aligned}$$

同时, 我们可得

$$\mathcal{N}(A^{\dagger,\textcircled{2}}_{T,S} A) = \mathcal{N}(A^{\textcircled{2}}_{T,S} A) = \mathcal{N}((AA^{(2)}_{T,S})^\dagger A) = \mathcal{N}((AA^{(2)}_{T,S})^* A).$$

(2) 由

$$AA_{T,S}^{\dagger,②} = AA^\dagger AA_{T,S}^{(2)}(AA_{T,S}^{(2)})^\dagger = AA_{T,S}^{②} = AA_{T,S}^{(2)}(AA_{T,S}^{(2)})^\dagger,$$

可得

$$\begin{aligned}\mathcal{R}(AA_{T,S}^{\dagger,②}) &= \mathcal{R}(AA_{T,S}^{②}) \subseteq \mathcal{R}(AA_{T,S}^{(2)}) = \mathcal{R}(AA_{T,S}^{(2)}AA_{T,S}^{(2)})\\ &= \mathcal{R}(AA_{T,S}^{(2)}AA_{T,S}^{(2)}(AA_{T,S}^{(2)})^\dagger AA_{T,S}^{(2)}) \subseteq \mathcal{R}(AA_{T,S}^{\dagger,②}).\end{aligned}$$

通过引理 9.3.1, 可得 $\mathcal{R}(AA_{T,S}^{(2)}) = AT$.

另一方面,

$$\mathcal{N}(AA_{T,S}^{\dagger,②}) = \mathcal{N}(AA_{T,S}^{②}) = \mathcal{N}((AA_{T,S}^{(2)})^\dagger) = \mathcal{N}((AA_{T,S}^{(2)})^*).$$

(3) 由 (2) 和引理 9.3.1, 可得 $AA_{T,S}^{\dagger,②}$ 是在 $\mathcal{R}(AA_{T,S}^{(2)}(AA_{T,S}^{(2)})^\dagger) = \mathcal{R}(AA_{T,S}^{(2)})$ 上的一个正交投影算子.

(4) 这部分可以通过

$$\mathcal{R}(A_{T,S}^{\dagger,②}) = \mathcal{R}(A_{T,S}^{\dagger,②}A) = \mathcal{R}(A^\dagger AA_{T,S}^{(2)}), \quad \mathcal{N}(A_{T,S}^{\dagger,②}) = \mathcal{N}(AA_{T,S}^{\dagger,②}) = \mathcal{N}((AA_{T,S}^{(2)})^*)$$

很清楚地证明. □

定理 9.3.9 设 $A \in \mathbb{C}_{m,n}$. 则 $A_{T,S}^{\dagger,②}$ 是 A 的 $(A^\dagger AA_{T,S}^{(2)}, (AA_{T,S}^{(2)})^\dagger)$-逆.

证明 由 (B, C)-逆的定义, 我们可得

$$A_{T,S}^{\dagger,②}AA^\dagger AA_{T,S}^{(2)} = A^\dagger AA_{T,S}^{(2)}(AA_{T,S}^{(2)})^\dagger AA^\dagger AA_{T,S}^{(2)} = A^\dagger AA_{T,S}^{(2)}$$

和

$$(AA_{T,S}^{(2)})^\dagger AA_{T,S}^{\dagger,②} = (AA_{T,S}^{(2)})^\dagger AA^\dagger AA_{T,S}^{(2)}(AA_{T,S}^{(2)})^\dagger = (AA_{T,S}^{(2)})^\dagger.$$

另一方面, 由定理 9.3.8 可知

$$\mathcal{R}(A_{T,S}^{\dagger,②}) = \mathcal{R}(A^\dagger AA_{T,S}^{(2)}),\ \mathcal{N}(A_{T,S}^{\dagger,②}) = \mathcal{N}((AA_{T,S}^{(2)})^*) = \mathcal{N}((AA_{T,S}^{(2)})^\dagger).$$ □

定理 9.3.10 设 $A \in \mathbb{C}_{m,n}$. 则

$$A_{T,S}^{\dagger,②} = A^\dagger AA_{T,S}^{(2)}(AA_{T,S}^{(2)})^*.$$

证明 通过应用 $A_{T,S}^{\dagger,②} = A_{\mathcal{R}(A^\dagger AA_{T,S}^{(2)}),\mathcal{N}((AA_{T,S}^{(2)})^*)}$, 我们根据 Urquhart 算法 (见引理 9.1.18),

$$\begin{aligned}A_{T,S}^{\dagger,②} &= A^\dagger AA_{T,S}^{(2)}((AA_{T,S}^{(2)})^*AA^\dagger AA_{T,S}^{(2)})^\dagger(AA_{T,S}^{(2)})^*\\ &= A^\dagger AA_{T,S}^{(2)}(AA_{T,S}^{(2)})^*.\end{aligned}$$ □

定理 9.3.11 设 $A \in \mathbb{C}_{m,n}$. 则 $X = A_{T,S}^{\dagger,②}$ 是约束矩阵方程

$$\mathcal{R}(X) \subseteq \mathcal{R}(A^\dagger AA_{T,S}^{(2)}), \quad AX = P_{\mathcal{R}(AT)} \tag{9.3.2}$$

的唯一解.

证明 由定理 9.3.8, 可以注意到 (9.3.2) 对于 $A_{T,S}^{\dagger,②}$ 成立. 设 (9.3.2) 满足对于不同的 $X, X_1 \in \mathbb{C}_{m,n}^{T,S}$. 因为

$$A(X - X_1) = P_{\mathcal{R}(AT)} - P_{\mathcal{R}(AT)} = O,$$

可得 $A^\dagger AA_{T,S}^{(2)}A(X - X_1) = O$, $\mathcal{R}(X - X_1) \subseteq \mathcal{N}(A^\dagger AA_{T,S}^{(2)}A)$. 由 $\mathcal{R}(X) \subseteq \mathcal{R}(A^\dagger AA_{T,S}^{(2)}) = \mathcal{R}(A^\dagger AA_{T,S}^{(2)}A)$ 与 $\mathcal{R}(X_1) \subseteq \mathcal{R}(A^\dagger AA_{T,S}^{(2)}A)$, 可得 $\mathcal{R}(X - X_1) \subseteq \mathcal{N}(A^\dagger AA_{T,S}^{(2)}A) \cap \mathcal{R}(A^\dagger AA_{T,S}^{(2)}A) = \{0\}$. 则有 $X = X_1$. 即 $A_{T,S}^{\dagger,②}$ 是约束矩阵方程 (9.3.2) 的唯一解. □

推论 9.3.12 设 $A \in \mathbb{C}_{n,n}$ 且 $\mathrm{Ind}(A) = k$, A 的 MPCEP 逆是满足

$$\mathcal{R}(X) \subseteq \mathcal{R}(A^k), \quad AX = P_{\mathcal{R}(A^k)}$$

的唯一矩阵.

定理 9.3.13 设 $A \in \mathbb{C}_{m,n}$. 对于 $X \in \mathbb{C}_{m,n}$, 以下结论等价.

(1) $X = A_{T,S}^{\dagger,②}$;

(2) $AXA = AA_{T,S}^{(2)}(AA_{T,S}^{(2)})^\dagger A$, $XAX = X$, $AX = AA_{T,S}^{(2)}(AA_{T,S}^{(2)})^\dagger$, $XA = A^\dagger AA_{T,S}^{(2)}(AA_{T,S}^{(2)})^\dagger A$;

(3) $AX = AA_{T,S}^{(2)}(AA_{T,S}^{(2)})^\dagger$, $X = A^\dagger AA_{T,S}^{(2)}(AA_{T,S}^{(2)})^\dagger AX$;

(4) $AX = AA_{T,S}^{(2)}(AA_{T,S}^{(2)})^\dagger$, $A^\dagger AA_{T,S}^{(2)}AX = X$, $(AA_{T,S}^{(2)})AX = AA_{T,S}^{(2)}(AA_{T,S}^{(2)})^\dagger$;

(5) $XAA_{T,S}^{(2)} = A^\dagger AA_{T,S}^{(2)}$, $A_{T,S}^{(2)}AXAA_{T,S}^{(2)} = A_{T,S}^{(2)}$, $XAA_{T,S}^{(2)}(AA_{T,S}^{(2)})^\dagger = X$;

(6) $A^\dagger AA_{T,S}^{(2)}AXAA_{T,S}^{(2)}(AA_{T,S}^{(2)})^\dagger = X$, $AXAA_{T,S}^{(2)} = AA_{T,S}^{(2)}$.

证明 (1)$\Rightarrow$(2) 在 $X = A_{T,S}^{\dagger,②}$ 的基础上, 可以验证 $AXA = AA_{T,S}^{(2)}(AA_{T,S}^{(2)})^\dagger A$. 其余的证明可通过定理 9.3.4 来完成.

(2) $\Rightarrow$ (3) 由 $XA = A^\dagger AA_{T,S}^{(2)}(AA_{T,S}^{(2)})^\dagger A$ 与 $XAX = X$, 我们可得

$$A^\dagger AA_{T,S}^{(2)}(AA_{T,S}^{(2)})^\dagger AX = XAX = X.$$

(3) $\Rightarrow$ (4) 由 $AX = AA_{T,S}^{(2)}(AA_{T,S}^{(2)})^\dagger$, 可得

$$(AA_{T,S}^{(2)})AX = AA_{T,S}^{(2)}AA_{T,S}^{(2)}(AA_{T,S}^{(2)})^\dagger = AA_{T,S}^{(2)}(AA_{T,S}^{(2)})^\dagger.$$

通过假设 $X = A^\dagger AA^{(2)}_{T,S}(AA^{(2)}_{T,S})^\dagger AX$, 有

$$\begin{aligned}A^\dagger AA^{(2)}_{T,S}AX &= A^\dagger AA^{(2)}_{T,S}AA^{(2)}_{T,S}(AA^{(2)}_{T,S})^\dagger = A^\dagger AA^{(2)}_{T,S}(AA^{(2)}_{T,S})^\dagger AA^{(2)}_{T,S}(AA^{(2)}_{T,S})^\dagger\\ &= A^\dagger AA^{(2)}_{T,S}(AA^{(2)}_{T,S})^\dagger AX = X.\end{aligned}$$

(4) ⇒ (5) 因为 $AX = AA^{(2)}_{T,S}(AA^{(2)}_{T,S})^\dagger$, $A^\dagger AA^{(2)}_{T,S}AX = X$, 可得

$$\begin{aligned}XAA^{(2)}_{T,S} &= A^\dagger AA^{(2)}_{T,S}AXAA^{(2)}_{T,S} = A^\dagger AA^{(2)}_{T,S}AA^{(2)}_{T,S}(AA^{(2)}_{T,S})^\dagger AA^{(2)}_{T,S}\\ &= A^\dagger AA^{(2)}_{T,S}AA^{(2)}_{T,S} = A^\dagger AA^{(2)}_{T,S}\end{aligned}$$

与

$$A^{(2)}_{T,S}AXAA^{(2)}_{T,S} = A^{(2)}_{T,S}AA^{(2)}_{T,S}(AA^{(2)}_{T,S})^\dagger AA^{(2)}_{T,S} = A^{(2)}_{T,S}.$$

由 $XAA^{(2)}_{T,S} = A^\dagger AA^{(2)}_{T,S}$, 我们可以看出

$$\begin{aligned}XAA^{(2)}_{T,S}(AA^{(2)}_{T,S})^\dagger &= A^\dagger AA^{(2)}_{T,S}(AA^{(2)}_{T,S})^\dagger = A^\dagger AA^{(2)}_{T,S}AA^{(2)}_{T,S}(AA^{(2)}_{T,S})^\dagger\\ &= A^\dagger AA^{(2)}_{T,S}AX = X.\end{aligned}$$

(5) ⇒ (6) 对于给出的假设, 我们有

$$A^\dagger AA^{(2)}_{T,S}AXAA^{(2)}_{T,S}(AA^{(2)}_{T,S})^\dagger = A^\dagger AA^{(2)}_{T,S}(AA^{(2)}_{T,S})^\dagger = XAA^{(2)}_{T,S}(AA^{(2)}_{T,S})^\dagger = X$$

和

$$AXAA^{(2)}_{T,S} = AA^\dagger AA^{(2)}_{T,S} = AA^{(2)}_{T,S}.$$

(6) ⇒ (1) 注意到

$$\begin{aligned}X &= A^\dagger AA^{(2)}_{T,S}AXAA^{(2)}_{T,S}(AA^{(2)}_{T,S})^\dagger\\ &= A^\dagger AA^{(2)}_{T,S}AA^{(2)}_{T,S}(AA^{(2)}_{T,S})^\dagger = A^\dagger AA^{(2)}_{T,S}(AA^{(2)}_{T,S})^\dagger.\end{aligned}$$

□

定理 9.3.14 设 $A \in \mathbb{C}_{m,n}$, 且令 $U, V \in \mathbb{C}_{n,m}$ 使得 $V \in A\{1\}$. 则以下结论等价.

(1) $A^{\dagger,②}_{T,S} = VAU$;

(2) $AU = AA^{(2)}_{T,S}(AA^{(2)}_{T,S})^\dagger$, $A^\dagger AA^{(2)}_{T,S}(AA^{(2)}_{T,S})^\dagger = VAA^{(2)}_{T,S}(AA^{(2)}_{T,S})^\dagger$;

(3) $\mathcal{N}(AU) = \mathcal{N}((AA^{(2)}_{T,S})^*)$, $\mathcal{R}(VAA^{(2)}_{T,S}(AA^{(2)}_{T,S})^\dagger) \subseteq \mathcal{R}(A^*)$,
$A^\dagger AA^{(2)}_{T,S}(AA^{(2)}_{T,S})^\dagger = VAA^{(2)}_{T,S}(AA^{(2)}_{T,S})^\dagger$, $AUA = AA^{(2)}_{T,S}(AA^{(2)}_{T,S})^\dagger A$;

(4) $U = A^{(2)}_{T,S}(AA^{(2)}_{T,S})^\dagger + (I_n - A^\dagger A)Y$, $V = A^\dagger + Z(I_m - AA^{(2)}_{T,S}(AA^{(2)}_{T,S})^\dagger)$, 对于任意的 $Y, Z \in \mathbb{C}_{n,m}$.

证明 (1) ⇒ (2) 由等式 $AVA=A$, $A_{T,S}^{\dagger,②}=A^\dagger AA_{T,S}^{(2)}(AA_{T,S}^{(2)})^\dagger$ 可得

$$AU=A(VAU)=AA_{T,S}^{\dagger,②}=AA_{T,S}^{(2)}(AA_{T,S}^{(2)})^\dagger$$

和

$$A^\dagger AA_{T,S}^{(2)}(AA_{T,S}^{(2)})^\dagger=A_{T,S}^{\dagger,②}=V(AU)=VAA_{T,S}^{(2)}(AA_{T,S}^{(2)})^\dagger.$$

(2) ⇒ (3) 由假设 $AU=AA_{T,S}^{(2)}(AA_{T,S}^{(2)})^\dagger$, 可得 $AUA=AA_{T,S}^{(2)}(AA_{T,S}^{(2)})^\dagger A$ 和 $\mathcal{N}(AU)=\mathcal{N}(AA_{T,S}^{②})=\mathcal{N}((AA_{T,S}^{(2)})^*)$. 应用条件

$$A^\dagger AA_{T,S}^{(2)}(AA_{T,S}^{(2)})^\dagger=VAA_{T,S}^{(2)}(AA_{T,S}^{(2)})^\dagger,$$

我们有

$$\mathcal{R}(VAA_{T,S}^{(2)}(AA_{T,S}^{(2)})^\dagger)=\mathcal{R}(A^\dagger AA_{T,S}^{(2)}(AA_{T,S}^{(2)})^\dagger)\subseteq\mathcal{R}(A^\dagger AA_{T,S}^{(2)})\subseteq\mathcal{R}(A^\dagger)=\mathcal{R}(A^*).$$

(3) ⇒ (1) 因为 $\mathcal{R}(I_m-(AA_{T,S}^{(2)})^*)=\mathcal{N}((AA_{T,S}^{(2)})^*)=\mathcal{N}(AU)$, $AUA=AA_{T,S}^{(2)}(AA_{T,S}^{(2)})^\dagger A$, 可得

$$AU=AUAA_{T,S}^{(2)}(AA_{T,S}^{(2)})^\dagger=AA_{T,S}^{(2)}(AA_{T,S}^{(2)})^\dagger AA_{T,S}^{(2)}(AA_{T,S}^{(2)})^\dagger=AA_{T,S}^{(2)}(AA_{T,S}^{(2)})^\dagger.$$

由 $A^\dagger AA_{T,S}^{(2)}(AA_{T,S}^{(2)})^\dagger=VAA_{T,S}^{(2)}(AA_{T,S}^{(2)})^\dagger$, 有

$$VAU=VAA_{T,S}^{(2)}(AA_{T,S}^{(2)})^\dagger=A^\dagger AA_{T,S}^{(2)}(AA_{T,S}^{(2)})^\dagger=A_{T,S}^{\dagger,②}.$$

(1) ⇒ (4) 方程 $AU=AA_{T,S}^{(2)}(AA_{T,S}^{(2)})^\dagger$ 的所有解是由方程 $AU=AA_{T,S}^{(2)}(AA_{T,S}^{(2)})^\dagger$ 的特解和齐次方程 $AU=O$ 的一般解获得. 根据文献 [18], 方程 $AU=AA_{T,S}^{(2)}(AA_{T,S}^{(2)})^\dagger$ 的通解由: 对于任意的 $Y\in\mathbb{C}_{n,m}$, 有

$$U=A_{T,S}^{(2)}(AA_{T,S}^{(2)})^\dagger+(I_n-A^\dagger A)Y$$

给出. 类似地, 方程 $A^\dagger AA_{T,S}^{(2)}(AA_{T,S}^{(2)})^\dagger=VAA_{T,S}^{(2)}(AA_{T,S}^{(2)})^\dagger$ 的通解由

$$V=A^\dagger+Z(I_m-AA_{T,S}^{(2)}(AA_{T,S}^{(2)})^\dagger)$$

对于任意的 $Z\in\mathbb{C}_{n,m}$ 所给出.

(4) ⇒ (1) 如果 $U=A_{T,S}^{(2)}(AA_{T,S}^{(2)})^\dagger+(I_n-A^\dagger A)Y$, $V=A^\dagger+Z(I_m-AA_{T,S}^{(2)}(AA_{T,S}^{(2)})^\dagger)$, 对于任意的 $Y,Z\in\mathbb{C}_{n,m}$, 则

$$VAU=A^\dagger AA_{T,S}^{(2)}(AA_{T,S}^{(2)})^\dagger=A_{T,S}^{\dagger,②}.$$ □

应用 A 的满秩分解, 我们研究了 G-MPCEP 逆 $A_{T,S}^{\dagger,②}$ 的如下表达式.

定理 9.3.15 设 $A \in \mathbb{C}_{m,n}$. 如果 A 有满秩分解 $A = PQ$ 且 $l \geq \mathrm{Ind}(A)$, 则

$$A_{T,S}^{\dagger,②} = Q^*(P^*AQ^*)^{-1}P^*P_{\mathcal{R}(AA_{T,S}^{(2)})}.$$

证明 证明可由文献 [18] 中的 $A^\dagger = Q^*(P^*AQ^*)^{-1}P^*$ 与定理 9.3.6 结合给出. □

定理 9.3.16 设 $A \in \mathbb{C}_{m,n}$. 假设 $G \in \mathbb{C}_{n,m}^{T,S}$ 满足 $\mathcal{R}(G) = T$ 和 $\mathcal{N}(G) = S$. 假设 $G = PQ$ 是 G 与 QAP 的满秩因子, 且是可逆的. 则

$$A_{T,S}^{\dagger,②} = P_{\mathcal{R}(A^*)}P(QAP)^{-1}Q(AP(QAP)^{-1}Q)^\dagger.$$

证明 通过文献 [174], 我们可得 $A_{T,S}^{(2)} = P(QAP)^{-1}Q$. 应用定理 9.3.6 可得

$$A_{T,S}^{\dagger,②} = P_{\mathcal{R}(A^*)}P(QAP)^{-1}Q(AP(QAP)^{-1}Q)^\dagger. \qquad \square$$

推论 9.3.17 设 A, T, S 满足定理 9.3.4 中的假设. 设 A 有满秩分解 $A = PQ$. 如果 $\mathrm{Ind}(A) = k$ 且 $G = P_1Q_1$ 是 G 的满秩分解, 则

$$A_{T,S}^{\dagger,②} = Q^*(P^*AQ^*)^{-1}P^*AP_1(Q_1AP_1)^{-1}Q(AP_1(Q_1AP_1)^{-1}Q_1)^\dagger.$$

G-MPCEP 逆 $A^\dagger AA_{T,S}^{(2)}(AA_{T,S}^{(2)})^\dagger$ 可以在以下假设下进一步表征: 存在 $U \in \mathbb{C}_{n,k}$ 和 $V \in \mathbb{C}_{l,m}$, 使得 $\mathcal{R}(U) = E, \mathcal{N}(V) = F$ 成立. 符号 $\Omega_{U,V} = A_{\mathcal{R}(U),\mathcal{N}(V)}^{(2)}$ 将用于简化表示.

定理 9.3.18 设 $U \in \mathbb{C}_{n,k}$, $V \in \mathbb{C}_{l,m}$, 且 $A \in \mathbb{C}_{m,n}^{\mathcal{R}(U),\mathcal{N}(V)}$. 则下列结论等价.

(1) $A_{T,S}^{\dagger,②}$ 与 $X \in \mathbb{C}_{n,m}$ 等价, 记为

$$X = A^\dagger A\Omega_{U,V}(A\Omega_{U,V})^\dagger = A^\dagger AU(VAU)^{(1)}V(AU(VAU)^{(1)}V)^\dagger;$$

(2) $VAX = V(A\Omega_{U,V})^\dagger$, $A^\dagger A\Omega_{U,V}AX = X$;

(3) $VAXA\Omega_{U,V} = V$, $A^\dagger A\Omega_{U,V}AXA\Omega_{U,V}(A\Omega_{U,V})^\dagger = X$.

证明 由 [18], 可知 $\mathrm{rank}(AB) = \mathrm{rank}(B) \Leftrightarrow B(AB)^{(1)}AB = B$. 由等式 $\mathcal{R}(\Omega_{U,V}) = \mathcal{R}(U)$, 则对于 $U^{(1)} \in U\{1\}$, 有

$$\Omega_{U,V} = UU^{(1)}\Omega_{U,V}, \quad \Omega_{U,V}AU = U$$

成立. 由 [18], 可知 $\mathrm{rank}(AB) = \mathrm{rank}(A) \Leftrightarrow AB(AB)^{(1)}A = A$. 通过等式 $\mathcal{R}(\Omega_{U,V}) = \mathcal{N}(V)$, 我们可得, 对于 $V^{(1)} \in V\{1\}$, 有

$$\Omega_{U,V} = \Omega_{U,V}V^{(1)}V \quad 和 \quad VA\Omega_{U,V} = V.$$

(1) ⇒ (2) 通过应用 $X = A^\dagger A\Omega_{U,V}(A\Omega_{U,V})^\dagger$, 我们可得

$$VAX = VAA^\dagger A\Omega_{U,V}(A\Omega_{U,V})^\dagger = (VA\Omega_{U,V})(A\Omega_{U,V})^\dagger = V(A\Omega_{U,V})^\dagger$$

和

$$A^\dagger A\Omega_{U,V}AX = A^\dagger A\Omega_{U,V}AA^\dagger A\Omega_{U,V}(A\Omega_{U,V})^\dagger = A^\dagger A\Omega_{U,V}(A\Omega_{U,V})^\dagger = X.$$

(2) ⇒ (1) 注意到 $A^\dagger\Omega_{U,V}AX = \Omega_{U,V}(A\Omega_{U,V})^\dagger$ 和 $VAX = V(A\Omega_{U,V})^\dagger$ 可给出

$$\begin{aligned}X &= A^\dagger A\Omega_{U,V}AX = A^\dagger A\Omega_{U,V}V^{(1)}(VAX) = A^\dagger A(\Omega_{U,V}V^{(1)}V)(A\Omega_{U,V})^\dagger\\ &= A^\dagger A\Omega_{U,V}(A\Omega_{U,V})^\dagger.\end{aligned}$$

(1) ⇒ (3) 因为 $X = A^\dagger A\Omega_{U,V}(A\Omega_{U,V})^\dagger$, 可得

$$\begin{aligned}VAXA\Omega_{U,V} &= VAA^\dagger A\Omega_{U,V}(A\Omega_{U,V})^\dagger A\Omega_{U,V} = VA\Omega_{U,V}(A\Omega_{U,V})^\dagger A\Omega_{U,V}\\ &= VA\Omega_{U,V} = V\end{aligned}$$

和

$$\begin{aligned}A^\dagger A\Omega_{U,V}AXA\Omega_{U,V}(A\Omega_{U,V})^\dagger &= A^\dagger A\Omega_{U,V}A\Omega_{U,V}(A\Omega_{U,V})^\dagger A\Omega_{U,V}(A\Omega_{U,V})^\dagger\\ &= A^\dagger A\Omega_{U,V}(A\Omega_{U,V})^\dagger = X.\end{aligned}$$

(3) ⇒ (1) 由假设 $VAXA\Omega_{U,V} = V$ 以及 $A^\dagger A\Omega_{U,V}AXA\Omega_{U,V}(A\Omega_{U,V})^\dagger = X$, 我们可得

$$\begin{aligned}X &= A^\dagger A\Omega_{U,V}AXA\Omega_{U,V}(A\Omega_{U,V})^\dagger\\ &= A^\dagger A\Omega_{U,V}V^{(1)}(VAXA\Omega_{U,V})(A\Omega_{U,V})^\dagger\\ &= A^\dagger A\Omega_{U,V}V^{(1)}V(A\Omega_{U,V})^\dagger\\ &= A^\dagger A\Omega_{U,V}(A\Omega_{U,V})^\dagger.\end{aligned}$$

□

定理 9.3.19 设 $A \in \mathbb{C}_{m,n}$ 且 $\mathrm{Ind}(A) = k$, $\mathrm{rank}(A^\dagger AA^{(2)}_{T,S}) = \mathrm{rank}((AA^{(2)}_{T,S})^*) = r$. 假设 $U \in \mathbb{C}_{m,(m-r)}$, $V^* \in \mathbb{C}_{n,(n-r)}$ 是列满秩的矩阵, 使得

$$\mathcal{R}(A^\dagger AA^{(2)}_{T,S}) = \mathcal{N}(V), \quad \mathcal{N}((AA^{(2)}_{T,S})^*) = \mathcal{R}(U).$$

则加边矩阵

$$X = \begin{pmatrix} A & U \\ V & O \end{pmatrix}$$

是非奇异的, 且

$$X^{-1} = \begin{pmatrix} A_{T,S}^{\dagger,②} & (I_n - A_{T,S}^{\dagger,②}A)V^{\dagger} \\ U^{\dagger}(I_m - AA_{T,S}^{\dagger,②}) & -U^{\dagger}(A - AA_{T,S}^{\dagger,②}A)V^{\dagger} \end{pmatrix}. \tag{9.3.3}$$

证明 因为 $\mathcal{R}(A_{T,S}^{\dagger,②}) = \mathcal{R}(A^{\dagger}AA_{T,S}^{(2)}) = \mathcal{N}(V)$, 我们可得 $VA_{T,S}^{\dagger,②} = O$. 通过

$$\mathcal{R}(I_m - AA_{T,S}^{\dagger,②}) = \mathcal{N}(AA_{T,S}^{\dagger,②}) = \mathcal{N}(A_{T,S}^{\dagger,②}) = \mathcal{N}((AA_{T,S}^{(2)})^*) = \mathcal{R}(U) = \mathcal{R}(UU^{\dagger}),$$

可得

$$UU^{\dagger}(I_m - AA_{T,S}^{\dagger,②}) = I_m - AA_{T,S}^{\dagger,②}.$$

令

$$\Upsilon = \begin{pmatrix} A_{T,S}^{\dagger,②} & (I_n - A_{T,S}^{\dagger,②}A)V^{\dagger} \\ U^{\dagger}(I_m - AA_{T,S}^{\dagger,②}) & -U^{\dagger}(A - AA_{T,S}^{\dagger,②}A)V^{\dagger} \end{pmatrix},$$

可得

$$\begin{aligned} & X\Upsilon \\ =& \begin{pmatrix} AA_{T,S}^{\dagger,②} + UU^{\dagger}(I_m - AA_{T,S}^{\dagger,②}) & A(I_n - A_{T,S}^{\dagger,②}A)V^{\dagger} - UU^{\dagger}(A - AA_{T,S}^{\dagger,②}A)V^{\dagger} \\ VA_{T,S}^{\dagger,②} & V(I_n - A_{T,S}^{\dagger,②}A)V^{\dagger} \end{pmatrix} \\ =& \begin{pmatrix} AA_{T,S}^{\dagger,②} + (I_m - AA_{T,S}^{\dagger,②}) & A(I_n - A_{T,S}^{\dagger,②}A)V^{\dagger} - UU^{\dagger}(I_m - AA_{T,S}^{\dagger,②})AV^{\dagger} \\ VA_{T,S}^{\dagger,②} & VV^{\dagger} - VA_{T,S}^{\dagger,②}AV^{\dagger} \end{pmatrix} \\ =& \begin{pmatrix} I_m & A(I_n - A_{T,S}^{\dagger,②}A)V^{\dagger} - (I_m - AA_{T,S}^{\dagger,②})AV^{\dagger} \\ VA_{T,S}^{\dagger,②} & VV^{\dagger} \end{pmatrix} \\ =& \begin{pmatrix} I_m & O \\ O & I_{n-r} \end{pmatrix} \\ =& I_{m+n-r}. \end{aligned}$$

因此, X 是非奇异的, 且 $X^{-1} = \Upsilon$. □

利用 G-MPCEP 逆与非奇异加边矩阵之间的关系, 我们给出了求解奇异线性方程 $Ax = B$ 的克拉默法则. $A(i \to b_j)$ 表示将 A 的 i 列替换为 b_j. 其中 b_j 是 B 的第 j 列.

定理 9.3.20 设 $A \in \mathbb{C}_{m,n}$, $B \in \mathbb{C}_{m,n}^{T,S}$. 如果 $\mathcal{R}(B) \subseteq AT$, 则限制矩阵方程

$$AX = B, \quad \mathcal{R}(X) \subseteq \mathcal{R}(A^{\dagger}AA_{T,S}^{(2)}) \tag{9.3.4}$$

是相容的, 且有唯一解 $X = A_{T,S}^{\dagger,②}B$.

证明　因为 $\mathcal{R}(B) \subseteq AT$, 则 $AA_{T,S}^{\dagger,②}B = P_{AT}B = B$. 可以清楚地看出, $X = A_{T,S}^{\dagger,②}B$ 是 $AX = B$ 的一个解. 因为 $\mathcal{R}(X) \subseteq \mathcal{R}(A_{T,S}^{\dagger,②}) = \mathcal{R}(A^\dagger AA_{T,S}^{(2)})$, $X = A_{T,S}^{\dagger,②}B$ 也满足这个限制条件. 最后, 我们证明 X 的唯一性. 如果 X_1 也满足 (9.3.4), 我们可得 $\mathcal{R}(X_1) \subseteq \mathcal{R}(A_{T,S}^{\dagger,②})$, 则

$$X = A_{T,S}^{\dagger,②}B = A_{T,S}^{\dagger,②}AX_1 = P_{AT}X_1 = X_1.$$

□

定理 9.3.21　设 $A, B \in \mathbb{C}_{m,n}$. 假设 $U \in \mathbb{C}_{m,(m-n+r)}$ 与 $V^* \in \mathbb{C}_{n,r}$ 是列满秩的, 使得

$$\mathcal{R}(A_{T,S}^{\dagger,②}) = \mathcal{R}(A^\dagger AA_{T,S}^{(2)}) = \mathcal{N}(V),\ \mathcal{R}(U) = \mathcal{N}(A_{T,S}^{\dagger,②}).$$

如果 $\mathcal{R}(B) \subseteq AT$, 则奇异线性方程的唯一解 $X = A_{T,S}^{\dagger,②}B$ 由

$$x_{ij} = \frac{\det\begin{pmatrix} A(i \to b_j) & U \\ V(i \to 0) & O \end{pmatrix}}{\det\begin{pmatrix} A & U \\ V & O \end{pmatrix}},\quad i = 1, 2, \cdots, m,\ j = 1, 2, \cdots, n \tag{9.3.5}$$

所给出.

证明　因为 $X = A_{T,S}^{\dagger,②}B \in AT = \mathcal{N}(V)$ 和 $B \in \mathcal{R}(AA_{T,S}^{\dagger,②}) = A(AT)$, 我们可得

$$VX = O,\quad (I_m - AA_{T,S}^{\dagger,②})B = O. \tag{9.3.6}$$

由式 (9.3.6) 可知, $AX = B$ 的解满足

$$\begin{pmatrix} A & U \\ V & O \end{pmatrix}\begin{pmatrix} X \\ O \end{pmatrix} = \begin{pmatrix} B \\ O \end{pmatrix}. \tag{9.3.7}$$

由定理 9.3.19, (9.3.7) 的系数矩阵是非奇异的. 通过应用 (9.3.3) 和 (9.3.6), 我们可得

$$\begin{pmatrix} X \\ O \end{pmatrix} = \begin{pmatrix} A_{T,S}^{\dagger,②} & (I_n - A_{T,S}^{\dagger,②}A)V^\dagger \\ U^\dagger(I_m - AA_{T,S}^{\dagger,②}) & -U^\dagger(A - AA_{T,S}^{\dagger,②}A)V^\dagger \end{pmatrix}\begin{pmatrix} B \\ O \end{pmatrix} = \begin{pmatrix} A_{T,S}^{\dagger,②}B \\ O \end{pmatrix}.$$

因此, $X = A_{T,S}^{\dagger,②}B$ 和 (9.3.5) 遵循经典的克拉默法则.　□

以下符号用于表示广义逆的行列式表示.

令 $\beta = \beta_1, \cdots, \beta_k \subseteq \{1, 2, \cdots, n\}$ 和 $\alpha = \alpha_1, \cdots, \alpha_k \subseteq \{1, 2, \cdots, m\}$ 是满足 $1 \leq k \leq \min\{m, n\}$ 的子集. 假设 A_β^α 代表 $A \in \mathbb{C}_{m,n}$ 的子矩阵, 其行和列分别为 α, β. 则 A_α^α 与 $|A_\alpha^\alpha|$ 表示主要的余子式. 假设

$$L_{k,n} = \{\alpha : \alpha = (\alpha_1, \cdots, \alpha_k), 1 \leq \alpha_1 < \cdots < \alpha_k \leq n\}$$

表示从 $\{1, \cdots, n\}$ 中选择的整数 $1 \leq k \leq n$ 的严格递增的序列. 对于固定的 $i \in \alpha$ 和 $j \in \beta$, 记

$$I_{r,m}\{i\} = \{\alpha : \alpha \in L_{r,m}, i \in \alpha\}, \quad J_{r,n}\{j\} = \{\beta : \beta \in L_{r,n}, j \in \beta\}.$$

符号 $a_{.j}$ 和 $a_{i.}$ 分别用 A 的第 j 列和 A 的第 i 行表示. 符号 $A_{i.}(b)$ 和 $A_{.j}(c)$ 代表由 A 产生的矩阵, 向量 b 而不是其第 i 行, 向量 c 而不是其第 j 列.

引理 9.3.22 ([99]) 设 $A \in \mathbb{C}_{m,n}, \operatorname{rank}(A) = r$. 则 Moore-Penrose 逆 $A^\dagger \in \mathbb{C}_{n,m}$ 有如下行列式表示

$$A^\dagger = \left(\frac{\sum\limits_{\beta \in J_{r,n}\{i\}} \left| (A^*A)_{.i} \left(a_{.j}^* \right)_\beta^\beta \right|}{\sum\limits_{\beta \in J_{r,n}} \left| (A^*A)_\beta^\beta \right|} \right)_{n \times m} \tag{9.3.8}$$

$$= \left(\frac{\sum\limits_{\alpha \in I_{r,m}\{j\}} \left| (A^*A)_{j.} \left(a_{i.}^* \right)_\alpha^\alpha \right|}{\sum\limits_{\beta \in I_{r,m}} \left| (A^*A)_\alpha^\alpha \right|} \right)_{n \times m}. \tag{9.3.9}$$

引理 9.3.23 ([201]) 设 $A \in \mathbb{C}_{m,n}$ 的秩为 r, T 是维数为 $t \leq r$ 的 $\mathbb{C}_{n,n}$ 的子空间, 且 S 是维数为 $m-t$ 的 $\mathbb{C}_{m,m}$ 的子空间. 此外, 假设 $G \in \mathbb{C}_{n,m}, \operatorname{rank}(A) = s$ 满足 $\mathcal{R}(G) = T$ 与 $\mathcal{N}(G) = S$. 如果存在 $A_{T,S}^{(2)}$, 则

$$\operatorname{Ind}(AG) = \operatorname{Ind}(GA) = 1.$$

另外,

$$A_{T,S}^{(2)} = G(AG)_g = (GA)_g G.$$

引理 9.3.24 ([166]) 设 A, T, S 与 G 满足引理 9.3.23 中的情形. 记 $G = (g_{ij})$.

假设 A 的广义逆 $A_{T,S}^{(2)}$ 存在. 则 $A_{T,S}^{(2)}$ 可以表示如下:

$$A_{T,S}^{(2)} = \left(\frac{\sum\limits_{\beta \in Q_{t,n}\{i\}} \left| ((GA)_{.i}(g_{.j}))_{\beta}^{\beta} \right|}{\sum\limits_{\beta \in Q_{t,n}} \left| (GA)_{\beta}^{\beta} \right|} \right)_{n\times m} \tag{9.3.10}$$

$$= \left(\frac{\sum\limits_{\alpha \in Q_{t,m}\{j\}} |((AG)_{j.}(g_{i.}))_{\alpha}^{\alpha}|}{\sum\limits_{\alpha \in Q_{t,m}} |(AG)_{\alpha}^{\alpha}|} \right)_{n\times m}. \tag{9.3.11}$$

定理 9.3.25　设 $A \in \mathbb{C}_{n,m}, \operatorname{rank}(A) = r, \operatorname{Ind}(A) = k$ 且 A, T, S 和 G 满足引理 9.3.23 中的情形. 记 $G = (g_{ij})$. 则它的 G-MPCEP 逆 $A_{T,S}^{\dagger,②}$ 有如下行列式表示:

$$A_{T,S}^{\dagger,②} = \frac{\sum\limits_{\alpha \in Q_{t,m}\{j\}} \left| (AG)_{j.} \left(v_{i.}^{(1)} \right)_{\alpha}^{\alpha} \right|}{\sum\limits_{\beta \in J_{r,n}} \left| (A^*A)_{\beta}^{\beta} \right| \sum\limits_{\alpha \in Q_{t,m}} |(AG)_{\alpha}^{\alpha}|} \left(A \frac{\sum\limits_{\alpha \in Q_{t,m}\{j\}} |((AG)_{j.}(g_{i.}))_{\alpha}^{\alpha}|}{\sum\limits_{\alpha \in Q_{t,m}} |(AG)_{\alpha}^{\alpha}|} \right)^{\dagger} \tag{9.3.12}$$

$$= \frac{\sum\limits_{\beta \in J_{r,n}\{i\}} \left| (A^*A)_{.i} \left(v_{.j}^{(2)} \right)_{\beta}^{\beta} \right|}{\sum\limits_{\beta \in J_{r,n}} \left| (A^*A)_{\beta}^{\beta} \right| \sum\limits_{\alpha \in Q_{t,m}} |(AG)_{\alpha}^{\alpha}|} \left(A \frac{\sum\limits_{\alpha \in Q_{t,m}\{j\}} |((AG)_{j.}(g_{i.}))_{\alpha}^{\alpha}|}{\sum\limits_{\alpha \in Q_{t,m}} |(AG)_{\alpha}^{\alpha}|} \right)^{\dagger}, \tag{9.3.13}$$

其中

$$v_{i.}^{(1)} = \left[\sum_{\beta \in J_{r,n}\{i\}} \left| (A^*A)_{.i}(\widetilde{A_{.f}})_{\beta}^{\beta} \right| \right] \in \mathbb{C}^{1\times n}, \quad f = 1, \cdots, n,$$

$$v_{.j}^{(2)} = \left[\sum_{\alpha \in Q_{t,m}\{j\}} \left| (AG)_{j.}(\widetilde{A_{l.}})_{\alpha}^{\alpha} \right| \right] \in \mathbb{C}^{m\times 1}, \quad l = 1, \cdots, n.$$

证明　对于 $A_{T,S}^{\dagger,②}$, 根据定义 9.3.3, 我们可得

$$A_{T,S}^{\dagger,②} = \sum_{l=1}^{m} \sum_{f=1}^{n} A_{il}^{\dagger} A_{lf} A_{T,S(fj)}^{(2)} (AA_{T,S}^{(2)})^{\dagger}. \tag{9.3.14}$$

通过替换 (9.3.8) 和 (9.3.11) 对于 $A^{\dagger}$ 在 $A_{T,S}^{(2)}$(9.3.14) 中的行列式表示, 我们可得

$$A_{T,S}^{\dagger,②}=\sum_{l=1}^{m}\sum_{f=1}^{n}\frac{\sum\limits_{\beta\in J_{r,n}\{i\}}\left|(A^*A)_{.i}(a_{.l}^*)_\beta^\beta\right|}{\sum\limits_{\beta\in J_{r,n}}\left|(A^*A)_\beta^\beta\right|}A_{lf}\frac{\sum\limits_{\alpha\in Q_{t,m}\{j\}}|((AG)_{j.}(g_{f.}))_\alpha^\alpha|}{\sum\limits_{\alpha\in Q_{t,m}}|(AG)_\alpha^\alpha|}$$

$$\cdot\left(A\frac{\sum\limits_{\alpha\in Q_{t,m}\{j\}}|((AG)_{j.}(g_{i.}))_\alpha^\alpha|}{\sum\limits_{\alpha\in Q_{t,m}}|(AG)_\alpha^\alpha|}\right)^{\dagger}$$

$$=\sum_{l=1}^{m}\sum_{f=1}^{n}\frac{\sum\limits_{\beta\in J_{r,n}\{i\}}\left|(A^*A)_{.i}(e_{.l})_\beta^\beta\right|}{\sum\limits_{\beta\in J_{r,n}}\left|(A^*A)_\beta^\beta\right|}\widetilde{A_{lf}}\frac{\sum\limits_{\alpha\in Q_{t,m}\{j\}}|((AG)_{j.}(e_{f.}))_\alpha^\alpha|}{\sum\limits_{\alpha\in Q_{t,m}}|(AG)_\alpha^\alpha|}$$

$$\cdot\left(A\frac{\sum\limits_{\alpha\in Q_{t,m}\{j\}}|((AG)_{j.}(g_{i.}))_\alpha^\alpha|}{\sum\limits_{\alpha\in Q_{t,m}}|(AG)_\alpha^\alpha|}\right)^{\dagger},$$

其中 $e_{.l}$ 是第 l 列的单位向量, $e_{f.}$ 是第 f 行的单位向量, 且 $\widetilde{A_{lf}}$ 是矩阵 $\widetilde{A}=A^*(AG)$ 的 (lf) 元素. 如果我们把

$$\begin{aligned}v_{if}^{(1)}&:=\sum_{l=1}^{m}\sum_{\beta\in J_{r,n}\{i\}}\left|(A^*A)_{.i}(e_{.l})_\beta^\beta\right|\widetilde{A_{lf}}\\&=\sum_{\beta\in J_{r,n}\{i\}}\left|(A^*A)_{.i}(\widetilde{A_{.f}})_\beta^\beta\right|\end{aligned}$$

作为行向量 $v_{i.}^{(1)}=[v_{i1}^{(1)},\cdots,v_{in}^{(1)}]$ 的第 f 个分量, 则由

$$\sum_{f=1}^{n}v_{if}^{(1)}\sum_{\alpha\in Q_{t,m}\{j\}}|(AG)_{j.}(e_{f.})_\alpha^\alpha|=\sum_{\alpha\in Q_{t,m}\{j\}}\left|(AG)_{j.}(v_{i.}^{(1)})_\alpha^\alpha\right|.$$

可得 (9.3.12). 如果我们最初得到

$$v_{lj}^{(2)}:=\sum_{f=1}^{n}\widetilde{A_{lf}}\sum_{\alpha\in Q_{t,m}\{j\}}|(AG)_{j.}(e_{f.})_\alpha^\alpha|$$

$$= \sum_{\alpha \in Q_{t,m}\{j\}} \left| (AG)_{j.}(\widetilde{A_{l.}})_\alpha^\alpha \right|,$$

对于列向量 $v_{.j}^{(2)} = [v_{1j}^{(2)}, \cdots, v_{in}^{(1)}]$ 的第 l 个分量, 则可由

$$\sum_{l=1}^{m} \sum_{\beta \in J_{r,n}\{i\}} \left| (A^*A)_{.i}(e_{.l})_\beta^\beta \right| v_{lj}^{(2)} = \sum_{\beta \in J_{r,n}\{i\}} \left| (A^*A)_{.i}(v_{.j}^{(2)})_\beta^\beta \right|$$

得到 (9.3.13). □

定理 9.3.26　设 $A \in \mathbb{C}_{m,n}$ 且 $b \in \mathbb{C}^m$. 则等式

$$Ax = AA_{T,S}^{(2)}(AA_{T,S}^{(2)})^\dagger b \tag{9.3.15}$$

是相容的且它的通解为

$$x = A_{T,S}^{\dagger,②} b + (I_n - A^\dagger A)y, \tag{9.3.16}$$

对于任意的 $y \in \mathbb{C}^n$.

证明　对于 (9.3.16) 所给出的 x, 我们有

$$Ax = AA_{T,S}^{\dagger,②} b = AA^\dagger AA_{T,S}^{(2)}(AA_{T,S}^{(2)})^\dagger b = AA_{T,S}^{(2)}(AA_{T,S}^{(2)})^\dagger b,$$

则 x 是 (9.3.15) 的解.

假如 x 是 (9.3.15) 的解, 我们可得

$$A_{T,S}^{\dagger,②} b = A^\dagger(AA_{T,S}^{(2)}(AA_{T,S}^{(2)})^\dagger b) = A^\dagger AX.$$

因此,

$$x = A_{T,S}^{\dagger,②} b + x - A^\dagger AX = A_{T,S}^{\dagger,②} b + (I_n - A^\dagger A)x,$$

即 x 为 (9.3.16) 形式的解. □

定理 9.3.27　设 $A \in \mathbb{C}_{m,n}$ 且 $b \in \mathbb{C}^m$. 则

$$A^\dagger Ax = A_{T,S}^{\dagger,②} b \tag{9.3.17}$$

的通解由

$$x = A_{T,S}^{\dagger,②} b + (I_n - A^\dagger A)y, \tag{9.3.18}$$

对于任意的 $y \in \mathbb{C}^n$ 所给出.

证明 注意到 (9.3.18) 形式的 x 是 (9.3.17) 的一个解:

$$A^\dagger Ax = A^\dagger AA_{T,S}^{\dagger,②}b = A_{T,S}^{\dagger,②}b.$$

令 x 是 (9.3.17) 的一个解. 则由 $A^\dagger Ax = A_{T,S}^{\dagger,②}b$, 我们可以推断 x 有 (9.3.18) 的形式:

$$x = A_{T,S}^{\dagger,②}b + x - A^\dagger Ax = A_{T,S}^{\dagger,②}b + (I_n - A^\dagger A)x. \qquad \square$$

定理 9.3.28 设 $A \in \mathbb{C}_{m,n}$ 且 $b \in \mathbb{C}^m$. 则

$$A^\dagger Ax = A^\dagger b, \quad b\in\mathcal{R}(A^\dagger AA_{T,S}^{(2)}) \tag{9.3.19}$$

的通解由

$$\begin{aligned} x &= A_{T,S}^{\dagger,②}b + (I_n - A^\dagger A)y \qquad (9.3.20)\\ &= A^\dagger b + (I_n - A^\dagger A)y, \end{aligned}$$

对于任意的 $y \in \mathbb{C}^n$ 所给出.

证明 如果 x 由 (9.3.20) 所表示, 则

$$A^\dagger Ax = A^\dagger AA_{T,S}^{\dagger,②}b = A^\dagger P_{\mathcal{R}(A^\dagger AA_{T,S}^{(2)})}b = A^\dagger b.$$

因此, x 是 (9.3.19) 的一个解.

另一方面, 假设 x 是 (9.3.19) 的一个解. 通过应用

$$A_{T,S}^{\dagger,②}b = A^\dagger P_{\mathcal{R}(A^\dagger AA_{T,S}^{(2)})}b = A^\dagger b = A^\dagger Ax,$$

可以得出结论

$$x = A_{T,S}^{\dagger,②}b + x - A^\dagger Ax = A_{T,S}^{\dagger,②}b + (I_n - A^\dagger A)x.$$

因此, (9.3.19) 的解 x 有 (9.3.20) 的形式. 因为 $b\in\mathcal{R}(A^\dagger AA_{T,S}^{(2)})$, 我们观察到 $A_{T,S}^{\dagger,②}b = A^\dagger P_{\mathcal{R}(A)}b = A^\dagger b = A^\dagger Ax$, 有 (9.3.20) 中第二个等式的形式. $\square$

9.4 MPWC 逆

在弱群逆、弱 core 逆研究的基础上, 我们引入新的广义逆, 研究它的性质刻画和应用. 基于 Moore-Penrose 逆和弱 core 逆, 我们提出了 Moore-Penrose 弱 core 逆 (MPWC 逆) 的概念, 分别从代数和几何角度给出其刻画, 并研究 MPWC 逆与

非奇异加边矩阵之间的关系. 我们应用 Hartwig-Spindelböck 分解和 core-EP 分解给出 MPWC 逆的分解形式. 并给出 A 的 MPWC 逆是 EP 矩阵的等价条件及其刻画, 最后给出 MPWC 逆的扰动分析.

首先, 基于 Moore-Penrose 逆和弱 core 逆, 从代数角度引出 MPWC 逆的概念.

定理 9.4.1 设 $A \in \mathbb{C}_{n,n}$ 且 $\mathrm{Ind}(A) = k$, 则方程组

$$XAX = X, \quad AX = CA^\dagger, \quad XA = A^\dagger C \tag{9.4.1}$$

有唯一解 $X = A^\dagger A A^{ⓦ} A A^\dagger$, 其中 $C = AA^{ⓦ}A$.

证明 令 $X = A^\dagger A A^{ⓦ} A A^\dagger$, 于是

$$XAX = A^\dagger A A^{ⓦ} A A^\dagger A A^\dagger A A^{ⓦ} A A^\dagger = A^\dagger A A^{ⓦ} A A^\dagger = X,$$

$AX = AA^{ⓦ}AA^\dagger = CA^\dagger$, $XA = A^\dagger A A^{ⓦ} A = A^\dagger C$, 故 X 是(9.4.1)的解.

下面证明解的唯一性. 设 X_1, X_2 都满足方程组(9.4.1), 则

$$X_1 = X_1 A X_1 = X_1 C A^\dagger = X_1 A X_2 = A^\dagger C X_2 = X_2 A X_2 = X_2. \qquad \square$$

定义 9.4.1 设 $A \in \mathbb{C}_{n,n}$ 且 $\mathrm{Ind}(A) = k$, 则称满足方程组 (9.4.1) 的解为 A 的 Moore-Penrose 弱 core 逆, 简称为 MPWC 逆, 记为 A°.

注记 9.4.2 由 A° 的定义及 $A^{ⓦ}AA^{ⓦ} = A^{ⓦ}$ 知 $A^{\circ} = A^{\dagger,ⓦ}AA^{ⓦ,\dagger} = Q_A A^{ⓦ,\dagger} = A^{\dagger,ⓦ}P_A$.

注记 9.4.3 因为 $A^{ⓦ} = (A^{\textcircled{\dagger}})^2 A$, $A^{\textcircled{\dagger}} = A^D A^k (A^k)^\dagger$, 从而

$$A^{ⓦ} = A^D A^k (A^k)^\dagger A^k A^D (A^k)^\dagger A = A^D A^k A^D (A^k)^\dagger A = A^D A^{k-1} (A^k)^\dagger A,$$

于是可以得到 $A^{\circ} = A^\dagger A^D A^k (A^k)^\dagger A^2 A^\dagger$. 很容易验证 $A^{\circ} A^k = A^\dagger A^D A^k (A^k)^\dagger A^2 A^\dagger A^k = A^\dagger A^D A^k (A^k)^\dagger A^{k+1} = A^\dagger A^D A^{k+1} = A^\dagger A^k$. 同理有 $A^k A^{\circ} = A^{k-2} A^k (A^k)^\dagger A^2 A^\dagger = A^{k-2} P_{A^k} A P_A$.

下面, 我们用一个具体的例子来说明 MPWC 逆和其他广义逆的区别.

例 9.4.4 设 $A = \begin{pmatrix} 1 & 0 & 1 & 0 & 0 \\ 0 & 1 & 0 & 0 & 1 \\ 0 & 0 & 0 & 1 & 2 \\ 0 & 0 & 0 & 0 & 1 \\ 0 & 0 & 0 & 0 & 0 \end{pmatrix}$, 很容易验证 $\mathrm{Ind}(A) = 3$, 则

$$A^{\dagger}=\begin{pmatrix}0.5&0&0&0&0\\0&1&0&-1&0\\0.5&0&0&0&0\\0&0&1&-2&0\\0&0&0&1&0\end{pmatrix},\quad A^{D}=\begin{pmatrix}1&0&1&1&3\\0&1&0&0&1\\0&0&0&0&0\\0&0&0&0&0\\0&0&0&0&0\end{pmatrix},$$

$$A^{\text{\textcircled{\dag}}}=\begin{pmatrix}1&0&0&0&0\\0&1&0&0&0\\0&0&0&0&0\\0&0&0&0&0\\0&0&0&0&0\end{pmatrix},\quad A^{D,\dagger}=\begin{pmatrix}1&0&1&1&0\\0&1&0&0&0\\0&0&0&0&0\\0&0&0&0&0\\0&0&0&0&0\end{pmatrix},$$

$$A^{c,\dagger}=\begin{pmatrix}0.5&0&0.5&0.5&0\\0&1&0&0&0\\0.5&0&0.5&0.5&0\\0&0&0&0&0\\0&0&0&0&0\end{pmatrix},\quad A^{\text{\textcircled{w}}}=\begin{pmatrix}1&0&1&0&0\\0&1&0&0&1\\0&0&0&0&0\\0&0&0&0&0\\0&0&0&0&0\end{pmatrix},$$

$$A^{\text{\textcircled{w}},\dagger}=\begin{pmatrix}1&0&1&0&0\\0&1&0&0&0\\0&0&0&0&0\\0&0&0&0&0\\0&0&0&0&0\end{pmatrix},\quad A^{\circ}=\begin{pmatrix}0.5&0&0.5&0&0\\0&1&0&0&0\\0.5&0&0.5&0&0\\0&0&0&0&0\\0&0&0&0&0\end{pmatrix}.$$

定理 9.4.5 设 $A\in\mathbb{C}_{n,n}$, $\mathrm{Ind}(A)=k$, 则

(1) AA° 是沿 $\mathcal{N}(A^{\text{\textcircled{w}},\dagger})$ 到 $\mathcal{R}(A^k)$ 上的投影算子;

(2) $A^{\circ}A$ 是沿 $\mathcal{N}(A^{\text{\textcircled{w}}}A)$ 到 $\mathcal{R}(A^{\dagger,\text{\textcircled{w}}})$ 上的投影算子;

(3) $A^{\circ}A$ 是沿 $\mathcal{N}((A^k)^{\dagger}A^2)$ 到 $\mathcal{R}(A^{\dagger}A^k)$ 上的投影算子.

证明 由 $A^{\circ}AA^{\circ}=A^{\circ}$ 知 AA°, $A^{\circ}A$ 是幂等矩阵.

(1) 因为 $A^{\circ}=A^{\dagger}AA^{\text{\textcircled{w}}}AA^{\dagger}$, $A^{\text{\textcircled{w}}}AA^{\text{\textcircled{w}}}=A^{\text{\textcircled{w}}}$, 有

$$\mathcal{R}(AA^{\circ})=\mathcal{R}(AA^{\text{\textcircled{w}}}AA^{\dagger})\subseteq\mathcal{R}(AA^{\text{\textcircled{w}}}AA^{\dagger}AA^{\text{\textcircled{w}}})\subseteq\mathcal{R}(AA^{\text{\textcircled{w}}}AA^{\dagger})=\mathcal{R}(AA^{\circ}),$$

于是 $\mathcal{R}(AA^{\circ})=\mathcal{R}(AA^{\text{\textcircled{w}}})$. 又由 $\mathcal{R}(AA^{\text{\textcircled{w}}})=\mathcal{R}(A^k)$, 可以得到 $\mathcal{R}(AA^{\circ})=\mathcal{R}(A^k)$. 因为

$$\mathcal{N}(AA^{\circ})\subseteq\mathcal{N}(A^{\text{\textcircled{w}}}AA^{\text{\textcircled{w}}}AA^{\dagger})=\mathcal{N}(A^{\text{\textcircled{w}}}AA^{\dagger})\subseteq\mathcal{N}(AA^{\text{\textcircled{w}}}AA^{\dagger})=\mathcal{N}(AA^{\circ}),$$

所以 $\mathcal{N}(AA^\circ) = \mathcal{N}(A^{ⓦ}AA^\dagger)$.

(2) 因为

$$\mathcal{R}(A^\circ A) = \mathcal{R}(A^\dagger AA^{ⓦ}A) \subseteq \mathcal{R}(A^\dagger AA^{ⓦ}) = \mathcal{R}(A^\dagger AA^{ⓦ}AA^{ⓦ}) \subseteq \mathcal{R}(A^\circ A),$$

$$\mathcal{N}(A^\circ A) \subseteq \mathcal{N}(A^{ⓦ}AA^\dagger AA^{ⓦ}A) = \mathcal{N}(A^{ⓦ}AA^{ⓦ}A) = \mathcal{N}(A^{ⓦ}A) \subseteq \mathcal{N}(A^\circ A),$$

所以 $\mathcal{R}(A^\circ A) = \mathcal{R}(A^\dagger AA^{ⓦ})$, $\mathcal{N}(A^\circ A) = \mathcal{N}(A^{ⓦ}A)$.

(3) 因为 $A^\circ A = A^\dagger A^D A^k (A^k)^\dagger A^2$, 所以

$$\begin{aligned}\mathcal{R}(A^\circ A) \subseteq \mathcal{R}(A^\dagger A^k) &= \mathcal{R}(A^\dagger A^k (A^k)^\dagger A^k) = \mathcal{R}(A^\dagger A^D A^{k+1} (A^k)^\dagger A^k)\\ &= \mathcal{R}(A^\dagger A^D A^k (A^k)^\dagger A^k A (A^k)^\dagger A^k)\\ &\subseteq \mathcal{R}(A^\dagger A^D A^k (A^k)^\dagger A^2) = \mathcal{R}(A^\circ A),\end{aligned}$$

从而 $\mathcal{R}(A^\circ A) = \mathcal{R}(A^\dagger A^k)$. 又因为

$$\begin{aligned}\mathcal{N}(A^\circ A) &= \mathcal{N}(A^\dagger A^D A^k (A^k)^\dagger A^2) \subseteq \mathcal{N}((A^k)^\dagger A^2 A^\dagger A^D A^k (A^k)^\dagger A^2)\\ &= \mathcal{N}((A^k)^\dagger A^2 A^\dagger A A^D A^{k-1} (A^k)^\dagger A^2)\\ &= \mathcal{N}((A^k)^\dagger A^2 A^D A^{k-1} (A^k)^\dagger A^2) = \mathcal{N}((A^k)^\dagger A^k (A^k)^\dagger A^2)\\ &= \mathcal{N}((A^k)^\dagger A^2) \subseteq \mathcal{N}(A^\circ A),\end{aligned}$$

所以 $\mathcal{N}(A^\circ A) = \mathcal{N}((A^k)^\dagger A^2)$. □

下面, 我们给出矩阵的 MPWC 逆的若干等价刻画.

定理 9.4.6 设 $A \in \mathbb{C}_{n,n}$, $\mathrm{Ind}(A) = k$, $C = AA^{ⓦ}A$, 则下列条件等价:

(1) $X = A^\circ$;

(2) $A^\dagger CX = X$, $AX = CA^\dagger$, $XA = A^\dagger C$;

(3) $XCX = X$, $CX = CA^\dagger$, $XC = A^\dagger C$;

(4) $XCX = X$, $A^{ⓦ}AX = A^{ⓦ}AA^\dagger$, $XAA^{ⓦ} = A^\dagger AA^{ⓦ}$.

证明 (1) ⇒ (2) 由 $X = A^\circ$ 知 $XAX = X$,$AX = CA^\dagger$, $XA = A^\dagger C$, 于是 $A^\dagger CX = XAX = X$.

(2) ⇒ (1) 由 $XA = A^\dagger C$ 有 $XAX = A^\dagger CX = X$. 于是 $X = A^\circ$.

(1) ⇒ (3) 由于 $X = A^\circ = A^\dagger AA^{ⓦ}AA^\dagger$, 则

$$XCX = A^\dagger AA^{ⓦ}AA^\dagger AA^{ⓦ}AA^\dagger AA^{ⓦ}AA^\dagger = A^\dagger AA^{ⓦ}AA^{ⓦ}AA^{ⓦ}AA^\dagger = X,$$

$$CX = AA^{ⓦ}AA^\dagger AA^{ⓦ}AA^\dagger = AA^{ⓦ}AA^{ⓦ}AA^\dagger = CA^\dagger,$$

$$XC = A^\dagger AA^{ⓦ}AA^\dagger AA^{ⓦ}A = A^\dagger AA^{ⓦ}AA^{ⓦ}A = A^\dagger C.$$

(3) ⇒ (1) 由 $CX = CA^{\dagger}$, $XC = A^{\dagger}C$, 有

$$X = XCX = A^{\dagger}CX = A^{\dagger}CA^{\dagger} = A^{\circ}.$$

(3) ⇒ (4) 由 $CX = CA^{\dagger}$ 左乘 $A^{ⓦ}$, 得到 $A^{ⓦ}AA^{ⓦ}AX = A^{ⓦ}AA^{ⓦ}AA^{\dagger}$, 于是 $A^{ⓦ}AX = A^{ⓦ}AA^{\dagger}$, 同理 $XC = A^{\dagger}C$ 右乘 $A^{ⓦ}$, 有 $XAA^{ⓦ}AA^{ⓦ} = A^{\dagger}AA^{ⓦ}AA^{ⓦ}$, 于是 $XAA^{ⓦ} = A^{\dagger}AA^{ⓦ}$.

(4) ⇒ (3) 由 $A^{ⓦ}AX = A^{ⓦ}AA^{\dagger}$ 左乘 A, 可以得到 $CX = CA^{\dagger}$, 由 $XAA^{ⓦ} = A^{\dagger}AA^{ⓦ}$ 右乘 A, 有 $XC = A^{\dagger}C$. □

注记 9.4.7 观察上面定理可以发现 A° 是 A 的外逆且 A° 是 C 的自反广义逆.

下面, 我们研究 $(B, C)-$ 逆和 MPWC 逆之间的联系, 我们证明矩阵 $A \in \mathbb{C}_{n,n}$ 的 MPWC 逆是 A 的 $(A^{\dagger}CA^{*}, A^{*}CA^{\dagger})$ 逆. 首先, 我们给出 (B, C)-逆的定义.

定义 9.4.2 ([20,160]) 设 $A, B, C \in \mathbb{C}_{n,n}$, 则唯一存在 $Y \in \mathbb{C}_{n,n}$ 满足

$$YAB = B, CAY = C, \quad \mathcal{N}(C) \subseteq \mathcal{N}(Y), \quad \mathcal{R}(Y) \subseteq \mathcal{R}(B),$$

称之为 A 的 (B, C)-逆.

定理 9.4.8 设 $A \in \mathbb{C}_{n,n}$, $C = AA^{ⓦ}A$, 则 A° 是 A 的 $(A^{\dagger}CA^{*}, A^{*}CA^{\dagger})$ 逆.

证明 因为 $A^{\circ} = A^{\dagger}AA^{ⓦ}AA^{\dagger}$, 于是有

$$A^{\circ}AA^{\dagger}CA^{*} = A^{\dagger}AA^{ⓦ}AA^{\dagger}AA^{\dagger}AA^{ⓦ}AA^{*} = A^{\dagger}AA^{ⓦ}AA^{*} = A^{\dagger}CA^{*}$$

和

$$A^{*}CA^{\dagger}AA^{\circ} = A^{*}AA^{ⓦ}AA^{\dagger}AA^{\dagger}AA^{ⓦ}AA^{\dagger} = A^{*}CA^{\dagger}.$$

令 $x \in \mathcal{N}(A^{*}CA^{\dagger})$, 则有

$$A^{\circ}x = A^{\dagger}CA^{\dagger}x = A^{\dagger}AA^{\dagger}CA^{\dagger}x = A^{\dagger}(A^{\dagger})^{*}A^{*}CA^{\dagger}x = 0,$$

从而 $\mathcal{N}(A^{*}CA^{\dagger}) \subseteq \mathcal{N}(A^{\circ})$. 又

$$A^{\circ} = A^{\dagger}CA^{\dagger} = A^{\dagger}CA^{\dagger}AA^{\dagger} = A^{\dagger}CA^{*}(A^{\dagger})^{*}A^{\dagger},$$

故 $\mathcal{R}(A^{\circ}) \subseteq \mathcal{R}(A^{\dagger}CA^{*})$, 所以 A° 是 A 的 $(A^{\dagger}CA^{*}, A^{*}CA^{\dagger})$ 逆. □

在下面的定理中, 我们从另一个角度刻画 MPWC 逆.

定理 9.4.9 设 $A \in \mathbb{C}_{n,n}$, 则

$$AX = P_{\mathcal{R}(A^{ⓦ}), \mathcal{N}(A^{ⓦ,\dagger})}, \quad \mathcal{R}(X) \subseteq \mathcal{R}(A^{\dagger}A) \tag{9.4.2}$$

有唯一解 $X = A^{\circ}$.

证明 令 $X = A^\circ$, 由定理 9.4.5 知

$$AX = P_{\mathcal{R}(A^k),\mathcal{N}(A^{ⓦ,\dagger})} = P_{\mathcal{R}(A^{ⓦ}),\mathcal{N}(A^{ⓦ,\dagger})}, \quad \mathcal{R}(X) = \mathcal{R}(A^\dagger AA^{ⓦ}AA^\dagger) \subseteq \mathcal{R}(A^\dagger A).$$

若 X_1, X_2 都满足方程组(9.4.2), 则有

$$AX_1 = P_{\mathcal{R}(A^{ⓦ}),\mathcal{N}(A^{ⓦ,\dagger})}, \quad AX_2 = P_{\mathcal{R}(A^{ⓦ}),\mathcal{N}(A^{ⓦ,\dagger})},$$

于是 $A(X_1 - X_2) = O$, 从而 $\mathcal{R}(X_1 - X_2) \subseteq \mathcal{N}(A) = \mathcal{N}(A^\dagger A)$. 又 $\mathcal{R}(X_1) \subseteq \mathcal{R}(A^\dagger A)$, $\mathcal{R}(X_2) \subseteq \mathcal{R}(A^\dagger A)$, 那么 $\mathcal{R}(X_1 - X_2) \subseteq \mathcal{R}(A^\dagger A) \cap \mathcal{N}(A^\dagger A) = \{0\}$, 所以 $X_1 = X_2$, 即证唯一性. □

接下来我们给出 $A^\circ = A^\dagger$ 的充要条件.

定理 9.4.10 设 $A \in \mathbb{C}_{n,n}$. 则以下条件等价:

(1) $A^\circ = A^\dagger$;

(2) $AA^\circ = AA^\dagger$;

(3) $A^\circ A = A^\dagger A$;

(4) $A = AA^{ⓦ}A$;

(5) $A = AA^\circ A$.

证明 (1) $\Leftrightarrow$ (2) 由 $A^\circ = A^\dagger$ 左乘 A 可得 $AA^\circ = AA^\dagger$, 又由 $AA^\circ = AA^\dagger$ 左乘 $A^\dagger$, 可得 $A^\dagger AA^\circ = A^\dagger AA^\dagger$, 即 $A^\circ = A^\dagger$.

(1) $\Leftrightarrow$ (3) 由 $A^\circ = A^\dagger$ 右乘 A 可得 $A^\circ A = A^\dagger A$, 又由 $A^\circ A = A^\dagger A$ 右乘 $A^\dagger$, 有 $A^\circ AA^\dagger = A^\dagger AA^\dagger$ 可得 $A^\circ = A^\dagger$.

(1) $\Leftrightarrow$ (4) 由 $A^\circ = A^\dagger$ 两边同乘 A 可得 $A = AA^{ⓦ}A$, 由 $A = AA^{ⓦ}A$ 两边同乘 $A^\dagger$ 可得 $A^\circ = A^\dagger$.

(4) $\Leftrightarrow$ (5) 因为 $AA^\circ A = AA^\dagger AA^{ⓦ}AA^\dagger A = AA^{ⓦ}A$, 所以结论成立. □

众所周知, 广义逆可以表示为具有给定值域和零空间的一种特殊的外逆. 接下来, 我们将给出 MPWC 逆的类似刻画.

定理 9.4.11 设 $A \in \mathbb{C}_{n,n}$ 且有 $\mathrm{Ind}(A) = k$, 则

$$A^\circ = A^{(2)}_{\mathcal{R}(A^\dagger A^k),\mathcal{N}((A^k)^*A^2A^\dagger)}.$$

证明 由于 A° 是 A 的一个外逆, 且

$$\begin{aligned}\mathcal{R}(A^\circ) &= \mathcal{R}(A^\dagger A^k A^D (A^k)^\dagger A^2 A^\dagger) \subseteq \mathcal{R}(A^\dagger A^k)\\ &= \mathcal{R}(A^\dagger A^k A^D (A^k)^\dagger AAA^\dagger AA^{k-1}) \subseteq \mathcal{R}(A^\circ),\end{aligned}$$

故 $\mathcal{R}(A) = \mathcal{R}(A^\dagger A^k)$. 又由文献 [48, 定理 3.16] 有

$$\mathcal{N}(A^{ⓦ}AA^\dagger) = \mathcal{N}((A^k)^*A^2A^\dagger),$$

$$\mathcal{N}(A^{\circ}) \subseteq \mathcal{N}(A^{ⓦ}AA^{\dagger}AA^{ⓦ}AA^{\dagger}) = \mathcal{N}(A^{ⓦ}AA^{\dagger}) \subseteq \mathcal{N}(A^{\circ}),$$

于是得 $\mathcal{N}(A^{\circ}) = \mathcal{N}((A^k)^*A^2A^{\dagger})$. □

下面, 我们给出 MPWC 逆与非奇异加边矩阵之间的关系.

定理 9.4.12 设 $A \in \mathbb{C}_{n,n}$ 且 $\mathrm{Ind}(A) = k$. 设 $B \in \mathbb{C}_{n,r}$ 和 $C^* \in \mathbb{C}_{n,r}$ 是列满秩矩阵, 且 $\mathcal{R}(B) = \mathcal{N}((A^k)^*A^2A^{\dagger})$ 和 $\mathcal{N}(C) = \mathcal{R}(A^{\dagger}A^k)$. 则加边矩阵

$$\mathcal{A} = \begin{pmatrix} A & B \\ C & O \end{pmatrix}$$

是非奇异的, 且

$$\mathcal{A}^{-1} = \begin{pmatrix} A^{\circ} & (I - A^{\circ}A)C^{\dagger} \\ B^{\dagger}(I - AA^{\circ}) & B^{\dagger}(AA^{\circ}A - A)C^{\dagger} \end{pmatrix}. \tag{9.4.3}$$

证明 由 $\mathcal{N}(C) = \mathcal{R}(A^{\dagger}A^k)$, 知 $CA^{\dagger}A^k = O$, 于是 $CA^{\circ} = CA^{\dagger}AA^DA^{k-1}(A^k)^{\dagger}AAA^{\dagger} = O$. 又根据文献 [48, 定理 3.16] 知 $\mathcal{N}(A^{ⓦ,\dagger}) = \mathcal{N}((A^k)^*A^2A^{\dagger})$, 以及 $\mathcal{R}(B) = \mathcal{N}((A^k)^*A^2A^{\dagger})$ 和定理 9.4.5, 可得

$$\begin{aligned} BB^{\dagger}(I - AA^{\circ}) &= P_{\mathcal{R}(B)}(I - P_{\mathcal{R}(AA^{\circ}),\mathcal{N}(AA^{\circ})}) = P_{\mathcal{R}(B)}P_{\mathcal{N}(A^{ⓦ,\dagger}),\mathcal{R}(A^k)} \\ &= P_{\mathcal{N}(A^{ⓦ,\dagger}),\mathcal{R}(A^k)} = I - AA^{\circ}. \end{aligned}$$

设

$$\mathcal{Z} = \begin{pmatrix} A^{\circ} & (I - A^{\circ}A)C^{\dagger} \\ B^{\dagger}(I - AA^{\circ}) & B^{\dagger}(AA^{\circ}A - A)C^{\dagger} \end{pmatrix},$$

可得

$$\begin{aligned} \mathcal{A}\mathcal{Z} &= \begin{pmatrix} AA^{\circ} + BB^{\dagger}(I - AA^{\circ}) & A(I - A^{\circ}A)C^{\dagger} + BB^{\dagger}(AA^{\circ}A - A)C^{\dagger} \\ CA^{\circ} & C(I - A^{\circ}A)C^{\dagger} \end{pmatrix} \\ &= \begin{pmatrix} AA^{\circ} + I - AA^{\circ} & A(I - A^{\circ}A)C^{\dagger} - (I - AA^{\circ})AC^{\dagger} \\ O & CC^{\dagger} \end{pmatrix} \\ &= I. \end{aligned}$$

类似地可以验证 $\mathcal{Z}\mathcal{A} = I$. □

下面利用 A° 与非奇异加边矩阵之间的关系, 给出线性方程组 $AX = D$ 解的克拉默法则.

定理 9.4.13 设 $A \in \mathbb{C}_{n,n}$, $\mathrm{Ind}(A) = k$, $X \in \mathbb{C}_{n,m}$, $D \in \mathbb{C}_{n,m}$. 如果 $\mathcal{R}(D) \subseteq \mathcal{R}(A^k)$, 则约束矩阵方程

$$AX = D, \quad \mathcal{R}(X) \subseteq \mathcal{R}(A^\dagger A^k) \tag{9.4.4}$$

有唯一解 $X = A^\circ D$.

证明 如果 $\mathcal{R}(D) \subseteq \mathcal{R}(A^k)$, 则由定理 9.4.5 有 $AA^\circ D = P_{\mathcal{R}(A^k),\mathcal{N}(A^{ⓦ,\dagger})}D = D$. 故 $A^\circ D$ 是(9.4.4)的一个解. 因为 $\mathcal{R}(A^\circ) = \mathcal{R}(A^\dagger A^k)$, 所以 $X = A^\circ D$ 也满足约束条件 $\mathcal{R}(X) \subseteq \mathcal{R}(A^\dagger A^k)$. 设 X_1 也满足(9.4.4), 因为 $\mathcal{R}(X_1) \subseteq \mathcal{R}(A^\dagger A^k)$, 则 $X = A^\circ D = A^\circ AX_1 = P_{\mathcal{R}(A^\dagger A^k)}X_1 = X_1$. 唯一性得证. □

定理 9.4.14 设 $A \in \mathbb{C}_{n,n}$ 且 $\mathrm{Ind}(A) = k$, $X \in \mathbb{C}_{n,m}$, $D \in \mathbb{C}_{n,m}$. 设 $B \in \mathbb{C}_{n,r}$ 和 $C^* \in \mathbb{C}_{n,r}$ 是列满秩矩阵且 $\mathcal{R}(B) = \mathcal{N}((A^k)^* A^2 A^\dagger)$ 和 $\mathcal{N}(C) = \mathcal{R}(A^\dagger A^k)$, 则约束矩阵方程(9.4.4)的唯一解 X 的元素由

$$x_{ij} = \frac{\det\begin{pmatrix} A(i \to d_j) & B \\ C(i \to 0) & O \end{pmatrix}}{\det\begin{pmatrix} A & B \\ C & O \end{pmatrix}}, \quad i = 1, 2, \cdots, n, \ j = 1, 2, \cdots, m \tag{9.4.5}$$

给出, 其中 d_j 是 D 的第 j 列.

证明 由于 X 是约束矩阵方程(9.4.4)的解, 有 $\mathcal{R}(X) \subseteq \mathcal{R}(A^\dagger A^k) = \mathcal{N}(C)$, 于是 $CX = O$ 且

$$\begin{pmatrix} A & B \\ C & O \end{pmatrix}\begin{pmatrix} X & O \\ O & O \end{pmatrix} = \begin{pmatrix} D & O \\ O & O \end{pmatrix}.$$

由定理 9.4.12, 可以得到

$$\begin{pmatrix} X & O \\ O & O \end{pmatrix} = \begin{pmatrix} A^\circ & (I - A^\circ A)C^\dagger \\ B^\dagger(I - AA^\circ) & B^\dagger(A^\circ AA^\circ - A)C^\dagger \end{pmatrix}\begin{pmatrix} D & O \\ O & O \end{pmatrix}.$$

因此有 $X = A^\circ D$. 进一步应用克拉默法则可得(9.4.5). □

接下来通过矩阵分解给出了 MPWC 逆的两种标准形式, 并将其用于研究 A 的 MPWC 逆的性质. 首先, 我们通过 Hartwig-Spindelböck 分解 [72] 给出 MPWC 逆的一种标准形式.

引理 9.4.15 ([13,48,72]) 设 $A \in \mathbb{C}_{n,n}$, $\mathrm{rank}(A) = r > 0$. 则存在一个酉矩阵 $U \in \mathbb{C}_{n,n}$ 使得

$$A = U\begin{pmatrix} \Sigma K & \Sigma L \\ O & O \end{pmatrix}U^*, \tag{9.4.6}$$

其中 $\Sigma = \mathrm{diag}(\sigma_1 I_{r_1}, \sigma_2 I_{r_2}, \cdots, \sigma_t I_{r_t})$, $\sigma_1 > \sigma_2 > \cdots > \sigma_t > 0$, $r_1 + r_2 + \cdots + r_t = r$, 且 $K \in \mathbb{C}_{n,n}$, $L \in \mathbb{C}_{n,(n-r)}$, 满足 $KK^* + LL^* = I_r$. 进一步有

$$A^{\dagger} = U \begin{pmatrix} K^*\Sigma^{-1} & O \\ L^*\Sigma^{-1} & O \end{pmatrix} U^*, \quad A^{\textcircled{w},\dagger} = U \begin{pmatrix} (\Sigma K)^{\textcircled{w}} & O \\ O & O \end{pmatrix} U^*$$

和

$$A^{\circ} = U \begin{pmatrix} K^*K(\Sigma K)^{\textcircled{w}} & O \\ L^*K(\Sigma K)^{\textcircled{w}} & O \end{pmatrix} U^*.$$

通过 A° 的表达式, 讨论什么情况下 A° 是一个 EP 矩阵. 同时, 符号 $[A, B] = AB - BA$ 被使用下面的结果中.

定理 9.4.16 设 $A \in \mathbb{C}_{n,n}$ 和 $\mathrm{Ind}(A) = k$. 则 A° 是一个 EP 矩阵当且仅当下列条件成立:

$$K^* \bigtriangledown K = (K(\Sigma K)^{\textcircled{w}})^{\dagger} K(\Sigma K)^{\textcircled{w}}, \quad \bigtriangledown L = O, \quad L^* \bigtriangledown K = O, \tag{9.4.7}$$

其中 $\bigtriangledown = K(\Sigma K)^{\textcircled{w}}(K(\Sigma K)^{\textcircled{w}})^{\dagger}$, Σ, K, L 由引理 9.4.15 给出. 此外, 如果 A° 是一个 EP 矩阵, 则

$$[LL^*, \bigtriangledown] = O, [KK^*, \bigtriangledown] = O, \quad \bigtriangledown K = K(K(\Sigma K)^{\textcircled{w}})^{\dagger} K(\Sigma K)^{\textcircled{w}}. \tag{9.4.8}$$

证明 设 A 有(9.4.6)中形式, 则容易验证

$$(A^{\circ})^{\dagger} = U \begin{pmatrix} (K(\Sigma K)^{\textcircled{w}})^{\dagger} K & (K(\Sigma K)^{\textcircled{w}})^{\dagger} L \\ O & O \end{pmatrix} U^*.$$

由 $KK^* + LL^* = I_r$ 有

$$A^{\circ}(A^{\circ})^{\dagger} = U \begin{pmatrix} K^*K(\Sigma K)^{\textcircled{w}}(K(\Sigma K)^{\textcircled{w}})^{\dagger} K & K^*K(\Sigma K)^{\textcircled{w}}(K(\Sigma K)^{\textcircled{w}})^{\dagger} L \\ L^*K(\Sigma K)^{\textcircled{w}}(K(\Sigma K)^{\textcircled{w}})^{\dagger} K & L^*K(\Sigma K)^{\textcircled{w}}(K(\Sigma K)^{\textcircled{w}})^{\dagger} L \end{pmatrix} U^*,$$

$$(A^{\circ})^{\dagger} A^{\circ} = U \begin{pmatrix} (K(\Sigma K)^{\textcircled{w}})^{\dagger} K(\Sigma K)^{\textcircled{w}} & O \\ O & O \end{pmatrix} U^*.$$

由于 A° 是一个 EP 矩阵当且仅当 $A^{\circ}(A^{\circ})^{\dagger} = (A^{\circ})^{\dagger} A^{\circ}$, 我们可以得到

$$K^*K(\Sigma K)^{\textcircled{w}}(K(\Sigma K)^{\textcircled{w}})^{\dagger} K = (K(\Sigma K)^{\textcircled{w}})^{\dagger} K(\Sigma K)^{\textcircled{w}}; \tag{9.4.9}$$

$$K^*K(\Sigma K)^{\textcircled{w}}(K(\Sigma K)^{\textcircled{w}})^{\dagger} L = O; \tag{9.4.10}$$

$$L^*K(\Sigma K)^{\circledW}(K(\Sigma K)^{\circledW})^\dagger K=O; \tag{9.4.11}$$

$$L^*K(\Sigma K)^{\circledW}(K(\Sigma K)^{\circledW})^\dagger L=O. \tag{9.4.12}$$

(9.4.10)左乘 K 加上(9.4.12)左乘 L, 得

$$K(\Sigma K)^{\circledW}(K(\Sigma K)^{\circledW})^\dagger L=O.$$

故 A° 是一个 EP 矩阵, 则 $K^*\bigtriangledown K=(K(\Sigma K)^{\circledW})^\dagger K(\Sigma K)^{\circledW}$, $\bigtriangledown L=O$, $L^*\bigtriangledown K=O$, 其中 $\bigtriangledown=K(\Sigma K)^{\circledW}(K(\Sigma K)^{\circledW})^\dagger$, 即(9.4.7)成立.

(9.4.10)左乘 K, 右乘 L^*, (9.4.11)左乘 L, 右乘 K^*, 可以得到

$$KK^*K(\Sigma K)^{\circledW}(K(\Sigma K)^{\circledW})^\dagger LL^*=O;$$

$$LL^*K(\Sigma K)^{\circledW}(K(\Sigma K)^{\circledW})^\dagger KK^*=O.$$

由 $KK^*+LL^*=I_r$ 有

$$(I_r-LL^*)K(\Sigma K)^{\circledW}(K(\Sigma K)^{\circledW})^\dagger LL^*=O;$$

$$(I_r-KK^*)K(\Sigma K)^{\circledW}(K(\Sigma K)^{\circledW})^\dagger KK^*=O.$$

可以写成

$$\begin{aligned}K(\Sigma K)^{\circledW}(K(\Sigma K)^{\circledW})^\dagger LL^*&=LL^*K(\Sigma K)^{\circledW}(K(\Sigma K)^{\circledW})^\dagger LL^*\\&=LL^*K(\Sigma K)^{\circledW}(K(\Sigma K)^{\circledW})^\dagger LL^*\\&\quad+LL^*K(\Sigma K)^{\circledW}(K(\Sigma K)^{\circledW})^\dagger KK^*\\&=LL^*K(\Sigma K)^{\circledW}(K(\Sigma K)^{\circledW})^\dagger;\\K(\Sigma K)^{\circledW}(K(\Sigma K)^{\circledW})^\dagger KK^*&=KK^*K(\Sigma K)^{\circledW}(K(\Sigma K)^{\circledW})^\dagger KK^*\\&=KK^*K(\Sigma K)^{\circledW}(K(\Sigma K)^{\circledW})^\dagger KK^*\\&\quad+KK^*K(\Sigma K)^{\circledW}(K(\Sigma K)^{\circledW})^\dagger LL^*\\&=KK^*K(\Sigma K)^{\circledW}(K(\Sigma K)^{\circledW})^\dagger.\end{aligned}$$

因此, 可得 $[LL^*,K(\Sigma K)^{\circledW}(K(\Sigma K)^{\circledW})^\dagger]=O$ 和 $[KK^*,K(\Sigma K)^{\circledW}(K(\Sigma K)^{\circledW})^\dagger]=O$. (9.4.9) 左乘 K, (9.4.11) 左乘 L 有

$$KK^*K(\Sigma K)^{\circledW}(K(\Sigma K)^{\circledW})^\dagger K=K(K(\Sigma K)^{\circledW})^\dagger K(\Sigma K)^{\circledW},$$

$$LL^*K(\Sigma K)^{\circledW}(K(\Sigma K)^{\circledW})^\dagger K=O,$$

于是 $K(\Sigma K)^{\circledW}(K(\Sigma K)^{\circledW})^\dagger K = K(K(\Sigma K)^{\circledW})^\dagger K(\Sigma K)^{\circledW}$, 故(9.4.8)成立. 反之, 若 $K^* \triangledown K = (K(\Sigma K)^{\circledW})^\dagger K(\Sigma K)^{\circledW}$, $\triangledown L = O$, $L^* \triangledown K = O$. 则可得(9.4.9), (9.4.10), (9.4.11), (9.4.12), 故 A° 是一个 EP 矩阵. □

下面利用 core-EP 分解 [191], 给出 A° 的另一个刻画.

引理 9.4.17 设 $A \in \mathbb{C}_{n,n}$, $\mathrm{Ind}(A) = k$ 和 $\mathrm{rank}(A^k) = r$. 根据 core-EP 分解可得

$$A^\circ = U\begin{pmatrix} T^*\triangle & T^*\triangle T^{-1}SP_N \\ (I-Q_N)S^*\triangle & (I-Q_N)S^*\triangle T^{-1}SP_N \end{pmatrix}U^*, \tag{9.4.13}$$

其中 $\triangle = [TT^* + S(I-Q_N)S^*]^{-1}$.

众所周知, 如果 A 是一个非奇异矩阵, 则 $X = A^{-1}$ 是下述秩等式的唯一解,

$$\mathrm{rank}\begin{pmatrix} A & I \\ I & X \end{pmatrix} = \mathrm{rank}(A).$$

为了得到 MPWC 逆的一个类似表示形式, 我们对奇异矩阵 A 给出了下面结论. 首先给出下面引理.

引理 9.4.18 ([18]) 设 $A \in \mathbb{C}_{n,n}$, $M = \begin{pmatrix} A & AU \\ VA & B \end{pmatrix} \in \mathbb{C}_{2n,2n}$, 则

$$\mathrm{rank}(M) = \mathrm{rank}(A) + \mathrm{rank}(B - VAU).$$

定理 9.4.19 设 $A \in \mathbb{C}_{n,n}$, 有 $\mathrm{Ind}(A) = k$, $\mathrm{rank}(A^k) = r$, 则存在唯一的矩阵 X 满足

$$XA^k = O,\ X^2 = X,\ (A^k)^*AP_AX = O,\ \mathrm{rank}(X) = n - r; \tag{9.4.14}$$

存在唯一的矩阵 Y 满足

$$YA^\dagger A^k = O,\ Y^2 = Y,\ (A^k)^*A^2Y = O,\ \mathrm{rank}(Y) = n - r \tag{9.4.15}$$

和唯一的矩阵 Z 满足

$$\mathrm{rank}\begin{pmatrix} A & I-X \\ I-Y & Z \end{pmatrix} = \mathrm{rank}(A). \tag{9.4.16}$$

此时, 有 $Z = A^\circ$, $X = I - AA^\circ$, $Y = I - A^\circ A$.

证明　假设 A 的 core-EP 分解如引理 2.1.1, 容易验证分块矩阵

$$X = U\begin{pmatrix} O & -T^{-1}SP_N \\ O & I \end{pmatrix}U^* = I - AA^{\circ}$$

满足(9.4.14)中所有等式. 下面证明解的唯一性. 设 X_0 也满足(9.4.14)中等式. 设 $X_1 = U^*X_0U$ 有分块形式 $X_1 = \begin{pmatrix} D_1 & D_2 \\ D_3 & D_4 \end{pmatrix}$, 其中 D_1 是 $r\times r$ 的块. 由 $XA^k = O$, 以及 T 是可逆的, 可以得到

$$\begin{pmatrix} D_1 & D_2 \\ D_3 & D_4 \end{pmatrix}\begin{pmatrix} T^k & \sum_{i=0}^{k-1} T^{k-1-i}SN^i \\ O & O \end{pmatrix} = \begin{pmatrix} D_1T^k & D_1\sum_{i=0}^{k-1} T^{k-1-i}SN^i \\ D_3T^k & D_3\sum_{i=0}^{k-1} T^{k-1-i}SN^i \end{pmatrix} = O,$$

从而可以得到 $D_1 = O, D_3 = O$. 再由 $X^2 = X$ 以及 $\mathrm{rank}(X) = n - r$, 可以得到 $D_2D_4 = D_2$, $D_4^2 = D_4$ 和 $\mathrm{rank}(D_4) = n - r$. 所以 $D_4 = I$. 又因为 $(A^k)^*AP_AX = 0$, 于是

$$\begin{aligned}
&\begin{pmatrix} (T^k)^* & O \\ \left(\sum_{i=0}^{k-1} T^{k-1-i}SN^i\right)^* & O \end{pmatrix}\begin{pmatrix} T & S \\ O & N \end{pmatrix}\begin{pmatrix} I & O \\ O & NN^{\dagger} \end{pmatrix}\begin{pmatrix} O & D_2 \\ O & I \end{pmatrix} \\
&= \begin{pmatrix} (T^k)^* & O \\ \left(\sum_{i=0}^{k-1} T^{k-1-i}SN^i\right)^* & O \end{pmatrix}\begin{pmatrix} T & SNN^{\dagger} \\ O & NNN^{\dagger} \end{pmatrix}\begin{pmatrix} O & D_2 \\ O & I \end{pmatrix} \\
&= \begin{pmatrix} (T^k)^*T & (T^k)^*SP_N \\ \left(\sum_{i=0}^{k-1} T^{k-1-i}SN^i\right)^* T & \left(\sum_{i=0}^{k-1} T^{k-1-i}SN^i\right)^* SP_N \end{pmatrix}\begin{pmatrix} O & D_2 \\ O & I \end{pmatrix} \\
&= \begin{pmatrix} O & (T^k)^*(TD_2 + SP_N) \\ O & \left(\sum_{i=0}^{k-1} T^{k-1-i}SN^i\right)^*(TD_2 + SP_N) \end{pmatrix} = O,
\end{aligned}$$

所以 $TD_2 + SP_N = O$, 即 $D_2 = -T^{-1}SP_N$. 故 $X_0 = X$.

类似地, 我们可以验证

$$Y = U\begin{pmatrix} I - T^* \triangle T & -T^* \triangle (S + T^{-1}SN) \\ -(I - Q_N)S^* \triangle T & I - (I - Q_N)S^* \triangle (S + T^{-1}SN) \end{pmatrix} U^* = I - A^{\circ}A$$

满足(9.4.15)中所有等式. 其中

$$\begin{aligned} (A^k)^* A^2 Y &= (A^k)^* A^2 (I - A^{\circ}A) \\ &= (A^k)^* A^2 - (A^k)^* A^2 A^{\circledR} A \\ &= (A^k)^* A^2 - (A^k)^* A^2 A^D A^{k-1} (A^k)^\dagger A^2 \\ &= (A^k)^* A^2 - (A^k)^* A^2 = O. \end{aligned}$$

下面证明 Y 的唯一性, 假设 Y_0 也满足(9.4.15)中等式. 设 $Y_1 = U^* Y_0 U$ 有分块形式 $Y_1 = \begin{pmatrix} F_1 & F_2 \\ F_3 & F_4 \end{pmatrix}$, 其中 F_1 是 $r \times r$ 的块. 由 $YA^\dagger A^k = O$, 可以得到

$$\begin{pmatrix} F_1 & F_2 \\ F_3 & F_4 \end{pmatrix} \begin{pmatrix} T^* \triangle T^k & T^* \triangle \sum_{i=0}^{k-1} T^{k-1-i} S N^i \\ (I - Q_N) S^* \triangle T^k & (I - Q_N) S^* \triangle \sum_{i=0}^{k-1} T^{k-1-i} S N^i \end{pmatrix}$$

$$= \begin{pmatrix} W_1 & W_2 \\ W_3 & W_4 \end{pmatrix} = O,$$

其中

$$W_1 = F_1 T^* \triangle T^k + F_2 (I - Q_N) S^* \triangle T^k,$$

$$W_2 = F_1 T^* \triangle \sum_{i=0}^{k-1} T^{k-1-i} S N^i + F_2 (I - Q_N) S^* \triangle \sum_{i=0}^{k-1} T^{k-1-i} S N^i,$$

$$W_3 = F_3 T^* \triangle T^k + F_4 (I - Q_N) S^* \triangle T^k,$$

$$W_4 = F_3 T^* \triangle \sum_{i=0}^{k-1} T^{k-1-i} S N^i + F_4 (I - Q_N) S^* \triangle \sum_{i=0}^{k-1} T^{k-1-i} S N^i.$$

由 T 的非奇异性有 $F_1 T^* + F_2 (I - Q_N) S^* = O$, $F_3 T^* + F_4 (I - Q_N) S^* = O$, 即

$$F_1 = -F_2 (I - Q_N) S^* (T^*)^{-1}, \quad F_3 = -F_4 (I - Q_N) S^* (T^*)^{-1}. \tag{9.4.17}$$

又因为 $(A^k)^*A^2Y=O$, 有

$$\begin{pmatrix} (T^k)^* & O \\ \left(\sum_{i=0}^{k-1}T^{k-1-i}SN^i\right)^* & O \end{pmatrix}\begin{pmatrix} T^2 & TS+SN \\ O & N^2 \end{pmatrix}\begin{pmatrix} F_1 & F_2 \\ F_3 & F_4 \end{pmatrix}=\begin{pmatrix} Z_1 & Z_2 \\ Z_3 & Z_4 \end{pmatrix}=O,$$

其中

$$\begin{aligned} Z_1&=(T^k)^*(T^2F_1+TSF_3+SNF_3),\\ Z_2&=(T^k)^*(T^2F_2+TSF_4+SNF_4),\\ Z_3&=\left(\sum_{i=0}^{k-1}T^{k-1-i}SN^i\right)^*(T^2F_1+TSF_3+SNF_3),\\ Z_4&=\left(\sum_{i=0}^{k-1}T^{k-1-i}SN^i\right)^*(T^2F_2+TSF_4+SNF_4). \end{aligned}$$

于是由 T 的非奇异性可得 $T^2F_1+TSF_3+SNF_3=O$, $T^2F_2+TSF_4+SNF_4=O$, 即

$$F_1=T^{-1}(S+T^{-1}SN)F_3,\quad F_2=T^{-1}(S+T^{-1}SN)F_4. \tag{9.4.18}$$

因为 $\operatorname{rank}(Y)=n-r$, 所以可以得到 $\operatorname{rank}(F_4)=n-r$, 故 F_4 是可逆的. 最后再看 $Y^2=Y$, 可以得到 $F_3F_2+F_4^2=F_4$. 代入(9.4.17), (9.4.18)可以得到 $(I-Q_N)S^*(T^*)^{-1}T^{-1}(S+T^{-1}SN)+I=F_4^{-1}$, 很容易验证 $F_4=I-(I-Q_N)S^*\triangle(S+T^{-1}SN)$. 代入(9.4.17), (9.4.18)可求 $F_1=I-T^*\triangle T$, $F_2=-T^*\triangle(S+T^{-1}SN)$, $F_3=-(I-Q_N)S^*\triangle T$. 所以 $Y=Y_0$.

于是

$$\begin{pmatrix} A & I-X \\ I-Y & Z \end{pmatrix}=\begin{pmatrix} A & AA^\circ \\ A^\circ A & Z \end{pmatrix},$$

从而由引理 9.4.18 可以得到 $\operatorname{rank}(Z-A^\circ AA^\circ)=0$, 意味着

$$Z=A^\circ AA^\circ=A^\circ.$$ □

下面我们给出 MPWC 逆的扰动分析.

定理 9.4.20 设 $A\in\mathbb{C}_{n,n}$ 和 $\operatorname{Ind}(A)=k$, $B=A+E\in\mathbb{C}_{n,n}$. 如果 $AA^\circ E=E$, $EAA^\circ=E$ 和 $\|A^{ⓦ}E\|<1$, 那么

$$\begin{aligned} B^\circ&=(A+E)^\dagger(A+E)((I+A^{ⓦ}E)^{-1}A^{ⓦ})^2AA^{\textcircled{\dagger}}(A+E)^2(A+E)^\dagger\\ &=(A+E)^\dagger(A+E)(I+A^{ⓦ}E)^{-1}A^{ⓦ}(I+A^{ⓦ}E)^{-1}A^{\textcircled{\dagger}}(A+E)^2(A+E)^\dagger. \end{aligned}$$

进一步有, $BB^\circ=AA^\circ$.

证明 设 A 的 core-EP 分解如引理 2.1.1, $E = U\begin{pmatrix} E_1 & E_2 \\ E_3 & E_4 \end{pmatrix}U^*$, 其中 $E_1 \in \mathbb{C}_{r,r}$. 由(9.4.13), 我们有

$$AA^{\circ}E = U\begin{pmatrix} E_1 + T^{-1}SP_NE_3 & E_2 + T^{-1}SP_NE_4 \\ O & O \end{pmatrix}U^* = U\begin{pmatrix} E_1 & E_2 \\ E_3 & E_4 \end{pmatrix}U^*,$$

于是 $E_3 = O$, $E_4 = O$. 又由

$$EAA^{\circ} = U\begin{pmatrix} E_1 & E_1T^{-1}SP_N \\ O & O \end{pmatrix}U^* = U\begin{pmatrix} E_1 & E_2 \\ O & O \end{pmatrix}U^*,$$

可得 $E_2 = E_1T^{-1}SP_N$. 又 $\|A^{\textcircled{w}}E\| < 1$, 因此, $I + A^{\textcircled{w}}E$ 可逆, 且 $T + E_1$ 可逆. 于是有

$$\begin{aligned} &B^{\circ} \\ =&U\begin{pmatrix} (T+E_1)^* \triangle_2 & (T+E_1)^* \triangle_2 (T+E_1)^{-1}(S+E_2)P_N \\ (I-Q_N)(S+E_2)^* \triangle_2 & (I-Q_N)(S+E_2)^* \triangle_2 (T+E_1)^{-1}(S+E_2)P_N \end{pmatrix}U^*, \end{aligned}$$

其中 $\triangle_2 = [(T+E_1)(T+E_1)^* + (S+E_2)(I-Q_N)(S+E_2)^*]^{-1}$. 于是

$$\begin{aligned} B^{\circ} &= (A+E)^{\dagger}(A+E)((I+A^{\textcircled{w}}E)^{-1}A^{\textcircled{w}})^2AA^{\textcircled{\dagger}}(A+E)^2(A+E)^{\dagger} \\ &= (A+E)^{\dagger}(A+E)(I+A^{\textcircled{w}}E)^{-1}A^{\textcircled{w}}(I+A^{\textcircled{w}}E)^{-1}A^{\textcircled{\dagger}}(A+E)^2(A+E)^{\dagger}. \end{aligned}$$

又由 $E_2 = E_1T^{-1}SP_N$, 有 $(T+E_1)^{-1}(S+E_2)P_N = T^{-1}SP_N$, 从而可以验证 $BB^{\circ} = AA^{\circ}$.

□

9.5 1WG 逆

近年来, 两个结合矩阵内逆的组合广义逆被研究出来, 分别是 1Drazin 逆 (1D) 和 Drazin1 逆 (D1)[164]. 矩阵 $X = A^{-,D} \in \mathbb{C}_{n,n}$ 被称为 A 的 1Drazin 逆如果它满足

$$XAX = X, \quad XA^k = A^-A^k, \quad AX = AA^D,$$

其中 A^- 是 A 固定的内逆. 注意 $A^{-,D} = A^-AA^D$ 和 $A^{D,-} = A^DAA^-$. 同样地, A 的 ICEP 逆和 CEPI 逆可以分别记为 $A^{-,\textcircled{\dagger}}$ 和 $A^{\textcircled{\dagger},-}$[172].

引理 9.5.1 ([189])　设 $A \in \mathbb{C}_{n,n}$ 且 $\mathrm{Ind}(A) = k$, 则

$$A^{\circledR{W}} = (AA^{\textcircled{\dagger}}A)^{\sharp} = (A^{\textcircled{\dagger}})^2 A = (A^2)^{\textcircled{\dagger}} A.$$

引理 9.5.2 ([189])　设 $A \in \mathbb{C}_{n,n}$ 且 $\mathrm{Ind}(A) = k$, 则

$$A^{\circledR{W}} = A^k (A^{k+2})^{\#} A = (A^2 P_{A^k})^{\dagger} A.$$

定理 9.5.3　设 $A \in \mathbb{C}_{n,n}$ 且 $\mathrm{Ind}(A) = k$. 假定 A^- 是 A 的一个固定的内逆, 则方程组

$$XAX = X, \quad AX = A^{\circledR{W}}A \ , \quad XA^k = A^-A^k \tag{9.5.1}$$

是相容的并且其唯一解是 $X = A^-A^{\circledR{W}}A$.

证明　令 $X = A^-A^{\circledR{W}}A$. 由 $A^{\circledR{W}} = A(A^{\circledR{W}})^2$ 可知 $A^{\circledR{W}} = A^k(A^{\circledR{W}})^{k+1}$. 进一步

$$XAX = A^-A^{\circledR{W}}AAA^-A^{\circledR{W}}A = A^-A^{\circledR{W}}AAA^-A^k(A^{\circledR{W}})^{k+1}A = A^-A^{\circledR{W}}AA^{\circledR{W}}A = X,$$

$$AX = AA^-A^{\circledR{W}}A = AA^-A^k(A^{\circledR{W}})^{k+1}A = A^k(A^{\circledR{W}})^{k+1}A = A^{\circledR{W}}A,$$

$$XA^k = A^-A^{\circledR{W}}A^{k+1} = A^-A^k.$$

因此 $X = A^-A^{\circledR{W}}A$ 满足方程组 (9.5.1).

为了证明解的唯一性, 假设 Y 是方程组 (9.5.1) 的另一个解, 可得

$$Y = YAY = YA^{\circledR{W}}A = YA^k(A^{\circledR{W}})^{k+1}A = A^-A^k(A^{\circledR{W}})^{k+1}A = A^-A^{\circledR{W}}A = X,$$

故方程组 (9.5.1) 有唯一解.　□

根据定理 9.5.3, 可以给出 1WG 逆的定义.

定义 9.5.1　设 $A \in \mathbb{C}_{n,n}$ 且 $\mathrm{Ind}(A) = k$. 假定 A^- 是 A 的一个固定的内逆. 矩阵 A 的 1WG 逆定义为 $A^{-,\circledR{W}} = A^-A^{\circledR{W}}A$.

注记 9.5.4　矩阵 A 取的内逆不同可能会导致 A 的 1WG 逆也不同, 因此, 当提到 A 的 1WG 逆时都是先前已固定的一个内逆.

通过如下例子, 可以看出 A 的 1WG 逆是一类新型广义逆.

例 9.5.5　令

$$A = \begin{pmatrix} 1 & 0 & 1 & 0 & 0 \\ 0 & 1 & 0 & 0 & 1 \\ 0 & 0 & 0 & 1 & 2 \\ 0 & 0 & 0 & 0 & 1 \\ 0 & 0 & 0 & 0 & 0 \end{pmatrix}, \quad A^- = \begin{pmatrix} 0 & -1 & -1 & -1 & 1 \\ 0 & 1 & 0 & -1 & 1 \\ 1 & 1 & 1 & 1 & 1 \\ 0 & 0 & 1 & -2 & 1 \\ 0 & 0 & 0 & 1 & 1 \end{pmatrix}.$$

容易验证 $\mathrm{Ind}(A) = 3$. 通过计算可得矩阵 A 的 Moore-Penrose 逆、弱群逆为

$$A^{\dagger} = \begin{pmatrix} \frac{1}{2} & 0 & 0 & 0 & 0 \\ 0 & 1 & 0 & -1 & 0 \\ \frac{1}{2} & 0 & 0 & 0 & 0 \\ 0 & 0 & 1 & -2 & 0 \\ 0 & 0 & 0 & 1 & 0 \end{pmatrix}, \quad A^{\circledW} = \begin{pmatrix} 1 & 0 & 1 & 0 & 0 \\ 0 & 1 & 0 & 0 & 1 \\ 0 & 0 & 0 & 0 & 0 \\ 0 & 0 & 0 & 0 & 0 \\ 0 & 0 & 0 & 0 & 0 \end{pmatrix}.$$

MP 弱群逆、弱核逆及其对偶逆为

$$A^{\dagger,\mathrm{WG}} = \begin{pmatrix} \dfrac{1}{2} & 0 & \dfrac{1}{2} & \dfrac{1}{2} & 1 \\ 0 & 1 & 0 & 0 & 1 \\ \dfrac{1}{2} & 0 & \dfrac{1}{2} & \dfrac{1}{2} & 1 \\ 0 & 0 & 0 & 0 & 0 \\ 0 & 0 & 0 & 0 & 0 \end{pmatrix}, \quad A^{\circledW,\dagger} = \begin{pmatrix} 1 & 0 & 1 & 0 & 0 \\ 0 & 1 & 0 & 0 & 0 \\ 0 & 0 & 0 & 0 & 0 \\ 0 & 0 & 0 & 0 & 0 \\ 0 & 0 & 0 & 0 & 0 \end{pmatrix},$$

$$A^{\dagger,\circledW} = \begin{pmatrix} \dfrac{1}{2} & 0 & \dfrac{1}{2} & 0 & 0 \\ 0 & 1 & 0 & 0 & 1 \\ \dfrac{1}{2} & 0 & \dfrac{1}{2} & 0 & 0 \\ 0 & 0 & 0 & 0 & 0 \\ 0 & 0 & 0 & 0 & 0 \end{pmatrix}.$$

广义群逆、DMP 逆和 CMP 逆为

$$A^{\circledW_2} = \begin{pmatrix} 1 & 0 & 1 & 1 & 2 \\ 0 & 1 & 0 & 0 & 1 \\ 0 & 0 & 0 & 0 & 0 \\ 0 & 0 & 0 & 0 & 0 \\ 0 & 0 & 0 & 0 & 0 \end{pmatrix}, \quad A^{D,\dagger} = \begin{pmatrix} 1 & 0 & 1 & 1 & 0 \\ 0 & 1 & 0 & 0 & 0 \\ 0 & 0 & 0 & 0 & 0 \\ 0 & 0 & 0 & 0 & 0 \\ 0 & 0 & 0 & 0 & 0 \end{pmatrix},$$

$$A^{C,\dagger} = \begin{pmatrix} \dfrac{1}{2} & 0 & \dfrac{1}{2} & \dfrac{1}{2} & 0 \\ 0 & 1 & 0 & 0 & 0 \\ \dfrac{1}{2} & 0 & \dfrac{1}{2} & \dfrac{1}{2} & 0 \\ 0 & 0 & 0 & 0 & 0 \\ 0 & 0 & 0 & 0 & 0 \end{pmatrix}.$$

1D 逆、D1 逆、ICEP 逆、CEPI 逆、1WG 逆分别为

$$A^{-,D}=\begin{pmatrix}0&-1&0&0&-1\\0&1&0&0&1\\1&1&1&1&4\\0&0&0&0&0\\0&0&0&0&0\end{pmatrix},\quad A^{D,-}=\begin{pmatrix}1&0&1&1&6\\0&1&0&0&2\\0&0&0&0&0\\0&0&0&0&0\\0&0&0&0&0\end{pmatrix},$$

$$A^{-,\textcircled{\dagger}}=\begin{pmatrix}0&-1&0&0&0\\0&1&0&0&0\\1&1&0&0&0\\0&0&0&0&0\\0&0&0&0&0\end{pmatrix},\quad A^{\textcircled{\dagger},-}=\begin{pmatrix}1&0&0&0&2\\0&1&0&0&2\\0&0&0&0&0\\0&0&0&0&0\\0&0&0&0&0\end{pmatrix},$$

$$A^{-,\textcircled{w}}=\begin{pmatrix}0&-1&0&0&-1\\0&1&0&0&1\\1&1&1&1&3\\0&0&0&0&0\\0&0&0&0&0\end{pmatrix}.$$

显然, $A^{-,\textcircled{w}}$ 不同于其他广义逆.

定理 9.5.6 设 $A\in\mathbb{C}_{n,n}$ 且 $\mathrm{Ind}(A)=k$, 则

(1) $A^{-,\textcircled{w}}=A^{(2)}_{\mathcal{R}(A^-A^k),\ \mathcal{N}((A^k)^*A^2)}$;

(2) $AA^{-,\textcircled{w}}$ 是沿 $\mathcal{N}\left(\left(A^k\right)^*A^2\right)$ 到 $\mathcal{R}\left(A^k\right)$ 上的投影算子;

(3) $A^{-,\textcircled{w}}A$ 是沿 $\mathcal{N}\left(\left(A^k\right)^*A^3\right)$ 在 $\mathcal{R}\left(A^-A^k\right)$ 上的投影算子.

证明 (1) $A^{-,\textcircled{w}}$ 是 A 的一个外逆. 由

$$A^{-,\textcircled{w}}=A^-A^{\textcircled{w}}A=A^-A^k(A^{\textcircled{w}})^{k+1}A,\quad A^-A^k=A^{-,\textcircled{w}}A^k,$$

可得 $\mathcal{R}(A^{-,\textcircled{w}})=\mathcal{R}\left(A^-A^k\right)$. 另一方面,

$$\mathcal{N}(A^{\textcircled{w}}A)\subseteq\mathcal{N}(AA^{\textcircled{w}}A)=\mathcal{N}\left(A^{\textcircled{\dagger}}A^2\right)\subseteq\mathcal{N}\left((A^{\textcircled{\dagger}})^2A^2\right)=\mathcal{N}(A^{\textcircled{w}}A).$$

$$\mathcal{N}\left(A^{-,\textcircled{w}}\right)=\mathcal{N}\left(AA^{-,\textcircled{w}}\right)=\mathcal{N}(A^{\textcircled{w}}A)=\mathcal{N}\left(\left(A^k\right)^*A^2\right).$$

因此, $A^{-,\textcircled{w}}=A^{(2)}_{\mathcal{R}(A^-A^k),\ \mathcal{N}((A^k)^*A^2)}$.

(2) 由定义 9.5.1, 可得

$$\mathcal{R}\left(AA^{-,ⓦ}\right)=\mathcal{R}\left(A^{ⓦ}A\right)=\mathcal{R}\left(A^{ⓦ}\right)=\mathcal{R}\left(A^{k}\right).$$

还可知 $\mathcal{N}\left(AA^{-,ⓦ}\right)=\mathcal{N}\left(\left(A^{k}\right)^{*}A^{2}\right)$.

(3) $x\in\mathcal{N}\left(A^{-,ⓦ}A\right)$ 当且仅当 $Ax\in\mathcal{N}\left(A^{-,ⓦ}\right)=\mathcal{N}\left(\left(A^{k}\right)^{*}A^{2}\right)$. 故 $x\in\mathcal{N}\left(A^{-,ⓦ}A\right)$ 当且仅当 $x\in\mathcal{N}\left(\left(A^{k}\right)^{*}A^{3}\right)$. 因此, 有 $\mathcal{N}\left(A^{-,ⓦ}A\right)=\mathcal{N}\left(\left(A^{k}\right)^{*}A^{3}\right)$. 观察得 $\mathcal{R}\left(A^{-,ⓦ}A\right)=\mathcal{R}\left(A^{-,ⓦ}\right)=\mathcal{R}\left(A^{-}A^{k}\right)$. □

定理 9.5.7 设 $A\in\mathbb{C}_{n,n}$ 且 $\mathrm{Ind}(A)=k$, 则

(1) $A^{-,ⓦ}=A^{-}(A^{ⓣ})^{2}A^{2}=A^{-}(A^{2})^{ⓣ}A^{2}$;

(2) $A^{-,ⓦ}=A^{-}(AA^{ⓣ}A)^{\sharp}A$;

(3) $A^{-,ⓦ}=A^{-}A^{k}(A^{k+2})^{\#}A^{2}$;

(4) $A^{-,ⓦ}=A^{-}(A^{2}P_{A^{k}})^{\dagger}A^{2}$.

证明 (1)—(4) 是由 $A^{-,ⓦ}=A^{-}A^{ⓦ}A$, 引理 2.1.1 直接得到的结论. □

下面从几何的角度讨论一个矩阵是 1WG 逆的性质.

定理 9.5.8 设 $A\in\mathbb{C}_{n,n}$ 且 $\mathrm{Ind}(A)=k$, 则下列条件等价:

(1) $X=A^{-,ⓦ}$;

(2) $\mathcal{R}\left(X^{*}\right)=\mathcal{R}\left((A^{2})^{*}A^{k}\right)$, $\mathcal{N}\left(X^{*}\right)=\mathcal{N}\left((A^{-}A^{k})^{*}\right)$, $AX=A^{ⓦ}A$;

(3) $XA^{k}=A^{-}A^{k}$, $\mathcal{N}\left(X\right)=\mathcal{N}\left((A^{k})^{*}A^{2}\right)$;

(4) $XA^{k}=A^{-}A^{k}$, $\mathcal{R}\left(X^{*}\right)=\mathcal{R}\left((A^{2})^{*}A^{k}\right)$.

证明 (1) ⇒ (2) 令 $X=A^{-,ⓦ}$. 显然, $AX=A^{ⓦ}A$. 由于

$$X^{*}=(A^{-}A^{ⓦ}A)^{*}=(A^{-}(A^{ⓣ})^{2}A^{2})^{*}=(A^{2})^{*}((A^{ⓣ})^{2})^{*}(A^{-})^{*},$$

则 $\mathcal{R}\left(X^{*}\right)\subseteq\mathcal{R}\left((A^{2})^{*}(A^{ⓣ})^{*}\right)=\mathcal{R}\left((A^{2})^{*}A^{k}\right)$. 另外

$$\mathcal{R}\left((A^{2})^{*}(A^{ⓣ})^{*}\right)=\mathcal{R}\left((AA^{ⓦ}A)^{*}\right)=\mathcal{R}\left((A^{2}X)^{*}\right)\subseteq\mathcal{R}\left(X^{*}\right).$$

因此, $\mathcal{R}\left(X^{*}\right)=\mathcal{R}\left((A^{2})^{*}A^{k}\right)$. 又由

$$X^{*}=(A^{-}A^{ⓦ}A)^{*}=(A^{-}A^{k}(A^{ⓦ})^{k+1}A)^{*}=((A^{ⓦ})^{k+1}A)^{*}(A^{-}A^{k})^{*},$$

$$(A^{-}A^{k})^{*}=(XA^{k})^{*}=(A^{k})^{*}X^{*},$$

故 $\mathcal{N}\left(X^{*}\right)=\mathcal{N}\left((A^{-}A^{k})^{*}\right)$.

(2) ⇒ (3) 由 $\mathcal{N}(X^*) = \mathcal{N}\left((A^-A^k)^*\right)$, 可知存在 $Q \in \mathbb{C}_{n,n}$ 使得 $X = A^-A^kQ$. 因此,

$$XA^k = A^-A^kQA^k = A^-AA^-A^kQA^k = A^-AXA^k = A^-A^{ⓦ}AA^k = A^-A^k.$$

(3) ⇒ (4) 因为 $\mathcal{R}(X^*) = \mathcal{N}(X)^{\perp}$, 该结论显然.

(4) ⇒ (1) 由 $\mathcal{R}(X^*) = \mathcal{R}\left((A^2)^*A^k\right)$, 可知存在 $Z \in \mathbb{C}_{n,n}$ 使得 $X = Z(A^k)^*A^2$. 根据 $AA^{\textcircled{\dagger}} = A^2(A^{\textcircled{\dagger}})^2$, 有

$$\begin{aligned} X &= Z(A^k)^*A^2 = Z(AA^{\textcircled{\dagger}}A^k)^*A^2 = Z(A^k)^*A^2(A^{\textcircled{\dagger}})^2A^2 \\ &= XA^{ⓦ}A = XA^k(A^{ⓦ})^{k+1}A = A^-A^{ⓦ}A. \end{aligned}$$

□

接下来从代数和几何的角度出发, 得到的特征如下.

定理 9.5.9 设 $A \in \mathbb{C}_{n,n}$ 且 $\mathrm{Ind}(A) = k$, 则下列条件等价:

(1) $X = A^{-,ⓦ}$;

(2) $XA = A^-A^{ⓦ}A^2$, $\mathcal{N}\left((A^k)^*A^2\right) \subseteq \mathcal{N}(X)$;

(3) $AXA = A^{ⓦ}A^2$, $\mathcal{R}(X) \subseteq \mathcal{R}\left(A^-A^k\right)$, $\mathcal{N}\left((A^k)^*A^2\right) \subseteq \mathcal{N}(X)$;

(4) $AX = A^{ⓦ}A$, $\mathcal{R}(X) \subseteq \mathcal{R}\left(A^-A^k\right)$.

证明 (1) ⇒ (2) 令 $X = A^{-,ⓦ}$, 则有 $XA = A^{-,ⓦ}A = A^-A^{ⓦ}A^2$. 此外, 根据定理 9.5.6可得 $\mathcal{N}\left((A^k)^*A^2\right) \subseteq \mathcal{N}(X)$.

(2) ⇒ (3) 由 $XA = A^-A^{ⓦ}A^2$, 得 $AXA = AA^-A^{ⓦ}A^2 = A^{ⓦ}A^2$. 由 $\mathcal{N}\left((A^k)^*A^2\right) \subseteq \mathcal{N}(X)$, 可知存在 $Z \in \mathbb{C}_{n,n}$ 使得 $X = Z(A^k)^*A^2$, 则

$$X = Z(A^k)^*A^2 = Z(A^k)^*A^2(A^{\textcircled{\dagger}})^2A^2 = XA^{ⓦ}A = XA^k(A^{ⓦ})^{k+1}A, \tag{9.5.2}$$

并且 $XAA^{k-1}(A^{ⓦ})^{k+1}A = A^-A^{ⓦ}A^2A^{k-1}(A^{ⓦ})^{k+1}A = A^-A^k(A^{ⓦ})^{k+1}A$. 故 $\mathcal{R}(X) \subseteq \mathcal{R}\left(A^-A^k\right)$.

(3) ⇒ (4) 由 $\mathcal{N}\left((A^k)^*A^2\right) \subseteq \mathcal{N}(X)$, 可知存在 $Z \in \mathbb{C}_{n,n}$ 使得 $X = Z(A^k)^*A^2$. (9.5.2)左乘 A, 得

$$\begin{aligned} AX &= AZ(A^k)^*A^2 = AXA^{ⓦ}A = AXA^k(A^{ⓦ})^{k+1}A = A^{ⓦ}A^2A^{k-1}(A^{ⓦ})^{k+1}A \\ &= A^{ⓦ}AA^{ⓦ}A = A^{ⓦ}A. \end{aligned}$$

(4) ⇒ (1) 由 $\mathcal{R}(X) \subseteq \mathcal{R}\left(A^-A^k\right)$, 可知存在 $Z \in \mathbb{C}_{n,n}$ 使得 $X = A^-A^kZ$, 则 $X = A^-A^kZ = A^-AA^-A^kZ = A^-AX = A^-A^{ⓦ}A$. □

利用矩阵等式, 还可以得到如下特征.

定理 9.5.10 设 $A \in \mathbb{C}_{n,n}$ 且 $\operatorname{Ind}(A)=k$, 则下列条件等价:

(1) $X = A^{-,Ⓦ}$;

(2) $A^-AX = X,\ XA^k = A^-A^k,\ X = XA^{Ⓦ}A$;

(3) $A^-AXA^{Ⓦ}A = X,\ AXA^k = A^k$;

(4) $AX = A^{Ⓦ}A,\ A^-AX = X$;

(5) $X = XA^{Ⓦ}A,\ XA^k = A^-A^k$;

(6) $A^-A^{Ⓦ}A^2 = XA,\ A^{k+1}X = A^kA^{Ⓦ}A,\ X = XA^{Ⓦ}A$.

证明 (1) ⇒ (2) 令 $X = A^{-,Ⓦ}$, 则 $XA^k = A^-A^k$ 并且

$$A^-AX = A^-AA^-A^{Ⓦ}A = A^-A^{Ⓦ}A = X,$$

$$XA^{Ⓦ}A = A^-A^{Ⓦ}AA^{Ⓦ}A = A^-A^{Ⓦ}A = X.$$

(2) ⇒ (3) 由 $XA^k = A^-A^k$, 可得 $AXA^k = AA^-A^k = A^k$. 令 $A^-AX = X$ 右乘 $A^{Ⓦ}A$, 得 $A^-AXA^{Ⓦ}A = XA^{Ⓦ}A = X$.

(3) ⇒ (4) 根据 (3) 易得 $A^-AX = A^-AA^-AXA^{Ⓦ}A = A^-AXA^{Ⓦ}A = X$, 且

$$AX = AA^-AXA^{Ⓦ}A = AXA^k(A^{Ⓦ})^{k+1}A = A^k(A^{Ⓦ})^{k+1}A = A^{Ⓦ}A.$$

(4) ⇒ (5) 由于 $AX = A^{Ⓦ}A$ 并且 $A^-AX = X$, 可知 $X = A^-A^{Ⓦ}A$. 很容易验证 $XA^{Ⓦ}A = A^-A^{Ⓦ}AA^{Ⓦ}A = A^-A^{Ⓦ}A = X$ 且 $XA^k = A^-A^k$.

(5) ⇒ (6) 由 $X = XA^{Ⓦ}A$ 右乘 A, 可得

$$XA = XA^{Ⓦ}AA = XA^k(A^{Ⓦ})^{k+1}A^2 = A^-A^k(A^{Ⓦ})^{k+1}A^2 = A^-A^{Ⓦ}A^2.$$

由 $X = XA^{Ⓦ}A$ 左乘 A^{k+1}, 可得

$$\begin{aligned} A^{k+1}X &= A^{k+1}XA^{Ⓦ}A = A^{k+1}XA^k(A^{Ⓦ})^{k+1}A \\ &= A^{k+1}A^-A^k(A^{Ⓦ})^{k+1}A = A^kA^{Ⓦ}A. \end{aligned}$$

(6) ⇒ (1) 由 $X = XA^{Ⓦ}A = XA(A^{Ⓦ})^2A = A^-A^{Ⓦ}A^2(A^{Ⓦ})^2A = A^-A^{Ⓦ}AA^{Ⓦ}A = A^-A^{Ⓦ}A$, 故结论成立. □

为了确定可以代替 A^- 或 $A^{Ⓦ}$ 的所有矩阵类, 接下来讨论 1WG 逆的最大类.

定理 9.5.11 设 $A \in \mathbb{C}_{n,n}$ 且 $\operatorname{Ind}(A)=k$. 若 $A^{-,Ⓦ} = A^-AV$, 则

(1) $AVA = A^{Ⓦ}A^2,\ \mathcal{N}\left(\left(A^k\right)^*A^2\right) = \mathcal{N}(AV)$;

(2) $AV = A^{Ⓦ}A$ 且对任意 $Z \in \mathbb{C}_{n,n}$ 有 $V = (A^{Ⓦ})^2A + (I - A^-A)Z$.

证明 (1) 显然 $AVA = AA^{-}AVA = AA^{-,\textcircled{w}}A = A^{\textcircled{w}}A^2$. 其次, $AA^{-}AV = AV = AA^{-,\textcircled{w}} = A^{\textcircled{w}}A$, 根据定理 9.5.6, 可得

$$\mathcal{N}(AV) = \mathcal{N}\left(AA^{-,\textcircled{w}}\right) = \mathcal{N}\left(A^{\textcircled{w}}A\right) = \mathcal{N}\left(\left(A^k\right)^* A^2\right).$$

(2) 容易看出 $AV = AA^{-,\textcircled{w}} = A^{\textcircled{w}}A$. 对任意的 $Z \in \mathbb{C}_{n,n}$ 有 $(I - A^{-}A)Z$ 是 $AV = 0$ 的通解. 而 $(A^{\textcircled{w}})^2A$ 是 $AV = A^{\textcircled{w}}A$ 的特解, 故对任意的 $Z \in \mathbb{C}_{n,n}$ 有 $(A^{\textcircled{w}})^2A + (I - A^{-}A)Z$ 是 $AV = A^{\textcircled{w}}A$ 的通解. □

定理 9.5.12 设 $A \in \mathbb{C}_{n,n}$ 且 $\mathrm{Ind}(A) = k$, 则

(1) $A^{-,\textcircled{w}} = UA^{\textcircled{w}}A \Leftrightarrow$ 对任意 $W \in \mathbb{C}_{n,n}$ 使 $U = A^{-} + W(I - A^{\textcircled{w}}A)$;

(2) $A^{-,\textcircled{w}} = UAV \Leftrightarrow$ 对任意 $W, Z \in \mathbb{C}_{n,n}$ 使 $U = A^{-} + W(I - A^{\textcircled{w}}A)$, $V = (A^{\textcircled{w}})^2A + (I - A^{-}A)Z$.

证明 (1) "$\Leftarrow$" $U = A^{-} + W(I - A^{\textcircled{w}}A)$ 右乘 $A^{\textcircled{w}}A$, 得

$$UA^{\textcircled{w}}A = A^{-}A^{\textcircled{w}}A + W(I - A^{\textcircled{w}}A)A^{\textcircled{w}}A = A^{-}A^{\textcircled{w}}A = A^{-,\textcircled{w}}.$$

"$\Rightarrow$" 令 $A^{-,\textcircled{w}} = UA^{\textcircled{w}}A$, 显然, A^{-} 是 $A^{-,\textcircled{w}} = UA^{\textcircled{w}}A$ 的一个特解. 若 W 是 $UA^{\textcircled{w}}A = 0$ 的任意解, $W \in \mathbb{C}_{n,n}$, 则 W 可表示为 $W = W - WA^{\textcircled{w}}A = W(I - A^{\textcircled{w}}A)$. 因此, $U = A^{-} + W(I - A^{\textcircled{w}}A)$ 是 $A^{-,\textcircled{w}} = UA^{\textcircled{w}}A$ 的通解.

(2) 根据 (1) 和定理 9.5.11(2), 结论成立. □

通过 core-EP 分解提出 1WG 逆的矩阵规范形式, 并讨论了 1WG 逆与其他广义逆等价的充分必要条件.

定理 9.5.13 设 $A \in \mathbb{C}_{n,n}$ 有引理 2.1.1 的形式. A 的内逆为

$$A^{-} = U\left(\begin{pmatrix} X_1 & X_2 \\ X_3 & N^{-} \end{pmatrix}\right)U^*,$$

则 A 的 1WG 逆为

$$A^{-,\textcircled{w}} = U\begin{pmatrix} X_1 & X_1(T^{-1}S + T^{-2}SN) \\ X_3 & X_3(T^{-1}S + T^{-2}SN) \end{pmatrix}U^*. \tag{9.5.3}$$

其中 $X_1 = T^{-1} - T^{-1}SX_3$, $TX_2N + SN^{-}N = O$, $NX_3 = O$.

证明 很容易验证

$$\begin{aligned} A^{-,\textcircled{w}} = A^{-}A^{\textcircled{w}}A &= U\begin{pmatrix} X_1 & X_2 \\ X_3 & N^{-} \end{pmatrix}\begin{pmatrix} T^{-1} & T^{-2}S \\ O & O \end{pmatrix}\begin{pmatrix} T & S \\ O & N \end{pmatrix}U^* \\ &= U\begin{pmatrix} X_1 & X_1(T^{-1}S + T^{-2}SN) \\ X_3 & X_3(T^{-1}S + T^{-2}SN) \end{pmatrix}U^*. \end{aligned}$$

□

引理 9.5.14 ([14, 27, 53, 189]) 设 $A \in \mathbb{C}_{n,n}$ 有引理 2.1.1 的形式. 令 $\triangle = [TT^* + S(I_{n-t} - N^\dagger N)S^*]^{-1}$, $\triangle_1 = [TT^* + S(P_N - P_{N^\diamond})]^{-1}$, $\tilde{T}_k = \sum\limits_{j=0}^{k-1} T^j S N^{k-1-j}$, 则 A 的广义群逆为

$$A^{\textcircled{w}_2} = U \begin{pmatrix} T^{-1} & T^{-2}S + T^{-3}SN \\ O & O \end{pmatrix} U^*. \tag{9.5.4}$$

引理 9.5.15 ([164, 172]) 设 $A \in \mathbb{C}_{n,n}$ 有引理 2.1.1 的形式, 则

(1) A 的 1D 逆为

$$A^{-,D} = U \begin{pmatrix} Y_1 & Y_1(T^k)^{-1}\tilde{T}_k \\ Y_3 & Y_3(T^k)^{-1}\tilde{T}_k \end{pmatrix} U^*;$$

(2) A 的 ICEP 逆为

$$A^{-,\textcircled{\dagger}} = U \begin{pmatrix} Z_1 & O \\ Z_3 & O \end{pmatrix} U^*,$$

其中 $\tilde{T}_k = \sum\limits_{j=0}^{k-1} T^j S N^{k-1-j}$, $Y_1 = T^{-1} - T^{-1}SY_3$, $NY_3 = O$, $Z_1 = T^{-1} - T^{-1}SZ_3$, $NZ_3 = O$.

注记 9.5.16 设 $A \in \mathbb{C}_{n,n}$ 有引理 2.1.1 的形式. 且 A^- 是 A 固定的内逆, 则

$$AA^{\textcircled{w}}A^- = A^{\textcircled{\dagger}}AA^- = U \begin{bmatrix} T^{-1} & X_2 + T^{-1}SN^- \\ O & O \end{bmatrix} U^* = A^{\textcircled{\dagger},-}.$$

故 $AA^{\textcircled{w}}A^-$ 不是 A 的一个新的广义逆.

定理 9.5.17 设 $A \in \mathbb{C}_{n,n}$ 有引理 2.1.1 的形式, 则

(1) $A^{-,\textcircled{w}} = A^{\dagger,\mathrm{WG}} \Leftrightarrow X_1 = T^*\triangle$, $X_3 = (I_{n-t} - N^\dagger N)S^*\triangle$;

(2) $A^{-,\textcircled{w}} = A^{\textcircled{w}_2} \Leftrightarrow X_1 = T^{-1}$, $X_3 = O$;

(3) $A^{-,\textcircled{w}} = A^\diamond A^{\textcircled{w}} A \Leftrightarrow X_1 = T^*\triangle_1$, $X_3 = (I_{n-t} - N^\dagger N)S^*\triangle_1$, 其中 X_1, X_3, $\triangle$, $\triangle_1$ 的定义在定理 9.5.13 和引理 9.5.14.

证明 (1) 由定理(9.5.13)和弱群逆的 core-EP 分解形式可得

$$A^{-,\textcircled{w}} = A^{\dagger,\mathrm{WG}}$$

$$\Leftrightarrow \begin{pmatrix} X_1 & X_1(T^{-1}S + T^{-2}SN) \\ X_3 & X_3(T^{-1}S + T^{-2}SN) \end{pmatrix}$$

$$= \begin{pmatrix} T^*\triangle & T^*\triangle(T^{-1}S+T^{-2}SN) \\ (I_{n-t}-N^\dagger N)S^*\triangle & (I_{n-t}-N^\dagger N)S^*\triangle(T^{-1}S+T^{-2}SN) \end{pmatrix}$$

$$\Leftrightarrow X_1 = T^*\triangle,\ X_3 = (I_{n-t}-N^\dagger N)S^*\triangle.$$

(2) 由 (9.5.3)和 (9.5.4) 可得

$$A^{-,\circledW} = A^{\circledW_2} \Leftrightarrow \begin{pmatrix} X_1 & X_1(T^{-1}S+T^{-2}SN) \\ X_3 & X_3(T^{-1}S+T^{-2}SN) \end{pmatrix} = \begin{pmatrix} T^{-1} & T^{-2}S+T^{-3}SN \\ O & O \end{pmatrix}$$

$$\Leftrightarrow X_1 = T^{-1},\ X_3 = O.$$

(3) 由定理 9.5.13 和 $A^\diamond$ 的 core-EP 分解形式可得

$$A^{-,\circledW} = A^\diamond A^{\circledW} A$$

$$\Leftrightarrow \begin{pmatrix} X_1 & X_1(T^{-1}S+T^{-2}SN) \\ X_3 & X_3(T^{-1}S+T^{-2}SN) \end{pmatrix}$$

$$= \begin{pmatrix} T^*\triangle_1 & T^*\triangle_1(T^{-1}S+T^{-2}SN) \\ (I_{n-t}-N^\dagger N)S^*\triangle_1 & (I_{n-t}-N^\dagger N)S^*\triangle_1(T^{-1}S+T^{-2}SN) \end{pmatrix}$$

$$\Leftrightarrow X_1 = T^*\triangle_1,\ X_3 = (I_{n-t}-N^\dagger N)S^*\triangle_1.$$ □

定理 9.5.18 设 $A\in\mathbb{C}_{n,n}$ 有引理 2.1.1 的形式. 假设 $A^{-,\circledW}$, $A^{-,\textcircled{\dagger}}$ 和 $A^{-,D}$ 中 A^- 形式相同, 则

(1) $A^{-,\circledW} = A^{-,D} \Leftrightarrow X_1 = Y_1,\ X_3 = Y_3,\ SN^2 = O$;

(2) $A^{-,\circledW} = A^{-,\textcircled{\dagger}} \Leftrightarrow X_1 = Z_1,\ X_3 = Z_3,\ TS+SN = O$,

其中 X_1, X_3 定义在定理 9.5.13.

证明 (1) 根据定理 9.5.13 和引理 9.5.15 (1), 可知

$$A^{-,\circledW} = A^{-,D} \Leftrightarrow \begin{pmatrix} X_1 & X_1(T^{-1}S+T^{-2}SN) \\ X_3 & X_3(T^{-1}S+T^{-2}SN) \end{pmatrix} = \begin{pmatrix} Y_1 & Y_1(T^k)^{-1}\tilde{T}_k \\ Y_3 & Y_3(T^k)^{-1}\tilde{T}_k \end{pmatrix}$$

$$\Leftrightarrow X_1 = Y_1,\ X_3 = Y_3,\ X_3(T^{-1}S+T^{-2}SN) = Y_3(T^k)^{-1}\tilde{T}_k,$$

$$(T^k)^{-1}\tilde{T}_k = T^{-1}S+T^{-2}SN$$

$$\Leftrightarrow X_1 = Y_1,\ X_3 = Y_3,\ SN^2 = O.$$

(2) 由定理 9.5.13 和引理 9.5.15(2), 可得

$$A^{-,\circledW} = A^{-,\textcircled{\dagger}} \Leftrightarrow \begin{pmatrix} X_1 & X_1(T^{-1}S+T^{-2}SN) \\ X_3 & X_3(T^{-1}S+T^{-2}SN) \end{pmatrix} = \begin{pmatrix} Z_1 & O \\ Z_3 & O \end{pmatrix}$$

$$\Leftrightarrow X_1 = Z_1,\ X_3 = Z_3,\ X_3(T^{-1}S + T^{-2}SN) = O,$$
$$T^{-1}S + T^{-2}SN = O$$
$$\Leftrightarrow X_1 = Z_1,\ X_3 = Z_3,\ TS + SN = O.$$ □

逐次矩阵平方算法是一个计算广义逆的高效算法, 通过该算法, 得到了关于 1WG 逆的如下结论.

由于

$$A^- A^k (A^{k+2})^\dagger A^2 (AA^{-,Ⓦ}) = A^- A^k (A^{k+2})^\dagger A^3 A^- A^k (A^{k+2})^\dagger A^2 = A^- A^k (A^{k+2})^\dagger A^2,$$

可得

$$\begin{aligned} A^{-,Ⓦ} &= A^{-,Ⓦ} - \beta(A^- A^k (A^{k+2})^\dagger A^2 AA^{-,Ⓦ} - A^- A^k (A^{k+2})^\dagger A^2) \\ &= (I_n - \beta A^- A^k (A^{k+2})^\dagger A^3) A^{-,Ⓦ} + \beta A^- A^k (A^{k+2})^\dagger A^2. \end{aligned}$$

根据下面的矩阵

$$P = I_n - \beta A^- A^k (A^{k+2})^\dagger A^3, \quad Q = \beta A^- A^k (A^{k+2})^\dagger A^2,\ \beta > 0,$$

可知 $A^{-,Ⓦ}$ 是 $X = PX + Q$ 的唯一解. 接着, 计算 $A^{-,Ⓦ}$ 的迭代过程定义如下

$$X_1 = Q,\ X_{m+1} = PX_m + Q. \tag{9.5.5}$$

此算法可以通过考虑块矩阵并行实现

$$T = \begin{pmatrix} P & Q \\ O & I_n \end{pmatrix}, \quad T^m = \begin{pmatrix} P^m & \sum\limits_{i=0}^{m-1} P^i Q \\ O & I_n \end{pmatrix}.$$

在第二个等式中, 右上角为 X^m, 即 $A^{-,Ⓦ}$ 的 m 阶近似. T^m 可以通过逐次平方来计算

$$T_0 = T, \quad T_{i+1} = T_i^2, \quad i = 0, 1, \cdots, J,$$

其中 J 是使得 $2^J \geq m$ 的整数.

下面给出迭代过程收敛的充分条件.

定理 9.5.19 设 $A \in \mathbb{C}_{n,n}$ 且 $\mathrm{Ind}(A) = k$, $\mathrm{rank}(A^k) = r$. 若谱半径 $\rho(I_n - X_1 A) \leq 1$, 则由迭代过程 (9.5.5)定义的迭代逼近

$$X_{2^m} = \sum_{i=0}^{2^m - 1} (I_n - \beta A^- A^k (A^{k+2})^\dagger A^3)^i \beta A^- A^k (A^{k+2})^\dagger A^2,$$

收敛到 1WG 逆 $A^{-,\circledW}$. 且以下误差估计成立

$$\|A^{-,\circledW} - X_{2^m}\| \leq \|A^{-,\circledW}\|\|(I_n - X_1A)^{2^m}\|.$$

因此

$$\lim_{m\to\infty} \sup \sqrt[2^m]{\|A^{-,\circledW} - X_{2^m}\|} \leq \rho(I_n - X_1A) \leq 1.$$

证明 显然, $A^{-,\circledW}AA^{-,\circledW} = A^{-,\circledW}$, $X_{2^m}AA^{-,\circledW} = X_{2^m}$. 通过数学归纳, 可得

$$I_n - X_{2^m}A = (I_n - X_1A)^{2^m}.$$

因而

$$\begin{aligned}\|A^{-,\circledW} - X_{2^m}\| &= \|A^{-,\circledW} - X_{2^m}AA^{-,\circledW}\| \leq \|A^{-,\circledW}\|\|I_n - X_{2^m}A\| \\ &= \|A^{-,\circledW}\|\|(I_n - X_1A)^{2^m}\|,\end{aligned}$$

并且由 $\lim_{m\to\infty}\|B^n\|^{\frac{1}{n}} = \rho(B)$ 可得

$$\lim_{m\to\infty} \sup \sqrt[2^m]{\|A^{-,\circledW} - X_{2^m}\|} \leq \rho(I_n - X_1A) \leq 1.$$

若 β 是一个实参数使得 $\max_{1\leq i\leq s}|1-\beta\lambda_i| < 1$, 其中 λ_i $(i = 1,2,\cdots,s)$ 是 $A^-A^k(A^{k+2})^\dagger A^3$ 的非零特征值. 则

$$\rho(I_n - X_1A) = \rho(I_n - \beta A^-A^k(A^{k+2})^\dagger A^3) \leq 1. \qquad \square$$

例 9.5.20 令 $A = \begin{pmatrix} 1 & 1 & 0 \\ 0 & 0 & 1 \\ 0 & 0 & 0 \end{pmatrix}$ 且 $A^- = \begin{pmatrix} 0 & -1 & 0 \\ 1 & 1 & 0 \\ 0 & 1 & 0 \end{pmatrix}$, $\mathrm{Ind}(A) = 2$. 可以得到 $P = I_3 - \beta A^-A^2(A^4)^\dagger A^3$, $Q = \beta A^-A^2(A^4)^\dagger A^2$, $\beta = 0.6$. $\{0, 0, 0.6\}$ 是包含 QA 的特征值 λ_i 的集合. 非零特征值 λ_i 满足

$$\max_i|1-\beta\lambda_i| = 1 - 0.36 = 0.64 < 1.$$

然后, 通过连续矩阵平方算法的 6 次迭代后, 取得 $A^{-,\circledW}$ 满意的近似

$$(T^2)^6 \approx \begin{pmatrix} 1.0000 & 0 & 0 & 0 & 0 & 0 \\ -1.0000 & 0 & -1.0000 & 1.0000 & 1.0000 & 1.0000 \\ 0 & 0 & 1.0000 & 0 & 0 & 0 \\ 0 & 0 & 0 & 1.0000 & 0 & 0 \\ 0 & 0 & 0 & 0 & 1.0000 & 0 \\ 0 & 0 & 0 & 0 & 0 & 1.0000 \end{pmatrix}.$$

$(T^2)^6$ 的右上角是 1WG 逆的近似值

$$A^{-,\circledW} = \begin{pmatrix} 0 & 0 & 0 \\ 1.0000 & 1.0000 & 1.0000 \\ 0 & 0 & 0 \end{pmatrix}.$$

下面主要讨论 A 的 1WG 逆 $A^{-,\circledW}$ 和非奇异加边矩阵的关系.

定理 9.5.21 设 $A \in \mathbb{C}_{n,n}$ 且 $\mathrm{Ind}(A) = k$. 假设 $P \in \mathbb{C}_{n,r}$ 和 $Q^* \in \mathbb{C}_{n,r}$ 是列满秩使得

$$\mathcal{N}\left((A^k)^* A^2\right) = \mathcal{R}(P), \quad \mathcal{R}\left(A^- A^k\right) = \mathcal{N}(Q).$$

则加边矩阵

$$X = \begin{pmatrix} A & P \\ Q & O \end{pmatrix}$$

是非奇异的且

$$X^{-1} = \begin{pmatrix} A^{-,\circledW} & (I_n - A^{-,\circledW} A) Q^\dagger \\ P^\dagger (I_n - AA^{-,\circledW}) & -P^\dagger (A - AA^{-,\circledW} A) Q^\dagger \end{pmatrix}.$$

证明 由 $\mathcal{R}(A^{-,\circledW}) = \mathcal{R}\left(A^- A^k\right) = \mathcal{N}(Q)$, 可知 $QA^{-,\circledW} = O$. 此外,

$$\mathcal{R}\left(I_n - AA^{-,\circledW}\right) = \mathcal{N}\left(AA^{-,\circledW}\right) = \mathcal{N}\left(A^{-,\circledW}\right) = \mathcal{N}\left((A^k)^* A^2\right) = \mathcal{R}(P) = \mathcal{R}\left(PP^\dagger\right).$$

因此, $PP^\dagger (I_n - AA^{-,\circledW}) = I_n - AA^{-,\circledW}$. 由

$$Y = \begin{pmatrix} A^{-,\circledW} & (I_n - A^{-,\circledW} A) Q^\dagger \\ P^\dagger (I_n - AA^{-,\circledW}) & -P^\dagger (A - AA^{-,\circledW} A) Q^\dagger \end{pmatrix}$$

得到

$$\begin{aligned} & XY \\ = & \begin{pmatrix} AA^{-,\circledW} + PP^\dagger (I_n - AA^{-,\circledW}) & A(I_n - A^{-,\circledW} A) Q^\dagger - PP^\dagger (A - AA^{-,\circledW} A) Q^\dagger \\ QA^{-,\circledW} & Q(I_n - A^{-,\circledW} A) Q^\dagger \end{pmatrix} \\ = & \begin{pmatrix} AA^{-,\circledW} + I_n - AA^{-,\circledW} & A(I_n - A^{-,\circledW} A) Q^\dagger - PP^\dagger (A - AA^{-,\circledW} A) Q^\dagger \\ QA^{-,\circledW} & QQ^\dagger - QA^{-,\circledW} AQ^\dagger \end{pmatrix} \end{aligned}$$

$$
= \begin{pmatrix} I_n & A(I_n - A^{-,ⓦ}A)Q^\dagger - (A - AA^{-,ⓦ}A)Q^\dagger \\ O & QQ^\dagger \end{pmatrix}
$$

$$
= \begin{pmatrix} I_n & O \\ O & I_r \end{pmatrix}.
$$

类似地, 可证得 $YX = I_{n+r}$. 故 $Y = X^{-1}$. □

定理 9.5.22 设 $A \in \mathbb{C}_{n,n}$ 且 $\mathrm{Ind}(A) = k$. 方程

$$
Ax = A^{ⓦ}Ab, \quad b \in \mathbb{C}^n \tag{9.5.6}
$$

是相容的且其通解为

$$
x = A^{-,ⓦ}b + (I_n - A^-A)y, \quad \forall y \in \mathbb{C}^n. \tag{9.5.7}
$$

证明 若 x 有形式 (9.5.7), 则

$$
Ax = A(A^{-,ⓦ}b + (I_n - A^-A)y) = A^{ⓦ}Ab + Ay - AA^-Ay = A^{ⓦ}Ab.
$$

另一方面, 设 y 是(9.5.6)的另一个解. 容易看出 $A^{-,ⓦ}b = A^-A^{ⓦ}Ab = A^-Ay$. 我们有

$$
y = A^{-,ⓦ}b + y - A^{-,ⓦ}b = A^{-,ⓦ}b + y - A^-Ay = A^{-,ⓦ}b + (I_n - A^-A)y.
$$

因此, 解有形式 (9.5.7). □

接下来主要研究 1WG 逆的二元关系, 其类似于 1D 逆、ICEP 逆和 1MP 偏序.

定义 9.5.2 设 $A, B \in \mathbb{C}_{n,n}$. 如果 $A^{-,ⓦ}A = A^{-,ⓦ}B$, $AA^{-,ⓦ} = BA^{-,ⓦ}$. 我们称 A 是 B 下的 $\leq^{-,ⓦ}$ 关系.

容易看出二元关系 $\leq^{-,ⓦ}$ 是自反的. 通过下面例子, 可以观察到它既不是对称的也不是反对称的.

例 9.5.23 令 $A = \begin{pmatrix} 2 & 0 & 1 \\ 0 & 0 & 2 \\ 0 & 0 & 0 \end{pmatrix}$, $B = \begin{pmatrix} 2 & 0 & 1 \\ 0 & 0 & 1 \\ 0 & 0 & 0 \end{pmatrix}$. A 和 B 的内逆分别取

$$
A^- = \begin{pmatrix} \frac{1}{2} & -\frac{1}{4} & 1 \\ 1 & 1 & 1 \\ 0 & \frac{1}{2} & 1 \end{pmatrix}, \quad B^- = \begin{pmatrix} \frac{1}{2} & -\frac{1}{2} & 1 \\ 1 & 1 & 1 \\ 0 & 1 & 1 \end{pmatrix}.
$$

通过计算可得

$$A^{\textcircled{W}} = B^{\textcircled{W}} = \begin{pmatrix} \frac{1}{2} & 0 & \frac{1}{4} \\ 0 & 0 & 0 \\ 0 & 0 & 0 \end{pmatrix}, \quad A^{-,\textcircled{W}} = B^{-,\textcircled{W}} = \begin{pmatrix} \frac{1}{2} & 0 & \frac{1}{4} \\ 1 & 0 & \frac{1}{2} \\ 0 & 0 & 0 \end{pmatrix}.$$

我们得到 $A^{-,\textcircled{W}}A = A^{-,\textcircled{W}}B$ 且 $AA^{-,\textcircled{W}} = BA^{-,\textcircled{W}}$, 故 $A \leq^{-,\textcircled{W}} B$. 类似地可以得到 $B^{-,\textcircled{W}}B = B^{-,\textcircled{W}}A$, $BB^{-,\textcircled{W}} = AB^{-,\textcircled{W}}$, 即 $B \leq^{-,\textcircled{W}} A$. 然而 $A \neq B$. 因此, $\leq^{-,\textcircled{W}}$ 不是反对称的.

例 9.5.24 令 $A = \begin{pmatrix} 1 & 2 & 0 \\ 0 & 0 & 0 \\ 0 & 1 & 0 \end{pmatrix}$, $B = \begin{pmatrix} 1 & 2 & -2 \\ 0 & 0 & 1 \\ 0 & 0 & 0 \end{pmatrix}$, 且

$$A^{-} = \begin{pmatrix} 1 & 0 & -2 \\ 0 & 0 & 1 \\ 0 & 0 & 0 \end{pmatrix}, \quad B^{-} = \begin{pmatrix} -1 & 0 & 1 \\ 1 & 1 & 1 \\ 0 & 1 & 1 \end{pmatrix}.$$

通过计算可得

$$A^{\textcircled{W}} = \begin{pmatrix} 1 & 0 & 0 \\ 0 & 0 & 0 \\ 0 & 0 & 0 \end{pmatrix}, \quad B^{\textcircled{W}} = \begin{pmatrix} 1 & 2 & -2 \\ 0 & 0 & 0 \\ 0 & 0 & 0 \end{pmatrix},$$

$$A^{-,\textcircled{W}} = \begin{pmatrix} 1 & 0 & 0 \\ 0 & 0 & 0 \\ 0 & 0 & 0 \end{pmatrix}, \quad B^{-,\textcircled{W}} = \begin{pmatrix} -1 & -2 & 0 \\ 1 & 2 & 0 \\ 0 & 0 & 0 \end{pmatrix}.$$

容易验证 $A \leq^{-,\textcircled{W}} B$. 由于 $BB^{-,\textcircled{W}} \neq AB^{-,\textcircled{W}}$, 无法得出 $B \leq^{-,\textcircled{W}} A$. 因此, $\leq^{-,\textcircled{W}}$ 不是对称的.

接下来讨论能使其变成偏序的条件.

定理 9.5.25 设 $A, B \in \mathbb{C}_{n,n}$, 则

(1) $A^{-,\textcircled{W}}A = A^{-,\textcircled{W}}B \Leftrightarrow A^{\textcircled{W}}A^2 = A^{\textcircled{W}}AB$;

(2) $AA^{-,\textcircled{W}} = BA^{-,\textcircled{W}} \Leftrightarrow A^{\textcircled{W}} = BA^{-}A^{\textcircled{W}}$.

证明 (1) "$\Rightarrow$" 令 $A^{-,\textcircled{W}}A = A^{-,\textcircled{W}}B$, 则 $A^{\textcircled{W}}A^2 = AA^{-}A^{\textcircled{W}}A^2 = AA^{-,\textcircled{W}}B = A^{\textcircled{W}}AB$.

"$\Leftarrow$" $A^{\textcircled{W}}A^2 = A^{\textcircled{W}}AB$ 两边同时左乘 A^{-}, 可得 $A^{-,\textcircled{W}}A = A^{-,\textcircled{W}}B$.

(2) "⇒" 令 $AA^{-,ⓦ} = BA^{-,ⓦ}$, 两边同时右乘 $A^{ⓦ}$, 可得 $AA^{-,ⓦ}A^{ⓦ} = A^{ⓦ}$, $BA^{-,ⓦ}A^{ⓦ} = BA^{-}A^{ⓦ}$, 则 $A^{ⓦ} = BA^{-}A^{ⓦ}$.

"⇐" 令 $A^{ⓦ} = BA^{-}A^{ⓦ}$. 易证 $A^{ⓦ}A = BA^{-}A^{ⓦ}A$. 故 $AA^{-,ⓦ} = BA^{-,ⓦ}$. □

定理 9.5.26 设 $A, B \in \mathbb{C}_{n,n}$, 则下列条件等价:

(1) $A \le^{-,ⓦ} B$;

(2) $A^{ⓦ}A^2 = BA^{-,ⓦ}A = A^{ⓦ}AB$;

(3) $A^{ⓦ}A^2 = A^{ⓦ}AB$, $A^{ⓦ}A = BA^{-,ⓦ}$.

证明 (1) ⇒ (2) 令 $A \le^{-,ⓦ} B$, 则 $A^{ⓦ}A^2 = AA^{-,ⓦ}A = BA^{-,ⓦ}A$. 同时 $A^{ⓦ}AB = AA^{-,ⓦ}B = AA^{-,ⓦ}A = A^{ⓦ}A^2$.

(2) ⇒ (3) 显然 $A^{ⓦ}A = AA^{-,ⓦ}AA^{-,ⓦ} = A^{ⓦ}A^2A^{-,ⓦ} = BA^{-,ⓦ}AA^{-,ⓦ} = BA^{-,ⓦ}$.

(3) ⇒ (1) 由 $A^{ⓦ}A = BA^{-,ⓦ}$, 可得 $A^{ⓦ} = BA^{-,ⓦ}A^{ⓦ} = BA^{-}A^{ⓦ}$. 根据定理 9.5.25, $A \le^{-,ⓦ} B$. □

定理 9.5.27 设 $A, B \in \mathbb{C}_{n,n}$ 且 A 有引理 2.1.1 的形式. 则下列条件等价:

(1) $A \le^{-,ⓦ} B$;

(2) $B = U\begin{pmatrix} B_1 & B_2 \\ B_3 & B_4 \end{pmatrix}U^*$ 且 $X_1(B_1+(T^{-1}S+T^{-2}SN)B_3) = X_1T$, $X_1(B_2+(T^{-1}S+T^{-2}SN)B_4) = X_1(S+T^{-1}SN+T^{-2}SN^2)$, $X_3(B_1+(T^{-1}S+T^{-2}SN)B_3) = X_3T$, $X_3(B_2+(T^{-1}S+T^{-2}SN)B_4) = X_3(S+T^{-1}SN+T^{-2}SN^2)$, $B_1X_1+B_2X_3 = I_n$, $B_3X_1+B_4X_3 = O$, 其中 $X_1 = T^{-1}-T^{-1}SX_3$, $NX_3 = O$.

证明 (1) ⇒ (2) 假设 $B = U\begin{pmatrix} B_1 & B_2 \\ B_3 & B_4 \end{pmatrix}U^*$ 被划分为和 A 相同大小的块矩阵, 则 $A^{-,ⓦ}$ 可以用定理 9.5.13 来表示. 因为 $A \le^{-,ⓦ} B$, 由 $A^{-,ⓦ}A = A^{-,ⓦ}B$, 得到

$$\begin{aligned} X_1T =& X_1(B_1+(T^{-1}S+T^{-2}SN)B_3), \quad X_3T = X_3(B_1+(T^{-1}S+T^{-2}SN)B_3), \\ & X_1(S+(T^{-1}S+T^{-2}SN)N) = X_1(B_2+(T^{-1}S+T^{-2}SN)B_4), \\ & X_3(S+(T^{-1}S+T^{-2}SN)N) = X_3(B_2+(T^{-1}S+T^{-2}SN)B_4). \end{aligned}$$

另外, 由 $AA^{-,ⓦ} = BA^{-,ⓦ}$ 的 $B_1X_1+B_2X_3 = I_n$, $B_3X_1+B_4X_3 = O$.

(2) ⇒ (1) 显然, 二元关系成立. □

引理 9.5.28 设 $A, B \in \mathbb{C}_n^{\mathrm{CM}}$. 若 $A \le^{-,ⓦ} B$, 则 $A \# \le B$, 其中 $\# \le$ 是左 sharp 偏序.

证明 假设 $A \leq^{-,ⓦ} B$, 则 $A^{-,ⓦ}A = A^{-,ⓦ}B$, $AA^{-,ⓦ} = BA^{-,ⓦ}$. 因为 $A \in \mathbb{C}_n^{\mathrm{CM}}$, 可知 $A^{ⓦ} = A^{\sharp}$. 由 $A^{-,ⓦ}A = A^{-,ⓦ}B$, 可得 $A^{-}A^{\sharp}AA = A^{-}A^{\sharp}AB$, $A^{-}AA^{\sharp}A = A^{-}AA^{\sharp}B$. $A^{-}AA^{\sharp}A = A^{-}AA^{\sharp}B$ 两边同时左乘 A^2, 得到 $A^2 = AB$. 类似地, 由 $AA^{-,ⓦ} = BA^{-,ⓦ}$, 可得 $A = BA^{-}A$, 则 $\mathcal{R}(A) \subseteq \mathcal{R}(B)$. 根据 [131] 中定义 6.3.1, 得到 $A\# \leq B$. 因此, A 是 B 在左 sharp 偏序下的一个预序. □

参考文献

[1] Alieva A A, Guterman A E. Monotone linear transformations on matrices are invertible. Communications in Algebra, 2005, 33(9): 3335-3352.

[2] Ando T. Square inequality and strong order relation. Advances in Operator Theory, 2016, 1(1): 1-7.

[3] Angeles J. The dual generalized inverses and their applications in kinematic synthesis. Latest Advances in Robot Kinematics. Dordrecht: Springer, 2012: 1-10.

[4] Anstreicher K M, Rothblum U G. Using Gauss-Jordan elimination to compute the index, generalized null spaces, and Drazin inverse. Linear Algebra and Its Applications, 1987, 85: 221-239.

[5] Baksalary J K, Baksalary O M, Liu X J. Further relationships between certain partial orders of matrices and their squares. Linear Algebra and Its Applications, 2003, 375: 171-180.

[6] Baksalary J K, Baksalary O M, Liu X J, et al. Further results on generalized and hypergeneralized projectors. Linear Algebra and Its Applications, 2008, 429(5-6): 1038-1050.

[7] Baksalary J K, Hauke J. A further algebraic version of Cochran's theorem and matrix partial orderings. Linear Algebra and Its Applications, 1990, 127: 157-169.

[8] Baksalary J K, Hauke J, Liu X J, et al. Relationships between partial orders of matrices and their powers. Linear Algebra and Its Applications, 2004, 379: 277-287.

[9] Baksalary J K, Mitra S K. Left-star and right-star partial orderings. Linear Algebra and Its Applications, 1991, 149: 73-89.

[10] Baksalary J K, Pukelsheim F. On the Löwner, minus, and star partial orderings of nonnegative definite matrices and their squares. Linear Algebra and Its Applications, 1991, 151: 135-141.

[11] Baksalary J K, Pukelsheim F, Styan G P H. Some properties of matrix partial orderings. Linear Algebra and Its Applications, 1989, 119: 57-85.

[12] Baksalary J K, Schipp B. Some further results on Hermitian-matrix inequalities. Linear Algebra and Its Applications, 1992, 160: 119-129.

[13] Baksalary O M, Trenkler G. Core inverse of matrices. Linear and Multilinear Algebra, 2010, 58(6): 681-697.

[14] Baksalary O M, Trenkler G. On a generalized core inverse. Applied Mathematics and Computation, 2014, 236: 450-457.

[15] Bapat R B. Linear Algebra and Linear Models. London: Springer, 2012.

[16] Behera R, Maharana G, Sahoo J K. Further results on weighted core-EP inverse of matrices. Results in Mathematics, 2020, 75(4): 174.

[17] Bell C L. Generalized inverses of circulant and generalized circulant matrices. Linear Algebra and Its Applications, 1981, 39: 133-142.

[18] Ben-Israel A, Grevile T N E. Generalized Inverses: Theory and Applications. 2nd ed. Canadian Mathematical Society, New York: Springer, 2003.

[19] Benítez J. A new decomposition for square matrices. Electronic Journal of Linear Algebra, 2010, 20: 207-225.

[20] Benítez J, Boasso E, Jin H W. On one-sided (b,c)-inverses of arbitrary matrices. The Electronic Journal of Linear Algebra, 2017, 32: 391-422.

[21] Benítez J, Liu X J. A short proof of a matrix decomposition with applications. Linear Algebra and Its Applications, 2013, 438(3): 1398-1414.

[22] Benítez J, Liu X J, Zhong J. Some results on matrix partial orderings and reverse order law. Electronic Journal of Linear Algebra, 2010, 20: 254-273.

[23] Bernstein D S. Matrix mathematics: theory, facts, and formulas. 2nd ed. NJ: Princeton University Press, 2009.

[24] Bhatia R, Kittaneh F. Cartesian decompositions and Schatten norms. Linear Algebra and Its Applications, 2000, 318(1-3): 109-116.

[25] Cai J-F, Osher S, Shen Z W. Linearized Bregman iterations for compressed sensing. Mathematics of Computation, 2009, 78(267): 1515-1536.

[26] Campbell S L, Meyer C D, Jr. Weak Drazin inverses. Linear Algebra and Its Applications, 1978, 20(2): 167-178.

[27] Campbell S L, Meyer C D. Generalized Inverses of Linear Transformations. Society for Industrial and Applied Mathematics, Philadelphia PA, 2009.

[28] Campbell S L, Meyer C D Jr, Rose N J. Applications of the Drazin inverse to linear systems of differential equations with singular constant coefficients. SIAM Journal on Applied Mathematics, 1976, 31(3): 411-425.

[29] Cheng C M, Horn R A, Li C K. Inequalities and equalities for the Cartesian decomposition of complex matrices. Linear Algebra and Its Applications, 2002, 341(1-3): 219-237.

[30] Chen H B, Wang Y J. A Family of higher-order convergent iterative methods for computing the Moore-Penrose inverse. Applied Mathematics and Computation, 2011, 218(8): 4012-4016.

[31] Chen J L, Mosić D, Xu S Z. On a new generalized inverse for Hilbert space operators. Quaestiones Mathematicae, 2020, 43(9): 1331-1348.

[32] Chen X S, Li W, Sun W W. Some new perturbation bounds for the generalized polar decomposition. BIT Numerical Mathematics, 2004, 44(2): 237-244.

[33] Cīrulis J. The diamond partial order for strong Rickart rings. Linear and Multilinear Algebra, 2017, 65(1): 192-203.

[34] Cline R E. Inverses of rank invariant powers of a matrix. SIAM Journal on Numerical Analysis, 1968, 5(1): 182-197.

[35] Coll C, Herrero A, Sánchez E, et al. On the minus partial order in control systems. Applied Mathematics and Computation, 2020, 386: 125529.

[36] de la Cruz R J, Merino D I, Paras A T. Skew ϕ polar decompositions. Linear Algebra and Its Applications, 2017, 531: 129-140.

[37] Cvetković-Ilić D S, Mosić D, Wei Y M. Partial orders on $B(H)$. Linear Algebra and Its Applications, 2015, 481: 115-130.

[38] de Andrade Bezerra J. A note on the product of two matrices of index one. Linear and Multilinear Algebra, 2017, 65(7): 1479-1492.

[39] Deng C Y, Du H K. Representation of the Moore-Penrose inverse of 2×2 block operator valued matrices. Journal of the Korean Mathematical Society, 2009, 46(6): 1139-1150.

[40] Deng C Y. On the invertibility of the operator $A - XB$. Numerical Linear Algebra with Applications, 2009, 16(10): 817-831.

[41] Diao H A, Wei Y M, Xie P P. Small sample statistical condition estimation for the total least squares problem. Numerical Algorithms, 2017, 75(2): 435-455.

[42] Dolinar G, Halicioglu S, Harmanci A, et al. Preservers of the left-star and right-star partial orders. Linear Algebra and Its Applications, 2020, 587: 70-91.

[43] Dolinar G, Kuzma B, Marovt J, et al. Properties of core-EP order in rings with involution. Frontiers of Mathematics in China, 2019, 14(4): 715-736.

[44] Drazin M P. A class of outer generalized inverses. Linear Algebra and Its Applications, 2012, 436(7): 1909-1923.

[45] Drazin M P. Natural structures on semigroups with involution. Bulletin of the American Mathematical Society, 1978, 84(1): 139-141.

[46] Drazin M P. Pseudo-inverses in associative rings and semigroups. The American Mathematical Monthly, 1958, 65(7): 506-514.

[47] de Falco D, Pennestrì E, Udwadia F E. On generalized inverses of dual matrices. Mechanism and Machine Theory, 2018, 123: 89-106.

[48] Ferreyra D E, Levis F E, Priori A N, et al. The weak core inverse. Aequationes Mathematicae, 2021, 95(2): 351-373.

[49] Ferreyra D E, Levis F E, Thome N. Characterizations of k-commutative equalities for some outer generalized inverse. Linear and Multiliear Algebra, 2020, 68(1): 177-192.

[50] Ferreyra D E, Levis F E, Thome N. Maximal classes of matrices determining generalized inverses. Applied Mathematics and Computation, 2018, 333: 42-52.

[51] Ferreyra D E, Levis F E, Thome N. Revisiting the core EP inverse and its extension to rectangular matrices. Quaestiones Mathematicae, 2018, 41(2): 265-281.

[52] Ferreyra D E, Lattanzi M, Levis F, et al. Solving an open problem about the G-Drazin partial order. The Electronic Journal of Linear Algebra, 2020, 36(36): 55-66.

[53] Ferreyra D E, Malik S B. A generalization of the group inverse. Quaestiones Mathematicae, 2023, 46(10): 2129-2145.

[54] Ferreyra D E, Malik S B. Core and strongly core orthogonal matrices. Linear and Multilinear Algebra, 2022, 70(20): 5052-5067.

[55] Ferreyra D E, Malik S B. Some new results on the core partial order. Linear and Multilinear Algebra, 2022, 70(18): 3449-3465.

[56] Ferreyra D E, Orquera V, Thome N. A weak group inverse for rectangular matrices. Revista de la Real Academia de Ciencias Exactas, Físicas y Naturales. Serie A, Matemáticas, 2019, 113(4): 3727-3740.

[57] Fu Z M, Zuo K Z, Chen Y. Further characterizations of the weak core inverse of matrices and the weak core matrix. AIMS Mathematics, 2022, 7(3): 3630-3647.

[58] Gabriel R, Hartwig R E. The Drazin inverse as a gradient. Linear Algebra and Its Applications, 1984, 63: 237-252.

[59] Gao Y F, Chen J L. Pseudo core inverses in rings with involution. Communications in Algebra, 2018, 46(1): 38-50.

[60] Gao Y F, Chen J L, Patrício P. Representations and properties of the W-weighted core-EP inverse. Linear and Multilinear Algebra, 2020, 68(6): 1160-1174.

[61] Gareis M I, Lattanzi M, Thome N. Nilpotent matrices and the minus partial order. Quaestiones Mathematicae, 2017, 40(4): 519-525.

[62] Golub G H, Van Loan C F, Matrix Computations. 2nd ed. Baltimore: The Johns Hopkins University Press, 2012.

[63] Greville T. Some new generalized inverses with spectral properties. Process Symposium on Theory and Applications of Generalized Inverses of Matrices, Texas Tech College, Lubbock, Texas, 1968.

[64] Groß J, Hauke J, Markiewicz A. Partial orderings, preorderings, and the polar decomposition of matrices. Linear Algebra and Its Applications, 1999, 289(1-3): 161-168.

[65] Guterman A. Linear preservers for matrix inequalities and partial orderings. Linear Algebra and Its Applications, 2001, 331(1-3): 75-87.

[66] Guterman A, Efimov M A. Monotone maps on matrices of index one. Zapiski Nauchnykh Seminarov POMI, 2013, 191: 36-51.

[67] Guterman A, Herrero A, Thome N. New matrix partial order based on spectrally orthogonal matrix decomposition. Linear and Multilinear Algebra, 2016, 64(3): 362-374.

[68] Hanke M. Iterative consistency: a concept for the solution of singular systems of linear equations. SIAM Journal on Matrix Analysis and Applications, 1994, 15(2): 569-577.

[69] Hartwig R E. A note on rank-additivity. Linear and Multilinear Algebra, 1981, 10(1): 59-61.

[70] Hartwig R E. How to partially order regular elements. Mathematica Japonica, 1980, 25(1): 1-13.

[71] Hartwig R E, Omladič M, Šemrl P, et al. On some characterizations of pairwise star orthogonality using rank and dagger additivity and subtractivity. Linear Algebra and Its Applications, 1996, 237-238: 499-507

[72] Hartwig R E, Spindelbök K. Matrices for which A^* and $A^\dagger$ commute. Linear and Multilinear Algebra, 1983, 14(3): 241-256.

[73] Hartwig R E, Styan G P H. On some characterizations of the "star" partial ordering for matrices and rank subtractivity. Linear Algebra and Its Applications, 1986, 82: 145-161.

[74] Hartwig R E, Styan G P H. Partially ordered idempotent matrices. Proceedings of the Second International Tampere Conference in Statistics. University of Tampere, Tampere, Finland, 1987: 361-383.

[75] Hartwig R E, Wang G R, Wei Y M. Some additive results on Drazin inverse. Linear Algebra and Its Applications, 2001, 322(1-3): 207-217.

[76] Hauke J, Markiewicz A. On partial orderings on the set of rectangular matrices. Linear Algebra and Its Applications, 1995, 219: 187-194.

[77] Hernández A, Lattanzi M, Thome N. On a partial order defined by the weighted Moore-Penrose inverse. Applied Mathematics and Computation, 2013, 219(14): 7310-7318.

[78] Herrero A, Thome N. Sharp partial order and linear autonomous systems. Applied Mathematics and Computation, 2020, 366: 124736.

[79] Hestenes M R. Relative hermitian matrices. Pacific Journal of Mathematics, 1961, 11(1): 225-245.

[80] He Z H, Wang Q W. The general solutions to some systems of matrix equations. Linear and Multilinear Algebra, 2015, 63(10): 2017-2032.

[81] Higham N J, Mehl C, Tisseur F. The canonical generalized polar decomposition. SIAM Journal on Matrix Analysis and Applications, 2010, 31(4): 2163-2180.

[82] Horn R A, Johnson C R. Matrix Analysis. Cambridge: Cambridge University Press, 2012.

[83] Hsieh P F, Sibuya Y. Basic Theory of Ordinary Differential Equations. New York: Springer, 1999.

[84] Yan H, Wang H X, Zuo K Z, et al. Further characterizations of the weak group inverse of matrices and the weak group matrix. AIMS Mathematics, 2021, 6(9): 9322-9341.

[85] Jiang W L, Zuo K Z. Further characterizations of the m-weak group inverse of a complex matrix. AIMS Mathematics, 2022, 7(9): 17369-17392.

[86] Jiang W L, Zuo K Z. Revisiting of the BT-inverse of matrices. AIMS Mathematics, 2020, 6(3): 2607-2622.

[87] Ji J, Chen X Z. A new method for computing Moore-Penrose inverse through Gauss-Jordan elimination. Applied Mathematics and Computation, 2014, 245: 271-278.

[88] Ji J. Computing the outer and group inverses through elementary row operations. Computers and Mathematics with Applications, 2014, 68(6): 655-663.

[89] Ji J. Gauss-Jordan elimination methods for the Moore-Penrose inverse of a matrix. Linear Algebra and Its Applications, 2012, 437(7): 1835-1844.

[90] Ji J. Two inverse-of-N-free methods for $A^{\dagger}_{M,N}$. Applied Mathematics and Computation, 2014, 232: 39-48.

[91] Ji J, Wei Y M. The core-EP, weighted core-EP inverse of matrices, and constrained systems of linear equations. Communications in Mathematical Research, 2021, 37(1): 86-112.

[92] Kaczorek T. An extension of the Cayley-Hamilton theorem for a standard pair of block matrices. Applied Mathematics and Computer Science, 1998, 8(3): 511-516.

[93] Kaczorek T. An extension of the Cayley-Hamilton theorem for non-square block matrices and computation of the left and right inverses of matrices. Proceedings of 35th IEEE Conference on Decision and Control, Kobe, Japan, 1996: 4535-4536.

[94] Kaczorek T. Cayley-Hamilton theorem for Drazin inverse matrix and standard inverse matrices. Bulletin of the Polish Academy of Sciences, Technical Sciences, 2016, 64(4): 793-797.

[95] Kaczorek T. Extension of the Cayley-Hamilton theorem to continuous-time systems with delays. International Journal of Applied Mathematics and Computer Science, 2005, 15(2): 231-234.

[96] Kaczorek T. Selected Problems of Fractional Systems Theory. Berlin, Heidelberg: Springer, 2012.

[97] Keler M L. Analyse und synthese der raumkurbelgetriebe mittels raumliniengeometrie und dualer Größen. Forschung Auf Dem Gebiet Des Ingenieurwesens A, 1959, 25(1): 26-32.

[98] Kurata H. Some theorems on the core inverse of matrices and the core partial ordering. Applied Mathematics and Computation, 2018, 316: 43-51.

[99] Kyrchei I. Analogs of the adjoint matrix for generalized inverses and corresponding Cramer rules. Linear and Multilinear Algebra, 2008, 56(4): 453-469.

[100] Kyrchei I. Explicit representation formulas for the minimum norm least squares solutions of some quaternion matrix equations. Linear Algebra and Its Applications, 2013, 438(1): 136-152.

[101] Kyrchei I. Weighted singular value decomposition and determinantal representations of the quaternion weighted Moore-Penrose inverse. Applied Mathematics and Computation, 2017, 309: 1-16.

[102] Lebtahi L, Patrício P, Thome N. The diamond partial order in rings. Linear and Multilinear Algebra, 2014, 62(3): 386-395.

[103] Liang W T, Deng C Y. The solutions to some operator equations with corresponding operators not necessarily having closed ranges. Linear and Multilinear Algebra, 2019, 67(8): 1606-1624.

[104] Li R C. A perturbation bound for the generalized polar decomposition. BIT Numerical Mathematics, 1993, 33(2): 304-308.

[105] Li T T, Chen J L. Characterizations of core and dual core inverses in rings with involution. Linear and Multilinear Algebra, 2018, 66(4): 717-730.

[106] Liu X J. Partial orderings and generalized inverses of matrix. Ph.D. Thesis, Xidian University, 2003.

[107] Liu X J, Gui F. Some characterizations and properties of a new partial order. Journal of Mathematics, 2020, 2020: 3215038.

[108] Liu X J, Gui F, Wang H C. The L* partial order on the set of group matrices. Communications in Mathematical Research, 2021, 37(4): 462-483.

[109] Liu X J, Liu Y, Jin H W. C-S and strongly C-S orthogonal matrices. Axioms, 2024, 13(2): 110.

[110] Liu X J, Wang C C, Wang H X. Further results on strongly core orthogonal matrix. Linear and Multilinear Algebra, 2023, 71(15): 2543-2564.

[111] Li Y, Tian Y G. On relations among solutions of the Hermitian matrix equation $AXA^* = B$ and its three small equations. Annals of Functional Analysis, 2014, 5(2): 30-46.

[112] Löwner K, Über monotone Matrixfunktionen. Mathematische Zeitschrift, 1934, 38: 177-216.

[113] Ma H F. Characterizations and representations for the CMP inverse and its application. Linear and Multilinear Algebra, 2022, 70(20): 5157-5172.

[114] Ma H F, Li T T. Characterizations and representations of the core inverse and its applications. Linear and Multilinear Algebra, 2021, 69(1): 93-103.

[115] Ma R, Tian Y G. A matrix approach to a general partitioned linear model with partial parameter restrictions. Linear and Multilinear Algebra, 2022, 70(13): 2513-2532.

[116] Ma H F, Stanimirović P S. Characterizations, approximation and perturbations of the core-EP inverse. Applied Mathematics and Computation, 2019, 359: 404-417.

[117] Malik S B, Rueda L, Thome N. Further properties on the core partial order and other matrix partial orders. Linear and Multilinear Algebra, 2014, 62(12): 1629-1648.

[118] Malik S B, Rueda L, Thome N. The class of m-EP and m-normal matrices. Linear and Multilinear Algebra, 2016, 64(11): 2119-2132.

[119] Malik S B. Some more properties of core partial order. Applied Mathematics and Computation, 2013, 221: 192-201.

[120] Malik S B, Thome N. On a new generalized inverse for matrices of an arbitrary index. Applied Mathematics and Computation, 2014, 226: 575-580.

[121] Manjunatha P K, Mohana K S. Core-EP inverse. Linear and Multilinear Algebra, 2014, 62(6): 792-802.

[122] Markiewicz A. Simultaneous polar decomposition of rectangular complex matrices. Linear Algebra and Its Applications, 1999, 289(1-3): 279-284.

[123] Matsaglia G, Styan G P H. Equalities and inequalities for ranks of matrices. Linear and Multilinear Algebra, 1974, 2(3): 269-292.

[124] Mcclelland J L, Rumelhart D E. Explorations in Parallel Distributed Processing: A Handbook of Models, Programs, and Exercises. Cambridge: MIT Press, 2015.

[125] Meenakshi A R, Krishnamoorthy S. On k-EP matrices . Linear Algebra and Its Applications, 1998, 269(1-3): 219-232.

[126] Mehdipour M, Salemi A. On a new generalized inverse of matrices. Linear and Multilinear Algebra, 2018, 66(5): 1046-1053.

[127] Meng L S. The DMP inverse for rectangular matrices. Filomat, 2017, 31(19): 6015-6019.

[128] Mielniczuk J. Note on the core matrix partial ordering. Discussiones Mathematicae Probability and Statistics, 2011, 31(1-2): 71-75.

[129] Miler-Jerković V, Janković M M, Malešević B, et al. Solving fuzzy linear systems with EP matrix using a block representation of generalized inverses. 13th Symposium on Neurel Networks and Applications (NEUREL), Belgrade, Serbia. IEEE, 2016: 1-5.

[130] Mitra S K. A pair of simultaneous linear matrix equations $A_1XB_1 = C_1$, $A_2XB_2 = C_2$ and a matrix programming problem. Linear Algebra and Its Applications, 1990, 131: 107-123.

[131] Mitra S K, Bhimasankaram P, Malik S B. Matrix Partial Orders, Shorted Operators and Applications. Hackensack: World Scientific, 2010.

[132] Mitra S K, Hartwig R E. Partial orders based on outer inverses. Linear Algebra and Its Applications, 1992, 176: 3-20.

[133] Mitra S K. On group inverses and the sharp order. Linear Algebra and Its Applications, 1987, 92(1): 17-37.

[134] Mitra S K. The minus partial order and the shorted matrix. Linear Algebra and Its Applications, 1986, 83: 1-27.

[135] Moore E H. On the reciprocal of the general algebraic matrix. Bulletin of the American Mathematical Society, 1920, 26: 394-395.

[136] Morris W H, Smale S. Differential Equations, Dynamical Systems and Linear Algebra. New York: Academic Press, 1974.

[137] Mosić D. Core-EP inverses in Banach algebras. Linear and Multilinear Algebra, 2021, 69(16): 2976-2989.

[138] Mosić D, Djordjević D. The gDMP inverse of Hilbert space operators. Journal of Spectral Theory, 2018, 8(2): 555-573.

[139] Mosić D, Dolinar G, Kuzma B, et al. Core-EP orthogonal operators. Linear and Multilinear Algebra, 2022: 1-15.

[140] Mosić D. Drazin-star and star-Drazin matrices. Results in Mathematics, 2020, 75(2): 1-21.

[141] Mosić D, Kyrchei I, Stanimirović P S. Representations and properties for the MPCEP inverse . Journal of Applied Mathematics and Computing, 2021, 67(1): 101-130.

[142] Mosić D, Marovt J. Weighted weak core inverse of operators. Linear and Multilinear Algebra, 2022, 70(20): 4991-5013.

[143] Mosić D. Outer-star and star-outer matrices. Journal of Applied Mathematics and Computing, 2022, 68(1): 511-534.

[144] Mosić D, Stanimirović P S. Expressions and properties of weak core inverse. Applied Mathematics and Computation, 2022, 415: 126704.

[145] Mosić D, Stanimirović P S, Ma H. Generalization of core-EP inverse for rectangular matrices. Journal of Mathematical Analysis and Applications, 2021, 500(1): 125101.

[146] Mosić D, Stanimirović P S. Representations for the weak group inverse. Applied Mathematics and Computation, 2021, 397: 125957.

[147] Mosić D, Stanimirović P S, Katsikis V N. Solvability of some constrained matrix approximation problems using core-EP inverses. Computational and Applied Mathematics, 2020, 39: 1-21.

[148] Mosić D. The CMP inverse for rectangular matrices. Aequationes Mathematicae, 2018, 92(4): 649-659.

[149] Mosić D, Zhang D C. Weighted weak group inverse for Hilbert space operators. Frontiers of Mathematics in China, 2020, 15(4): 709-726.

[150] Moslehian M S, Kian M, Xu Q X. Positivity of 2×2 block matrices of operators. Banach Journal of Mathematical Analysis, 2019, 13(3): 726-743.

[151] Subramonian N K S. The natural partial order on a regular semigroup. Proceedings of the Edinburgh Mathematical Society, 1980, 23(3): 249-260.

[152] Niezgoda M. Sherman type theorem on C^* -algebras. Annals of Functional Analysis, 2017, 8(4): 425-434.

[153] Pearl M H. On generalized inverses of matrices . Mathematical Proceedings of the Cambridge Philosophical Society, 1966, 62(4): 673-677.

[154] Pennestrì E, Valentini P P, de Falco D. The Moore-Penrose dual generalized inverse matrix with application to kinematic synthesis of spatial linkages. Journal of Mechanical Design, 2018, 140(10): 102303.

[155] Pennestrì E, Valentini P P. Linear Dual Algebra Algorithms and Their Application to Kinematics. Computational Methods in Applied Sciences, 2009: 207-229.

[156] Penrose R. A generalized inverse for matrices. Mathematical proceedings of the Cambridge Philosophical Society, 1955, 51(3): 406-413.

[157] Penrose R. On best approximate solutions of linear matrix equations. Mathematical Proceedings of the Cambridge Philosophical Society, 1956, 52(1): 17-19.

[158] Manjunatha Prasad K, Mohana K S. Core-EP inverse. Linear and Multilinear Algebra, 2014, 62(6): 792-802.

[159] Qi L Q, Ling C, Yan H. Dual quaternions and dual quaternion vectors. Communications on Applied Mathematics and Computation, 2022, 4(4): 1494-1508.

[160] Rakić D S. A note on Rao and Mitra's constrained inverse and Drazin's (b, c) inverse. Linear Algebra and Its Applications, 2017, 523: 102-108

[161] Rakić D S, Djordjević D S. Star, sharp, core and dual core partial order in rings with involution. Applied Mathematics and Computation, 2015, 259: 800-818.

[162] Mayne A J, Rao C R, Mitra S K. Generalized inverse of matries and its applications. Operational Research Quarterly, 1972, 6: 601-620.

[163] Sahoo J K, Behera R, Stanimirović P S, et al. Core and core-EP inverses of tensors. Computational and Applied Mathematics, 2020, 39(1): 1-28.

[164] Sahoo J K, Maharana G, Sitha B, et al. 1D inverse and D1 inverse of square matrices. Miskolc Mathematical Notes, 2022.

[165] Sheng X P, Chen G L. A note of computation for M-P inverse $A^{\dagger}$. International Journal of Computer Mathematics, 2010, 87(10): 2235-2241.

[166] Sheng X P, Chen G L. Full-rank representation of generalized inverse $A_{T,S}^{(2)}$ and its application. Computers and Mathematics with Applications, 2007, 54(11-12): 1422-1430.

[167] Sheng X P, Chen G L, Gong Y. The representation and computation of generalized inverse $A_{T,S}^{(2)}$. Journal of Computational and Applied Mathematics, 2018, 213(1): 248-257.

[168] Sheng X P, Chen G L. Innovation based on Gaussian elimination to compute generalized inverse $A_{T,S}^{(2)}$. Computers and Mathematics with Applications, 2013, 65(11): 1823-1829.

[169] Sheng X P. Computation of weighted Moore-Penrose inverse through Gauss-Jordan elimination on bordered matrices. Applied Mathematics and Computation, 2018, 323: 64-74.

[170] Sheng X P. Execute elementary row and column operations on the partitioned matrix to compute M-P inverse $X = A^{\dagger}$. Abstract and Applied Analysis, 2014, 2014(4): 1-6.

[171] Sheng X P, Xin D W. Methods of Gauss-Jordan elimination to compute core inverse $A^{\#}$ and dual core inverse $A_{\#}$. Linear and Multilinear Algebra, 2022, 70(12): 2354-2366.

[172] Sitha B, Sahoo J K, Behera R, et al. Generalized core-EP inverse for square matrices. Computational and Applied Mathematics, 2023, 42(8): 348.

[173] Stanimirović P S, Petković M D. Gauss-Jordan elimination method for computing outer inverses. Applied Mathematics and Computation, 2013, 219(9): 4667-4679.

[174] Stanimirović P S, Živković I S , Wei Y M. Neural network approach to computing outer inverses based on the full rank representation. Linear Algebra and Its Applications, 2016, 501: 344-362.

[175] Sui X F, Gondolo P. A new polar decomposition in a scalar product space. Linear Algebra and Its Applications, 2017, 516: 126-142.

[176] Sun J G, Chen C H. Generalized polar decomposition. Mathematica Numerica Sinica, 1989, 11(3): 262-273.

[177] Tian Y G. How to characterize commutativity equalities for Drazin inverses of matrices. Archivum Mathematicum, 2003, 39(3): 191-199.

[178] Tian Y G. How to solve three fundamental linear matrix inequalities in the Löwner partial ordering. Journal of Mathematical Inequalities, 2014, 8: 1-54.

[179] Tian Y G. Rank equalities related to generalized inverses of matrices and their applications. M.Sc. Thesis, The Department of Mathematics and Statistics, Concordia University, Montréal, Québec, Canada, 1999.

[180] Tian Y G. Solutions of the matrix inequalities in the minus partial ordering and Löwner partial ordering. Mathematical Inequalities and Applications, 2013, 16(3): 861-872.

[181] Tian Y G, Wang H X. Characterizations of EP matrices and weighted-EP matrices. Linear Algebra and its Applications, 2011, 434(5): 1295-1318.

[182] Tian Y G, Wang J. Some remarks on fundamental formulas and facts in the statistical analysis of a constrained general linear model. Communications in Statistics - Theory and Methods, 2020, 49(5): 1201-1216.

[183] Udwadia F E. Dual generalized inverses and their use in solving systems of linear dual equations. Mechanism and Machine Theory, 2021, 156: 104158.

[184] Urquhart N S. Computation of generalized inverse matrices which satisfy specified conditions. SIAM Review, 1968, 10(2): 216-218.

[185] Vosough M, Moslehian M S. Solutions of the system of operator equations $BXA = B = AXB$ via $*$-order. Electronic Journal of Linear Algebra, 2017, 32: 172-183.

[186] Wang C C, Liu X J, Jin H W. The MP weak group inverse and its application. Filomat, 2022, 36(18): 6085-6102.

[187] Wang G R, Wei Y M, Qiao S Z. Generalized Inverses: Theory and Computations. Singapore: Springer, 2018.

[188] Wang H X. Characterizations and properties of the MPDGI and DMPGI. Mechanism and Machine Theory, 2021, 158(7): 104212.

[189] Wang H X, Chen J L. Weak group inverse. Open Mathematics, 2018, 16(1): 1218-1232.

[190] Wang H X, Chen J L, Yan G J. Generalized Cayley-Hamilton theorem for core-EP inverse matrix and DMP inverse matrix. Journal of Southeast University (English Edition), 2018, 34(1): 135-138.

[191] Wang H X. Core-EP decomposition and its applications. Linear Algebra and its Applications, 2016, 508: 289-300.

[192] Wang H X, Liu N. The C-S inverse and its applications. Bulletin of the Malaysian Mathematical Sciences Society, 2023, 46(3): 90.

[193] Wang H X, Liu X J. A partial order on the set of complex matrices with index one. Linear and Multilinear Algebra, 2018, 66(1): 206-216.

[194] Wang H X, Liu X J. Characterizations of the core inverse and the core partial ordering. Linear and Multilinear Algebra, 2015, 63(9): 1829-1836.

[195] Wang H X, Liu X J. EP-nilpotent decomposition and its applications. Linear and Multilinear Algebra, 2020, 68(8): 1682-1694.

[196] Wang H X, Liu X J. Partial orders based on core-nilpotent decomposition. Linear Algebra and its Applications, 2016, 488: 235-248.

[197] Wang H X, Liu X J. The polar-like decomposition and its applications. Filomat, 2019, 33(12): 3977-3983.

[198] Wang H X, Liu X J. The weak group matrix. Aequationes Mathematicae, 2019, 93(6): 1261-1273.

[199] Wang H X, Liu X J. Solutions of the matrix inequality $AXA\overset{?}{\leq}A$ in some partial orders. Applied Mathematics and Computation, 2021, 396: 125940.

[200] Wang H X, Zhang X Y. The core inverse and constrained matrix approximation problem. Open Mathematics, 2020, 18(1): 653-661.

[201] Wei Y M. A characterization and representation of the generalized inverse $A_{T,S}^{(2)}$ and its applications. Linear Algebra and its Applications, 1998, 280(2-3): 87-96.

[202] Xu S Z, Chen J L, Mosić D. New characterizations of the CMP inverse of matrices. Linear and Multilinear Algebra, 2020, 68(4): 790-804.

[203] Xu S Z, Chen J L, Zhang X X. New characterizations for core inverses in rings with involution. Frontiers of Mathematics in China, 2017, 12(1): 231-246.

[204] Xu S Z. Core invertibility of triangular matrices over a ring. Indian Journal of Pure and Applied Mathematics, 2019, 50(4): 837-847.

[205] Xu S Z, Wang H X, Chen J L, et al. Generalized WG inverse. Journal of Algebra and its Applications, 2021, 20(5): 2150072.

[206] Xu X M, Li Y. Star partial order on $\mathcal{B}_{Id}(\mathcal{H})$. Annals of Functional Analysis, 2020, 11(4): 1093-1107.

[207] Yan H, Wang H X, Zuo K Z, et al. Further characterizations of the weak group inverse of matrices and the weak group matrix. AIMS Mathematics, 2021, 6(9): 9322-9341.

[208] Yang H, Li H Y. Weighted polar decomposition and WGL partial ordering of rectangular complex matrices. SIAM Journal on Matrix Analysis and Applications, 2008, 30(2): 898-924.

[209] Yang L L, Ji G X. Bounds for the diamond partial order in $\mathcal{B}(\mathcal{H})$. Linear and Multilinear Algebra, 2021, 69(8): 1415-1421.

[210] Yu A Q, Deng C Y. Characterizations of DMP inverse in a Hilbert space. Calcolo, 2016, 53(3): 331-341.

[211] Yu Y M, Wang G R. The generalized inverse $A_{T,S}^{(2)}$ of a matrix over an associative ring. Journal of the Australian Mathematical Society, 2007, 83(3): 423-438.

[212] Zhang F Z. Matrix Theory: Basic Results and Techniques. New York: Springer Science and Business Media, 2011.

[213] Zhang H M, Yin H C. Conjugate gradient least squares algorithm for solving the generalized coupled Sylvester matrix equations. Computers and Mathematics with Applications, 2017, 73(12): 2529-2547.

[214] Zhang N M, Wei Y M. A note on solving EP inconsistent linear systems. Applied Mathematics and Computation, 2005, 169(1): 8-15.

[215] Zhang N M, Wei Y M. Solving EP singular linear systems. International Journal of Computer Mathematics, 2004, 81(11): 1395-1405.

[216] Zhang X D, Sheng X P. Two methods for computing the Drazin inverse through elementary row operations. Filomat, 2016, 30(14): 3759-3770.

[217] Zheng D S. Efficient characterization for $I\{2\}$ and $M\{2\}$. Journal of East China Normal University (Natural Science), 2015, 2015(1): 42-50.

[218] Zheng D S. Efficient characterization for $M\{2,3\}$, $M\{2,4\}$ and $M\{2,3,4\}$. Journal of East China Normal University (Natural Science), 2016, 2016(2): 9-19.

[219] Zhong J, Zhang Y L. Dual group inverses of dual matrices and their applications in solving systems of linear dual equation. AIMS Mathematics, 2022, 7(5): 7606-7624.

[220] Zhou M M, Chen J L, Zhou Y K, et al. Weak group inverses and partial isometries in proper*-ring. Linear and Multilinear Algebra, 2022, 70(19): 4528-4543.

[221] Zhou M M, Chen J L, Zhou Y K. Weak group inverses in proper*-rings. Journal of Algebra and Its Applications, 2020, 19(12): 2050238.

[222] Zhou Y K, Chen J L, Zhou M M. M-weak group inverses in a ring with involution. Revista de la Real Academia de Ciencias Exactas, Físicas y Naturales, Serie A. Matemáticas, 2021, 115(1): 1-13.

[223] Zuo K, Cheng Y. The new revisitation of core EP inverse of matrices. Filomat, 2019, 33(10): 3061-3072.

[224] Zuo K Z, Cvetković-Ilić D, Cheng Y J. Different characterizations of DMP-inverse of matrices. Linear and Multilinear Algebra, 2022, 70(3): 411-418.